線形計算の数理

線形計算の数理

杉原正顯
Masaaki Sugihara

室田一雄
Kazuo Murota

Iwanami Studies in Advanced Mathematics

Theoretical Numerical Linear Algebra

Masaaki Sugihara, Kazuo Murota

Mathematics Subject Classification(2000): Primary 65F; Secondary 68, 65, 15

まえがき

「線形計算」とは，行列に関する数値計算のことである．本書は現在広く使われている線形計算の基本的な算法について，その数理的基礎を解説することを目的としている．算法のもつ性質を数学的に解析することに加えて，算法を設計する際の考え方を分かりやすく説明することにも重点をおいている．

線形計算の話題は，連立1次方程式と固有値問題の二つに大別される．本書では，前半部で連立1次方程式に関連した話題を，後半部で固有値問題に関連した話題を扱う．線形計算の数理に関する標準的な話題を扱うと同時に，既存の教科書に書かれていない専門的な内容でも数理的に興味深いものを取り入れたり，標準的な結果についても導出を工夫するなどして，個性的な解説を試みた(「本書の構成」参照)．

著者の二人が線形計算に関心をもつようになった契機は，解説記事

伊理正夫，杉原正顯，室田一雄：数値計算技術の現状Ⅳ-Ⅵ(電子通信学会誌，**68-69**，1985-1986)

の執筆である．その後，岩波講座応用数学の1分冊

森正武，杉原正顯，室田一雄：線形計算，岩波書店，1994

を担当する機会もあった．本書は，この二つの精神を踏襲しつつ，現代的な話題を含めた形で再構成して数学的な議論を大幅に補強したものである．この場を借りて，長きに亘りご指導を賜った伊理正夫先生と森正武先生に，深い感謝の念を表したい．

最後に，本書の原稿を読んでいくつもの注意と意見を下さった田村明久，岩田覚，松尾宇泰，山本有作，曽我部知広，谷口隆晴，伊藤祥司，垣村尚徳の諸氏，および岡山友昭，相島健助，前原貴憲君をはじめとする研究室の大学院生諸君に感謝したい．

2009年7月

杉原 正顯，室田 一雄

本書の構成

線形計算の話題は，連立1次方程式の系統と固有値問題の系統の二つに大別される．本書では，第1章において，疎行列，帯行列，条件数，丸め誤差など，線形計算における基礎的な用語と概念を説明した後に，第2章から第5章において連立1次方程式を扱い，第6章から第9章において固有値問題とそれに関連した話題を扱う．

連立1次方程式は，行列 A とベクトル $\boldsymbol{b}$ によって $A\boldsymbol{x}=\boldsymbol{b}$ の形に書くことができる．この方程式の解 $\boldsymbol{x}$ を数値的に求める方法にはいろいろなものがあるが，本書では，第2章で消去法，第3章で反復法，第4章で共役勾配法を扱う．消去法は，文字通り，変数を順番に消去していく解法であり，数値計算誤差のない状況においては，有限回の演算で解を与えるという特徴がある．これに対し，反復法は漸化式によって近似解の無限列を生成していく方法(の総称)であり，共役勾配法は直接法と反復法の両方の性格を併せもつ方法である．係数行列 A が縦長の長方行列の場合には，未知数に比べて方程式が多すぎるので，$A\boldsymbol{x}=\boldsymbol{b}$ の等号を厳密に満たす $\boldsymbol{x}$ は一般には存在しない．そこで，Euclid ノルム $\|A\boldsymbol{x}-\boldsymbol{b}\|_2$ を最小にする $\boldsymbol{x}$ を求める問題(最小2乗問題)を考えることになる．最小2乗問題の解法を，前半最後の第5章で扱う．

後半最初の第6章では，直交行列による基本変換を扱う．固有値問題などの解法において，いわば「部品」として用いられる技法を整理して解説したものである．第7章と第8章では，固有値問題を扱う．実対称行列(あるいはHermite行列)に対しては，固有値がすべて実数であることなどを利用した専用の解法がある．これを第8章で扱い，第7章では一般の場合を扱う．特異値問題は原理的には固有値問題に帰着される(A の特異値は $A^{\top}A$ や $AA^{\top}$ の固有値の平方根に等しい)が，数値計算では $A^{\top}A$ や $AA^{\top}$ を経由しない解法が用いられる．これを第9章で述べる．なお，* 印をつけた箇所は多少専門的な内容を扱っているので，通読の際にはとばしても差し支えない．

各章末には，ノートと問題を載せた．ノートは主に文献に関する補足的解説である．問題は本文の内容を補う意味のものも多いので，取組んでみて欲しい．専門的な内容に関するものには＊印をつけた．解答を巻末に示してある．

参考文献は巻末におき，全般的な書籍を示した後に，各章毎の文献を書籍と論文に分けて示した．また，それぞれの文献を引用している本文中の箇所(ページ)も示してある．

巻末の索引には，用語の英語表記を附記した．また，基本的な記号と用語に含まれる人名の読み方の一覧表を索引の前においた．

本書では，線形計算の数理に関する標準的な話題をカバーすることを目指すと同時に，既存の教科書に書かれていない専門的な内容でも数理的な観点から興味深いものを取り入れたり，あるいは標準的な結果についても考え方の筋道が明快になるように導出を工夫した．

本書の特徴的な部分として，下のようなものがある．

- Gauss の消去法(LU 分解法)の成分毎の後退誤差解析(第 2.3 節)
- 行列のブロック三角化(DM 分解)の数理(第 2.4 節)
- 楕円関数を用いた ADI 法の最適パラメータの議論(第 3.6 節)
- 2 次元モデル問題に対するマルチグリッド法の詳細な収束性解析(第 3.7 節)
- 共役勾配法系統の解法の残差多項式による統一的導出(第 4.1 節，第 4.2 節)
- 一般計量に関する自己随伴行列と共役勾配法(第 4.4 節)
- 固有値問題に対する QR 法，LR 法の収束定理の新証明(第 7.4 節，第 7.5 節)
- 固有値問題に対する Jacobi–Davidson 法の考え方に関する詳細な説明(第 7.8 節)
- 固有値問題に対する Jacobi 法の 2 次収束定理の証明(第 8.3 節)
- 特異値問題に対する dqds 法の収束定理とその証明(第 9.3 節)

目　次

1 線形計算の予備知識

行列の数値計算においては，通常の線形代数学とは幾分異なる視点が必要となる．本章では，線形計算の予備知識として，現実問題に現れる行列の例を示し，疎行列，M 行列，条件数などの概念と計算誤差に関する基本事項を説明する．

1.1 線形計算に現れる行列

微分方程式の差分近似から生じる連立 1 次方程式を例として，現実問題に現れる行列の特徴を説明しよう．

離散化

単位正方形領域 $\Omega = [0,1] \times [0,1] = \{(x,y) \mid 0 \leqq x \leqq 1,\ 0 \leqq y \leqq 1\}$ における **Dirichlet 問題**を考える．すなわち，Ω の境界 Γ 上で定義された関数 $g(x,y)$ が与えられたとき，Ω の内部で **Laplace 方程式**

$$\frac{\partial^2 u}{\partial x^2} + \frac{\partial^2 u}{\partial y^2} = 0 \qquad (\ (x,y) \in (0,1) \times (0,1)\ ) \tag{1.1}$$

を満足し，境界 Γ で Dirichlet 境界条件

$$u(x,y) = g(x,y) \qquad (\ (x,y) \in \Gamma\ ) \tag{1.2}$$

を満たす関数 $u(x,y)$ を求める問題を考える．

この問題の近似解を差分法によって求めよう．図 1.1 のように，x 方向，y 方向をそれぞれ $h = 1/N$ 刻みで N 等分して単位正方形 Ω にメッシュを入れ，

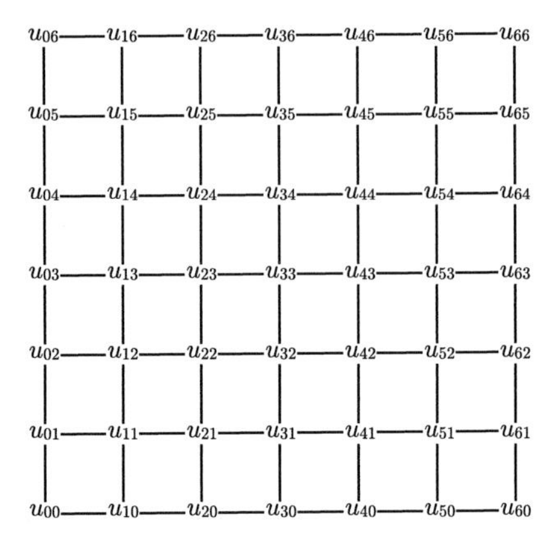

図 1.1　単位正方形領域 $\Omega=[0,1]\times[0,1]$ のメッシュ分割 $(N=6)$.

$u(ih,jh)$ に対する近似解を u_{ij} とおく．偏導関数を

$$\frac{\partial^2 u}{\partial x^2}\approx\frac{u_{i-1,j}-2u_{ij}+u_{i+1,j}}{h^2},\qquad \frac{\partial^2 u}{\partial y^2}\approx\frac{u_{i,j-1}-2u_{ij}+u_{i,j+1}}{h^2}$$

と近似すると，u_{ij} $(1\leqq i,j\leqq N-1)$ に関する連立 1 次方程式

$$(1.3)\quad 4u_{ij}-u_{i-1,j}-u_{i+1,j}-u_{i,j-1}-u_{i,j+1}=0\qquad(1\leqq i,j\leqq N-1)$$

が得られる．ただし，

$$u_{0j}=g(0,jh)=g_{0j},\quad u_{Nj}=g(1,jh)=g_{Nj}\qquad(1\leqq j\leqq N-1),$$
$$u_{i0}=g(ih,0)=g_{i0},\quad u_{iN}=g(ih,1)=g_{iN}\qquad(1\leqq i\leqq N-1)$$

であり，これらは境界条件(1.2)から既知である．

未知数 u_{ij} $(1\leqq i,j\leqq N-1)$ を並べた $n=(N-1)^2$ 次元ベクトル

$$(1.4)\quad \boldsymbol{u}=(u_{11},u_{12},\cdots,u_{1,N-1};u_{21},u_{22},\cdots,u_{2,N-1};\cdots,u_{N-1,N-1})^{\top}$$

を定義すると[*1]，方程式(1.3)は $A\boldsymbol{u}=\boldsymbol{b}$ の形に書ける．例えば $N=5$ として行列 A とベクトル $\boldsymbol{b}$ を具体的に書き下すと，

*1　記号 $^{\top}$ は，行列やベクトルの**転置**を表す．したがって，$\boldsymbol{u}$ は縦ベクトルである．

$$
A = \left[\begin{array}{cccc|cccc|cccc|cccc}
4 & -1 & & & -1 & & & & & & & & & & & \\
-1 & 4 & -1 & & & -1 & & & & & & & & & & \\
& -1 & 4 & -1 & & & -1 & & & & & & & & & \\
& & -1 & 4 & & & & -1 & & & & & & & & \\
\hline
-1 & & & & 4 & -1 & & & -1 & & & & & & & \\
& -1 & & & -1 & 4 & -1 & & & -1 & & & & & & \\
& & -1 & & & -1 & 4 & -1 & & & -1 & & & & & \\
& & & -1 & & & -1 & 4 & & & & -1 & & & & \\
\hline
& & & & -1 & & & & 4 & -1 & & & -1 & & & \\
& & & & & -1 & & & -1 & 4 & -1 & & & -1 & & \\
& & & & & & -1 & & & -1 & 4 & -1 & & & -1 & \\
& & & & & & & -1 & & & -1 & 4 & & & & -1 \\
\hline
& & & & & & & & -1 & & & & 4 & -1 & & \\
& & & & & & & & & -1 & & & -1 & 4 & -1 & \\
& & & & & & & & & & -1 & & & -1 & 4 & -1 \\
& & & & & & & & & & & -1 & & & -1 & 4
\end{array}\right],
$$

$$
\begin{aligned}
\boldsymbol{b} = (&g_{01} + g_{10}, g_{02}, g_{03}, g_{04} + g_{15}; g_{20}, 0, 0, g_{25}; g_{30}, 0, 0, g_{35};\\
&g_{51} + g_{40}, g_{52}, g_{53}, g_{54} + g_{45})^{\mathsf{T}}
\end{aligned}
$$

のようになる(行列の空白部分は0)．一般の N に対しては，$N-1$ 次行列

$$
C = \begin{bmatrix}
4 & -1 & & & \\
-1 & 4 & -1 & & \\
& \ddots & \ddots & \ddots & \\
& & -1 & 4 & -1 \\
& & & -1 & 4
\end{bmatrix}
$$

と $N-1$ 次単位行列 I を用いて，

$$
A = \begin{bmatrix}
C & -I & & & \\
-I & C & -I & & \\
& \ddots & \ddots & \ddots & \\
& & -I & C & -I \\
& & & -I & C
\end{bmatrix} \tag{1.5}
$$

の形に書ける(対角ブロックの個数は $N-1$ 個である)．あるいは，$N-1$ 次行列

$$B=\begin{bmatrix} 0 & 1 & & \\ 1 & \ddots & \ddots & \\ & \ddots & \ddots & 1 \\ & & 1 & 0 \end{bmatrix} \tag{1.6}$$

を定義して Kronecker 積(テンソル積)を用いれば，

$$A=4\,I\otimes I-B\otimes I-I\otimes B \tag{1.7}$$

と簡潔に表現される．また，右辺ベクトル $\boldsymbol{b}$ は

$$\begin{aligned} \boldsymbol{b}=&\begin{bmatrix} 1 \\ 0 \\ \vdots \\ 0 \end{bmatrix}\otimes\begin{bmatrix} g_{01} \\ g_{02} \\ \vdots \\ g_{0,N-1} \end{bmatrix}+\begin{bmatrix} 0 \\ 0 \\ \vdots \\ 1 \end{bmatrix}\otimes\begin{bmatrix} g_{N1} \\ g_{N2} \\ \vdots \\ g_{N,N-1} \end{bmatrix} \\ &+\begin{bmatrix} g_{10} \\ g_{20} \\ \vdots \\ g_{N-1,0} \end{bmatrix}\otimes\begin{bmatrix} 1 \\ 0 \\ \vdots \\ 0 \end{bmatrix}+\begin{bmatrix} g_{1N} \\ g_{2N} \\ \vdots \\ g_{N-1,N} \end{bmatrix}\otimes\begin{bmatrix} 0 \\ 0 \\ \vdots \\ 1 \end{bmatrix} \end{aligned} \tag{1.8}$$

となる．

なお，行列 A の固有値と固有ベクトルは陽に計算できて，

$$\boldsymbol{v}_l=\left(\sin\frac{l\pi}{N},\sin\frac{2l\pi}{N},\cdots,\sin\frac{(N-1)l\pi}{N}\right)^{\top}\quad(1\leqq l\leqq N-1) \tag{1.9}$$

とするとき，

$$A(\boldsymbol{v}_l\otimes\boldsymbol{v}_{l'})=\left(4-2\cos\frac{l\pi}{N}-2\cos\frac{l'\pi}{N}\right)(\boldsymbol{v}_l\otimes\boldsymbol{v}_{l'})\qquad(1\leqq l,l'\leqq N-1) \tag{1.10}$$

が成り立つ(→問題 1.3)．

大規模疎行列

近似解の精度を上げる(誤差を小さくする)には，刻み幅 h を十分小さくすることが望ましいが，そうするには $N=1/h$ を大きくする必要があり，式(1.5)の係数行列 A の次元 $n=(N-1)^2$ は非常に大きくなってしまう．例えば，$h=0.001$ とするには，$N=1000$ であり，n は百万程度となる．

一方，行列 A の要素の中で 0 でないものの個数を考えてみると，N がどんなに大きくなっても各行には 5 個以下しかないので，非零要素の比率は $5n/n^2 = 5/(N-1)^2$ 程度となり，N が大きいとき，この値はほとんど 0 である．例えば，$N=1000$ のとき，非零要素の比率は 0.000005 程度である．

このように，工学などの現実問題に現れる行列は，一般に，

1. 行列の大きさ(行や列の数)が大きい，
2. 行列の要素の中に 0 でないものが少ない，

という二つの特徴をもっている．数値計算の分野では，行や列の数(次元)の大きい行列を**大規模行列**と呼ぶことが多い．また，上の第 2 の性質を**疎性**といい，この性質をもつ行列を**疎行列**と呼ぶ．「疎」というのは非零要素が疎(まば)らである状態を意味している．逆に，要素の大半が非零である行列を**密行列**という．大規模行列，疎行列，密行列などは実用的な概念であって，数学的に厳密に定義されるものではないが，数値計算法を論じる際に着目すべき重要な性質である．

式(1.5)の行列 A は，大規模疎行列であるだけでなく，規則的なパターンをもっている．これは，規則的な正方メッシュに従った差分化を用いたためである．有限要素法などによる離散化を行うと，もっと不規則なパターンとなるが，大規模であることと疎行列であることに変わりはない．

1.2 行列の代数的性質

当然のことながら，行列のもつ代数的な性質は，数値解法の実行可能性や収束性に影響する．優対角行列，M 行列，特異値分解，条件数などは線形計算において基本的な概念であるが，通常の線形代数の教科書には必ずしも解説が

ないので，本節で定義を与えておく．ここでは，とくに断らない限り，行列の要素は実数とする．

正定値対称行列

実行列 $A=(a_{ij})$ は，$A=A^{\top}$ を満たす(すなわち，すべての (i,j) について $a_{ij}=a_{ji}$ である)とき，**対称行列**と呼ばれる．対称行列の固有値はすべて実数である．

対称行列 A が**正定値**であるとは，任意の非零ベクトル $\boldsymbol{x}=(x_i)$ に対して $\boldsymbol{x}^{\top}A\boldsymbol{x}>0$ が成り立つことをいう．正定値であるためには，すべての主小行列式が正であることが必要十分であり，これはまた，すべての首座小行列式が正であることと同値である[*2]．したがって，正定値対称行列はつねに正則である．正定値性は固有値によっても特徴付けられ，正定値であるためには，固有値がすべて正であることが必要十分である．式(1.5)の行列 A は正定値対称である(→問題 1.3)．任意の非零ベクトル $\boldsymbol{x}=(x_i)$ に対して $\boldsymbol{x}^{\top}A\boldsymbol{x}\geqq 0$ が成り立つとき，対称行列 A は**半正定値**あるいは**非負定値**であるという．半正定値であるためには，すべての主小行列式が非負であることが必要十分である(しかし，すべての首座小行列式が非負であることとは同値でない)．固有値がすべて非負であることが半正定値であるための必要十分条件である．対称行列 A, B に対して，$A-B$ が半正定値であることを $A\succeq B$ あるいは $B\preceq A$ と書き表す．

優対角行列

各行において，対角要素の絶対値が非対角要素の絶対値の和に比べて大きい行列，すなわち，

$$|a_{ii}|>\sum_{j\neq i}|a_{ij}| \qquad (i=1,\cdots,n) \tag{1.11}$$

を満たす行列 A を(行方向の)**狭義優対角行列**と呼ぶ．また，ある正の実数

*2　対称とは限らない行列について，行番号と列番号の集合がともに同じ k 個の番号 $i_1<i_2<\cdots<i_k$ に対応する小行列式を k 次主小行列式(principal minor)という．ここで $i_1=1, i_2=2,\cdots,i_k=k$ である場合を首座小行列式(leading principal minor)と呼ぶ．

$d_1, \cdots, d_n$ に対して

$$(1.12) \qquad |a_{ii}|\, d_i > \sum_{j \neq i} |a_{ij}|\, d_j \qquad (i = 1, \cdots, n)$$

が成り立つとき，A を(行方向の)**一般化狭義優対角行列**と呼ぶ[*3]．式(1.12)は，対角行列 $D = \mathrm{diag}\,(d_1, \cdots, d_n)$ に対して AD が狭義優対角行列ということである．また，A^{T} が行方向に(一般化，狭義)優対角のとき，A は列方向に(一般化，狭義)優対角であるという[*4]．式(1.5)の行列 A は狭義優対角でないが，一般化狭義優対角である(→問題 1.3)．

M 行列

式(1.5)の行列 A は，微分作用素の近似であるから，その逆行列 A^{-1} は積分作用素に対応しており，その各要素は非負になる(→問題 1.3)．一般に，各要素が非負の実数である行列 A を**非負行列**といい，$A \geqq O$ と表す．また，正則な実行列 $A = (a_{ij})$ について，非対角要素がすべて非正($a_{ij} \leqq 0\ (i \neq j)$)であり，逆行列 A^{-1} が非負行列であるとき，A を**M 行列**と呼ぶ[*5]．すなわち，式(1.5)の行列 A は M 行列である．

行列 $A = (a_{ij})$ に対し，

$$(1.13) \qquad \alpha_{ij} = \begin{cases} |a_{ii}| & (i = j) \\ -|a_{ij}| & (i \neq j) \end{cases}$$

を要素とする行列 $\langle A \rangle = (\alpha_{ij})$ を A の**比較行列**と呼び，比較行列が M 行列である行列を **H 行列**という[*6](M 行列の対角要素は正なので[*7]，M 行列は H 行列である)．この概念と優対角性とは密接な関係にあり，次の定理が成り立つ(証明は問題 1.4 参照)．

---

*3　式(1.11)において不等号($>$)に等号を含める($\geq$)とき，**優対角行列**と呼ぶが，本書では狭義の場合を扱うことがほとんどである．優対角行列を**対角優位行列**ということもある．また，式(1.12)において不等号($>$)に等号を含める($\geq$)とき，**一般化優対角行列**と呼ぶ．

*4　一般化狭義優対角性については，結果的に，行方向と列方向の条件が同値になる(定理 1.1 による)が，概念としては区別するのが適当である．

*5　より一般に，正則でない M 行列も定義できるが，本書では正則な場合に限る．

*6　通常，H 行列は複素行列の範囲で考えるが，本書では実行列に限る．

*7　定理 2.1(iii)の証明を参照．

定理 1.1　H 行列であるためには，一般化狭義優対角行列であることが必要かつ十分である．　□

特異値分解

一般に，階数 r の $m\times n$ 実行列 A は，ある m 次直交行列 U と n 次直交行列 V を用いて，

$$A = U\Sigma V^{\top} \tag{1.14}$$

の形に分解される[*8]．ここで，

$$\Sigma = \begin{bmatrix} D & O_{r,n-r} \\ O_{m-r,r} & O_{m-r,n-r} \end{bmatrix}, \qquad D = \mathrm{diag}\,(\sigma_1, \cdots, \sigma_r)$$

の形であり，$\sigma_1 \geqq \sigma_2 \geqq \cdots \geqq \sigma_r > 0$ である．これを行列 A の**特異値分解**といい，正の実数 $\sigma_1, \cdots, \sigma_r$ を行列 A の**特異値**と呼ぶ．式(1.14)より $A^{\top}A = (U\Sigma V^{\top})^{\top}(U\Sigma V^{\top}) = V\Sigma^{\top}\Sigma V^{\top}$ であるから，A の特異値は $A^{\top}A$ の非零固有値の正の平方根に等しく，V の列ベクトルは $A^{\top}A$ の固有ベクトルである．同様に，$AA^{\top} = (U\Sigma V^{\top})(U\Sigma V^{\top})^{\top} = U\Sigma\Sigma^{\top}U^{\top}$ であるから，U の列ベクトルは $AA^{\top}$ の固有ベクトルである．

ベクトルと行列のノルム

n 次元ベクトル $\boldsymbol{x} = (x_1, \cdots, x_n)^{\top}$ の $\boldsymbol{p}$ **ノルム** $(1 \leqq p \leqq \infty)$ は

$$\|\boldsymbol{x}\|_p = \begin{cases} \left(\displaystyle\sum_{j=1}^{n} |x_j|^p\right)^{1/p} & (1 \leqq p < \infty) \\ \displaystyle\max_{1\leqq j\leqq n} |x_j| & (p = \infty) \end{cases} \tag{1.15}$$

で定義される．2 ノルム $\|\cdot\|_2$ は **Euclid ノルム**とも呼ばれ，本書ではこれを単に $\|\cdot\|$ と記すことも多い．

ベクトルのノルムを用いて，$m\times n$ 行列 $A = (a_{ij})$ の $\boldsymbol{p}$ **ノルム**は

*8　$U^{\top}U = I$ を満たす正方実行列 U を**直交行列**という．このとき，$UU^{\top} = I$ が成り立つ．

$$\|A\|_p = \sup_{\boldsymbol{x}\neq\boldsymbol{0}} \frac{\|A\boldsymbol{x}\|_p}{\|\boldsymbol{x}\|_p} \tag{1.16}$$

と定義される．A の最大特異値を $\sigma_1(A)$ とするとき，

(1.17)

$$\|A\|_1 = \max_{1\leqq j\leqq n} \sum_{i=1}^{m} |a_{ij}|, \quad \|A\|_\infty = \max_{1\leqq i\leqq m} \sum_{j=1}^{n} |a_{ij}|, \quad \|A\|_2 = \sigma_1(A)$$

が成り立つ(→問題 1.1)．行列の 2 ノルム $\|\cdot\|_2$ を**スペクトルノルム**と呼ぶこともある．また，

$$\|A\|_{\mathrm{F}} = \left(\sum_{i=1}^{m}\sum_{j=1}^{n} |a_{ij}|^2\right)^{1/2} = \left(\sum_{i=1}^{r} \sigma_i(A)^2\right)^{1/2} \tag{1.18}$$

を **Frobenius ノルム**と呼ぶ．ここで，$\sigma_i(A)$ $(i=1,\cdots,r)$ は A の特異値である．

スペクトル半径

行列の固有値の最大絶対値を，その行列の**スペクトル半径**と呼ぶ．行列 A のスペクトル半径を $\rho(A)$ と表すことが多い．ノルムとの間には

$$\lim_{k\to\infty} (\|A^k\|_p)^{1/k} = \rho(A) \leqq \|A\|_p \qquad (1 \leqq p \leqq \infty) \tag{1.19}$$

という関係がある．各要素の絶対値を要素とする行列 $|A| = (|a_{ij}|)$ に対して

$$\rho(A) \leqq \rho(|A|) \tag{1.20}$$

が成り立つ．また，正方行列 A, B に対して

$$\rho(AB) = \rho(BA) \tag{1.21}$$

が成り立つ．

条件数

正則行列 A に対して，

$$\kappa_p = \|A\|_p \|A^{-1}\|_p \tag{1.22}$$

は p ノルムに関する A の**条件数**と呼ばれる．

$$\kappa_2 = (A\,\text{の最大特異値})/(A\,\text{の最小特異値}) \tag{1.23}$$

が成り立つ(→問題 1.5)．本書では κ_2 を単に κ と記すことも多い．条件数は数値解の誤差や反復解法の収束速度を評価するときに重要な役割を果たす(第 2.3.1 節，第 4.1 節参照)．

有用な行列形

行列に関する数値計算においては，与えられた行列を適当な操作によって特殊な形をした行列 $A=(a_{ij})$ に変換すると便利なことが多い．よく用いられる形には以下のようなものがある(正方行列の場合を図 1.2 に示す)．

対角行列	$(a_{ij}=0,\ i \neq j)$
3 重対角行列	$(a_{ij}=0,\ \lvert i-j\rvert > 1)$
帯行列	$(a_{ij}=0,\ \lvert i-j\rvert > w)$
下三角行列	$(a_{ij}=0,\ i < j)$
上三角行列	$(a_{ij}=0,\ i > j)$
Hessenberg 行列	$(a_{ij}=0,\ i > j+1)$
下 2 重対角行列	$(a_{ij}=0,\ i < j$ または $i > j+1)$
上 2 重対角行列	$(a_{ij}=0,\ i > j$ または $i < j-1)$

3 重対角行列で，副対角要素がすべて非零$(a_{ij} \neq 0,\ |i-j|=1)$のものを，**既約 3 重対角行列**という．帯行列の定義において，w はパラメータ(自然数)であり，$2w+1$ を**帯幅**と呼ぶ．帯幅 3 の帯行列が 3 重対角行列である．

対角要素がすべて 1 である下三角行列，上三角行列を，それぞれ，**単位下三角行列**，**単位上三角行列**と呼ぶ．また，対角要素がすべて 0 である下三角行列，上三角行列を，それぞれ，**狭義下三角行列**，**狭義上三角行列**と呼ぶ．

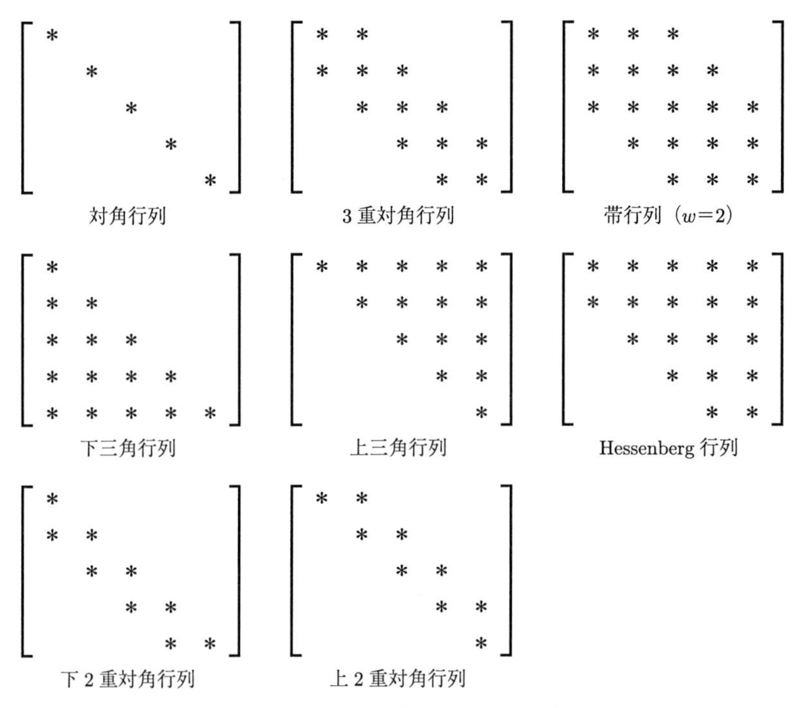

図 1.2 行列の形(正方行列の場合).

1.3 誤 差

コンピュータの中では $\pi = 3.14159265358979\cdots$ のような無限桁の実数を扱うことはできないので，**浮動小数点数**と呼ばれる有限桁の数で近似的に表現する．浮動小数点数の体系は計算機毎に決っており，実数 x はそれに近い浮動小数点数 x_{f} で近似的に表現される．これを**丸め**と呼び，丸めによって生じる誤差を**丸め誤差**と呼ぶ．浮動小数点数体系と丸めの方式で決まる数 ε_{M} があり，実数 x が表現可能な範囲にあるとき，

$$x_{\mathrm{f}} = x(1+\varepsilon_x), \qquad |\varepsilon_x| \leqq \varepsilon_{\mathrm{M}} \tag{1.24}$$

が成り立つ．ε_{M} は**マシンエプシロン**と呼ばれ，浮動小数点数表示の精度(相

対誤差の限界)を表す重要な指標である．ε_{M} は，コンピュータで $1+\varepsilon$ を計算して浮動小数点数に丸めた結果が1より大きくなるような ε の最小値に等しい．

四則演算などの基本演算をコンピュータ上で実行すると，それぞれの演算は丸め誤差を伴った**浮動小数点演算**によって近似される．とくに，加減乗除 $+$, $-$, $\times$, $/$ に対応する浮動小数点演算を $\oplus$, $\ominus$, $\otimes$, $\oslash$ と表すとき，浮動小数点数 x, y に対して

$$x \circledbullet y = (x \bullet y)(1+\delta), \qquad |\delta| \leqq \varepsilon_{\mathrm{M}} \tag{1.25}$$

の形の不等式で丸め誤差が抑えられ，演算の精度が保証される場合が多い．ここで，記号 $\bullet$ は $+$, $-$, $\times$, $/$ を表し，$\circledbullet$ は対応する浮動小数点演算 $\oplus$, $\ominus$, $\otimes$, $\oslash$ を表している．

数値計算の誤差には，丸め誤差の他にも，極限を有限で打ち切ったり，近似式を用いたりすることによる誤差がある．これを**離散化誤差**，**打ち切り誤差**，**近似誤差**などと呼ぶ．

第1.1節において，偏導関数を差分化してLaplace方程式を近似する連立1次方程式(1.3)を導いた．この連立1次方程式(1.3)の解は，それが丸め誤差を含まない厳密解であったとしても，あくまで差分化した後の近似方程式の解である．したがって，元の偏微分方程式の解とは異なり，その意味で誤差を含んでいる．これは離散化誤差の典型例である[*9]．

固有値問題の解法(第7章，第8章)においては，計算結果として得られる値と真の固有値との差が近似誤差である．また，連立1次方程式の反復解法(第3章)においては，有限回の反復の後に得られる解と厳密解の差が近似誤差である．

注意 1.2　丸め誤差を厳密な不等式の形で評価する技術が開発されており，**精度保証付き数値計算法**と呼ばれる．具体的には，数値に含まれる誤差を考慮して，実数 x をその下限値 $\underline{x}$ と上限値 $\overline{x}$ を上下限とする**区間** $X=[\underline{x},\overline{x}]$ $(\underline{x}\leqq x\leqq\overline{x})$ で表現し，すべての演算を区間に対する演算(**区間演算**)で置き換える．例えば，$X=[\underline{x},\overline{x}]$，$Y=[\underline{y},\overline{y}]$ に対する加算と乗算は

---

*9　刻み幅 h を小さくしたときに離散化誤差がどのように振る舞うかは数値解析の主要なテーマの一つであるが，本書ではこの種の話題は扱わない．

$$X + Y = [\underline{x} + \underline{y}, \overline{x} + \overline{y}],$$
$$X \cdot Y = [\min\{\underline{x}\ \underline{y}, \overline{x}\ \overline{y}, \underline{x}\ \overline{y}, \overline{x}\ \underline{y}\}, \max\{\underline{x}\ \underline{y}, \overline{x}\ \overline{y},\ \underline{x}\ \overline{y}, \overline{x}\ \underline{y}\}]$$

のように定義される．詳しくは，[16], [18], [20], [21], [22], [23], [30]を参照されたい．

第1章ノート▶線形計算に有用な事柄を多く含む線形代数学の教科書として，Gantmacher[1], Horn-Johnson[2], 伊理[3, 4], 伊理-韓[5]がある．とくに，[5]は第4章で用いる一般計量の下での内積や随伴行列について詳しい．

線形計算全般を扱った書物は多くあるが，Wilkinson[14], Wilkinson-Reinsch[15], Schwarz[8]は，1960-70年代に書かれた古典的名著であり，いまでも重要である．戸川[11]は，大規模行列を念頭においた実用的な方法論を，和書として初めて提示した書物である．

線形計算全般に関するテキストはいくつかあるが，現時点で最も標準的なものはGolub-van Loan[7]であろう．1983年の初版の後，1989年に第2版，1996年に第3版となっている．また，Trefethen-Bau[12]はバランスのとれた教科書である．Demmel[6], Stewart[9, 10], Watkins[13]も線形計算全般を扱っているが，幾分，固有値計算に重点がおかれている感がある．なお，[9], [10]は5巻計画の最初の2巻とされている．以上の他にも，反復法や固有値計算など，個々のテーマに特化した教科書があるが，それについてはそれぞれの章で述べる．

線形計算における丸め誤差解析を扱った書物には，Higham[17], Miller-Wrathall [19]がある．Stewart-Sun[24]は一般的な摂動論を扱っており，丸め誤差解析だけでなく感度解析にも有用である．なお，区間解析については，注意1.2に挙げた文献がある．

本書の目的は線形計算の数学的な基礎を解説することにあるが，それが実用の技術として利用できるためには，信頼できるソフトウェアの存在が重要である．標準的なソフトウェアとしては，LAPACK[25], ScaLAPACK[26], ARPACK[28]などのライブラリーがある．Dongarra-Duff-Sorensen-van der Vorst[27], 小国ら[29]は，解法の詳細を説明した上でソフトウェアの使い方を解説している．なお，[29]は日本で開発された技術を記述したものとして特筆に値する．また，Templatesと称する理論・アルゴリズム・ソフトウェアに関する総合的な案内もある[48], [137]．

線形計算以外の数値計算の話題については，杉原-室田[30]およびそこにある参考文献を参照されたい．

第 1 章問題

1.1　行列ノルム $\|A\|_1$, $\|A\|_\infty$, $\|A\|_2$ の表式(1.17)を証明せよ．

1.2　正方行列 A に対して，$\rho(A)<1$ ならば $(I-A)^{-1}$ が存在し，$(I-A)^{-1} = \sum_{k=0}^{\infty} A^k$ であること(**Neumann 展開**)を証明せよ．

1.3　式(1.7)の行列 $A=4\,I\otimes I-B\otimes I-I\otimes B$ に関して以下を示せ．

(i) B の固有値は $\mu_l=2\cos\dfrac{l\pi}{N}$, 固有ベクトルは式(1.9)の $\boldsymbol{v}_l (1 \leqq l \leqq N-1)$.

(ii) A の固有値，固有ベクトルは $4-\mu_l-\mu_{l'}$, $\boldsymbol{v}_l\otimes\boldsymbol{v}_{l'}$ $(1\leqq l,l'\leqq N-1)$.

(iii) A は正定値である．

(iv) A は一般化狭義優対角である．

(v) A は M 行列である．

1.4　行列 A の対角要素はすべて非負，非対角要素はすべて非正とする．また，すべての要素が 1 であるベクトルを $\mathbf{1}$ と表す．以下のことを示せ．

(i) $A\mathbf{1}>\mathbf{0}$ ならば A は M 行列である．

(ii) あるベクトル $\boldsymbol{d}>\mathbf{0}$ に対して $A\boldsymbol{d}>\mathbf{0}$ ならば A は M 行列である．

(iii) A が M 行列ならば，$\boldsymbol{d}=A^{-1}\mathbf{1}$ に対して $\boldsymbol{d}>\mathbf{0}$, $A\boldsymbol{d}>\mathbf{0}$ である．

1.5　正則行列 A に対する κ_2 の表式(1.23)を証明せよ．

1.6　正則行列 A に対して

$$\frac{1}{\kappa_2}=\inf_{S:\,\text{特異行列}}\frac{\|S-A\|_2}{\|A\|_2}$$

が成り立つことを，次の(i)〜(iii)を示すことによって示せ．

(i) $\|A^{-1}\|_2\|\Delta A\|_2<1$ ならば $A+\Delta A$ は正則.

(ii) (i)により，$\|A^{-1}\|_2^{-1}\leqq\inf_{S:\,\text{特異行列}}\|S-A\|_2$.

(iii) A の特異値分解を $U\Sigma V^{\top}=\sum_{j=1}^{n}\sigma_j\boldsymbol{u}_j\boldsymbol{v}_j^{\top}$ $(\sigma_1\geqq\sigma_2\geqq\cdots\geqq\sigma_n>0)$ とするとき，$S=\sum_{j=1}^{n-1}\sigma_j\boldsymbol{u}_j\boldsymbol{v}_j^{\top}$ は特異であって，$\|S-A\|_2=\sigma_n=\|A^{-1}\|_2{}^{-1}$.

なお，上のような関係式は，一般の p ノルムに関する条件数に対しても成立する([24]を参照のこと)．

2　連立1次方程式Ｉ：消去法

本章では，連立１次方程式の解法のうち，Gaussの消去法とLU分解法を扱う．両者とも，数値計算誤差のない理想的な状況においては，有限回の四則演算で方程式の解を与える方法であるが，これを実際の場面で使う際には，さらに，丸め誤差の影響を受けにくくする工夫と，行列の疎性を利用して演算回数を減らす工夫が必要である．

2.1　概　説

n 個の未知数 $x_j\ (j=1,\cdots,n)$ と n 個の方程式からなる連立１次方程式

$$\sum_{j=1}^{n} a_{ij}x_j = b_i \qquad (i=1,\cdots,n) \tag{2.1}$$

を考える．$n\times n$ 行列 $A=(a_{ij})$ と n 次元ベクトル $\boldsymbol{x}=(x_1,\cdots,x_n)^\top$，$\boldsymbol{b}=(b_1,\cdots,b_n)^\top$ を定義すると，方程式(2.1)は

$$A\boldsymbol{x}=\boldsymbol{b} \tag{2.2}$$

と書ける．以下，とくに断わらない限り，A は正則とする．

真の解 $\boldsymbol{x}^*$ は $\boldsymbol{x}^*=A^{-1}\boldsymbol{b}$ で与えられるが，この表示は数値計算の方法とは無縁である．逆行列 $C=A^{-1}$ を計算してから積 $C\cdot\boldsymbol{b}$ を作る方法や，Cramerの公式を用いる方法は，計算量が多くて丸め誤差に弱いなど，数値計算的には何の利点もない．

連立１次方程式の数値解法にはいろいろなものがあり，消去法(第２章)，反復法(第３章)，共役勾配法(第４章)に大別される．一般に，丸め誤差のな

い理想的な状況において有限回の演算で解を与えるような方法を**直接法**と総称する．消去法は直接法の代表である．これに対して，漸化式によって近似解の無限列を生成していく方法を**反復法**と呼ぶ．なお，共役勾配法は直接法と反復法の両方の性格を併せもつ方法である．

近似解 $\boldsymbol{x}$ に対して，真の解 $\boldsymbol{x}^*$ との差 $\boldsymbol{e}=\boldsymbol{x}-\boldsymbol{x}^*$ を**誤差**，$\boldsymbol{r}=\boldsymbol{b}-A\boldsymbol{x}$ を**残差**と呼ぶ．$A\boldsymbol{e}=-\boldsymbol{r}$ の関係がある．残差は近似解から計算できるのに対し，誤差は真の解が分からない限り計算できないことに注意されたい．

2.2　消去法

連立１次方程式の解法のうち，直接法の代表である Gauss の消去法と LU 分解法を扱う．できるだけ丸め誤差の影響を受けないようにすることと，行列の疎性を上手く利用して演算回数を減らすことがポイントである．

2.2.1　Gauss の消去法

算法の基本形

以下に述べる方法は **Gauss の消去法**と呼ばれ，その後の議論の原点である．この手順自体は多くの読者にとって既知の事実であろう．

まず，連立１次方程式(2.1)を

$$
\begin{array}{ccccccccc}
a_{11}^{(1)}x_1 & + & a_{12}^{(1)}x_2 & + & \cdots & + & a_{1n}^{(1)}x_n & = & b_1^{(1)}, \\
a_{21}^{(1)}x_1 & + & a_{22}^{(1)}x_2 & + & \cdots & + & a_{2n}^{(1)}x_n & = & b_2^{(1)}, \\
\vdots & & \cdots & & \cdots & & \cdots & & \vdots \\
a_{n1}^{(1)}x_1 & + & a_{n2}^{(1)}x_2 & + & \cdots & + & a_{nn}^{(1)}x_n & = & b_n^{(1)}
\end{array}
\tag{2.3}
$$

の形に書く．ここで $a_{ij}^{(1)}=a_{ij}$ である．

消去の第１段では，１番目の未知数 x_1 に着目し，これを $2\sim n$ 番目の方程式から消去する．そのためには，$i=2,\cdots,n$ について，i 番目の式から１番目の式の $m_{i1}=a_{i1}^{(1)}/a_{11}^{(1)}$ 倍を引けばよい($a_{11}^{(1)}\neq 0$ と仮定しておく)．このようにして得られた方程式を

$$
(2.4) \qquad \begin{aligned}
a_{11}^{(1)}x_1 + a_{12}^{(1)}x_2 + \cdots + a_{1n}^{(1)}x_n &= b_1^{(1)}, \\
a_{22}^{(2)}x_2 + \cdots + a_{2n}^{(2)}x_n &= b_2^{(2)}, \\
\vdots \qquad \cdots \qquad \cdots \quad &\ \ \vdots \\
a_{n2}^{(2)}x_2 + \cdots + a_{nn}^{(2)}x_n &= b_n^{(2)}
\end{aligned}
$$

と書く．ここで，

$$
\begin{aligned}
a_{ij}^{(2)} &= a_{ij}^{(1)} - m_{i1}a_{1j}^{(1)} \qquad (i=2,\cdots,n;\ j=2,\cdots,n), \\
b_i^{(2)} &= b_i^{(1)} - m_{i1}b_1^{(1)} \qquad (i=2,\cdots,n)
\end{aligned}
$$

である．上の消去操作において着目した行列要素の位置(= 方程式と未知数の番号の組) $(1,1)$ を**枢軸** (pivot)，その要素 $a_{11}^{(1)}$ を**枢軸要素**，m_{i1} を**乗数**と呼ぶ．

消去の第2段では，式(2.4)の $3\sim n$ 番目の方程式から x_2 を消去するために，$i=3,\cdots,n$ について，i 番目の式から2番目の式の $m_{i2}=a_{i2}^{(2)}/a_{22}^{(2)}$ 倍を引く．ただし，$a_{22}^{(2)}\neq 0$ と仮定している．このようにして得られた方程式を

$$
(2.5) \qquad \begin{aligned}
a_{11}^{(1)}x_1 + a_{12}^{(1)}x_2 + a_{13}^{(1)}x_3 + \cdots + a_{1n}^{(1)}x_n &= b_1^{(1)}, \\
a_{22}^{(2)}x_2 + a_{23}^{(2)}x_3 + \cdots + a_{2n}^{(2)}x_n &= b_2^{(2)}, \\
a_{33}^{(3)}x_3 + \cdots + a_{3n}^{(3)}x_n &= b_3^{(3)}, \\
\vdots \qquad \cdots \qquad \cdots \quad &\ \ \vdots \\
a_{n3}^{(3)}x_3 + \cdots + a_{nn}^{(3)}x_n &= b_n^{(3)}
\end{aligned}
$$

と書く．ここで，

$$
\begin{aligned}
a_{ij}^{(3)} &= a_{ij}^{(2)} - m_{i2}a_{2j}^{(2)} \qquad (i=3,\cdots,n;\ j=3,\cdots,n), \\
b_i^{(3)} &= b_i^{(2)} - m_{i2}b_2^{(2)} \qquad (i=3,\cdots,n)
\end{aligned}
$$

である．

以下，このような操作を $n-1$ 段まで続けると，方程式

$$
\begin{array}{rrrrrrrl}
a_{11}^{(1)}x_1 + & a_{12}^{(1)}x_2 + & a_{13}^{(1)}x_3 + & \cdots & + & a_{1n}^{(1)}x_n & = & b_1^{(1)}, \\
 & a_{22}^{(2)}x_2 + & a_{23}^{(2)}x_3 + & \cdots & + & a_{2n}^{(2)}x_n & = & b_2^{(2)}, \\
 & & a_{33}^{(3)}x_3 + & \cdots & + & a_{3n}^{(3)}x_n & = & b_3^{(3)}, \\
 & & & \ddots & & \vdots & & \vdots \\
 & & & & & a_{nn}^{(n)}x_n & = & b_n^{(n)}
\end{array}
\tag{2.6}
$$

が得られる．ただし，

$$
a_{11}^{(1)} \neq 0, \quad a_{22}^{(2)} \neq 0, \quad \cdots, \quad a_{nn}^{(n)} \neq 0 \tag{2.7}
$$

と仮定している．これまでの操作を，Gauss 消去法の**前進消去**と呼ぶ．式(2.6)から，解は

$$
x_i = \frac{1}{a_{ii}^{(i)}}\left(b_i^{(i)} - \sum_{j=i+1}^{n} a_{ij}^{(i)} x_j\right) \qquad (i = n, n-1, \cdots, 1) \tag{2.8}
$$

によって求められる*1．これを**後退代入**と呼ぶ．

以上のように，行列 A が条件(2.7)を満たせば破綻*2することなく Gauss の消去法が実行できるが，この条件を満たす行列のクラスとして次のようなものが知られている(用語の定義は第1.2節参照)．

定理 2.1　次の(i)～(iv)のいずれかを満たす行列 A は，条件(2.7)を満たす．

(i)　行方向に一般化狭義優対角．

(ii)　列方向に一般化狭義優対角．

(iii)　(正則な)M 行列．

(iv)　対称部分が正定値：$\boldsymbol{x}^\top A\boldsymbol{x} = \frac{1}{2}\boldsymbol{x}^\top(A + A^\top)\boldsymbol{x} > 0 \quad (\forall \boldsymbol{x} \neq \boldsymbol{0})$.　□

[証明]　行列のクラス(i)～(iv)のそれぞれが，二つの性質：

(a)　$a_{11} \neq 0$,

(b)　$A = A^{(1)}$ に Gauss の消去法を1段施した $(n-1)\times(n-1)$ 行列 $A^{(2)} = (a_{ij}^{(2)} \mid 2 \leqq i, j \leqq n)$ も同じクラスに属する，

---

*1　式(2.8)で $i = n$ のときに $\sum_{j=n+1}^{n}$ の形の式が現れるが，これは0と約束する．

*2　一般に(分母が0になるなどして)算法が実行できなくなることを**破綻**(breakdown)と呼ぶ．

をもつことを示すことによって式(2.7)を証明する.

（i）(a)は明らか. (b)は以下のように示される(式(1.12)の記号を用いる).

$$
\begin{aligned}
|a_{ii}^{(2)}|d_i &= |a_{ii} - a_{i1}a_{1i}/a_{11}|d_i \\
&\geqq |a_{ii}|d_i - (|a_{i1}a_{1i}|/|a_{11}|)d_i \\
&> \sum_{1\leqq j\leqq n,\, j\neq i} |a_{ij}|d_j - (|a_{i1}a_{1i}|/|a_{11}|)d_i, \\
\sum_{2\leqq j\leqq n,\, j\neq i} |a_{ij}^{(2)}|d_j &= \sum_{2\leqq j\leqq n,\, j\neq i} |a_{ij} - a_{i1}a_{1j}/a_{11}|d_j \\
&\leqq \sum_{2\leqq j\leqq n,\, j\neq i} |a_{ij}|d_j + |a_{i1}|/|a_{11}|\cdot \sum_{2\leqq j\leqq n,\, j\neq i} |a_{1j}|d_j \\
&\leqq \sum_{2\leqq j\leqq n,\, j\neq i} |a_{ij}|d_j + |a_{i1}|/|a_{11}|\cdot(|a_{11}|d_1 - |a_{1i}|d_i) \\
&= \sum_{1\leqq j\leqq n,\, j\neq i} |a_{ij}|d_j - (|a_{i1}a_{1i}|/|a_{11}|)d_i.
\end{aligned}
$$

したがって, $|a_{ii}^{(2)}|d_i > \sum_{2\leqq j\leqq n,\, j\neq i} |a_{ij}^{(2)}|d_j$ が成り立つ.

（ii）(a)は明らかである. (b)は以下のように示される.

$$
\begin{aligned}
d_j|a_{jj}^{(2)}| &= d_j|a_{jj} - a_{j1}a_{1j}/a_{11}| \\
&\geqq d_j|a_{jj}| - d_j|a_{j1}a_{1j}|/|a_{11}| \\
&> \sum_{1\leqq i\leqq n,\, i\neq j} d_i|a_{ij}| - d_j|a_{j1}a_{1j}|/|a_{11}|, \\
\sum_{2\leqq i\leqq n,\, i\neq j} d_i|a_{ij}^{(2)}| &= \sum_{2\leqq i\leqq n,\, i\neq j} d_i|a_{ij} - a_{i1}a_{1j}/a_{11}| \\
&\leqq \sum_{2\leqq i\leqq n,\, i\neq j} d_i|a_{ij}| + |a_{1j}|/|a_{11}|\cdot \sum_{i\neq 1,\, j} d_i|a_{i1}| \\
&\leqq \sum_{2\leqq i\leqq n,\, i\neq j} d_i|a_{ij}| + |a_{1j}|/|a_{11}|\cdot(d_1|a_{11}| - d_j|a_{j1}|) \\
&= \sum_{1\leqq i\leqq n,\, i\neq j} d_i|a_{ij}| - d_j|a_{j1}a_{1j}|/|a_{11}|.
\end{aligned}
$$

したがって, $d_j|a_{jj}^{(2)}| > \sum_{2\leqq i\leqq n,\, i\neq j} d_i|a_{ij}^{(2)}|$ が成り立つ.

(iii) $A^{-1}=C=(c_{ij})$とおく．まず，(a) $CA=I$より$c_{11}a_{11}+c_{12}a_{21}+\cdots+c_{1n}a_{n1}=1$であるが，一方，$a_{ij}\leqq 0\ (i\neq j)$, $c_{ij}\geqq 0$なので，$c_{11}a_{11}\geqq 1$となる．ゆえに$a_{11}>0$が成り立つ．(b) Aの正則性から$A^{(2)}$の正則性は明らかであり，非対角要素の符号については，$a_{ij}^{(2)}=a_{ij}-a_{i1}a_{1j}/a_{11}\leqq 0\ (i\neq j)$. $(A^{(2)})^{-1}$の要素の符号を見るために，Gaussの消去法の第1段を

$$\begin{bmatrix} 1 & 0 \\ (-m_{i1}) & I \end{bmatrix}\begin{bmatrix} a_{11} & (a_{1j}) \\ (a_{i1}) & (a_{ij}) \end{bmatrix}=\begin{bmatrix} a_{11} & (a_{1j}) \\ 0 & A^{(2)} \end{bmatrix}$$

と表現する．ここで，(a_{1j}), (a_{i1}), (a_{ij})は，それぞれ$n-1$次元横ベクトル，縦ベクトル，正方行列であり，$(-m_{i1})$は$n-1$次元縦ベクトルである(添え字の範囲は$2\leqq i,j\leqq n$)．この両辺の逆行列を考えると，

$$\begin{bmatrix} c_{11} & (c_{1j}) \\ (c_{i1}) & (c_{ij}) \end{bmatrix}\begin{bmatrix} 1 & 0 \\ (m_{i1}) & I \end{bmatrix}=\begin{bmatrix} 1/a_{11} & * \\ 0 & (A^{(2)})^{-1} \end{bmatrix}$$

となる($*$は適当な横ベクトルを表す)．したがって，$(A^{(2)})^{-1}$の(i,j)要素$=c_{ij}\geqq 0\ (2\leqq i,j\leqq n)$. なお，M行列が一般化狭義優対角であること(定理1.1)を利用して，(i)に帰着させることもできる．

(iv) $\boldsymbol{x}=(1,0,\cdots,0)^{\mathsf{T}}$に対し$a_{11}=\boldsymbol{x}^{\mathsf{T}}A\boldsymbol{x}>0$となるので，(a)が成立する．

$$\begin{aligned}\sum_{i=2}^{n}\sum_{j=2}^{n}a_{ij}^{(2)}x_ix_j &= \sum_{i=2}^{n}\sum_{j=2}^{n}(a_{ij}-a_{i1}a_{1j}/a_{11})x_ix_j \\ &= \sum_{i=1}^{n}\sum_{j=1}^{n}a_{ij}x_ix_j-(1/a_{11})\left(\sum_{i=1}^{n}a_{i1}x_i\right)\left(\sum_{j=1}^{n}a_{1j}x_j\right)\end{aligned}$$

と変形できるので，任意の$(x_2,\cdots,x_n)^{\mathsf{T}}\neq\boldsymbol{0}$に対して$x_1=-\left(\sum_{i=2}^{n}a_{i1}x_i\right)/a_{11}$と定めると，$\sum_{i=2}^{n}\sum_{j=2}^{n}a_{ij}^{(2)}x_ix_j=\sum_{i=1}^{n}\sum_{j=1}^{n}a_{ij}x_ix_j>0$となる．したがって，(b)も成立する．∎

条件(2.7)を満たせばAは正則である．逆に，任意の正則行列は，行や列を並べ換えることによって，条件(2.7)を満たすようにできることが知られている(次の「枢軸選択とスケーリング」参照)．

枢軸選択とスケーリング

Gauss の消去法において，枢軸要素 $a_{kk}^{(k)}$ が 0 になると次の段に進めなくなる．また，$a_{kk}^{(k)}$ が 0 に近い場合には，誤差の拡大などが起きてしまって精度の良い解が得られないと思われる．

例えば，

$$
\begin{aligned}
-0.001\,x_1 + 6\,x_2 &= 6.001, \\
3\,x_1 + 5\,x_2 &= 2
\end{aligned}
\tag{2.9}
$$

の真の解は $(x_1, x_2) = (-1, 1)$ であるが，この方程式を 10 進 4 桁四捨五入計算で解いてみよう．第 2 式の x_1 を消去すると

$$
\begin{aligned}
-1.000\times 10^{-3}\,x_1 + 6.000 \qquad x_2 &= 6.001, \\
1.801\times 10^{4}\,x_2 &= 1.800\times 10^{4}
\end{aligned}
$$

となり，後退代入により，

$$
\begin{aligned}
x_2 &= \frac{1.800\times 10^4}{1.801\times 10^4} \approx 9.994\times 10^{-1}, \\
x_1 &= \frac{6.001 - 6.000\times 9.994\times 10^{-1}}{-1.000\times 10^{-3}} \approx \frac{6.001 - 5.996}{-1.000\times 10^{-3}} = -5.000
\end{aligned}
$$

を得る．x_2 は近似解として十分な精度をもっているが，x_1 は見当違いの値である．枢軸要素 $a_{11}^{(1)} = -0.001$ が小さいことが原因であろう．

一般に，第 k 段の消去の前に，k 番目以降の方程式を入れ換えて，枢軸要素の絶対値 $|a_{kk}^{(k)}|$ がそれより下の位置にある要素の絶対値 $|a_{ik}^{(k)}|$ $(k \leqq i \leqq n)$ の中で最大になるようにすることができる(したがって，A が正則なら $a_{kk}^{(k)} \neq 0$ となる；問題 2.1 参照)．この操作を**枢軸選択**(pivoting)あるいは**部分枢軸選択**(partial pivoting)と呼ぶ[*3]．

上例(2.9)に枢軸選択を適用すると，方程式の順番が入れ換わり，前進消去により

*3 これに対し，k 番目以降の方程式だけでなく，k 番目以降の変数も入れ換えて，$|a_{kk}^{(k)}|$ がそれより右下にある要素の絶対値 $|a_{ij}^{(k)}|$ $(k \leqq i, j \leqq n)$ の中で最大になるようにする方式を**完全枢軸選択**(complete pivoting)と呼ぶ．

$$\begin{aligned} 3.000\ x_1 + 5.000\ x_2 &= 2.000, \\ 6.002\ x_2 &= 6.002 \end{aligned}$$

となり，後退代入の結果，$x_2 = 1.000$, $x_1 = -1.000$ という満足のできる近似解が求められる．

各方程式に零でない定数を掛けること(**スケーリング**と呼ぶ)に対して，数学的な意味での解は不変である．しかし，枢軸選択の結果はスケーリングに依存するので，適切なスケーリングなしには枢軸選択は意味をもち得ないことに注意する必要がある．例えば，上例(2.9)の第 1 の方程式を 10^4 倍した方程式

$$(2.10)\qquad \begin{aligned} -10\ x_1 + 60000\ x_2 &= 60010, \\ 3\ x_1 + \quad 5\ x_2 &= 2 \end{aligned}$$

を枢軸選択付き Gauss 消去法で解くと，まず第 2 式の x_1 が消去されて

$$\begin{aligned} -1.000 \times 10^1\ x_1 + 6.000 \times 10^4\ x_2 &= 6.001 \times 10^4, \\ 1.801 \times 10^4\ x_2 &= 1.800 \times 10^4 \end{aligned}$$

となり，後退代入の結果は $x_2 = 9.994 \times 10^{-1}$, $x_1 = -5.000$ という，先程見たものと同じ見当違いな答になってしまう．枢軸選択が意味をもつような適切なスケーリング法については第 2.3 節で述べる．

方程式が適当にスケーリングされているとして，枢軸選択付きの Gauss 消去法の計算手続きを算法の形にまとめておこう．

Gauss の消去法

(前進消去)

for $k := 1$ **to** $n-1$ **do**

begin

(部分枢軸選択)

$|a^{(k)}_{p_k k}| = \max_{k \leqq i \leqq n} |a^{(k)}_{ik}|$ となる p_k を探す;

$a^{(k)}_{p_k j}$ と $a^{(k)}_{kj}$ $(j = k, k+1, \cdots, n)$, $b^{(k)}_{p_k}$ と $b^{(k)}_k$ を入れ換える;

$w := 1/a_{kk}^{(k)}$;
for $i := k+1$ **to** n **do**
  begin
    $m_{ik} := a_{ik}^{(k)} \cdot w$;
    for $j := k+1$ **to** n **do** $a_{ij}^{(k+1)} := a_{ij}^{(k)} - m_{ik} \cdot a_{kj}^{(k)}$;
    $b_i^{(k+1)} := b_i^{(k)} - m_{ik} \cdot b_k^{(k)}$
  end
end

(後退代入)

for $i := n$ **downto** 1 **do** $x_i := \left(b_i^{(i)} - \sum_{j=i+1}^{n} a_{ij}^{(i)} x_j \right) / a_{ii}^{(i)}$

上の算法の手間は，乗算 $\frac{1}{3}n^3$ 回程度，加減算 $\frac{1}{3}n^3$ 回程度，除算 $2n$ 回程度である．

2.2.2 LU 分解

正方行列 A を単位下三角行列 $L = (l_{ij})$ $(l_{ii} = 1,\ l_{ij} = 0\ (i < j))$ と上三角行列 $U = (u_{ij})$ $(u_{ij} = 0\ (i > j))$ の積の形

$$A = L\,U = \begin{bmatrix} 1 & & & \\ l_{21} & 1 & & \\ \vdots & \ddots & \ddots & \\ l_{n1} & \cdots & l_{n,n-1} & 1 \end{bmatrix} \begin{bmatrix} u_{11} & u_{12} & \cdots & u_{1n} \\ & u_{22} & \cdots & u_{2n} \\ & & \ddots & \vdots \\ & & & u_{nn} \end{bmatrix} \tag{2.11}$$

に分解することを **LU 分解**と呼ぶ．枢軸選択なしの Gauss 消去法は，係数行列 A を LU 分解していることに相当する．以下にこれを示そう．

まず，消去の第 1 段(式(2.3)から式(2.4)への変形)は，行列 $A = (a_{ij}^{(1)})$ を

$$
\left[\begin{array}{c|ccc}
a_{11}^{(1)} & a_{12}^{(1)} & \cdots & a_{1n}^{(1)} \\
\hline
a_{21}^{(1)} & a_{22}^{(1)} & \cdots & a_{2n}^{(1)} \\
\vdots & \vdots & & \vdots \\
a_{n1}^{(1)} & a_{n2}^{(1)} & \cdots & a_{nn}^{(1)}
\end{array}\right]
= \left[\begin{array}{c} 1 \\ \hline m_{21} \\ \vdots \\ m_{n1} \end{array}\right]
\left[\begin{array}{c|ccc} a_{11}^{(1)} & a_{12}^{(1)} & \cdots & a_{1n}^{(1)} \end{array}\right]
+ \left[\begin{array}{c|ccc}
0 & & O & \\
\hline
& a_{22}^{(2)} & \cdots & a_{2n}^{(2)} \\
O & \vdots & & \vdots \\
& a_{n2}^{(2)} & \cdots & a_{nn}^{(2)}
\end{array}\right]
$$

と表現することに対応している．消去の第2段は，右辺の第2項の行列を

$$
\left[\begin{array}{c|ccc}
0 & & O & \\
\hline
& a_{22}^{(2)} & \cdots & a_{2n}^{(2)} \\
O & \vdots & & \vdots \\
& a_{n2}^{(2)} & \cdots & a_{nn}^{(2)}
\end{array}\right]
= \left[\begin{array}{c} 0 \\ \hline 1 \\ \hline m_{32} \\ \vdots \\ m_{n2} \end{array}\right]
\left[\begin{array}{c|c|ccc} 0 & a_{22}^{(2)} & a_{23}^{(2)} & \cdots & a_{2n}^{(2)} \end{array}\right]
+ \left[\begin{array}{c|c|ccc}
0 & 0 & & O & \\
\hline
0 & 0 & & O & \\
\hline
& & a_{33}^{(3)} & \cdots & a_{3n}^{(3)} \\
O & O & \vdots & & \vdots \\
& & a_{n3}^{(3)} & \cdots & a_{nn}^{(3)}
\end{array}\right]
$$

と表現することに対応している．以下，同様に考えると，

$$
A^{(k)} = \left[\begin{array}{cc}
O_{k-1,k-1} & O_{k-1,n-k+1} \\
O_{n-k+1,k-1} & (a_{ij}^{(k)} \mid k \leqq i, j \leqq n)
\end{array}\right],
$$

$$
\boldsymbol{l}_k = (\overbrace{0, \cdots, 0}^{k-1}, 1, m_{k+1,k}, \cdots, m_{nk})^{\top},
$$

$$
\boldsymbol{u}_k = (\overbrace{0, \cdots, 0}^{k-1}, a_{kk}^{(k)}, a_{k,k+1}^{(k)}, \cdots, a_{kn}^{(k)})^{\top},
$$

として，

(2.12) $$A^{(k)} = \boldsymbol{l}_k \boldsymbol{u}_k{}^{\top} + A^{(k+1)} \qquad (k=1,\cdots,n)$$

となっていることが分かる．これらの式を加え合わせると，$A^{(1)}=A$, $A^{(n+1)}=O$ より，

(2.13) $$A = \sum_{k=1}^{n} \boldsymbol{l}_k \boldsymbol{u}_k{}^{\top}$$

が導かれる．すなわち，

(2.14) $$A = \left[\begin{array}{c|c|c|c} & & & \\ \boldsymbol{l}_1 & \boldsymbol{l}_2 & \cdots & \boldsymbol{l}_n \\ & & & \end{array}\right] \left[\begin{array}{c} \boldsymbol{u}_1{}^{\top} \\ \hline \boldsymbol{u}_2{}^{\top} \\ \hline \vdots \\ \hline \boldsymbol{u}_n{}^{\top} \end{array}\right]$$
$$= \begin{bmatrix} 1 & & & \\ m_{21} & 1 & & \\ \vdots & \ddots & \ddots & \\ m_{n1} & \cdots & m_{n,n-1} & 1 \end{bmatrix} \begin{bmatrix} a_{11}^{(1)} & a_{12}^{(1)} & \cdots & a_{1n}^{(1)} \\ & a_{22}^{(2)} & \cdots & a_{2n}^{(2)} \\ & & \ddots & \vdots \\ & & & a_{nn}^{(n)} \end{bmatrix}$$

である．左側の行列は単位下三角行列，右側の行列は上三角行列であるから，式(2.14)は A の LU 分解(2.11)となっている．

以上のようにして，Gauss の消去法から LU 分解が構成できることが分かったが，Gauss の消去法が実行できるための条件(2.7)について再考しよう．行列 A の k 次首座小行列式を $|A|_{1\cdots k}^{1\cdots k}$ とする．

補題 2.2 n 次正則行列 A に対して，

(2.15) $$a_{kk}^{(k)} \neq 0 \quad (k=1,\cdots,n) \iff |A|_{1\cdots k}^{1\cdots k} \neq 0 \quad (k=1,\cdots,n). \qquad \square$$

［証明］ 式(2.14)により，$|A|_{1\cdots k}^{1\cdots k} = \prod_{i=1}^{k} a_{ii}^{(i)}$ $(k=1,\cdots,n)$ となる．また，これを逆に解くと，$a_{kk}^{(k)} = |A|_{1\cdots k}^{1\cdots k} / |A|_{1\cdots,k-1}^{1\cdots,k-1}$ $(k=1,\cdots,n)$ を得られる．これらの関係式は，A の要素 a_{ij} を変数とする有理式として成り立つ恒等式であるから，式(2.15)の同値性が成り立つ． ■

次の定理に示すように，条件(2.15)は LU 分解をもつための必要十分条件

であり，そのとき，L と U は A の小行列式の比で表されて，一意に定まる．行番号 $i_1, \cdots, i_k$，列番号 $j_1, \cdots, j_k$ に対応する A の k 次小行列式を $|A|_{j_1 \cdots j_k}^{i_1 \cdots i_k}$ と表す．

定理 2.3　n 次正則行列 A が LU 分解 $A = LU$ をもつためには，

$$|A|_{1 \cdots k}^{1 \cdots k} \neq 0 \qquad (k = 1, \cdots, n) \tag{2.16}$$

であることが必要十分であり，そのとき，L, U の要素は，

$$l_{ik} = |A|_{1 \cdots, k-1, k}^{1 \cdots, k-1, i} \;/\; |A|_{1 \cdots k}^{1 \cdots k} \qquad (i > k),$$
$$u_{kj} = |A|_{1 \cdots, k-1, j}^{1 \cdots, k-1, k} \;/\; |A|_{1 \cdots, k-1}^{1 \cdots, k-1} \qquad (k \leqq j)$$

と表される．　□

［証明］　条件(2.16)が成り立つならば，補題 2.2 により条件(2.7)が成り立つので，Gauss の消去法から LU 分解が構成できる．逆に，LU 分解(2.11)があったとすると，$|A|_{1 \cdots k}^{1 \cdots k} = \prod_{i=1}^{k} u_{ii}$ $(k = 1, \cdots, n)$ であり，一方，A の正則性より $|A|_{1 \cdots n}^{1 \cdots n} \neq 0$ だから，式(2.16)が成り立つ．

式(2.11)の両辺において，行番号 $1, \cdots, k-1; i$，列番号 $1, \cdots, k-1; k$ の小行列式を考えると $|A|_{1 \cdots, k-1, k}^{1 \cdots, k-1, i} = l_{ik} \cdot (u_{11} \cdots u_{kk}) = l_{ik} \cdot |A|_{1 \cdots k}^{1 \cdots k}$ が得られる．また，行番号 $1, \cdots, k-1; k$，列番号 $1, \cdots, k-1; j$ の小行列式を考えることによって $|A|_{1 \cdots, k-1, j}^{1 \cdots, k-1, k} = (u_{11} \cdots u_{k-1, k-1}) \cdot u_{kj} = |A|_{1 \cdots, k-1}^{1 \cdots, k-1} \cdot u_{kj}$ が得られる．　■

枢軸選択付きの Gauss 消去法は，P をある置換行列として，PA の LU 分解を与えていることを説明しよう．第 k 段における枢軸選択を置換行列 P_k で表現すると，枢軸選択付きの消去は，式(2.12)を

$$P_k A^{(k)} = \boldsymbol{l}_k \boldsymbol{u}_k^{\top} + A^{(k+1)} \qquad (k = 1, \cdots, n) \tag{2.17}$$

と修正することによって表現できる $(P_n = I)$．ここで，

$$\tilde{\boldsymbol{l}}_k = P_{n-1} P_{n-2} \cdots P_{k+1} \boldsymbol{l}_k, \qquad P = P_{n-1} P_{n-2} \cdots P_1$$

とおくと，$P_{k+1}, \cdots, P_{n-1}$ は $k+1$ 番目以降の要素を並べ換えるだけであるから，置換によって $\tilde{\boldsymbol{l}}_k$ の最初の k 個の要素は変わらず，

$$\tilde{\boldsymbol{l}}_k = (\overbrace{0, \cdots, 0}^{k-1}, 1, \tilde{m}_{k+1,k}, \cdots, \tilde{m}_{nk})^\top$$

の形である．このことと式(2.17)より

$$(2.18)\quad PA = \sum_{k=1}^{n} \tilde{\boldsymbol{l}}_k \boldsymbol{u}_k{}^\top = \begin{bmatrix} 1 & & & \\ \tilde{m}_{21} & 1 & & \\ \vdots & \ddots & \ddots & \\ \tilde{m}_{n1} & \cdots & \tilde{m}_{n,n-1} & 1 \end{bmatrix} \begin{bmatrix} a_{11}^{(1)} & a_{12}^{(1)} & \cdots & a_{1n}^{(1)} \\ & a_{22}^{(2)} & \cdots & a_{2n}^{(2)} \\ & & \ddots & \vdots \\ & & & a_{nn}^{(n)} \end{bmatrix}$$

が導かれる．これは PA の LU 分解となっている．

算法は次のようになる．一つの 2 次元配列 $a[\cdot,\cdot]$ を用いて，狭義下三角部分 $a[i,j]$ $(i>j)$ に $\tilde{m}_{ij}$ を，上三角部分 $a[i,j]$ $(i \leqq j)$ に $a_{ij}^{(i)}$ を作り出す．また，1 次元配列 $\pi[\cdot]$ は，i 番目になっている方程式が，与えられた方程式の $\pi[i]$ 番目のものに対応することを表し，記号 $\leftrightarrow$ は要素の交換を意味する．

LU 分解

for $i := 1$ **to** n **do** $\pi[i] := i$;

for $k := 1$ **to** $n-1$ **do**

  begin

    (部分枢軸選択)

      $|a[p_k, k]| = \max_{k \leqq i \leqq n} |a[i,k]|$ となる p_k を探す;

      $\pi[p_k] \leftrightarrow \pi[k]$; **for** $j := 1$ **to** n **do** $a[p_k, j] \leftrightarrow a[k,j]$;

    $w := 1/a[k,k]$;

    for $i := k+1$ **to** n **do**

      begin

        $a[i,k] := a[i,k] \cdot w$;

        for $j := k+1$ **to** n **do** $a[i,j] := a[i,j] - a[i,k] \cdot a[k,j]$

      end

  end

計算の手間は，後退代入の手間を除いて Gauss の消去法と同じである．

係数行列 A が枢軸選択付きで LU 分解されれば，$PA=LU$ であるから，方程式 $A\boldsymbol{x}=\boldsymbol{b}$ は二つの方程式 $L\boldsymbol{y}=P\boldsymbol{b}$, $U\boldsymbol{x}=\boldsymbol{y}$ と同値である．$L\boldsymbol{y}=P\boldsymbol{b}$ の係数行列 L は下三角であるから，これは**前進代入**

$$y_i = b_{\pi[i]} - \sum_{j=1}^{i-1} a[i,j]\ y_j \qquad (i=1,\cdots,n)$$

によって解ける(手間は，乗算および加減算それぞれ $\dfrac{1}{2}n^2$ 回程度)．この $\boldsymbol{y}$ は，枢軸選択付きの Gauss 前進消去の結果得られる $(b_1^{(1)},\cdots,b_n^{(n)})^{\mathsf{T}}$ に一致する．一方，$U\boldsymbol{x}=\boldsymbol{y}$ の係数行列 U は上三角であるから，これも同様の代入計算(**後退代入**)で解ける．これは，Gauss 消去法における後退代入と同じものであり，乗算および加減算それぞれ $\dfrac{1}{2}n^2$ 回程度，除算 n 回程度で計算できる．

係数行列 A が同じで右辺ベクトル $\boldsymbol{b}$ が異なるいくつかの方程式を解く場合には，はじめに一度だけ A を LU 分解しておけばよい(→第 2.2.4 節，第 2.4 節)．

注意 2.4　行列 A が帯幅 $2w+1$ の**帯行列**($|i-j|>w$ のとき $a_{ij}=0$)のときには，もし枢軸選択の必要がなければ，L も U も同じ帯幅の帯行列($l_{ij}=0\ (i>j+w)$, $u_{ij}=0\ (i+w<j)$)になり，記憶領域も演算量も少なくて済むので好都合である．w が n に比べて十分小さいとき，乗算および加減算それぞれ w^2n 回程度，除算 n 回程度である．

2.2.3　Cholesky 分解

行列 A が対称の場合の LU 分解は，対称性のゆえに特殊な形になる．A が正定値ならば，$|A|_{1\cdots k}^{1\cdots k}>0\ (k=1,\cdots,n)$ となるので，$A=CC^{\mathsf{T}}$(C は下三角行列)の形に分解できる．これを **Cholesky 分解**と呼ぶ．正定値でない場合も，$|A|_{1\cdots k}^{1\cdots k}\neq 0\ (k=1,\cdots,n)$ ならば，$A=LDL^{\mathsf{T}}$(L は単位下三角行列，D は対角行列)の形に分解できる．これを **LDL^{T} 分解**[*4]と呼ぶことがある．首座小行列式の中に零のものがある場合にも，P を適当な置換行列として，$P^{\mathsf{T}}AP=$

*4 「エル・ディー・エル・ティーぶんかい」と読むのが通例である．

$L\tilde{D}L^{\mathsf{T}}$ (L は単位下三角行列，$\tilde{D}$ は次数 2 以下のブロックから成るブロック対角行列) と分解できる [3], [4].

Cholesky 分解における下三角行列 $C=(c_{ij})$ を計算する算法を導出しよう.

$$A = CC^{\mathsf{T}} = \left[\begin{array}{c|c|c|c} \boldsymbol{c}_1 & \boldsymbol{c}_2 & \cdots & \boldsymbol{c}_n \end{array}\right] \left[\begin{array}{c} {\boldsymbol{c}_1}^{\mathsf{T}} \\ \hline {\boldsymbol{c}_2}^{\mathsf{T}} \\ \hline \vdots \\ \hline {\boldsymbol{c}_n}^{\mathsf{T}} \end{array}\right],$$

$$\boldsymbol{c}_k = (\overbrace{0, \cdots, 0}^{k-1}, c_{kk}, \cdots, c_{nk})^{\mathsf{T}}$$

であるから，Gauss の消去法のときと同様に

$$A^{(k)} = \begin{bmatrix} O_{k-1,k-1} & O_{k-1,n-k+1} \\ O_{n-k+1,k-1} & (a_{ij}^{(k)} \mid k \leqq i,j \leqq n) \end{bmatrix} \tag{2.19}$$

とおくと

$$A^{(k)} = \boldsymbol{c}_k {\boldsymbol{c}_k}^{\mathsf{T}} + A^{(k+1)} \qquad (k=1,\cdots,n) \tag{2.20}$$

が成り立つ ($A^{(1)}=A$). この式の $k=1$ の場合から

$$c_{11} = \sqrt{a_{11}^{(1)}}, \quad c_{i1} = a_{i1}^{(1)}/c_{11} \quad (2 \leqq i \leqq n), \quad a_{ij}^{(2)} = a_{ij}^{(1)} - c_{i1}c_{j1} \quad (2 \leqq i,j \leqq n)$$

のように $\boldsymbol{c}_1$ と $A^{(2)}$ が定まる. 以下，$k=2,\cdots,n$ とすると，同様にして $\boldsymbol{c}_2, \cdots, \boldsymbol{c}_n$ が求められる.

具体的な算法は次のように与えられる. 行列 A は対称なので，2 次元配列 $a[\cdot,\cdot]$ の下三角部分のみを用いており，最終的に $c_{ij}=a[i,j]$ $(i \geqq j)$ となる.

Cholesky 分解

for $k := 1$ **to** n **do**
  begin
    $a[k,k] := \sqrt{a[k,k]}$; $w := 1/a[k,k]$;
    for $i := k+1$ **to** n **do** $a[i,k] := a[i,k] \cdot w$;

```
    for j := k + 1 to n do
        for i := j to n do a[i, j] := a[i, j] − a[i, k]·a[j, k]
end
```

上の算法の手間は，乗算 $\frac{1}{6}n^3$ 回程度，加減算 $\frac{1}{6}n^3$ 回程度，除算 n 回程度，開平(平方根をとる演算)n 回程度である．

次に，LDL$^{\top}$ 分解における単位下三角行列 $L=(l_{ij})$ と対角行列 $D=\mathrm{diag}\,(d_i)$ を計算する算法を導出しよう．

$$A = LDL^{\top} = \left[\begin{array}{c|c|c|c} \boldsymbol{l}_1 & \boldsymbol{l}_2 & \cdots & \boldsymbol{l}_n \end{array}\right] \begin{bmatrix} d_1 & & & \\ & d_2 & & \\ & & \ddots & \\ & & & d_n \end{bmatrix} \begin{bmatrix} \boldsymbol{l}_1{}^{\top} \\ \hline \boldsymbol{l}_2{}^{\top} \\ \hline \vdots \\ \hline \boldsymbol{l}_n{}^{\top} \end{bmatrix},$$

$$\boldsymbol{l}_k = (\overbrace{0, \cdots, 0}^{k-1}, 1, l_{k+1,k}, \cdots, l_{nk})^{\top}$$

であるから，Cholesky 分解のときと同様に式(2.19)で $A^{(k)}$ を定義すると

$$A^{(k)} = \boldsymbol{l}_k d_k \boldsymbol{l}_k{}^{\top} + A^{(k+1)} \qquad (k=1, \cdots, n) \tag{2.21}$$

が成り立つ($A^{(1)}=A$)．この式より，$k=1, \cdots, n$ の順に

$$d_k = a_{kk}^{(k)}, \qquad l_{ik} = a_{ik}^{(k)}/d_k \quad (k+1 \leqq i \leqq n),$$
$$a_{ij}^{(k+1)} = a_{ij}^{(k)} - l_{ik} d_k l_{jk} \quad (k+1 \leqq i, j \leqq n)$$

として $d_1, \boldsymbol{l}_1, d_2, \boldsymbol{l}_2, \cdots, \boldsymbol{l}_{n-1}, d_n$ が求められる．

具体的な算法は次のように与えられる．2 次元配列 $a[\cdot,\cdot]$ の下三角部分のみを用いており，最終的に $d_i = a[i,i]$, $l_{ij} = a[i,j]$ $(i > j)$ となる．

LDL$^{\top}$ 分解

```
for k := 1 to n do
    begin
        w := 1/a[k, k];
```

```
    for i := k + 1 to n do a[i, k] := a[i, k]·w;
    for j := k + 1 to n do
      begin
        v := a[k, k]·a[j, k];
        for i := j to n do a[i, j] := a[i, j] − a[i, k]·v
      end
  end
```

計算の手間は，Cholesky 分解と同様である(平方根の計算は不要である)．

2.2.4 反復改良

近似解 $\boldsymbol{x}$ の誤差 $\boldsymbol{e} = \boldsymbol{x} - \boldsymbol{x}^*$ と残差 $\boldsymbol{r} = \boldsymbol{b} - A\boldsymbol{x}$ とは，$A\boldsymbol{e} = -\boldsymbol{r}$ の関係にある．一方，既に述べたように，係数行列 A の LU 分解を一旦求めてしまえば，右辺ベクトルだけが異なる方程式は n^2 回の乗算および加減算(と n 回の除算)で解くことができる．これを利用して，少ない手間で近似解を改良する方法が考えられる．これは**反復改良**と呼ばれる．

反復改良

```
A を LU 分解する: PA = LU;
Ly = Pb, Ux = y を解いて近似解 x = x^(0) を求める;
r^(0) := b − Ax^(0);
for m := 1, 2, ··· until (終了条件) do
  begin
    Ly = Pr^(m−1), Uz = y を解いて修正量 z = z^(m) を求める;
    x^(m) := x^(m−1) + z^(m);  r^(m) := b − Ax^(m)
  end
```

終了条件は，第 i 番目の方程式の残差 r_i に対する丸め誤差限界の評価値 δr_i を適当に定めて，

$$(2.22) \qquad |r_i| \leqq \delta r_i \qquad (i=1,\cdots,n)$$

の形とする．具体的には，

$$(2.23) \qquad \delta r_i = (|J_i|+1.1)\,\varepsilon_{\mathrm{M}}\left(|b_i| + \sum_{j\in J_i} |a_{ij}|\,|x_j|\right) \qquad (i=1,\cdots,n)$$

を採用する．ここで，J_i は A の第 i 行に非零要素のある列番号の集合 $J_i = \{j \mid a_{ij} \neq 0\}$，$|J_i|$ はその要素の個数を表し，ε_{M} はマシンエプシロン(→第1.3節)である．数回の反復改良の後にこの条件が満たされることが，半ば理論的・半ば経験的に知られている[37], [43].

枢軸選択付きの Gauss 消去法でも見当違いな答がでてしまう方程式(2.10)に反復改良を適用してみよう．係数行列の LU 分解は，

$$L = \begin{bmatrix} 1.000 & 0 \\ -3.000\times 10^{-1} & 1.000 \end{bmatrix}, \quad U = \begin{bmatrix} -1.000\times 10^{1} & 6.000\times 10^{4} \\ 0 & 1.801\times 10^{4} \end{bmatrix}$$

で与えられ，反復改良の結果は表2.1のように良好である．なお，式(2.23)の δr_i を用いている．

表 2.1 方程式(2.10)に対する反復改良.

反復	$m=0$	$m=1$	$m=2$
z_1		3.998	1.999×10^{-3}
z_2		6.663×10^{-4}	3.331×10^{-7}
x_1	-5.000	-1.002	-1.000
x_2	9.994×10^{-1}	1.000	1.000
r_1	0.000	0.000	0.000
δr_1	(1.860×10^{2})	(1.860×10^{2})	(1.860×10^{2})
r_2	1.200×10^{1}	6.000×10^{-3}	0.000
δr_2	(3.410×10^{-2})	(1.552×10^{-2})	(1.550×10^{-2})

2.2.5 解の精度

残差 $\boldsymbol{r} = \boldsymbol{b} - A\boldsymbol{x}$ の計算値が式(2.22)，(2.23)の丸め誤差限界内に入ったとき，真の残差 $\boldsymbol{r}$ は

$$(2.24) \qquad |\boldsymbol{r}| \leqq \eta\, \varepsilon_{\mathrm{M}}\, (|\boldsymbol{b}| + |A|\,|\boldsymbol{x}|)$$

の形の不等式を満たすと見てよいであろう．ここで η は適当な正数である．また，一般に，行列 A，ベクトル $\boldsymbol{b}$ の要素の絶対値を要素とする行列，ベクトルを $|A|$, $|\boldsymbol{b}|$ などと書き表し，ベクトルの間の不等号は要素毎の不等号を意味するものとする．

このとき，誤差 $\boldsymbol{x}-\boldsymbol{x}^*$ ($\boldsymbol{x}^*$ は真の解) は次のように見積ることができる．

補題 2.5 残差 $\boldsymbol{r}$ が条件 (2.24) を満たすとき，次の評価式が成り立つ．

(1) $|\boldsymbol{x}-\boldsymbol{x}^*| \leqq \eta\, \varepsilon_{\mathrm{M}}\, |A^{-1}|\,(|\boldsymbol{b}| + |A|\,|\boldsymbol{x}|)$.

(2) $\|\boldsymbol{x}-\boldsymbol{x}^*\|_\infty \leqq \eta\, \varepsilon_{\mathrm{M}}\, \|\,|A^{-1}|\,(|\boldsymbol{b}| + |A|\,|\boldsymbol{x}|)\|_\infty$. □

[証明] (1) $\boldsymbol{x}-\boldsymbol{x}^* = -A^{-1}\boldsymbol{r}$ より $|\boldsymbol{x}-\boldsymbol{x}^*| = |A^{-1}\boldsymbol{r}| \leqq |A^{-1}|\,|\boldsymbol{r}|$.

(2) は (1) で，要素の最大値を考えればよい． ■

補題 2.5 において，要素毎の評価式 (1) は，A^{-1} を求めるために $\mathrm{O}(n^3)$ の計算が必要で，実用的でない．他方，評価式 (2) は，ノルム評価なので情報は少ないが，右辺 $K = \|\,|A^{-1}|\,(|\boldsymbol{b}| + |A|\,|\boldsymbol{x}|)\|_\infty$ の値を $\mathrm{O}(n^2)$ の手間で効率的に推定できるので，実用になる．以下，その推定法([40], [41])を説明しよう．

まず，ベクトル $\boldsymbol{s} = |\boldsymbol{b}| + |A|\,|\boldsymbol{x}|$ の要素を対角要素とする対角行列 $S = \mathrm{diag}\,(s_1, \cdots, s_n)$ を考え，すべての要素が 1 であるベクトルを $\mathbf{1}$ と表すと，

$$K = \|\,|A^{-1}|\,(|\boldsymbol{b}| + |A|\,|\boldsymbol{x}|)\|_\infty = \|\,|A^{-1}|\,S\mathbf{1}\|_\infty = \|A^{-1}S\|_\infty = \|SA^{-\mathsf{T}}\|_1$$

と書き換えられる*5.

一般に，行列 B の 1 ノルムは $\|B\|_1 = \max\limits_{\|\boldsymbol{v}\|_1 \leqq 1} \|B\boldsymbol{v}\|_1$ と表される(→式 (1.16))が，これは凸集合 $\mathcal{V} = \{\boldsymbol{v} \mid \|\boldsymbol{v}\|_1 \leqq 1\}$ 上で凸関数 $f(\boldsymbol{v}) = \|B\boldsymbol{v}\|_1$ を最大化する形である(→注意 2.6)．凸性により，$\mathcal{V}$ の端点 $\pm\boldsymbol{e}_j$ $(j = 1, \cdots, n)$ の中に $f(\boldsymbol{v})$ を最大にするものがあり ($\boldsymbol{e}_j$ は第 j 単位ベクトル)，また，各 $\boldsymbol{v}$ に

*5 この値を公式 (1.17) によって直接計算すると $\mathrm{O}(n^3)$ の演算が必要になる．なお，$A^{-\mathsf{T}} = (A^{\mathsf{T}})^{-1} = (A^{-1})^{\mathsf{T}}$ である．

対して，$\boldsymbol{\xi}$ を $B\boldsymbol{v}$ の符号ベクトル[*6]とすると，

$$f(\boldsymbol{u}) \geqq f(\boldsymbol{v}) + \boldsymbol{\xi}^{\top} B(\boldsymbol{u} - \boldsymbol{v}) \qquad (\forall \boldsymbol{u} \in \mathbb{R}^n)$$

が成り立つ．この事実を利用すると，f を近似的に最大化するアルゴリズムとして次のようなものが考えられる：(i)適当な初期点 $\boldsymbol{v}$ から始めて，(ii)現在の点 $\boldsymbol{v}$ において $\boldsymbol{\xi}$ を計算し，$\boldsymbol{u} \in \{\pm \boldsymbol{e}_1, \cdots, \pm \boldsymbol{e}_n\}$ の中で $\boldsymbol{\xi}^{\top} B\boldsymbol{u}$ を最大にする $\boldsymbol{u} = \pm \boldsymbol{e}_k$ を求め，(iii)$\boldsymbol{\xi}^{\top} B\boldsymbol{u} \leqq \boldsymbol{\xi}^{\top} B\boldsymbol{v}$ ならば現在の点 $\boldsymbol{v}$ を解として出力し，そうでなければ $\boldsymbol{u}$ を新しい $\boldsymbol{v}$ として(ii)以降を繰り返す．なお，(iii)における出力は，必ずしも真の最適解ではない．また，$f(-\boldsymbol{e}_k) = f(\boldsymbol{e}_k)$ だから，$\boldsymbol{u} = -\boldsymbol{e}_k$ のときには $\boldsymbol{v} = \boldsymbol{e}_k$ と更新して差し支えない．

このアルゴリズムを $B = SA^{-\top}$ に適用すると，K の推定法が得られる．

$K = \| \, |A^{-1}| \, (|\boldsymbol{b}| + |A| \, |\boldsymbol{x}|) \|_{\infty}$ の推定法

〈1〉　$s_i := (|\boldsymbol{b}| + |A| \, |\boldsymbol{x}|)_i \ (i = 1, \cdots, n)$;　$\boldsymbol{v} := (1/n, \cdots, 1/n)^{\top}$.

〈2〉　$\boldsymbol{w}$ に関する方程式 $A^{\top} \boldsymbol{w} = \boldsymbol{v}$ を解く．

〈3〉　$\eta_i := s_i \cdot \mathrm{sgn}\,(w_i) \ (i = 1, \cdots, n)$.

〈4〉　$\boldsymbol{g}$ に関する方程式 $A\boldsymbol{g} = \boldsymbol{\eta}$ を解く．

〈5〉　$|g_k| = \max_{1 \leqq j \leqq n} |g_j|$ となる k を求める．
もし $|g_k| \leqq \boldsymbol{g}^{\top} \boldsymbol{v}$ ならば，$K := \sum_{i=1}^{n} s_i |w_i|$ として終了；そうでなければ，$\boldsymbol{v} := \boldsymbol{e}_k$(第 k 単位ベクトル)として〈2〉に戻る．

算法の〈2〉,〈4〉において方程式を解く手間は，最初に A の LU 分解を求めておけば $\mathrm{O}(n^2)$ である．通常，反復は 2～3 回で終了することが多く，全体の計算量も $\mathrm{O}(n^2)$ となる．

注意 2.6　$\mathbb{R}^n$ の部分集合 $\mathcal{V}$ が**凸集合**とは，任意の $\boldsymbol{v}, \boldsymbol{w} \in \mathcal{V}$ と任意の実数 t $(0 \leqq t \leqq 1)$ に対して

$$t\boldsymbol{v} + (1-t)\boldsymbol{w} \in \mathcal{V}$$

が成り立つことをいう．点 $\boldsymbol{v} \in \mathcal{V}$ が相異なる 2 点 $\boldsymbol{u}, \boldsymbol{w} \in \mathcal{V}$ の中点の形 $\boldsymbol{v} = (\boldsymbol{u} + \boldsymbol{w})/2$

---

*6　$\mathrm{sgn}\,(a) = \begin{cases} 1 & (a \geqq 0) \\ -1 & (a < 0) \end{cases}$　とするとき $\xi_i = \mathrm{sgn}\,((B\boldsymbol{v})_i) \ (i = 1, \cdots, n)$.

に書き表せないとき，$\boldsymbol{v}$ は $\mathcal{V}$ の**端点**であるという．関数 $f:\mathbb{R}^n\to\mathbb{R}$ が**凸関数**とは，任意の $\boldsymbol{v},\boldsymbol{w}\in\mathbb{R}^n$ と任意の実数 t $(0\leqq t\leqq 1)$ に対して

$$tf(\boldsymbol{v})+(1-t)f(\boldsymbol{w})\geqq f(t\boldsymbol{v}+(1-t)\boldsymbol{w})$$

が成り立つことである．各点 $\boldsymbol{v}\in\mathbb{R}^n$ に対して，ある $\boldsymbol{g}\in\mathbb{R}^n$ が存在して，

$$f(\boldsymbol{u})\geqq f(\boldsymbol{v})+\boldsymbol{g}^{\top}(\boldsymbol{u}-\boldsymbol{v})\qquad(\forall\boldsymbol{u}\in\mathbb{R}^n)$$

が成り立つ．このような $\boldsymbol{g}$ を f の $\boldsymbol{v}$ における**劣勾配**と呼ぶ．有界な凸集合上で凸関数を最大化するとき，最大値は端点において達成される．ただし，端点以外の点も最大値を与える可能性はある(例えば，定数関数の場合を考えてみよ)．

2.3 丸め誤差評価

Gauss 消去法の算法は四則演算から成り立っているが，これをコンピュータ上で実行すると，それぞれの演算は丸め誤差を伴った浮動小数点演算によって近似される．既に第 1.3 節で述べたように，加減乗除 $+$, $-$, $\times$, $/$ に対応する浮動小数点演算を $\oplus$, $\ominus$, $\otimes$, $\oslash$ と表すとき，浮動小数点数 x, y に対して

$$x\circledbullet y=(x\bullet y)(1+\delta),\qquad |\delta|\leqq\varepsilon_{\mathrm{M}}\tag{2.25}$$

の形の不等式評価が成り立つと仮定できる場合が多い．ここで，ε_{M} はマシンエプシロンであり，$\bullet$ は $+$, $-$, $\times$, $/$ を表し，$\circledbullet$ は $\bullet$ に対応する浮動小数点演算($\oplus$, $\ominus$, $\otimes$, $\oslash$)である．

本節では，与えられた方程式 $A\boldsymbol{x}=\boldsymbol{b}$ のデータ(A, $\boldsymbol{b}$ の要素)は浮動小数点数であるとし，浮動小数点演算について式(2.25)が成り立つと仮定して，Gauss 消去法の誤差解析を行う．

2.3.1 後退誤差解析

ここで紹介する誤差解析の方法は，**後退誤差解析**と呼ばれるものである．丸め誤差を含んだ計算によって得られた近似解 $\boldsymbol{x}$ を厳密解にもつような方程式 $\tilde{A}\boldsymbol{x}=\tilde{\boldsymbol{b}}$ を考え，この方程式が与えられた方程式 $A\boldsymbol{x}=\boldsymbol{b}$ とどの程度離れているかを見積ることによって，残差 $\boldsymbol{b}-A\boldsymbol{x}$ や誤差 $\boldsymbol{x}-\boldsymbol{x}^*$ の評価式を導くとこ

ろに特徴がある．二つの方程式の違いを表す量 $E=\tilde{A}-A$, $\boldsymbol{f}=\tilde{\boldsymbol{b}}-\boldsymbol{b}$ を後退誤差と呼ぶ．一般に，$\tilde{A}$, $\tilde{\boldsymbol{b}}$ の選び方は一意的でないが，後退誤差 E, $\boldsymbol{f}$ が小さいような $\tilde{A}$, $\tilde{\boldsymbol{b}}$ が選べれば，よい誤差評価が得られる．

以下，補題 2.7 で後退誤差，定理 2.9 で残差，定理 2.10 で誤差の評価を与える[*7]．

補題 2.7　方程式(2.2)に対して，部分枢軸選択付きの Gauss 消去法で計算された解を $\boldsymbol{x}$ とすると，仮定(2.25)の下で，ある行列 E とベクトル $\boldsymbol{f}$ が存在して，

$$(A+E)\boldsymbol{x}=\boldsymbol{b}+\boldsymbol{f}, \tag{2.26}$$

$$|E| \leqq \varepsilon_{\mathrm{M}}\, G_n|A|, \qquad |\boldsymbol{f}\,| \leqq \varepsilon_{\mathrm{M}}\, G_n|\boldsymbol{b}| \tag{2.27}$$

が成り立つ．ここで，G_n は n だけで定まる(A や $\boldsymbol{b}$ に依らない) n 次行列である．　□

［証明］　証明は第 2.3.2 節で与える．　■

注意 2.8　上の補題における行列 G_n の要素の最大値は $\mathrm{O}(n2^n)$ である(→問題 2.3)．これは，丸め誤差の指数的増大の可能性，すなわち，部分枢軸選択付きの Gauss 消去法が不安定になり得ることを示唆しており，実際，そのような例もある(→問題 2.4)．しかし，通常，不等式(2.27)は過大評価であって Gauss の消去法は安定である．

上の補題から，残差に関する評価式が得られる．ここで，

$$\sigma(A,\boldsymbol{x},\boldsymbol{b})=\frac{\displaystyle\max_{1\leqq i\leqq n}\,(|\boldsymbol{b}|+|A|\,|\boldsymbol{x}|)_i}{\displaystyle\min_{1\leqq i\leqq n}\,(|\boldsymbol{b}|+|A|\,|\boldsymbol{x}|)_i}$$

と定義する(ただし，この分母は 0 でないと仮定する)．また，$c_n=\|G_n\|_\infty$ とおくと，これは n だけに依る数である．

定理 2.9(Gauss 消去法の残差評価)　部分枢軸選択付きの Gauss 消去法で計算された解 $\boldsymbol{x}$ に対して，

---

*7　本節でも，行列・ベクトルに対し，各要素の絶対値を要素とする行列・ベクトルを $|\cdot|$ と書き，ベクトルの間の不等号は要素毎の不等号を意味する．

$$|\boldsymbol{b} - A\boldsymbol{x}| \leqq c_n \varepsilon_{\mathrm{M}}\ \sigma(A, \boldsymbol{x}, \boldsymbol{b})\ (|\boldsymbol{b}| + |A|\,|\boldsymbol{x}|)$$

が成り立つ． □

［証明］ 一般に，要素が正のベクトル $\boldsymbol{t} = (t_i)$ に対して

$$\hat{\sigma}(\boldsymbol{t}) = \frac{\displaystyle\max_{1 \leqq i \leqq n} t_i}{\displaystyle\min_{1 \leqq i \leqq n} t_i}$$

とおくと，

$$(G_n \boldsymbol{t})_i \leqq \|G_n \boldsymbol{t}\|_\infty \leqq \|G_n\|_\infty \|\boldsymbol{t}\|_\infty \leqq c_n \hat{\sigma}(\boldsymbol{t})\ t_i \tag{2.28}$$

が成り立つ．とくに，$\boldsymbol{s} = |\boldsymbol{b}| + |A|\,|\boldsymbol{x}|$ に対して $G_n \boldsymbol{s} \leqq c_n \sigma(A, \boldsymbol{x}, \boldsymbol{b}) \boldsymbol{s}$ である．一方，補題 2.7 より

$$|\boldsymbol{b} - A\boldsymbol{x}| = |E\boldsymbol{x} - \boldsymbol{f}| \leqq |E|\,|\boldsymbol{x}| + |\boldsymbol{f}| \leqq \varepsilon_{\mathrm{M}}\ G_n(|\boldsymbol{b}| + |A|\,|\boldsymbol{x}|) = \varepsilon_{\mathrm{M}}\ G_n \boldsymbol{s}$$

である．この二つを組み合わせればよい． ■

残差の評価式（定理 2.9）から誤差の評価式が導かれる．なお，すべての要素が 1 であるベクトルを $\mathbf{1}$ と表す．

定理 2.10（Gauss 消去法の誤差評価） 真の解を $\boldsymbol{x}^*$ とするとき，部分枢軸選択付きの Gauss 消去法で計算された解 $\boldsymbol{x}$ に関して，以下の評価が成り立つ．

（1） $|\boldsymbol{x} - \boldsymbol{x}^*| \leqq c_n \varepsilon_{\mathrm{M}}\ \sigma(A, \boldsymbol{x}, \boldsymbol{b})\ |A^{-1}|\,(|\boldsymbol{b}| + |A|\,|\boldsymbol{x}|)$.

（2） $\|\boldsymbol{x} - \boldsymbol{x}^*\|_\infty \leqq c_n \varepsilon_{\mathrm{M}}\ \sigma(A, \boldsymbol{x}, \boldsymbol{b})\ \|\ |A^{-1}|\,(|\boldsymbol{b}| + |A|\,|\boldsymbol{x}|)\|_\infty$.

（3） $\|\boldsymbol{x} - \boldsymbol{x}^*\|_\infty \leqq \dfrac{c_n \varepsilon_{\mathrm{M}}\ \sigma(A, \boldsymbol{x}^*, \boldsymbol{b})\ \|\ |A^{-1}|\,(|\boldsymbol{b}| + |A|\,|\boldsymbol{x}^*|)\|_\infty}{1 - c_n \varepsilon_{\mathrm{M}}\ \sigma(A, \mathbf{1}, \mathbf{0})\ \|\ |A^{-1}|\,|A|\ \|_\infty}$.

ただし，右辺の分母は正であると仮定する． □

［証明］ （1），（2） 定理 2.9 により，不等式（2.24）が $\eta = c_n \sigma(A, \boldsymbol{x}, \boldsymbol{b})$ に対して成り立つ．したがって，補題 2.5 が適用できる．

（3） 式（2.26）により

$$\boldsymbol{x} - \boldsymbol{x}^* = A^{-1}(\boldsymbol{f} - E\boldsymbol{x}) = A^{-1}(\boldsymbol{f} - E\boldsymbol{x}^*) - A^{-1}E(\boldsymbol{x} - \boldsymbol{x}^*)$$

であるから，

(2.29)

$$\|\boldsymbol{x}-\boldsymbol{x}^*\|_\infty \leqq \|\,|A^{-1}|\,(|\boldsymbol{f}|+|E|\,|\boldsymbol{x}^*|)\|_\infty + \|\,|A^{-1}|\,|E|\,\|_\infty \|\boldsymbol{x}-\boldsymbol{x}^*\|_\infty$$

である．右辺第１項については，補題2.7と式(2.28)(ただし $\boldsymbol{t}=|\boldsymbol{b}|+|A|\,|\boldsymbol{x}^*|$ とする)より

$$|\boldsymbol{f}|+|E|\,|\boldsymbol{x}^*| \leqq \varepsilon_{\mathrm{M}} G_n(|\boldsymbol{b}|+|A|\,|\boldsymbol{x}^*|) \leqq \varepsilon_{\mathrm{M}}\cdot c_n\sigma(A,\boldsymbol{x}^*,\boldsymbol{b})\ (|\boldsymbol{b}|+|A|\,|\boldsymbol{x}^*|)$$

となるので，

(2.30)

$$\text{式(2.29)の右辺第１項} \leqq c_n\varepsilon_{\mathrm{M}}\sigma(A,\boldsymbol{x}^*,\boldsymbol{b})\ \|\,|A^{-1}|\,(|\boldsymbol{b}|+|A|\,|\boldsymbol{x}^*|)\|_\infty$$

である．式(2.29)の右辺第２項については，補題2.7と式(2.28)(ただし $\boldsymbol{t}=|A|\boldsymbol{1}$ とする)より

$$|A^{-1}|\,|E|\ \boldsymbol{1} \leqq \varepsilon_{\mathrm{M}}\ |A^{-1}|\ G_n\ |A|\ \boldsymbol{1} \leqq \varepsilon_{\mathrm{M}}\ |A^{-1}|\cdot c_n\sigma(A,\boldsymbol{1},\boldsymbol{0})\ |A|\ \boldsymbol{1}$$

となるが，ここで $\|\,|A^{-1}|\,|E|\ \boldsymbol{1}\|_\infty = \|\,|A^{-1}|\,|E|\,\|_\infty$ などに注意すると，

$$\|\,|A^{-1}|\,|E|\,\|_\infty \leqq c_n\varepsilon_{\mathrm{M}}\sigma(A,\boldsymbol{1},\boldsymbol{0})\ \|\,|A^{-1}|\,|A|\,\|_\infty \tag{2.31}$$

を得る．式(2.29)，(2.30)，(2.31)より，(3)の評価式が導かれる．　■

既に第2.2.1節において，枢軸選択とスケーリングとは不可分の関係にあることを述べ，適切なスケーリングが行われていることを前提としてGauss消去法の算法を記述した．上の定理2.9，定理2.10は，適切なスケーリングの仕方について手がかりを与えている．例えば，定理2.10(1)の右辺に着目し，これが小さくなるようにスケーリングすればよいと思われる．

これを具体的に考えてみよう．方程式のスケーリングは，対角行列 $D=\mathrm{diag}\,(d_1,\cdots,d_n)$ $(d_i>0)$ を A と $\boldsymbol{b}$ に左から掛けることに相当する．また，解の計算値 $\boldsymbol{x}$ もスケーリングに依るので，これを $\boldsymbol{x}_D$ と書くことにする．スケーリングの結果，定理2.10の評価式の $\sigma(A,\boldsymbol{x},\boldsymbol{b})$ が $\sigma(DA,\boldsymbol{x}_D,D\boldsymbol{b})$ に変わり，$|A^{-1}|\,(|\boldsymbol{b}|+|A|\,|\boldsymbol{x}|)$ は

$$|(DA)^{-1}|\,(|D\boldsymbol{b}|+|DA|\,|\boldsymbol{x}_D|)=|A^{-1}|\,(|\boldsymbol{b}|+|A|\,|\boldsymbol{x}_D|)$$

になる.

そこで，スケーリングの影響の主要部は $\sigma(DA,\boldsymbol{x}_D,D\boldsymbol{b})$ にあると見なして，これを小さくすることを考える．任意の D に対して $\sigma(DA,\boldsymbol{x}_D,D\boldsymbol{b})\geqq 1$ であり，これが等号となる D があるならば，その D に対して $d_i=1/(|\boldsymbol{b}|+|A|\,|\boldsymbol{x}_D|)_i$ $(i=1,\cdots,n)$ が成り立つ．これを $d_1,\cdots,d_n$ に関する方程式と見て D を定めればよい．実際にこのように D を定めるのは困難なので，妥協案としては，まず物理的な常識に基づくスケーリングの下で近似解 $\hat{\boldsymbol{x}}$ を求め，それを用いてより適切なスケーリング $d_i=1/(|\boldsymbol{b}|+|A|\,|\hat{\boldsymbol{x}}|)_i$ $(i=1,\cdots,n)$ を定めるという手順が考えられよう [42]．そのためには Gauss 消去を 2 回行う必要がある．

以上では，後退誤差 E, $\boldsymbol{f}$ の要素毎の評価(2.27)を中心に考えてきたが，多くの著書においては，要素毎の評価を経由せずに，はじめから

$$\|E\|_p\leqq \hat{c}_n\varepsilon_{\mathrm{M}}\|A\|_p,\qquad \|\boldsymbol{f}\|_p\leqq \hat{c}_n\varepsilon_{\mathrm{M}}\|\boldsymbol{b}\|_p \tag{2.32}$$

の形の p ノルム評価を導いて，定理 2.10 に対応する誤差評価を行っている．本書で要素毎の評価を用いたのは，一般には，その方がより詳しい情報を得られるからである．

ノルム評価(2.32)から近似解の誤差評価を導くには，次の一般的な事実を利用する．

補題 2.11 A を正則行列，$\|E\|_p\|A^{-1}\|_p<1$，$\boldsymbol{b}\neq\boldsymbol{0}$ とする．このとき，$A\boldsymbol{x}^*=\boldsymbol{b}$，$(A+E)(\boldsymbol{x}^*+\Delta\boldsymbol{x}^*)=\boldsymbol{b}+\boldsymbol{f}$ とすると，

$$\frac{\|\Delta\boldsymbol{x}^*\|_p}{\|\boldsymbol{x}^*\|_p}\leqq\frac{\|A\|_p\|A^{-1}\|_p}{1-\|A\|_p\|A^{-1}\|_p\cdot\dfrac{\|E\|_p}{\|A\|_p}}\left(\frac{\|E\|_p}{\|A\|_p}+\frac{\|\boldsymbol{f}\|_p}{\|\boldsymbol{b}\|_p}\right). \qquad \square$$

［証明］ まず，$\Delta\boldsymbol{x}^*=A^{-1}\boldsymbol{f}-A^{-1}E\boldsymbol{x}^*-A^{-1}E\Delta\boldsymbol{x}^*$ であることに注意する．これより

$$\begin{aligned}\|\Delta \boldsymbol{x}^*\|_p &\leqq \|A^{-1}\boldsymbol{f}\|_p + \|A^{-1}E\boldsymbol{x}^*\|_p + \|A^{-1}E\Delta\boldsymbol{x}^*\|_p \\ &\leqq \|A^{-1}\|_p\|\boldsymbol{f}\|_p \frac{\|A\|_p\|\boldsymbol{x}^*\|_p}{\|\boldsymbol{b}\|_p} + \|A^{-1}\|_p\|E\|_p\|\boldsymbol{x}^*\|_p + \|A^{-1}\|_p\|E\|_p\|\Delta\boldsymbol{x}^*\|_p\end{aligned}$$

となり，したがって，

$$(1-\|A^{-1}\|_p\|E\|_p)\cdot\|\Delta\boldsymbol{x}^*\|_p \leqq \|A\|_p\|A^{-1}\|_p\left(\frac{\|E\|_p}{\|A\|_p}+\frac{\|\boldsymbol{f}\|_p}{\|\boldsymbol{b}\|_p}\right)\cdot\|\boldsymbol{x}^*\|_p$$

が成り立つ．■

補題2.11に式(2.32)を用いると，Gaussの消去法による解の計算値 $\boldsymbol{x}$ の相対誤差は

$$\frac{\|\boldsymbol{x}-\boldsymbol{x}^*\|_p}{\|\boldsymbol{x}^*\|_p} \leqq \frac{2\hat{c}_n\varepsilon_{\mathrm{M}}\|A\|_p\|A^{-1}\|_p}{1-\hat{c}_n\varepsilon_{\mathrm{M}}\|A\|_p\|A^{-1}\|_p} = \frac{2\hat{c}_n\varepsilon_{\mathrm{M}}\kappa_p}{1-\hat{c}_n\varepsilon_{\mathrm{M}}\kappa_p} \tag{2.33}$$

と見積れる．ここで $\kappa_p = \|A\|_p\|A^{-1}\|_p$ は条件数である(→式(1.22))．この評価式は，条件数が大きいときには解の相対誤差が大きくなりうることを示している．係数行列の条件数が大きいとき，方程式は**悪条件**であるといわれる．

2.3.2　後退誤差解析の中心補題の証明*

後退誤差解析の中心をなす補題2.7の証明を与える．A, $\boldsymbol{b}$ の要素は浮動小数点数とし，四則演算の丸め誤差に関して条件(2.25)を仮定している．以下の議論で，$a_{ij}^{(k)}$, $b_i^{(i)}$, m_{ij}, $\boldsymbol{l}_k$, $\boldsymbol{u}_k$, $\boldsymbol{x}$ などの記号は丸め誤差を含む計算値を表す．また，$\boldsymbol{y}=(b_1^{(1)},\cdots,b_n^{(n)})^{\top}$ とおく．

次の二つの補題は，それぞれ，前進消去，後退代入に関する誤差評価であり，ともに枢軸選択とは無関係に成り立つものである．

補題2.12　Gauss消去法の前進消去によって計算された L, U, $\boldsymbol{y}$ は，ある $\check{E}$, $\boldsymbol{f}$ に対して

$$A+\check{E}=LU, \qquad \boldsymbol{b}+\boldsymbol{f}=L\boldsymbol{y} \tag{2.34}$$

を満足する．ただし[*8]

---

*8　第2.3.2節を通じて，$\mathrm{O}(\varepsilon_{\mathrm{M}}{}^p)$　$(p=1,2)$ は，n だけに依存するある定数 C_n によって $C_n\varepsilon_{\mathrm{M}}{}^p$ で抑えられる量を表す．

$$|\check{E}| \leqq 2(n-1)(|A|+|L|\,|U|)\left(\varepsilon_{\rm M}+{\rm O}\left({\varepsilon_{\rm M}}^2\right)\right),$$
$$|\boldsymbol{f}\,| \leqq 2(n-1)(|\boldsymbol{b}|+|L|\,|\boldsymbol{y}|)\left(\varepsilon_{\rm M}+{\rm O}\left({\varepsilon_{\rm M}}^2\right)\right). \qquad \square$$

[証明] 式(2.34)の第1式に関する評価をnに関する帰納法で示す(第2式も同様である). $n=1$の場合の成立は明らかである. 消去の第1段(式(2.3)から式(2.4)への変形)における計算

$$m_{i1}=a_{i1}^{(1)} \oslash a_{11}^{(1)} \quad (i \geqq 2), \qquad a_{ij}^{(2)}=a_{ij}^{(1)} \ominus (m_{i1} \otimes a_{1j}^{(1)}) \quad (i,j \geqq 2)$$

は, 計算誤差に関する仮定(2.25)により,

$$m_{i1}=(a_{i1}^{(1)}/a_{11}^{(1)})(1+\delta_i), \quad a_{ij}^{(2)}=\left(a_{ij}^{(1)}-(m_{i1}a_{1j}^{(1)})(1+\delta'_{ij})\right)(1+\delta''_{ij})$$

と書ける. したがって,

$$e_{i1}^{(1)}=a_{i1}^{(1)}\delta_i, \qquad e_{ij}^{(1)}=a_{ij}^{(1)}\delta''_{ij}-(m_{i1}a_{1j}^{(1)})(\delta'_{ij}+\delta''_{ij}+\delta'_{ij}\delta''_{ij})$$

とおけば,

$$a_{i1}^{(1)}+e_{i1}^{(1)}=m_{i1}a_{11}^{(1)} \qquad (i \geqq 2), \tag{2.35}$$
$$a_{ij}^{(1)}+e_{ij}^{(1)}=m_{i1}a_{1j}^{(1)}+a_{ij}^{(2)} \qquad (i,j \geqq 2) \tag{2.36}$$

であり, さらに$e_{1j}^{(1)}=0$ $(1 \leqq j \leqq n)$とおいて行列形で書けば,

$$A^{(1)}+E^{(1)}=\boldsymbol{l}_1{\boldsymbol{u}_1}^{\top}+A^{(2)} \tag{2.37}$$

となる(記号は第2.2.2節を参照).

このとき, 誤差項$E^{(1)}$は, 各要素$e_{ij}^{(1)}$の定義により,

$$|E^{(1)}| \leqq (|A^{(1)}|+2|\boldsymbol{l}_1|\,|\boldsymbol{u}_1|^{\top})\left(\varepsilon_{\rm M}+{\rm O}\left({\varepsilon_{\rm M}}^2\right)\right) \tag{2.38}$$

と評価される. 式(2.37), (2.38)より, $|A^{(2)}|$は

$$|A^{(2)}| \leqq (|A^{(1)}|+|\boldsymbol{l}_1|\,|\boldsymbol{u}_1|^{\top})\left(1+2\varepsilon_{\rm M}+{\rm O}\left({\varepsilon_{\rm M}}^2\right)\right) \tag{2.39}$$

と評価できる.

一方, $A^{(2)}$の右下の$n-1$次部分行列に帰納法の仮定を適用すると,

$$(2.40)\qquad A^{(2)} + E' = \sum_{k=2}^{n} \boldsymbol{l}_k \boldsymbol{u}_k{}^{\mathsf{T}},$$

$$(2.41)\qquad |E'| \leqq 2(n-2)\bigl(|A^{(2)}| + \sum_{k=2}^{n} |\boldsymbol{l}_k|\,|\boldsymbol{u}_k|^{\mathsf{T}}\bigr)\,\bigl(\varepsilon_{\mathrm{M}} + \mathrm{O}(\varepsilon_{\mathrm{M}}{}^2)\bigr)$$

が得られる．式(2.37)，(2.40)より

$$A^{(1)} + \check{E} = \sum_{k=1}^{n} \boldsymbol{l}_k \boldsymbol{u}_k{}^{\mathsf{T}} = LU, \qquad \check{E} = E' + E^{(1)}$$

であり，$\check{E}$ の大きさは，式(2.41)，(2.39)，(2.38)により，

$$\begin{aligned}
|\check{E}| &\leqq |E'| + |E^{(1)}| \\
&\leqq 2(n-2)\bigl(|A^{(1)}| + \sum_{k=1}^{n} |\boldsymbol{l}_k|\,|\boldsymbol{u}_k|^{\mathsf{T}}\bigr)\,\bigl(\varepsilon_{\mathrm{M}} + \mathrm{O}(\varepsilon_{\mathrm{M}}{}^2)\bigr) \\
&\qquad + \bigl(|A^{(1)}| + 2|\boldsymbol{l}_1|\,|\boldsymbol{u}_1|^{\mathsf{T}}\bigr)\,\bigl(\varepsilon_{\mathrm{M}} + \mathrm{O}(\varepsilon_{\mathrm{M}}{}^2)\bigr) \\
&\leqq 2(n-1)\bigl(|A^{(1)}| + \sum_{k=1}^{n} |\boldsymbol{l}_k|\,|\boldsymbol{u}_k|^{\mathsf{T}}\bigr)\,\bigl(\varepsilon_{\mathrm{M}} + \mathrm{O}(\varepsilon_{\mathrm{M}}{}^2)\bigr)
\end{aligned}$$

と評価できる．■

補題 2.13　Gauss 消去法の後退代入によって計算された $\boldsymbol{x}$ は，ある $\hat{E}$ に対して

$$(2.42)\qquad (U + \hat{E})\boldsymbol{x} = \boldsymbol{y}, \qquad |\hat{E}| \leqq n|U|\,\bigl(\varepsilon_{\mathrm{M}} + \mathrm{O}(\varepsilon_{\mathrm{M}}{}^2)\bigr)$$

を満足する．□

[証明]　$n = 1$ のときは自明に成立するから，$n \geqq 2$ としてよい．

$$x_i = \bigl(y_i \ominus (\cdots((a_{i,i+1}^{(i)} \otimes x_{i+1}) \oplus (a_{i,i+2}^{(i)} \otimes x_{i+2})) \oplus \cdots \oplus (a_{in}^{(i)} \otimes x_n))\bigr) \oslash a_{ii}^{(i)}$$

の $\oslash$, $\ominus$ に計算誤差の仮定(2.25)を適用して変形すると，

$$y_i = (\cdots((a_{i,i+1}^{(i)} \otimes x_{i+1}) \oplus (a_{i,i+2}^{(i)} \otimes x_{i+2})) \oplus \cdots \oplus (a_{in}^{(i)} \otimes x_n)) + \frac{a_{ii}^{(i)} x_i}{(1+\delta_i)(1+\delta_i')}$$

(ただし $|\delta_i|, |\delta_i'| \leqq \varepsilon_{\mathrm{M}}$)となる．さらに，積和 $\otimes$, $\oplus$ の計算誤差も考慮すると

$$\sum_{j=i}^{n} a_{ij}^{(i)}(1+\eta_{ij})x_j = y_i, \qquad |\eta_{ij}| \leqq n\left(\varepsilon_{\mathrm{M}} + \mathrm{O}\left(\varepsilon_{\mathrm{M}}{}^2\right)\right)$$

と書ける．したがって，$\hat{e}_{ij} = a_{ij}^{(i)}\eta_{ij}$ とおけば式(2.42)が成り立つ． ∎

枢軸選択の下では $|m_{ij}| \leqq 1$ が成り立つので，以下のようにして目標の評価式(補題 2.7)を導くことができる．なお，A に枢軸選択付きの Gauss 消去法を適用することは，PA に枢軸選択なしの Gauss 消去法を適用することと同じであるから，枢軸選択に伴う行の交換 P はないものとして $|m_{ij}| \leqq 1$ を仮定すればよいことに注意されたい．

式(2.36)において $|m_{i1}| \leqq 1$ であるから[*9]

$$|a_{ij}^{(2)}| \leqq (|a_{ij}^{(1)}| + |a_{1j}^{(1)}|)(1+\mathrm{O}(\varepsilon_{\mathrm{M}}))$$

が成り立ち，同様に，$k=1,2,\cdots,i-1$ に対して

$$|a_{ij}^{(k+1)}| \leqq (|a_{ij}^{(k)}| + |a_{kj}^{(k)}|)(1+\mathrm{O}(\varepsilon_{\mathrm{M}}))$$

が成り立つ．これを k に関する漸化式と見て逐次代入していくと，

$$|a_{ij}^{(i)}| \leqq \left(\sum_{l=1}^{i} \gamma_{il}|a_{lj}^{(1)}|\right)(1+\mathrm{O}(\varepsilon_{\mathrm{M}})) \qquad (\gamma_{il}\ は正の整数)$$

の形の評価式が導かれる．$y_i = b_i^{(i)}$ についても同様の評価が導かれるが，これらを行列形で書けば

$$(2.43) \quad |U| \leqq \Gamma_n|A|(1+\mathrm{O}(\varepsilon_{\mathrm{M}})), \qquad |\boldsymbol{y}| \leqq \Gamma_n|\boldsymbol{b}|(1+\mathrm{O}(\varepsilon_{\mathrm{M}}))$$

となる．ここで，Γ_n は n だけに依存する下三角行列である．

補題 2.13 で示した式 $(U+\hat{E})\boldsymbol{x} = \boldsymbol{y}$ に L を左から乗じて，$A+\check{E} = LU$，$\boldsymbol{b}+\boldsymbol{f} = L\boldsymbol{y}$ (式(2.34))を用いると，

$$(A+\check{E}+L\hat{E})\boldsymbol{x} = \boldsymbol{b}+\boldsymbol{f}$$

となる．$E = \check{E}+L\hat{E}$ とおくと，これは式(2.26)の形である．補題 2.12，補題 2.13 により

---

*9　$|e_{ij}^{(1)}| \leqq (|a_{ij}^{(1)}| + 2|m_{i1}||a_{1j}^{(1)}|)\left(\varepsilon_{\mathrm{M}} + \mathrm{O}(\varepsilon_{\mathrm{M}}{}^2)\right) \leqq (|a_{ij}^{(1)}| + |a_{1j}^{(1)}|)\mathrm{O}\left(\varepsilon_{\mathrm{M}}\right)$ にも注意．

(2.44)

$$|E| \leqq |\check{E}| + |L|\,|\hat{E}| \leqq ((2n-2)|A| + (3n-2)|L|\,|U|)\,\bigl(\varepsilon_{\mathrm{M}} + \mathrm{O}(\varepsilon_{\mathrm{M}}{}^2)\bigr)$$

と評価されるが，ここで $|m_{ij}| \leqq 1$ と式(2.43)を用いると，上式はさらに

(2.45)

$$\leqq \Bigl((2n-2)I + (3n-2)\tilde{L}\ \Gamma_n\Bigr)\,|A|\,\bigl(\varepsilon_{\mathrm{M}} + \mathrm{O}(\varepsilon_{\mathrm{M}}{}^2)\bigr) \leqq \varepsilon_{\mathrm{M}} G_n |A|$$

と評価される[*10]．ここで，$\tilde{L} = (\tilde{l}_{ij})$ は，任意の $i \geqq j$ に対して $\tilde{l}_{ij} = 1$ である下三角行列であり，G_n は n だけに依存する適当な行列である．$|\boldsymbol{f}|$ の評価についても同様である．これで補題 2.7 の証明を終わる．

2.4　ブロック三角化

大規模疎行列の数値計算においては，それぞれの要素の値がいくらであるかという数値的な情報に先立って，そもそも，どの要素が 0 でないかという構造的な(非数値的な)情報を把握して利用することが重要である．そこで，疎性を利用して LU 分解を効率良く行うための種々の非数値的な技法が開発されており，**スパース技法**と総称されている．未知数と方程式に適当な番号付けを行う技法(適当な置換行列 P, Q によって，A を PAQ と変換する技法)がその基本であるが，本節では，ブロック三角化による問題分解について解説する．

2.4.1　並べ換えによる分解

正則行列の場合

方程式系 $A\boldsymbol{x} = \boldsymbol{b}$ において，変数と方程式を適当に並べ換えることによって，問題をいくつかの小さな部分問題に分解できることがある．例として，

*10　式(2.44)の式(2.45)による評価は，多くの場合，著しい過大評価である．しかし，両者が本質的に同程度の大きさとなる例もある(→問題 2.4)．

$$
(2.46)\qquad A = \begin{array}{c|ccccccc|}
 & x_1 & x_2 & x_3 & x_4 & x_5 & x_6 & x_7 \\ \hline
b_1 & 0 & 1 & 0 & 0 & 2 & 0 & 0 \\
b_2 & 0 & 0 & 2 & 1 & 0 & 5 & 0 \\
b_3 & 0 & 0 & 0 & 4 & 0 & 0 & 1 \\
b_4 & 1 & 0 & 0 & 1 & 0 & 0 & 0 \\
b_5 & 3 & 1 & 0 & 0 & 1 & 1 & 0 \\
b_6 & 0 & 0 & 0 & 3 & 0 & 0 & 1 \\
b_7 & 0 & 0 & 1 & 0 & 0 & 3 & 4 \\ \hline
\end{array}
$$

を考える．四角枠の上にある $x_1, x_2, \cdots$ は，その列に対応する変数名である．また，左にある $b_1, b_2, \cdots$ は，その行の表す方程式の名前(右辺ベクトルの要素名)である．

変数や方程式を並べる順番は自由に選べることに着目して，変数を $x_2, x_5, x_1, x_3, x_6, x_4, x_7$ の順に，方程式を $b_1, b_5, b_4, b_2, b_7, b_3, b_6$ の順に並べ換えてみると，係数行列は

$$
(2.47)\qquad \bar{A} = \begin{array}{c|cc|c|cc|cc|}
 & x_2 & x_5 & x_1 & x_3 & x_6 & x_4 & x_7 \\ \hline
b_1 & 1 & 2 & 0 & 0 & 0 & 0 & 0 \\
b_5 & 1 & 1 & 3 & 0 & 1 & 0 & 0 \\ \hline
b_4 & & & 1 & 0 & 0 & 1 & 0 \\ \hline
b_2 & & & & 2 & 5 & 1 & 0 \\
b_7 & & & & 1 & 3 & 0 & 4 \\ \hline
b_3 & & & & & & 4 & 1 \\
b_6 & & & & & & 3 & 1 \\ \hline
\end{array}
$$

となる．ここで，左下の空白の部分の要素はすべて0であるが，このような行列を**ブロック三角行列**(より正確には**ブロック上三角行列**)という．

この形にしてみると，全体の方程式を解くには次のような順番ですればよいことが分かる．まず最初に，一番下の二つの方程式 b_3, b_6 に着目して

$$
\begin{bmatrix} 4 & 1 \\ 3 & 1 \end{bmatrix} \begin{bmatrix} x_4 \\ x_7 \end{bmatrix} = \begin{bmatrix} b_3 \\ b_6 \end{bmatrix}
$$

から変数 x_4, x_7 を定めることができる．その次には，方程式 b_2, b_7 を用いて

$$\begin{bmatrix} 2 & 5 \\ 1 & 3 \end{bmatrix} \begin{bmatrix} x_3 \\ x_6 \end{bmatrix} = \begin{bmatrix} b_2 \\ b_7 \end{bmatrix} - \begin{bmatrix} 1 & 0 \\ 0 & 4 \end{bmatrix} \begin{bmatrix} x_4 \\ x_7 \end{bmatrix}$$

から x_3, x_6 が決まる．このとき，右辺には x_4, x_7 が含まれているが，これらの値は既に分かっているので問題ない．また，方程式 b_4 から

$$\begin{bmatrix} 1 \end{bmatrix} \begin{bmatrix} x_1 \end{bmatrix} = \begin{bmatrix} b_4 \end{bmatrix} - \begin{bmatrix} 1 & 0 \end{bmatrix} \begin{bmatrix} x_4 \\ x_7 \end{bmatrix}$$

によって x_1 が決まり，最後に，方程式 b_1, b_5 から x_2, x_5 が決まって，すべての変数が決まる．このように，行列の行と列を並べ換えてブロック三角形にできれば，全体の方程式系が小さな方程式系の集まりに分解できる．

変数と方程式を独立に並べ換えることは，置換行列 P, Q を用いて，

$$\bar{A} = PAQ \tag{2.48}$$

と変換することに相当する．行列 $A = (a_{ij})$ の行集合 R と列集合 C のそれぞれの分割 $(R_1, \cdots, R_K)$, $(C_1, \cdots, C_K)$ に対して，$R_k \times C_l$ に対応する A の部分行列を $A_{[kl]} = A[R_k, C_l]$ と書くとき，$A_{[kl]} = O$ $(k > l)$ が成り立つならば，適当な置換 P, Q によって $\bar{A} = PAQ$ はブロック上三角行列にできる．例えば，上の行列(2.46)，(2.47)では，$K = 4$ であって，

$$\begin{aligned} &R_1 = \{b_1, b_5\}, \quad R_2 = \{b_4\}, \quad R_3 = \{b_2, b_7\}, \quad R_4 = \{b_3, b_6\}, \\ &C_1 = \{x_2, x_5\}, \quad C_2 = \{x_1\}, \quad C_3 = \{x_3, x_6\}, \quad C_4 = \{x_4, x_7\} \end{aligned}$$

である．

このとき，ベクトル $\boldsymbol{b}_{[k]} = (b_i \mid i \in R_k)$, $\boldsymbol{x}_{[l]} = (x_j \mid j \in C_l)$ を定義すると，方程式 $A\boldsymbol{x} = \boldsymbol{b}$ を解くことは，K 個の部分問題

$$A_{[kk]}\boldsymbol{x}_{[k]} = \tilde{\boldsymbol{b}}_{[k]}, \quad \text{ただし} \quad \tilde{\boldsymbol{b}}_{[k]} = \boldsymbol{b}_{[k]} - \sum_{l>k} A_{[kl]}\boldsymbol{x}_{[l]} \tag{2.49}$$

を $k = K, K-1, \cdots, 1$ の順に解くこと(ブロック毎の後退代入)に帰着される．ただし，各部分問題が一意的に解けるために，対角ブロック $A_{[kk]}$ $(k = 1, \cdots, K)$ が正則であることが必要(かつ十分)である．

ブロック上三角行列 $\bar{A}$ のブロックはその添え字によって順序付けられているが，より本質的な順序関係は，右上非対角ブロックの零/非零パターンによって定義される**半順序**である．例えば，上の例においては，7 つの変数が順序のついた 4 つのブロックに分かれて

$$C_1 : \{x_2, x_5\} \;\rightarrow\; C_2 : \{x_1\} \;\rightarrow\; C_3 : \{x_3, x_6\} \;\rightarrow\; C_4 : \{x_4, x_7\}$$

という順序になっていたが，x_1 を決める方程式の右辺には x_3, x_6 が含まれないので，ブロックを並べる順序を

$$C_1 : \{x_2, x_5\} \;\rightarrow\; C_3 : \{x_3, x_6\} \;\rightarrow\; C_2 : \{x_1\} \;\rightarrow\; C_4 : \{x_4, x_7\}$$

とすることもできる．したがって，ブロックの間の順序関係は，一列に並んだ順序ではなくて，

$$\begin{array}{ccccc} & & C_3 : \{x_3, x_6\} & & \\ & \nearrow & & \searrow & \\ C_1 : \{x_2, x_5\} & & & & C_4 : \{x_4, x_7\} \\ & \searrow & & \nearrow & \\ & & C_2 : \{x_1\} & & \end{array} \tag{2.50}$$

で表される**半順序**と考えるのが適当である．これに行集合の分割も書き加えて

$$\begin{array}{ccccc} & \nearrow & \boxed{\begin{array}{l} R_3 : \{b_2, b_7\} \\ C_3 : \{x_3, x_6\} \end{array}} & \searrow & \\ \boxed{\begin{array}{l} R_1 : \{b_1, b_5\} \\ C_1 : \{x_2, x_5\} \end{array}} & & & & \boxed{\begin{array}{l} R_4 : \{b_3, b_6\} \\ C_4 : \{x_4, x_7\} \end{array}} \\ & \searrow & \boxed{\begin{array}{l} R_2 : \{b_4\} \\ C_2 : \{x_1\} \end{array}} & \nearrow & \end{array} \tag{2.51}$$

となる．このように，ブロック三角行列(2.47)の構造は，ブロックへの分割とブロック間の半順序(2.51)によって表現される．

半順序(2.50)において C_2 と C_3 が順序関係をもたないのは，$\bar{A}[R_2, C_3] = O$ であることに対応しており，式(2.49)において C_2 を未知数とする部分問題と C_3 を未知数とする部分問題が並列に解けることを表している．このように，ブロック間の半順序は並列計算可能性の数学的表現でもある．

一般の場合

正則とは限らない一般の行列 A に対し，行と列の並べ換え(2.48)によるブロック三角化を考える．式(2.49)の直後に注意したように，対角ブロックが正則になるようにしたいが，行列の階数は，零/非零パターンだけでは決まらず，数値情報に依存する量である．例えば，$A_1 = \begin{bmatrix} 2 & 1 \\ 1 & 1 \end{bmatrix}$ の階数は2であり，$A_2 = \begin{bmatrix} 1 & 1 \\ 1 & 1 \end{bmatrix}$ の階数は1である．しかし，行列の零/非零パターンだけに着目するときには，$\begin{bmatrix} * & * \\ * & * \end{bmatrix}$ の階数は2と考えるのが妥当であろう．これを表すのが**項別階数**(term rank)という量であり，本書ではこれを t-rank A と記す．

行列 A の項別階数は

$$(2.52)\qquad \text{t-rank}\,A = \max\{|I| \mid \exists\, J : |J| = |I|;\ \exists\,\pi(1\text{対}1) : I \to J,\ \forall i \in I : a_{i\pi(i)} \neq 0\}$$

で定義される．この右辺は，$a_{i\pi(i)} \neq 0$ $(\forall i \in I)$ を満たす1対1対応 $\pi : I \to J$ が存在するような正方部分行列 $A[I, J]$ の最大サイズを意味している．このとき，行列式 $\det A[I, J]$ の展開式には $\prod_{i \in I} a_{i\pi(i)}$ という非零の項が含まれる．この項が他の項に打ち消されて $\det A[I, J] = 0$ となる可能性があるので，行列 A の**階数**(ランク)を rank A と表すとき，一般には

$$(2.53)\qquad \text{rank}\,A \leqq \text{t-rank}\,A$$

である．しかし，項が完全に打ち消し合って $\det A[I, J] = 0$ となる可能性は考えないことにしようというのが，項別階数の背景にある考え方である．上の例では，$\text{rank}\,A_1 = \text{t-rank}\,A_1 = 2$, $1 = \text{rank}\,A_2 < \text{t-rank}\,A_2 = 2$ である．

行列の零/非零パターンだけに着目して非零要素の数値情報を無視するという考え方を代数学の言葉を使って定式化すると，「非零要素は有理数体上で代数的に独立である[*11]」という仮定になる．これを**代数的独立性の仮定**と呼ぶ．

---

*11　有理数体の拡大体の要素 $t_1, \cdots, t_k$ に対して，有理数係数の k 変数多項式 $p(X_1, \cdots, X_k)$ (ただし，恒等的には0でない)が存在して $p(t_1, \cdots, t_k) = 0$ となるとき，$t_1, \cdots, t_k$ は有理数体上で**代数的従属**であるという．代数的従属でないとき，**代数的独立**という．

要するに，非零要素を独立なパラメータと見なすということである．この仮定の下では階数は項別階数に一致し，

$$\mathrm{rank}\, A = \text{t-rank}\, A \tag{2.54}$$

が成り立つ．

以上の準備の下で，一般の行列に対してブロック三角化を定義する．行集合 R の分割 $(R_0; R_1, \cdots, R_K; R_\infty)$ ($k \neq l$ のとき $R_k \cap R_l = \emptyset$ で $\bigcup_{k=0}^{\infty} R_k = R$) と列集合 C の分割 $(C_0; C_1, \cdots, C_K; C_\infty)$ ($k \neq l$ のとき $C_k \cap C_l = \emptyset$ で $\bigcup_{k=0}^{\infty} C_k = C$) に関して行列 A が**ブロック三角化**されているとは，3 条件

B1: $|R_0| < |C_0|$ 　または　 $|R_0| = |C_0| = 0$,

$|R_k| = |C_k| > 0 \qquad (k = 1, \cdots, K)$,

$|R_\infty| > |C_\infty|$ 　または　 $|R_\infty| = |C_\infty| = 0$;

B2: $A[R_k, C_l] = O \qquad (0 \leqq l < k \leqq \infty)$;

B3: $\text{t-rank}\, A[R_k, C_k] = \min(|R_k|, |C_k|) \qquad (k = 0, 1, \cdots, K, \infty)$

を満たすことであると定義する．部分行列 $A[R_0, C_0]$, $A[R_\infty, C_\infty]$ をそれぞれ**水平尾**, **垂直尾**と呼ぶ．これらの部分は空でなければ非正方であって，

$$\text{t-rank}\, A = |C| - (|C_0| - |R_0|) = |R| - (|R_\infty| - |C_\infty|) \tag{2.55}$$

が成り立つ．したがって，この部分に方程式系の不整合性が集約されると解釈できる．

ブロック間の半順序 $\preceq$ は，(i) 正方ブロックに関しては，$1 \leqq k < l \leqq K$ に対して $[A[R_k, C_l] \neq O \Rightarrow C_k \preceq C_l]$ を満たすものの中で最も弱い半順序とし，(ii) 水平尾と垂直尾に関しては，$1 \leqq k \leqq K$ に対して $C_0 \preceq C_k \preceq C_\infty$ と定める．

部分問題は小さい方がいいので，できるだけ細かいブロック三角化を構成することが目標である．

例 2.14　行列

$$
(2.56)\qquad A = \begin{array}{c|ccccccc|}
 & x_1 & x_2 & x_3 & x_4 & x_5 & x_6 & x_7 \\ \hline
b_1 & & & & & & a_{16} & a_{17} \\
b_2 & & a_{22} & & & & & \\
b_3 & a_{31} & a_{32} & a_{33} & & a_{35} & & \\
b_4 & & & a_{43} & & & a_{46} & \\
b_5 & & & & & & & a_{57} \\
b_6 & a_{61} & & & a_{64} & a_{65} & & \\
b_7 & & & & & & & a_{77} \\ \hline
\end{array}
$$

に対するブロック三角化は，

$$
(2.57)\qquad \bar{A} = \begin{array}{cc|ccc|c|c|c|c|}
 & & & C_0 & & C_1 & C_2 & C_3 & C_\infty \\
 & & x_4 & x_5 & x_1 & x_2 & x_3 & x_6 & x_7 \\ \hline
R_0 & b_6 & a_{64} & a_{65} & a_{61} & & & & \\
 & b_3 & & a_{35} & a_{31} & a_{32} & a_{33} & & \\ \hline
R_1 & b_2 & & & & a_{22} & & & \\ \hline
R_2 & b_4 & & & & & a_{43} & a_{46} & \\ \hline
R_3 & b_1 & & & & & & a_{16} & a_{17} \\ \hline
R_\infty & b_5 & & & & & & & a_{57} \\
 & b_7 & & & & & & & a_{77} \\ \hline
\end{array}
$$

で与えられる．$K=3$ で，$R_0=\{b_6,b_3\}$，$R_1=\{b_2\}$，$R_2=\{b_4\}$，$R_3=\{b_1\}$，$R_\infty=\{b_5,b_7\}$；$C_0=\{x_4,x_5,x_1\}$，$C_1=\{x_2\}$，$C_2=\{x_3\}$，$C_3=\{x_6\}$，$C_\infty=\{x_7\}$ であり，ブロック間の半順序は

$$
(2.58)\qquad \begin{array}{ccccc}
 & & C_1 & \rightarrow & C_\infty \\
 & \nearrow & & & \uparrow \\
C_0 & \rightarrow & C_2 & \rightarrow & C_3
\end{array}
$$

である．　□

変数と方程式の並べ換えによるブロック三角化に関しては，1950 年代の終わりにグラフ論的な立場から十分研究されて，最も細かい分解が一意的に確定するという基本的な事実が A. L. Dulmage と N. S. Mendelsohn によって示された．これは現在 **Dulmage-Mendelsohn 分解**（あるいは **DM 分解**）と呼ばれている．この分解（半順序を含めて）は，1970 年代に開発されたグラフ

算法を利用して高速に(最悪でも $O(\sqrt{n}\cdot(A$ の非零要素数$))$ の計算時間で)求められる(→第 2.4.3 節). DM 分解と同等のものは, 数値計算法の文献でも分解の構成算法を与えるという形で何度も再発見されてきているが, 分解の一意性や特徴付けに関して十分認識されていないことも多い. 以下, 節を改めて DM 分解の数理を論じるが, より詳しくは[36]の第 2.1 節, 第 2.2 節を参照されたい.

2.4.2 Dulmage-Mendelsohn 分解の数理*

行列とグラフ

行列 A の零/非零パターンは, **2 部グラフ** $G(A)=(R,C,E)$ で表現される. その頂点集合は行番号 R と列番号 C の和集合 $V=R\cup C$ であり, 辺集合 $E=\{(i,j)\mid a_{ij}\neq 0\}$ は非零要素の位置を表している. 例として, 式(2.56)の行列 A に対する 2 部グラフ $G(A)$ を図 2.1 に示す.

辺集合 E の部分集合 M で, M に属する辺の端点がすべて異なるものを**マッチング**といい, 辺の本数 $|M|$ が最大のものを**最大マッチング**と呼ぶ. 最大マッチングの大きさは項別階数 t-rank A に等しい. 例えば, 式(2.56)の行列 A に対して, $M=\{(b_1,x_6),(b_2,x_2),(b_3,x_1),(b_4,x_3),(b_5,x_7),(b_6,x_5)\}$ (図 2.1 の太線の辺)は最大マッチングであり, t-rank $A=|M|=6$ となっている.

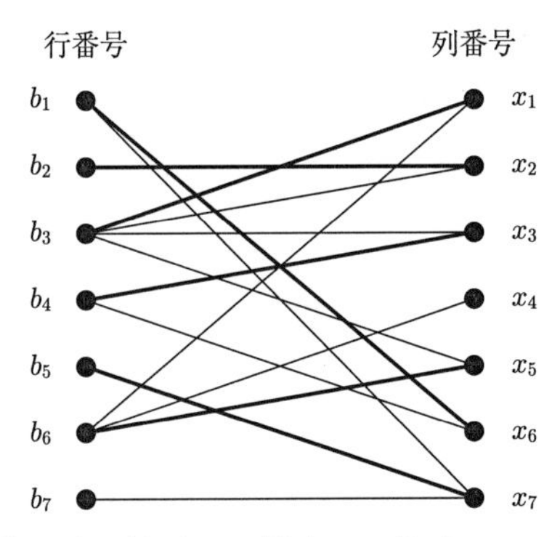

図 2.1 式(2.56)の行列 A に対する 2 部グラフ $G(A)$ (太線は最大マッチング).

DM 分解の構成法

列番号の集合 $J \subseteq C$ に対して，部分行列 $A[R,J]$ の非零行の集合と行数を

$$\Gamma(J) = \{i \in R \mid \exists j \in J : a_{ij} \neq 0\}, \tag{2.59}$$

$$\gamma(J) = |\Gamma(J)| \tag{2.60}$$

とおき，関数 $p: 2^C \to \mathbb{Z}$ を

$$p(J) = \gamma(J) - |J| \qquad (J \subseteq C) \tag{2.61}$$

と定義する．この関数 p は項別階数やブロック三角化と密接な関係がある．p の最小値が項別階数を特徴付け(→定理 2.15)，p の最小化元がブロック三角化を与える(→定理 2.17)．

行列 A を

$$A = \begin{array}{r|c|c|} & J & C \setminus J \\ \hline \Gamma(J) & & \\ \cline{2-2} R \setminus \Gamma(J) & O & \\ \hline \end{array}$$

のように分割してみると，任意の $J \subseteq C$ に対して，

$$\begin{aligned} \text{t-rank}\, A &\leqq \text{t-rank}\, A[R,J] + \text{t-rank}\, A[R, C \setminus J] \\ &\leqq \gamma(J) + |C \setminus J| = p(J) + |C| \end{aligned} \tag{2.62}$$

が成り立つことが分かる．次の定理はこの二つの不等号を同時に等号とする J の存在を保証している．

定理 2.15　t-rank $A = \min\{p(J) \mid J \subseteq C\} + |C|$.　□

［証明］　2部グラフ $G(A)$ の最大マッチング M を一つ固定し，その端点の集合を ∂M とする．M に含まれない辺を R から C へ，M に含まれる辺を両方向に向き付けた有向グラフ $\tilde{G}$ において，$C \setminus \partial M$ のある頂点に有向道で到達できる頂点の集合を W とする．$I = R \cap W$，$J = C \cap W$ とおくと，W に入る辺はないので $I \supseteq \Gamma(J)$ であり $|I| \geqq \gamma(J)$ が成り立つ．一方，マッチング M が最大であることにより，$\tilde{G}$ には $R \setminus \partial M$ から $C \setminus \partial M$ に到る有向道が存

在しない(そのような有向道があれば，さらに大きなマッチングが作れる)から，$I \subseteq R \cap \partial M$ である．また，I と $C \setminus J$ を結ぶ辺は M に属さず，$C \setminus J \subseteq C \cap \partial M$ であるから，$|M| = |I| + |C \setminus J|$ が成り立つ．したがって，

$$\text{t-rank}\, A = |M| = |I| + |C \setminus J| \geqq \gamma(J) + |C \setminus J| = p(J) + |C|$$

である．これと式(2.62)より証明が完了する． ■

注意 2.16 定理 2.15 は，グラフ理論でよく知られている定理*12

$$\max\{|M| \mid M \text{ はマッチング}\} = \min\{\gamma(J) - |J|\} + |C| \tag{2.63}$$

を項別階数の言葉で書き直したものであり，一種の双対定理である．最適化の分野では，式(2.62)のタイプの不等式を**弱双対性**と呼び，弱双対性における不等号を等号にするものがあるとき，**強双対性**が成り立つという．

いま，条件 B1, B2, B3 (第 2.4.1 節)を満たすブロック三角化があったとすると，$X_k = \bigcup_{j=0}^{k} C_j$, $Y_k = \bigcup_{j=0}^{k} R_j$ $(0 \leqq k \leqq K)$ に対して $A[R \setminus Y_k, X_k] = O$ であって

$$\text{t-rank}\, A = |Y_k| + |C \setminus X_k| = \gamma(X_k) + |C \setminus X_k| = p(X_k) + |C|$$

が成り立つ．これと定理 2.15 により，$p(X_k) = \min p$ であることが分かる．そこで，関数 p の最小値を与える C の部分集合全体

$$L(p) = \{X \subseteq C \mid \forall Y \subseteq C : p(X) \leqq p(Y)\} \tag{2.64}$$

に着目すると，次の定理が成り立つ．

定理 2.17 (1) 分割 $(R_0; R_1, \cdots, R_K; R_\infty)$, $(C_0; C_1, \cdots, C_K; C_\infty)$ がブロック三角化を与えるならば，$X_k = \bigcup_{j=0}^{k} C_j$ $(k = 0, 1, \cdots, K)$ は $L(p)$ の**鎖**である，すなわち，

$$X_0 \subsetneqq X_1 \subsetneqq \cdots \subsetneqq X_K, \qquad X_k \in L(p) \quad (0 \leqq k \leqq K). \tag{2.65}$$

---

*12 いろいろな名前で呼ばれるが，式(2.63)の形は P. Hall の**結婚定理**の Ore による拡張版にあたる．**最大マッチング・最小被覆の定理**(**Kőnig-Egerváry の定理**)と同等である．例えば，[35]の第 1 章や[34]の Theorem 7.3.3, Theorem 7.3.4 を参照されたい．

(2) 逆に，鎖(2.65)において X_0 が $L(p)$ の極小元，X_K が $L(p)$ の極大元ならば，

$$C_0 = X_0, \quad C_k = X_k \setminus X_{k-1} \ (k=1,\cdots,K), \quad C_\infty = C \setminus X_K; \tag{2.66}$$

$$R_0 = \Gamma(X_0), \quad R_k = \Gamma(X_k) \setminus \Gamma(X_{k-1}) \ (k=1,\cdots,K), \quad R_\infty = R \setminus \Gamma(X_K) \tag{2.67}$$

で定義される分割 $(R_0; R_1, \cdots, R_K; R_\infty)$, $(C_0; C_1, \cdots, C_K; C_\infty)$ は，ブロック三角化を与える．　□

［証明］ (1)は上に述べたので，(2)の概略を示す．$Y_k = \bigcup_{j=0}^{k} R_j = \Gamma(X_k)$ に対し $A[R \setminus Y_k, X_k] = O$ であり，B2 が成り立つ．$1 \leqq k \leqq K$ のとき $p(X_k) = p(X_{k-1})$ $(= \min p)$ だから，$p(X_k) = \gamma(X_k) - |X_k| = |Y_k| - |X_k|$ などを代入すると，$|R_k| = |Y_k| - |Y_{k-1}| = |X_k| - |X_{k-1}| = |C_k|$ (B1 の $1 \leqq k \leqq K$ の場合)が導かれる．定理 2.15 より，$0 \leqq k \leqq K$ に対して $\text{t-rank}\, A[Y_k, X_k] = \text{t-rank}\, A[R, X_k] = \min\{p(J) \mid J \subseteq X_k\} + |X_k| = p(X_k) + |X_k| = \gamma(X_k) = |Y_k|$ と計算されるので，B3 の $0 \leqq k \leqq K$ の場合が成り立つ．B1 の $k = 0, \infty$ の場合，B3 の $k = \infty$ の場合も同様に示される(→問題 2.5)．　■

上の事実により，$L(p)$ の**極大鎖**[*13]から(それ以上細かく分解できない)ブロック三角化が構成できることが分かる．さらに，Jordan–Hölder の原理(後述)により，この分解は極大鎖の取り方に依らずに定まる．これを **Dulmage-Mendelsohn 分解**(あるいは **DM 分解**)と呼ぶ．DM 分解は最も細かいブロック三角化であり，任意のブロック三角化は DM 分解の集約(ブロックの合併)として表される．

例 2.18　式(2.56)の行列 A に対する $L(p)$ を図 2.2(a)に示す．極大鎖 $\{x_4, x_5, x_1\} \subsetneqq \{x_4, x_5, x_1; x_2\} \subsetneqq \{x_4, x_5, x_1; x_2; x_3\} \subsetneqq \{x_4, x_5, x_1; x_2; x_3; x_6\}$ から，ブロック三角行列(2.57)が得られる．　□

DM 分解における半順序

集合族 $L(p)$ は C の部分集合全体の成す**束** 2^C の**部分束**を成す．すなわち，

*13　鎖(2.65)であって，$\{X_k\}_{k=0}^{K}$ を真に含む鎖が存在しないもの．

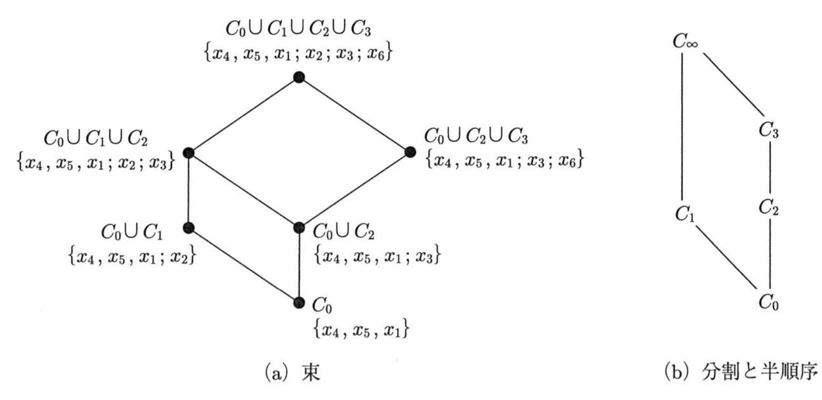

図 2.2　束と分割・半順序の対応(Birkhoff の表現定理).

$$(2.68)\qquad X \in L(p),\ Y \in L(p) \implies X \cup Y \in L(p),\ X \cap Y \in L(p)$$

が成り立つ．なぜならば，X, Y がともに p の最小値($= \alpha$ とおく)を与えるとすると，p の**劣モジュラ性**(submodularity)

$$(2.69)\qquad p(X \cup Y) + p(X \cap Y) \leqq p(X) + p(Y) \qquad (X, Y \subseteq C)$$

(→問題 2.6)により，$2\alpha \leqq p(X \cup Y) + p(X \cap Y) \leqq p(X) + p(Y) = 2\alpha$ となるからである．

一般に，部分束 $L \subseteq 2^C$ は，次のようにして，C の分割とブロック間の半順序 $\preceq$ を定める(図 2.2 参照)．L の一つの極大鎖(2.65)($X_0 = \min L$, $X_K = \max L$) から，式(2.66)によって C の分割 $(C_0; C_1, \cdots, C_K; C_\infty)$ が定まり，これは極大鎖の取り方に依らずに確定する(これを **Jordan-Hölder の原理**と呼ぶことがある)．また，$1 \leqq k, l \leqq K$ に対し，

$$(2.70)\qquad X \in L,\ C_l \subseteq X \implies C_k \subseteq X$$

が成立するときに $C_k \preceq C_l$ と定めることにより $\{C_k\}_{k=1}^K$ の上の半順序 $\preceq$ が定義される．また，$1 \leqq k \leqq K$ に対して $C_0 \preceq C_k \preceq C_\infty$ と定める．

逆に，C の分割 $(C_0; C_1, \cdots, C_K; C_\infty)$ と $\{C_k\}_{k=1}^K$ 上の半順序 $\preceq$ によって束 L が定められる．すなわち，$\{C_k\}_{k=1}^K$ の部分族 $\mathcal{I}$ で $[C_k \preceq C_l \in \mathcal{I} \Rightarrow C_k \in \mathcal{I}]$

を満たすものを**イデアル**と呼ぶとき，

$$(2.71)\qquad L=\left\{X=C_0\cup\bigcup_{C_k\in\mathcal{I}}C_k \mid \mathcal{I}\text{ は }\preceq\text{ に関するイデアル}\right\}$$

と表される(**Birkhoff の表現定理**[*14])．

上の一般原理により，束 $L(p)$ は $(C_0;C_1,\cdots,C_K;C_\infty)$ 上の半順序を定めるが，実は，これが DM 分解における半順序に一致していることを示そう．なお，半順序 $\preceq$ に関して C_k が C_l のすぐ下にあることを $C_k \prec\!\cdot\, C_l$ という記号で表す．

定理 2.19　束 $L(p)$ の定める半順序 $\preceq$ は，DM 分解における零/非零パターンの定める半順序に一致する．すなわち，$1\leqq k,l\leqq K$ に対して，$C_k \prec\!\cdot\, C_l$ ならば $A[R_k,C_l]\neq O$ であり，逆に，$C_k\preceq C_l$ でなければ $A[R_k,C_l]=O$ である．□

［証明］　後の定理 2.20 に示す式(2.73)による．なお，補助グラフを用いずに直接(2.71)から導く形の証明については[36]の Theorem 2.2.22(2)の証明を参照されたい．■

2.4.3　Dulmage-Mendelsohn 分解の算法*

DM 分解は，2 部グラフ $G(A)=(R,C,E)$ $(V=R\cup C)$ 上の最大マッチングを経由して次のようにして求められる．

DM 分解の算法

〈1〉　$G(A)$ の最大マッチング M を一つ求め，M の端点の集合を ∂M とする．

〈2〉　$G(A)$ において，$E\setminus M$ の辺を R から C に，M の辺を両方向に向き付けた有向グラフを $\tilde{G}=(V,\tilde{E})$ とする．

〈3〉　$\tilde{G}$ において，$R\setminus\partial M$ のある頂点から有向道で到達できる頂点の集合を V_∞ とし，$C\setminus\partial M$ のある頂点に有向道で到達できる

---

*14　Birkhoff の表現定理は，一般に，**分配束**に対して成り立つ．集合束の部分束は典型的な分配束である．

頂点の集合を V_0 とする．

〈4〉 $\tilde{G}$ から $V_0 \cup V_\infty$ の頂点(とそれに接続する辺)を除去したグラフ $\hat{G}$ の**強連結成分分解** $\{V_k \mid 1 \leqq k \leqq K\}$ を求める．ただし $l<k$ のとき V_k から V_l へ有向道が存在しないように番号付ける．(すなわち，$\{V_k \mid 1 \leqq k \leqq K\}$ は $V \setminus (V_0 \cup V_\infty)$ の分割であって，同じ成分に属する任意の 2 頂点 $u, v \in V_k$ に対して u から v への有向道が存在し，異なる成分に属する任意の頂点 $u \in V_k$, $v \in V_l$ $(l<k)$ に対して u から v への有向道が存在しないようなもの．)

〈5〉 $C_k = C \cap V_k$, $R_k = R \cap V_k$ $(k=0,1,\cdots,K,\infty)$ とする．

この算法において，マッチング M が最大であることにより，グラフ $\tilde{G}$ には $R \setminus \partial M$ から $C \setminus \partial M$ に到る有向道が存在しない(そのような有向道があれば，より大きなマッチングが作れるからである)．したがって $V_0 \cap V_\infty = \emptyset$ である．また，$R_k \subseteq R \cap \partial M$ $(k=0,1,\cdots,K)$, $C_k \subseteq C \cap \partial M$ $(k=1,\cdots,K,\infty)$ であり，M に属する辺の両端点は同じ強連結成分に属している．したがって，$|R_k| = |C_k|$ $(k=1,\cdots,K)$ である．$\hat{G}$ の強連結成分分解は，

$$C_k \preceq_M C_l \iff \hat{G} \text{ において } C_k \text{ から } C_l \text{ へ有向道がある} \tag{2.72}$$

によって $\{C_k\}_{k=1}^K$ の上に半順序 $\preceq_M$ を定めるが，次の定理に述べるように，これが束 $L(p)$ の表現になっているので，上の算法によって DM 分解が求められるのである．なお，この定理により，分割 $\{C_k\}_{k=1}^K$ と半順序 $\preceq_M$ は M に依らずに定まることも分かる．

定理 2.20 M を最大マッチングとし，$\tilde{G}$ を DM 分解の算法の〈2〉で定義される有向グラフとする．$X \in L(p)$ であるための必要十分条件は，次の 3 条件(i)〜(iii)を満たす $W \subseteq V$ によって $X = C \cap W$ と表現されることである：(i) $W \supseteq C \setminus \partial M$, (ii) $W \cap (R \setminus \partial M) = \emptyset$, (iii) $\tilde{G}$ において W に入る辺が存在しない．したがって，半順序集合 $(\{C_k\}_{k=1}^K, \preceq_M)$ は束 $L(p)$ の(Birkhoff の表現定理の意味の)表現(2.71)であり，

$$(2.73)\quad L(p)=\Bigl\{X=C_0\cup\bigcup_{C_k\in\mathcal{I}}C_k \mid \mathcal{I}\text{ は }\preceq_M\text{ に関するイデアル}\Bigr\}. \qquad \square$$

［証明］ $X=C\cap W$ の形に書ける X が $L(p)$ に属することは，定理 2.15 の証明と同様にして示せる．逆に，$X\in L(p)$ とする．$Y=\Gamma(X)$ とおくと，$R\setminus Y$ と X を結ぶ M の辺は存在せず，また，定理 2.15(あるいは式(2.63))により $|M|=p(X)+|C|=|Y|+|C\setminus X|$ である．これより，(a) $C\setminus X\subseteq C\cap\partial M$, (b) $Y\subseteq R\cap\partial M$, が成り立ち，(c) Y と $C\setminus X$ を結ぶ M の辺は存在しない．$W=X\cup Y$ とおくと，(a)から(ｉ)が，(b)から(ii)が導かれる．(c)より，$\tilde{G}$ には $C\setminus X$ から Y に向かう辺は存在しない．また，$R\setminus Y$ から X に向かう辺も存在しない．ゆえに，W は入る辺をもたない．

以上の議論により，束 $L(p)$ が $\tilde{G}$ 上の有向道の有無で表現されることが分かったが，一方，半順序 $\preceq_M$ は有向道の有無によって定義されているので式(2.73)が成り立つ． ■

注意 2.21 最大マッチングや強連結成分分解を求める問題は典型的なグラフ・ネットワーク問題であり，数多くの効率の良い算法が知られている．前者については最悪の場合の計算時間が $\mathrm{O}(|E|\sqrt{|V|})$ のもの，後者については $\mathrm{O}(|E|)$ のものがある．

2.4.4 分解原理*

以上のように，DM 分解の構成法と算法は，双対性と劣モジュラ性に基づく一般原理を上手く利用しており，その要点を整理すると次のようになる．

1. 代数的独立性の仮定の下での，階数と項別階数の一致(2.54)
2. 項別階数に関する双対性：$\text{t-rank}\,A=\min p+|C|$ (定理 2.15)
3. 関数 p の劣モジュラ性(2.69)
4. 最小化元の全体 $L(p)$ の成す分配束(2.68)
5. 分配束と分割・半順序の対応(2.71)(Birkhoff の表現定理)
6. 補助グラフの強連結分解と分配束 $L(p)$ の対応(2.73)

このような考え方は，DM 分解に限らずいろいろな場面で利用できる一般的な手法であり，劣モジュラ関数に関する **Jordan-Hölder 型分解原理**と呼ばれることがある([36]の第 2.2.2 節)．DM 分解だけならばマッチングと補助グラフによるグラフ理論的な議論でも十分であるが，本書においては，DM 分解を例としてこの一般原理を解説するために，劣モジュラ関数 p を主役に据えた議論を展開した．

上の分解原理が有用である例としては，**混合行列**の組合せ論的正準形の構成がある．これは，代数的独立性の仮定を緩めた状況でのブロック三角化の手法であり，DM 分解の拡張にあたる．ブロック三角化の存在，一意性，構成法などがこの分解原理に従って示されている([36]の第 4 章を参照のこと)．

第 2 章ノート▶本章は，従来の数値線形代数の教科書にはない，以下のような特徴をもつ．まず，Gauss 消去法の前進消去が破綻しない行列のクラスとして，優対角行列，正定値対称行列はよく知られているが，本書ではこれをさらに一般化した条件(定理 2.1)を与えた．これに関しては Funderlic-Neumann-Plemmons [39]も参照されたい．また，多くの教科書では，Gauss 消去法が LU 分解に相当することを，消去の各段階を行列を掛ける形で表現することによって導いている．しかし，ここでは，伊理[3, 4]に従って，直感的に理解し易い証明を採用した．後退誤差に関する補題 2.12 の証明も，これに従った形で行ったため，従来の教科書とは異なった形となっている．本文でも述べたが，丸め誤差の要素毎評価も本書の特徴である．第 2.4 節において，行と列の並べ換えによるブロック三角化を説明したが，数値線形計算の著書で，その数理に関してこれほど詳しく記述した著書はないと思う．

一方，紙数が限られているために，扱えなかった内容も多くある．

まず，ここでは，主に係数行列が一般の場合を扱ったが，特殊な場合，例えば，対称行列，Vandermonde 行列，Toeplitz 行列等に関する直接法に関しては扱わなかった．Golub-van Loan[7]を参照されたい．

Gauss 消去法の丸め誤差解析に関連して，注意 2.8 に簡単に述べたような安定性の解析も重要な話題である．Demmel[6], Higham[17], Trefethen-Schreiber [44], Viswanath-Trefethen[45], Wright[46], Foster[38]を参照されたい．

スパース技法に関しては，行と列の並べ換え PAQ によるブロック三角化のみを説明したが，有限要素法等に現れる対称行列 A に対しては $Q=P^{\top}$ ととるのが自然である．$PAP^{\top}$ の帯幅を最小にする P や LU 分解によって新たに生じた非零要素(これを**フィルイン**と呼ぶ)の個数を最小にする P を選ぶことが考えられるが，これらの問題を厳密に解くことは難しく(NP 困難である)，実際的観点からの近似解法が用いられる．これらの技法については，文献 Dongarra-Duff-Sorensen-van der Vorst [27], Duff-Erisman-Reid[32], George-Liu[33]を参照されたい.

第2章問題

2.1 行列 A が正則のとき，枢軸選択付きの Gauss 消去法における第 k 段において，$a_{ik}^{(k)}$ $(k \leqq i \leqq n)$ の中に0でないものが存在することを示せ.

2.2 連立1次方程式

$$\begin{aligned} x_1 - 0.5\,x_2 + 0.5\,x_3 &= 0, \\ x_1 &= 10^{-6}, \\ -x_1 + 10^{-6}\,x_3 &= 0 \end{aligned}$$

の真の解は $(x_1, x_2, x_3) = (10^{-6}, 1 + 2 \times 10^{-6}, 1)$ である．以下のような数値実験を単精度計算で行え.

（i）枢軸選択付きの Gauss 消去法でこの方程式を解け.

（ii）反復改良によって解が改良されるのを観察せよ.

（iii）（i）で得られた解を用いて，第2.3.1節の最後に述べたようなスケーリングをした後に，枢軸選択付きの Gauss 消去法を適用せよ.

2.3* （i）式(2.43)における Γ_n の具体形を求めよ.

（ii）式(2.45)における $\tilde{L}\ \Gamma_n$ の具体形を求めよ.

（iii）$(2n-2)I + (3n-2)\tilde{L}\Gamma_n$ の要素の最大値が $\mathrm{O}(n2^n)$ であることを示せ.

2.4* M を十分大きい数として，n 次行列 $A = (a_{ij})$ を

$$a_{ij} = \begin{cases} M & (1 \leqq i \leqq n, j = n) \\ 1 & (1 \leqq i = j < n) \\ -1 & (1 \leqq j < i \leqq n) \\ 0 & (1 \leqq i < j < n) \end{cases}$$

と定義する.

（i）式(2.44)と式(2.45)を比較せよ.

（ii）ベクトル $\boldsymbol{b}$ を適当に設定し，枢軸選択付きの Gauss 消去法が不安定になることを数値的に観察せよ.

2.5* 定理2.17(2)の証明において，B1 の $k = 0, \infty$ の場合，B3 の $k = \infty$ の場合の証明を示せ.

2.6* 式(2.59)の Γ に対して

$$\Gamma(X \cup Y) = \Gamma(X) \cup \Gamma(Y), \qquad \Gamma(X \cap Y) \subseteq \Gamma(X) \cap \Gamma(Y)$$

を示すことにより，p の劣モジュラ性(2.69)を導け.

2. 7*　例 2. 14 の行列(2. 56)に対して，$p(J)$ の最小値を与える J の全体 $L(p)$ を求め，これが図 2. 2 に一致することを確かめよ．

3 連立1次方程式II：反復法

反復法には，（i）係数行列の非零要素を格納する記憶領域があれば計算できる，（ii）反復回数に応じて近似解の精度が向上する，という二つの大きな長所があり，大規模疎行列を係数にもつ問題を扱うのに適している．本章では，Jacobi 法，Gauss-Seidel 法，SOR 法などの基本的な算法に加えて，Chebyshev 加速法，ADI 法，マルチグリッド法を解説する．

3.1 反復法の概念

大規模疎行列を係数にもつ問題の典型例として，Laplace 方程式の差分近似から生じる連立 1 次方程式をモデル問題として取り上げ，これに即した形で，反復法の基礎事項を解説する．

3.1.1 モデル問題

第 1.1 節で扱った単位正方形領域上の Dirichlet 問題を，再び，モデル問題として取り上げる．その要点を復習しよう．

刻み幅 $h = 1/N$ のメッシュを用いた差分法により

$$4u_{ij} - u_{i-1,j} - u_{i+1,j} - u_{i,j-1} - u_{i,j+1} = 0 \qquad (1 \leqq i,j \leqq N-1) \tag{3.1}$$

が得られる．ただし，$u_{0j}, u_{Nj}, u_{i0}, u_{iN}$ $(1 \leqq i,j \leqq N-1)$ は境界条件から定まる既知数である．未知数 u_{ij} $(1 \leqq i,j \leqq N-1)$ を並べた $n = (N-1)^2$ 次元ベクトル

(3.2)　$\boldsymbol{u} = (u_{11}, u_{12}, \cdots, u_{1,N-1}; u_{21}, u_{22}, \cdots, u_{2,N-1}; \cdots, u_{N-1,N-1})^{\top}$

を用いると，方程式(3.1)は $A\boldsymbol{u} = \boldsymbol{b}$ の形に書ける．この係数行列 A は式(1.5)あるいは

(3.3)　$$A = 4\, I_{N-1} \otimes I_{N-1} - B \otimes I_{N-1} - I_{N-1} \otimes B$$

で与えられる．ここで，

(3.4)　$$B = \begin{bmatrix} 0 & 1 & & \\ 1 & \ddots & \ddots & \\ & \ddots & \ddots & 1 \\ & & 1 & 0 \end{bmatrix}$$

($N-1$ 次行列)である．また，右辺ベクトル $\boldsymbol{b}$ は式(1.8)で与えられる．

3.1.2　Jacobi 法

方程式(3.1)を書き直した式

(3.5)　$$u_{ij} = \frac{1}{4}\left(u_{i-1,j} + u_{i+1,j} + u_{i,j-1} + u_{i,j+1}\right) \qquad (1 \leqq i, j \leqq N-1)$$

は，u_{ij} が周囲の u の値の平均値に等しいことを示している．そこで，u_{ij} の適当な初期値 $u_{ij}^{(0)}$ から出発して，逐次，式(3.5)の右辺を計算することによって u_{ij} の値を更新していけば，いつかは一定の値に落ち着き，方程式(3.5)の近似解(すなわち(3.1)の近似解)が得られるであろう．この解法は **Jacobi 法**(あるいは **Gauss-Jacobi 法**)と呼ばれ，その計算手順は次のようにまとめられる．

モデル問題に対する Jacobi 法

初期値 $u_{ij}^{(0)}$ $(1 \leqq i, j \leqq N-1)$ を適当にとる;
for $k := 0, 1, 2, \cdots$ **do**
　for $i := 1$ **to** $N-1$ **do**
　　for $j := 1$ **to** $N-1$ **do**

$$u_{ij}^{(k+1)} := \frac{1}{4}\left(u_{i-1,j}^{(k)} + u_{i+1,j}^{(k)} + u_{i,j-1}^{(k)} + u_{i,j+1}^{(k)}\right)$$

反復(**for** $k := 0, 1, 2, \cdots$)は，通常，$\max_{i,j} |u_{ij}^{(k+1)} - u_{ij}^{(k)}|$ が十分小さくなったら終了する．

一般の n 元連立 1 次方程式

$$Ax = b \tag{3.6}$$

に対する Jacobi 法は，$a_{ii} \neq 0$ $(i = 1, \cdots, n)$ のときに定義され，第 i 番目の方程式を書き換えた式

$$x_i = \frac{1}{a_{ii}}\left(-\sum_{j \neq i} a_{ij} x_j + b_i\right)$$

に基づいて，第 k 段を

$$x_i^{(k+1)} = \frac{1}{a_{ii}}\left(-\sum_{j \neq i} a_{ij} x_j^{(k)} + b_i\right) \qquad (i = 1, \cdots, n) \tag{3.7}$$

のように計算する．

係数行列 A を

$$A = D - E - F \tag{3.8}$$

(D は対角，E は狭義下三角，F は狭義上三角)と分解して

$$M_{\mathrm{J}} = D^{-1}(E + F), \qquad c_{\mathrm{J}} = D^{-1} b \tag{3.9}$$

と定義すると，上の Jacobi 反復(3.7)はベクトル形式で

$$x^{(k+1)} = M_{\mathrm{J}} x^{(k)} + c_{\mathrm{J}}$$

と書ける．ここで，$x^{(k)} = (x_i^{(k)})$ である．

より一般の**反復法**は，$Ax = b$ をこれと同値な方程式 $x = Mx + c$ に書き直すことにより，

$$\boldsymbol{x}^{(k+1)} = M\boldsymbol{x}^{(k)} + \boldsymbol{c} \tag{3.10}$$

のように定義される．行列 M は**反復行列**と呼ばれる．例えば，式(3.9)の M_{J} は Jacobi 法の反復行列である．なお，式(3.10)では $\boldsymbol{x}^{(k)}$ から $\boldsymbol{x}^{(k+1)}$ を計算する仕方が k に依らずに一定であるが，このことを強調するために**定常反復法**と呼ぶこともある．

3.1.3　収束性

一般の反復法(3.10)による近似解 $\boldsymbol{x}^{(k)}$ の誤差 $\boldsymbol{e}^{(k)} = \boldsymbol{x}^{(k)} - \boldsymbol{x}^{*}$ の振舞いを調べよう．ここで $\boldsymbol{x}^{*} = A^{-1}\boldsymbol{b}$ は真の解である．式(3.10)と $\boldsymbol{x}^{*} = M\boldsymbol{x}^{*} + \boldsymbol{c}$ から

$$\boldsymbol{e}^{(k+1)} = M\boldsymbol{e}^{(k)}$$

が成り立つので，$\boldsymbol{e}^{(k)} = M^{k}\boldsymbol{e}^{(0)}$ である．したがって，誤差 $\boldsymbol{e}^{(k)}$ の振舞いは反復行列 M の固有値で支配される．行列 M の相異なる固有値を λ_i $(i=1, \cdots, s)$，λ_i に属する Jordan 細胞の最大次数を m_i とし，$|\lambda_1| = \cdots = |\lambda_r| > |\lambda_i|$ $(i = r+1, \cdots, s)$ とすると，k が大きいとき，

$$\boldsymbol{e}^{(k)}\text{ の各要素} = \sum_{i=1}^{s} (k \text{ の } m_i - 1 \text{ 次式}) \cdot {\lambda_i}^{k} \;\approx\; \sum_{i=1}^{r} (k \text{ の } m_i - 1 \text{ 次式}) \cdot {\lambda_i}^{k}$$

となる．これより，次の収束条件が得られる．

定理 3.1　反復法(3.10)が任意の初期値に対して収束するためには，反復行列 M のスペクトル半径 $\rho(M)$ が1より小さいことが必要十分である．　□

反復行列 M のスペクトル半径 $\rho(M)$ を反復法(3.10)の**収束率**と定義する．

モデル問題(3.1)に対する Jacobi 法では，

$$M_{\mathrm{J}} = D^{-1}(E+F) = \frac{1}{4}\,(B \otimes I + I \otimes B) \tag{3.11}$$

である．この行列の固有値は

$$\mu_{ll'} = \frac{1}{2}\left(\cos\frac{l\pi}{N} + \cos\frac{l'\pi}{N}\right) \qquad (1 \leqq l, l' \leqq N-1) \tag{3.12}$$

であり(→問題 3.2)，

$$\rho(M_{\mathrm{J}}) = \mu_{11} = \cos\frac{\pi}{N} < 1 \tag{3.13}$$

であるから反復法は収束する．M_{J} は実対称だから $m_i = 1$ なので，収束の速さは

$$\boldsymbol{e}^{(k)} \text{ の各要素} \approx C\left(\cos\frac{\pi}{N}\right)^k \qquad (k\to\infty)$$

(C はある定数)のようになることが分かる．なお，M_{J} の固有ベクトルは，

$$\boldsymbol{v}_l = \left(\sin\frac{l\pi}{N}, \sin\frac{2l\pi}{N}, \cdots, \sin\frac{(N-1)l\pi}{N}\right)^{\mathsf{T}} \quad (1 \leqq l \leqq N-1) \tag{3.14}$$

として，$\boldsymbol{v}_l \otimes \boldsymbol{v}_{l'}$ で与えられる．すなわち，

$$M_{\mathrm{J}}(\boldsymbol{v}_l \otimes \boldsymbol{v}_{l'}) = \mu_{ll'}(\boldsymbol{v}_l \otimes \boldsymbol{v}_{l'}) \qquad (1 \leqq l, l' \leqq N-1) \tag{3.15}$$

である(→問題 3.2)．

一般の場合の Jacobi 法の収束性については，次の定理がある．モデル問題の係数行列は対称な M 行列であり，一般化狭義優対角である(→問題 1.3)．

定理 3.2 係数行列 A が次の条件(i)～(iii)のいずれかを満たせば，Jacobi 法は収束する．すなわち $\rho(M_{\mathrm{J}}) < 1$ が成り立つ．

(i) 行方向に一般化狭義優対角．　(ii) 列方向に一般化狭義優対角．

(iii) M 行列．　□

[証明] (i) 正数を対角要素にもつ対角行列 S に対して $\tilde{A} = AS$ が狭義優対角である．行列 A, $\tilde{A}$ に対する Jacobi 反復行列を M_{J}, $\tilde{M}_{\mathrm{J}}$ とすると，$\tilde{M}_{\mathrm{J}} = S^{-1}M_{\mathrm{J}}S$ であるから $\rho(\tilde{M}_{\mathrm{J}}) = \rho(M_{\mathrm{J}})$．したがって，始めから A が狭義優対角と仮定してよい．このとき，

$$M_{\mathrm{J}} = D^{-1}(E+F) = -\begin{bmatrix} 0 & a_{12}/a_{11} & \cdots & a_{1n}/a_{11} \\ a_{21}/a_{22} & 0 & \cdots & a_{2n}/a_{22} \\ \vdots & \vdots & \ddots & \vdots \\ a_{n1}/a_{nn} & a_{n2}/a_{nn} & \cdots & 0 \end{bmatrix}$$

に注意すると，$\rho(M_{\mathrm{J}}) \leqq \|M_{\mathrm{J}}\|_\infty = \max\limits_i \sum\limits_{j\neq i} |a_{ij}|/|a_{ii}| < 1$ となる．

表 3.1　モデル問題(3.1)に対する反復法の収束率の比較(1).

	Jacobi	Gauss-Seidel	SOR
収束率	式(3.13)	式(3.22)	式(3.30)
	$\cos\dfrac{\pi}{N}$	$\cos^2\dfrac{\pi}{N}$	$\dfrac{1-\sin\dfrac{\pi}{N}}{1+\sin\dfrac{\pi}{N}}$
$N=100$	0.99951	0.99901	0.93909
$N\to\infty$	$\approx 1-\dfrac{1}{2}\left(\dfrac{\pi}{N}\right)^2$	$\approx 1-\left(\dfrac{\pi}{N}\right)^2$	$\approx 1-\dfrac{2\pi}{N}$

（ii）$\rho(M_{\rm J})=\rho(DM_{\rm J}D^{-1})=\rho((E+F)D^{-1})=\rho(D^{-1}(E^{\top}+F^{\top}))$ により，（i）に帰着される．

（iii）M 行列は一般化狭義優対角である(定理 1.1)から，（i）に帰着される．■

一般に Jacobi 法の収束は遅いので，収束速度を上げるための工夫が必要である．以下の節では，そのための代表的手法を述べる．その結果，例えば，モデル問題に対する収束率は表 3.1 のように改善される．

3.2　Gauss-Seidel 法

Jacobi 反復法の収束性を改善した算法である Gauss-Seidel 法について，その基本的な考え方と算法，モデル問題に適用したときの収束速度，および，一般的な収束定理を述べる．

3.2.1　算法の導出

Jacobi 法(3.7)では，$x_i^{(k+1)}$ の計算式に $x_1^{(k)},\cdots,x_n^{(k)}$ の値を用いていた．しかし，$x_i^{(k+1)}$ を計算する時点では既に $x_1^{(k+1)},\cdots,x_{i-1}^{(k+1)}$ は計算されているので，古い値 $x_1^{(k)},\cdots,x_{i-1}^{(k)}$ を用いるよりは，最新の値を用いて

$$x_i^{(k+1)}=\frac{1}{a_{ii}}\left(-\sum_{j<i}a_{ij}x_j^{(k+1)}-\sum_{j>i}a_{ij}x_j^{(k)}+b_i\right) \tag{3.16}$$

とする方が良いであろう．この解法を **Gauss-Seidel 法**と呼ぶ．$x_i^{(k+1)}$ を

$x_i^{(k)}$ に上書きできるので，プログラムは非常に簡単である．Gauss-Seidel 法で生成される $\boldsymbol{x}^{(k)}$ は，Jacobi 法と異なり，未知数 x_i の番号付けに依存することに注意されたい．

式(3.16)をベクトル形式で書くと，式(3.8)の記号で，

$$\boldsymbol{x}^{(k+1)} = D^{-1}(E\boldsymbol{x}^{(k+1)} + F\boldsymbol{x}^{(k)} + \boldsymbol{b}) \tag{3.17}$$

となる．したがって，

$$M_{\mathrm{G}} = (D-E)^{-1}F, \qquad \boldsymbol{c}_{\mathrm{G}} = (D-E)^{-1}\boldsymbol{b} \tag{3.18}$$

とおけば $\boldsymbol{x}^{(k+1)} = M_{\mathrm{G}}\boldsymbol{x}^{(k)} + \boldsymbol{c}_{\mathrm{G}}$ である．M_{G} は Gauss-Seidel 法の反復行列であり，その固有値によって収束率が決まる．$M_{\mathrm{G}} = (I - D^{-1}E)^{-1}D^{-1}F$ と書き直せるので，特性多項式は

$$\det(M_{\mathrm{G}} - \lambda I) = \det[D^{-1}F - \lambda(I - D^{-1}E)] \tag{3.19}$$

と表される．

3.2.2 モデル問題に対する解析

モデル問題(3.1)に対する Gauss-Seidel 法は

$$u_{ij}^{(k+1)} = \frac{1}{4}\left(u_{i-1,j}^{(k+1)} + u_{i+1,j}^{(k)} + u_{i,j-1}^{(k+1)} + u_{i,j+1}^{(k)}\right) \tag{3.20}$$

となるが，これを表す反復行列 M_{G} の固有値は，$(N-1)(N-2)/2$ 個が非零，その他の $N(N-1)/2$ 個が 0 である．非零固有値は

$$\mu_{ll'}{}^2 = \left[\frac{1}{2}\left(\cos\frac{l\pi}{N} + \cos\frac{l'\pi}{N}\right)\right]^2 \qquad \begin{pmatrix} 1 \leqq l, l' \leqq N-1 \\ l + l' \leqq N-1 \end{pmatrix} \tag{3.21}$$

で与えられる(これらは相異なるとは限らない)．最大(絶対値)の固有値は $\mu_{11}{}^2$ であるから

$$\rho(M_{\mathrm{G}}) = \mu_{11}{}^2 = \left(\cos\frac{\pi}{N}\right)^2 \tag{3.22}$$

となり，Jacobi 法に比べて収束率が多少改善されている(→表 3.1)．固有値

${\mu_{11}}^2$ に属するJordan細胞は一つで，その次数は1である(→問題3.3)から，

$$\text{誤差}\ \boldsymbol{e}^{(k)}\ \text{の各要素} \approx C\left(\cos\frac{\pi}{N}\right)^{2k} \qquad (k \to \infty)$$

である．

3.2.3　収束定理

一般の場合のGauss-Seidel法の収束性については，次の定理がある．なお，モデル問題(3.1)の係数行列は正定値対称なM行列で，一般化狭義優対角である(→問題1.3)．

定理3.3　係数行列 A が次の条件(i)〜(iv)のいずれかを満たせば，Gauss-Seidel法は収束する．すなわち $\rho(M_{\mathrm{G}}) < 1$ が成り立つ．

(i) 行方向に一般化狭義優対角．　(ii) 列方向に一般化狭義優対角．

(iii) M行列．　(iv) 正定値対称．　□

[証明]　(i) 正数を対角要素にもつ対角行列 S に対して $\tilde{A} = AS$ が狭義優対角である．行列 A, $\tilde{A}$ に対するGauss-Seidel反復行列を M_{G}, $\tilde{M}_{\mathrm{G}}$ とすると，$\tilde{M}_{\mathrm{G}} = S^{-1}M_{\mathrm{G}}S$ であるから $\rho(\tilde{M}_{\mathrm{G}}) = \rho(M_{\mathrm{G}})$. したがって，始めから A が狭義優対角と仮定してよい．

M_{G} の固有値を μ, 固有ベクトルを $\boldsymbol{x}$ とすると，$(D-E)^{-1}F\boldsymbol{x} = \mu\boldsymbol{x}$, すなわち，$\mu D\boldsymbol{x} = \mu E\boldsymbol{x} + F\boldsymbol{x}$ である．$\boldsymbol{x}$ の要素の中で絶対値が最大のものを x_m として，この式の第 m 要素を書き下すと

$$\mu a_{mm}x_m = -\mu\sum_{j<m} a_{mj}x_j - \sum_{j>m} a_{mj}x_j$$

となる．$|x_j/x_m| \leqq 1$ により，

$$|\mu||a_{mm}| \leqq |\mu|\sum_{j<m}|a_{mj}| + \sum_{j>m}|a_{mj}|$$

である．これと狭義優対角性

$$|a_{mm}| > \sum_{j<m}|a_{mj}| + \sum_{j>m}|a_{mj}|$$

より，$(1-|\mu|)\sum_{j>m}|a_{mj}| > 0$ が導かれる．したがって $|\mu| < 1$ である．

(ii) $\rho((D-E)^{-1}F)=\rho(F(D-E)^{-1})=\rho((D-E^{\top})^{-1}F^{\top})$ であるから，(ii)は(i)から導かれる．

(iii) M 行列は一般化狭義優対角である(定理 1.1)から，(i)に帰着される．

(iv) 定理 3.8(後出)の証明で $\omega=1$ とおく．　■

Jacobi 法と Gauss-Seidel 法の収束性の比較は一般には単純でないが，M 行列の場合には，Gauss-Seidel 法の方が速く収束する．

定理 3.4　係数行列 A が M 行列ならば，Jacobi 法と Gauss-Seidel 法の反復行列 M_{J}, M_{G} について $\rho(M_{\mathrm{J}}) \geqq \rho(M_{\mathrm{G}})$ が成り立つ．　□

[証明]　後に述べる正則分離に関する比較定理(系 3.14)による．　■

3.3　逐次過緩和法(SOR 法)

Gauss-Seidel 法の収束を加速した算法である SOR 法について，その基本的な考え方と算法，モデル問題に適用したときの収束速度，一般的な収束定理，および SOR 法に含まれるパラメータの最適値を考察する．

3.3.1　算法の導出

モデル問題(3.1)に対する Gauss-Seidel 法 $\boldsymbol{x}^{(k+1)}=M_{\mathrm{G}}\boldsymbol{x}^{(k)}+\boldsymbol{c}_{\mathrm{G}}$ において，$\boldsymbol{x}^{(k+1)}$, $\boldsymbol{x}^{(k)}$, $\boldsymbol{c}_{\mathrm{G}}$ を M_{G} の(一般化)固有ベクトルで展開して考えれば，絶対値最大の固有値 λ に対応する成分は $x^{(k+1)}=\lambda x^{(k)}+c$ の形の反復である(λ に属する Jordan 細胞の最大次数が 1 であることに注意)．$0<\lambda<1$ であるから，$x^{(k)}$ が図 3.1 のように $x^{*}=c/(1-\lambda)$ に収束していくことが分かる．

ここで，修正すべき量 $x^{*}-x^{(k)}$ と Gauss-Seidel 法の修正量 $\Delta x^{(k)}=x^{(k+1)}-x^{(k)}$ の比 $1/(1-\lambda)$ が 1 より大きいことから，$\Delta x^{(k)}$ を ω (>1) 倍したものを実際の修正量にした形

$$\tilde{x}^{(k+1)}=x^{(k)}+\omega\Delta x^{(k)}$$

の方が速く収束すると期待できる．しかも，誤差の主要部分は λ に対応する固有ベクトル成分であるから，このような加速をすべての成分に一様に施して

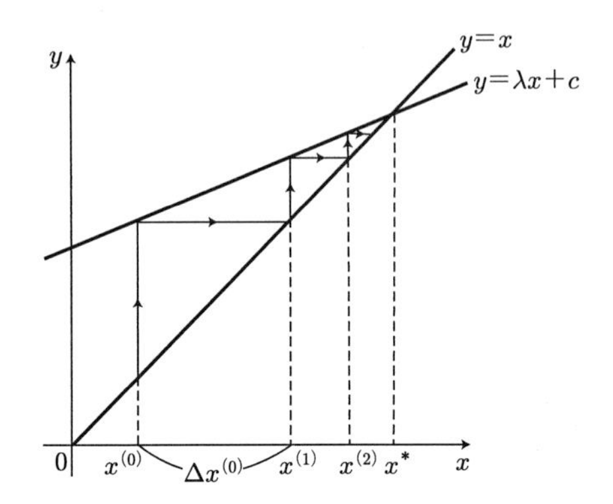

図 3.1　Gauss-Seidel 法における加速の妥当性.

も(少なくとも ω があまり大きくない限りは)収束が速まるであろう．この反復法をベクトル形式で書くと($\boldsymbol{x}^{(k+1)}$, $\tilde{\boldsymbol{x}}^{(k+1)}$ を改めて $\boldsymbol{y}^{(k+1)}$, $\boldsymbol{x}^{(k+1)}$ とおいて),

$$\text{(3.23)}\quad \boldsymbol{y}^{(k+1)} = M_{\mathrm{G}}\boldsymbol{x}^{(k)} + \boldsymbol{c}_{\mathrm{G}},\quad \boldsymbol{x}^{(k+1)} = \boldsymbol{x}^{(k)} + \omega(\boldsymbol{y}^{(k+1)} - \boldsymbol{x}^{(k)})$$

となる(→問題 3.6)．ω は**加速パラメータ**あるいは**緩和パラメータ**と呼ばれる．

さらに，Jacobi 法から Gauss-Seidel 法を導いたのと同様に，$y_i^{(k+1)}$ の計算に必要な $\boldsymbol{x}$ の要素は最新の値を使うことにすると，**逐次過緩和法**(successive overrelaxation method)あるいは **SOR 法**と呼ばれる次の算法が得られる．

SOR 法の第 $\boldsymbol{k}$ 段

for $i := 1$ **to** n **do**

　begin

$$y_i^{(k+1)} := \frac{1}{a_{ii}}\left(-\sum_{j<i} a_{ij}x_j^{(k+1)} - \sum_{j>i} a_{ij}x_j^{(k)} + b_i\right);$$

$$x_i^{(k+1)} := x_i^{(k)} + \omega(y_i^{(k+1)} - x_i^{(k)})$$

　end

この SOR 法をベクトル形式で書くと，式(3.8)の記号を用いて

$$\boldsymbol{y}^{(k+1)} = D^{-1}(E\boldsymbol{x}^{(k+1)} + F\boldsymbol{x}^{(k)} + \boldsymbol{b}),$$
$$\boldsymbol{x}^{(k+1)} = \boldsymbol{x}^{(k)} + \omega(\boldsymbol{y}^{(k+1)} - \boldsymbol{x}^{(k)})$$

となる．第1式を第2式に代入すれば，$\boldsymbol{x}^{(k+1)} = M_\omega \boldsymbol{x}^{(k)} + \boldsymbol{c}_\omega$ の形になる．ただし，

$$M_\omega = (D - \omega E)^{-1}[(1-\omega)D + \omega F], \qquad \boldsymbol{c}_\omega = \omega(D - \omega E)^{-1}\boldsymbol{b} \tag{3.24}$$

であり，M_ω が SOR 法の反復行列である．

$$M_\omega = (I - \omega D^{-1}E)^{-1}[(1-\omega)I + \omega D^{-1}F] \tag{3.25}$$

と書き直せるので，特性多項式は

$$\det(M_\omega - \lambda I) = \det[\omega\lambda D^{-1}E + \omega D^{-1}F - (\lambda + \omega - 1)I] \tag{3.26}$$

と表される．

注意 3.5　モデル問題(3.1)に対する Gauss-Seidel 法において，パラメータ ω を $\omega > 1$ として収束が加速される理由は，反復行列 M_{G} の絶対値最大の固有値 λ が正だからである．λ が負の場合には，$\omega > 1$ としたのでは却って収束を遅らせる結果になる．$\lambda < 0$ のときには，逆に，$\omega < 1$ とすることによって収束が加速される[82]．このように ω の選択は問題に応じてする必要があり，無批判に $\omega > 1$ とすべきでない．

3.3.2　モデル問題に対する解析

モデル問題(3.1)に対する SOR 法の収束率と最適な加速パラメータ ω を調べよう．収束率は反復行列 M_ω のスペクトル半径 $\rho(M_\omega)$ であり，最適な加速パラメータ ω はこれを最小化するものである．

反復行列 M_ω の固有値は，陽に計算することができて(→問題 3.4)，$1-\omega$ (重複度 $N-1$)と $\xi^+(\mu_{ll'}, \omega)$，$\xi^-(\mu_{ll'}, \omega)$ $(1 \leqq l, l' \leqq N-1;\ l + l' \leqq N-1)$ で与えられる．ただし，

$$\xi^\pm(\mu, \omega) = \left(\frac{\omega\mu \pm \sqrt{\omega^2\mu^2 - 4(\omega - 1)}}{2} \right)^2 \tag{3.27}$$

(± は複号同順)である[*1].

これより，直接の計算によって，

$$(3.28)\qquad \rho(M_\omega)=\begin{cases}\xi^+(\mu_{11},\omega) & (0<\omega\leqq\omega_{\mathrm{opt}})\\ \omega-1 & (\omega_{\mathrm{opt}}\leqq\omega)\end{cases}$$

が示される．ただし

$$(3.29)\qquad \omega_{\mathrm{opt}}=\frac{2}{1+\sqrt{1-{\mu_{11}}^2}}=\frac{2}{1+\sin\dfrac{\pi}{N}}$$

である．式(3.28)より，$0<\omega<2$ のとき反復が収束し，最適なパラメータは $\omega=\omega_{\mathrm{opt}}$ であって，そのときの収束率が

$$(3.30)\qquad \rho(M_{\omega_{\mathrm{opt}}})=\frac{1-\sin\dfrac{\pi}{N}}{1+\sin\dfrac{\pi}{N}}$$

であることが分かる．さらに，この固有値に属する Jordan 細胞は 1 個で，その次数は 2 である(巻末文献[57]の 218 頁を参照)から，

$$\text{誤差 }\boldsymbol{e}^{(k)}\text{ の各要素}\approx(k\text{ の 1 次式})\cdot\left(\frac{1-\sin\dfrac{\pi}{N}}{1+\sin\dfrac{\pi}{N}}\right)^k\qquad(k\to\infty)$$

となる(→表 3.1).

注意 3.6　これまでは，モデル問題(3.1)における未知数 u_{ij} $(1\leqq i,j\leqq N-1)$ を式(3.2)のように並べていたが，未知数を並べる順序を変えることによって SOR 法のベクトル計算機上での実行速度を上げる工夫がある．そのような順序付けの一つに，

$$\boldsymbol{u}_{\mathrm{R}}=(u_{11},u_{13},u_{15},\cdots;u_{22},u_{24},u_{26},\cdots)^{\top},$$
$$\boldsymbol{u}_{\mathrm{B}}=(u_{12},u_{14},u_{16},\cdots;u_{21},u_{23},u_{25},\cdots)^{\top}$$

とおいて $\boldsymbol{u}_{\mathrm{RB}}=\boldsymbol{u}_{\mathrm{R}}\oplus\boldsymbol{u}_{\mathrm{B}}$ とする方法がある(→図 3.2)．チェス盤との類似から，これを**赤黒順序**(red/black ordering)と呼ぶ．あるいは**偶奇順序**(odd/even ordering)と呼ぶこともある．この順序付けに関する SOR 法の第 k 近似解を $\boldsymbol{u}_{\mathrm{RB}}^{(k)}=\boldsymbol{u}_{\mathrm{R}}^{(k)}\oplus\boldsymbol{u}_{\mathrm{B}}^{(k)}$ と

---

*1　右辺は一般に複素数であり，$\sqrt{\ }$ は平方根の主値を表す．

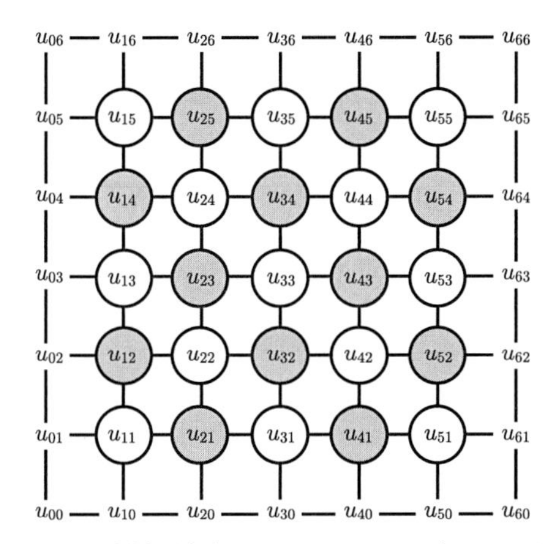

図 3.2　赤黒順序(red/black ordering)($N=6$).

すると，$\boldsymbol{u}_{\mathrm{R}}^{(k+1)}$ の各要素は $\boldsymbol{u}_{\mathrm{R}}^{(k)}$ と $\boldsymbol{u}_{\mathrm{B}}^{(k)}$ から独立に(並列に)計算でき，$\boldsymbol{u}_{\mathrm{B}}^{(k+1)}$ の各要素は $\boldsymbol{u}_{\mathrm{R}}^{(k+1)}$ と $\boldsymbol{u}_{\mathrm{B}}^{(k)}$ から独立に(並列に)計算できる．収束速度については，最適パラメータ，収束率ともに普通の順序付けと同じである[71](→問題 3.5)．この他にも，**超平面順序**(hyperplane ordering)などがある[62]，[104]．

3.3.3　収束定理

モデル問題(3.1)においては，加速パラメータ ω が $0<\omega<2$ の範囲にあることが SOR 法の収束条件であった．実は，これはかなり一般的な状況で成り立つことである．すなわち，$0<\omega<2$ は SOR 法の収束の必要条件であり，また，正定値対称の場合には，これが収束の十分条件にもなる．これを定理の形で述べよう．

定理 3.7　係数行列 A の対角要素がすべて非零のとき，任意の ω に対して $\rho(M_\omega) \geqq |\omega-1|$ が成り立つ．したがって，SOR 法が収束するためには $0<\omega<2$ が必要である．　□

［証明］　式(3.26)で $\lambda=0$ とおくと

$$\det M_\omega = \det[\omega D^{-1}F + (1-\omega)I] = (1-\omega)^n$$

となる．これは M_ω の固有値の積に等しいから，$\rho(M_\omega) \geqq |\omega-1|$.　■

定理 3.8　係数行列 A が正定値対称ならば，$0<\omega<2$ に対して，SOR 法は収束する．すなわち，$\rho(M_\omega)<1$ が成り立つ．　□

［証明］　M_ω の固有値を λ，固有ベクトルを $\boldsymbol{x}$ とすると[*2]，式(3.24)により $M_\omega \boldsymbol{x}=(D-\omega E)^{-1}[(1-\omega)D+\omega F]\boldsymbol{x}=\lambda \boldsymbol{x}$ であるから

$$\lambda E\boldsymbol{x}+F\boldsymbol{x}=\frac{\lambda+\omega-1}{\omega}D\boldsymbol{x}. \tag{3.31}$$

左から $\boldsymbol{x}^{\mathrm{H}}$ を掛けて[*3]

$$\lambda(\boldsymbol{x}^{\mathrm{H}}E\boldsymbol{x})+(\boldsymbol{x}^{\mathrm{H}}F\boldsymbol{x})=\frac{\lambda+\omega-1}{\omega}(\boldsymbol{x}^{\mathrm{H}}D\boldsymbol{x}). \tag{3.32}$$

また，式(3.31)の共役転置の右から $\boldsymbol{x}$ を掛けて，対称性 $E^{\mathrm{H}}=F$ を使うと，

$$\overline{\lambda}(\boldsymbol{x}^{\mathrm{H}}F\boldsymbol{x})+(\boldsymbol{x}^{\mathrm{H}}E\boldsymbol{x})=\frac{\overline{\lambda}+\omega-1}{\omega}(\boldsymbol{x}^{\mathrm{H}}D\boldsymbol{x}). \tag{3.33}$$

一方，$E+F=D-A$ より

$$(\boldsymbol{x}^{\mathrm{H}}E\boldsymbol{x})+(\boldsymbol{x}^{\mathrm{H}}F\boldsymbol{x})=(\boldsymbol{x}^{\mathrm{H}}D\boldsymbol{x})-(\boldsymbol{x}^{\mathrm{H}}A\boldsymbol{x}). \tag{3.34}$$

式(3.32)，(3.33)，(3.34)は $(\boldsymbol{x}^{\mathrm{H}}E\boldsymbol{x})$, $(\boldsymbol{x}^{\mathrm{H}}F\boldsymbol{x})$ などに関する1次方程式であるが，これより $(\boldsymbol{x}^{\mathrm{H}}E\boldsymbol{x})$, $(\boldsymbol{x}^{\mathrm{H}}F\boldsymbol{x})$ を消去すると，

$$\left(\frac{2}{\omega}-1\right)|1-\lambda|^2(\boldsymbol{x}^{\mathrm{H}}D\boldsymbol{x})=(1-|\lambda|^2)(\boldsymbol{x}^{\mathrm{H}}A\boldsymbol{x}) \tag{3.35}$$

となる(→問題3.7)．ここで D, A の正定値性から $\boldsymbol{x}^{\mathrm{H}}D\boldsymbol{x}>0$, $\boldsymbol{x}^{\mathrm{H}}A\boldsymbol{x}>0$ であり，式(3.32)と式(3.34)から $\lambda\neq 1$ である．また，$0<\omega<2$ から $2/\omega>1$ である．したがって，$|\lambda|<1$.　■

狭義優対角行列とM行列に対しては，収束条件は $0<\omega<2$ より厳しく，次の定理のようになる(→問題3.8)．なお，$|M_{\mathrm{J}}|$ は Jacobi 法の反復行列 M_{J} の各要素の絶対値を要素とする行列である．

定理 3.9　(1) 係数行列 A が狭義優対角ならば，$0<\omega<2/(1+\rho(|M_{\mathrm{J}}|))$ に対して，SOR 法は収束する．すなわち，$\rho(M_\omega)<1$ が成り立つ．

---

*2　$\boldsymbol{x}$ の要素や λ は実数とは限らないことに注意．

*3　記号 ^{H} は，行列やベクトルの**共役転置**を表す．例えば $\boldsymbol{x}^{\mathrm{H}}=(\overline{x_1},\cdots,\overline{x_n})$ (横ベクトル)．

(2) 係数行列 A が M 行列ならば，$0<\omega<2/(1+\rho(M_{\rm J}))$ に対して，SOR 法は収束する．すなわち，$\rho(M_\omega)<1$ が成り立つ．□

［証明］ (1) $|A|$ に対する Jacobi 法の反復行列は $-|M_{\rm J}|$ に一致する．$|A|$ は狭義優対角だから，定理 3.2(i)より，$\rho(|M_{\rm J}|)<1$. したがって，下の定理 3.10 に帰着される．

(2) 定理 3.2(iii)より，$\rho(M_{\rm J})<1$. ここで $M_{\rm J}=|M_{\rm J}|$ であるから，下の定理 3.10 に帰着される．■

定理 3.10　$\rho(|M_{\rm J}|)<1$ とすると，$0<\omega<2/(1+\rho(|M_{\rm J}|))$ に対して，SOR 法は収束する．すなわち，$\rho(M_\omega)<1$ が成り立つ．□

［証明］ $\omega>0$ として

$$T_\omega=(I-\omega|D^{-1}E|\,)^{-1}(\,|1-\omega|\,I+\omega|D^{-1}F|\,)$$

とおくと，T_ω は非負行列であり，式(3.25)より $|M_\omega|\leqq T_\omega$ であるから，Perron–Frobenius の定理(第 3.4 節の定理 3.12)におけるスペクトル半径の単調性(3)により，$\rho(M_\omega)\leqq\rho(|M_\omega|)\leqq\rho(T_\omega)$ が成り立つ．したがって，$\lambda=\rho(T_\omega)$ として，$\lambda<1$ を示せばよい．

定理 3.12(2)より，ある $\boldsymbol{x}\neq\boldsymbol{0}$ が存在して $T_\omega\boldsymbol{x}=\lambda\boldsymbol{x}$. これを書き直すと，

$$\begin{aligned}&(I-\omega|D^{-1}E|\,)^{-1}(\,|1-\omega|\,I+\omega|D^{-1}F|\,)\boldsymbol{x}=\lambda\boldsymbol{x}\\ \Longleftrightarrow\ &(\,|1-\omega|\,I+\omega|D^{-1}F|\,)\boldsymbol{x}=\lambda(I-\omega|D^{-1}E|\,)\boldsymbol{x}\\ \Longleftrightarrow\ &(\lambda|D^{-1}E|+|D^{-1}F|\,)\boldsymbol{x}=\frac{\lambda-|1-\omega|}{\omega}\boldsymbol{x}\end{aligned}$$

となる．最後の式は，$(\lambda-|1-\omega|)/\omega$ が $\lambda|D^{-1}E|+|D^{-1}F|$ の固有値であることを示しているから，

$$\frac{\lambda-|1-\omega|}{\omega}\leqq\rho(\lambda|D^{-1}E|+|D^{-1}F|\,). \tag{3.36}$$

一方，$\lambda\geqq1$ とすると，

$$\lambda|D^{-1}E|+|D^{-1}F|\leqq\lambda(\,|D^{-1}E|+|D^{-1}F|\,)=\lambda\,|M_{\rm J}|$$

であるから，$\mu = \rho(|M_{\rm J}|)$ とおくと，スペクトル半径の単調性より，

$$\rho(\lambda|D^{-1}E| + |D^{-1}F|\,) \leqq \mu\lambda. \tag{3.37}$$

したがって，式(3.36)，(3.37)より

$$\frac{\lambda - |1-\omega|}{\omega} \leqq \mu\lambda$$

となる．この式より $\omega \geqq (\lambda+1)/(1+\mu\lambda)$ が導かれるが，仮定 $\mu < 1$ より $(\lambda+1)/(1+\mu\lambda) \geqq 2/(1+\mu)$ である．このように，$\lambda \geqq 1$ から $\omega \geqq 2/(1+\mu)$ が導かれるから，その対偶により，$\omega < 2/(1+\mu)$ ならば $\lambda < 1$ である．■

3.3.4　加速パラメータの最適値

モデル問題(3.1)では加速パラメータ ω の最適値が解析的に求められた．以下では，その解析の過程を分析して，少し一般的な状況で同様の解析をしてみよう．なお，現実の問題に対して ω の最適値が解析的に求められることは稀であり，数値計算に基づいて適応的に定めるのが普通である．

モデル問題(3.1)に対する SOR 法の解析を振り返ってみると，M_ω の特性方程式が

$$\begin{aligned}\det(M_\omega - \lambda I) &= \det[\omega(\lambda D^{-1}E + D^{-1}F) - (\lambda+\omega-1)I] \\ &= \det[\sqrt{\lambda}\omega(D^{-1}E + D^{-1}F) - (\lambda+\omega-1)I]\end{aligned} \tag{3.38}$$

のように扱い易い形に変形できたことがキーポイントであった(問題3.4参照)．この等式(2番目の等号)は，$\lambda = 0$ に対しては自明に成立するが，$\lambda \neq 0$ に対して成立するのは，モデル問題の行列 A の特殊性による．すなわち，モデル問題の行列 A が「任意の $\lambda \neq 0$ に対して $\lambda D^{-1}E + D^{-1}F$ と $\sqrt{\lambda}(D^{-1}E + D^{-1}F)$ は同じ固有値をもつ」という性質をもっていたことが重要であった．

そこで，以下では，係数行列 $A = D - E - F$ が

> 任意の $z \neq 0$ に対して，$zD^{-1}E + (1/z)D^{-1}F$ と $D^{-1}E + D^{-1}F$ の固有値は(重複度を含めて)一致する

という性質(これを**整合順序性**[*4]と呼ぶ)をもつと仮定して，SOR 法の加速パラメータ ω の最適値を求めよう．

このとき，μ が $M_{\mathrm{J}}=D^{-1}E+D^{-1}F$ の固有値ならば，$-\mu$ も M_{J} の固有値である．実際，$z=-1$ とすると，$-M_{\mathrm{J}}$ と M_{J} は同じ固有値をもつことになるからである．そこで，M_{J} の非零固有値を $\pm\mu_1,\cdots,\pm\mu_m$(ただし $\mu_1 \geqq \mu_2 \geqq \cdots \geqq \mu_m>0$)とすると，式(3.38)より

$$\det(M_\omega-\lambda I)=(-\lambda-\omega+1)^{n-2m}\prod_{l=1}^{m}\left((\lambda+\omega-1)^2-\lambda\omega^2{\mu_l}^2\right) \tag{3.39}$$

となり，M_{J} の固有値から M_ω の固有値が完全に分かることになる．

定理 3.11　係数行列 A が整合順序性をもつとする．また，M_{J} の固有値は実数で，$\rho(M_{\mathrm{J}})<1$ とする．このとき，$\rho(M_\omega)$ を最小化する $\omega=\omega_{\mathrm{opt}}$ と最小値は

$$\omega_{\mathrm{opt}}=\frac{2}{1+\sqrt{1-\rho(M_{\mathrm{J}})^2}},\qquad \rho(M_{\omega_{\mathrm{opt}}})=\omega_{\mathrm{opt}}-1=\left(\frac{\rho(M_{\mathrm{J}})}{1+\sqrt{1-\rho(M_{\mathrm{J}})^2}}\right)^2$$

で与えられる．このとき，$1<\omega_{\mathrm{opt}}<2$ で $\rho(M_{\omega_{\mathrm{opt}}})<\rho(M_{\mathrm{J}})$ となる．　□

[証明]　M_ω の固有値は，式(3.39)より，$1-\omega$ (重複度は $n-2m$)と $l=1,\cdots,m$ に対する 2 次方程式 $(\lambda+\omega-1)^2=\lambda\omega^2{\mu_l}^2$ の 2 根 $\lambda=\lambda_l^{(1)}(\omega)$, $\lambda_l^{(2)}(\omega)$ である($|\lambda_l^{(1)}(\omega)|\geqq|\lambda_l^{(2)}(\omega)|$ としておく)．したがって，

$$\rho(M_\omega)=\max\left\{\ |1-\omega|,\ \max_{1\leqq l\leqq m}|\lambda_l^{(1)}(\omega)|\ \right\}$$

である．

図形的に調べるために，上の 2 次方程式を連立方程式

$$f_\omega(\lambda)=\frac{\lambda+\omega-1}{\omega},\qquad g_l(\lambda)=\pm\sqrt{\lambda}\mu_l$$

にして考える．この二つの曲線の交点が $\lambda_l^{(1)}(\omega)$, $\lambda_l^{(2)}(\omega)$ を与える．$f_\omega(\lambda)$ は点 $(1,1)$ を通る傾き $1/\omega$ の直線であり，$g_l(\lambda)$ は放物線である(図 3.3)．定理

*4　この性質をもつ行列は，Young [70] の Definition 4.1 において，“generalized (1,1)-consistently ordered matrix”(略して “GCO(1,1)-matrix”)と呼ばれているもので，元来の整合順序の概念(Varga [68] の Definition 4.3)の一般化にあたる．

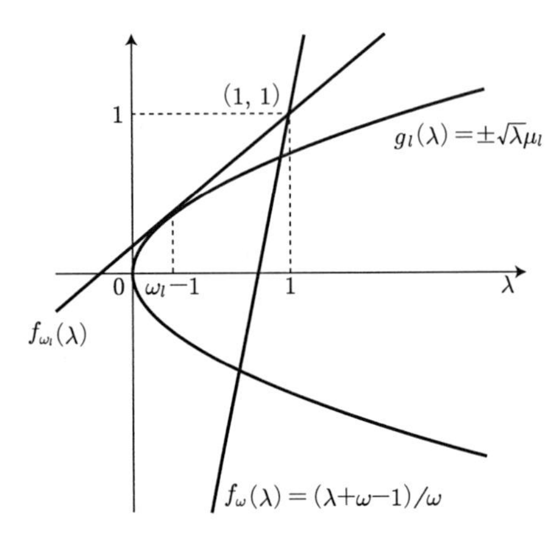

図 3.3　SOR 法の反復行列の固有値.

3.7 により，$0<\omega<2$ の範囲を考えればよい．ω が 0 から増加するとき，直線 $f_\omega(\lambda)$ が放物線 $g_l(\lambda)$ に接するまでは $|\lambda_l^{(1)}(\omega)|$ は減少し，ω が

$$\omega_l=\frac{2}{1+\sqrt{1-\mu_l{}^2}}$$

のときに $f_\omega(\lambda)$ と $g_l(\lambda)$ が接する．ω がさらに大きくなると，方程式は共役複素根をもつようになり，$|\lambda_l^{(1)}(\omega)|=|\lambda_l^{(2)}(\omega)|=\omega-1$ となる(図 3.4)．したがって，各 l に対して，$|\lambda_l^{(1)}(\omega)|$ の最小値は $\omega=\omega_l$ において達成され，最小値は ω_l-1 に等しい.

一方，$\mu_1\geqq\mu_2\geqq\cdots\geqq\mu_m>0$ より，各 ω に対して，

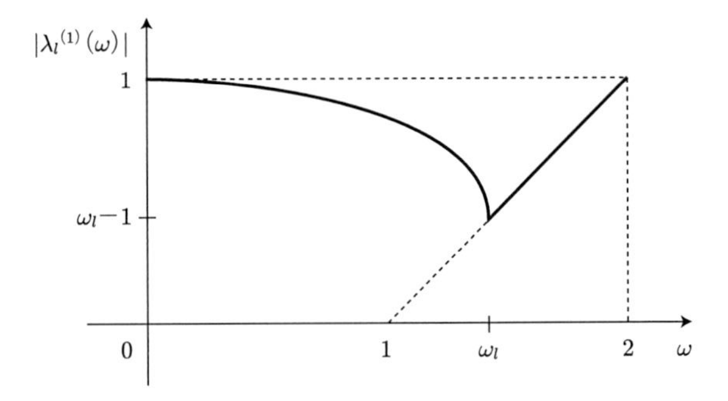

図 3.4　SOR 法の収束率と最適パラメータ.

$$\max_{1 \leqq l \leqq m} |\lambda_l^{(1)}(\omega)| = |\lambda_1^{(1)}(\omega)|$$

であるから，結局，$\rho(M_\omega)$ は $\omega = \omega_1$ において最小になる．すなわち，$\omega_{\rm opt} = \omega_1$ である．なお，$\mu_1 = \rho(M_{\rm J})$ であることに注意． ∎

整合順序性をもつ行列の例を示そう．ブロック 3 重対角行列

$$A = \begin{bmatrix} A_{11} & A_{12} & O & \cdots & O \\ A_{21} & A_{22} & A_{23} & & O \\ O & \ddots & \ddots & \ddots & \vdots \\ \vdots & & A_{N-1,N-2} & A_{N-1,N-1} & A_{N-1,N} \\ O & \cdots & O & A_{N,N-1} & A_{N,N} \end{bmatrix} \tag{3.40}$$

は，

(a) 対角ブロック A_{ii} $(i = 1, \cdots, N)$ が(正方)対角行列，あるいは，

(b) 対角ブロック A_{ii} $(i = 1, \cdots, N)$ が(正方)3 重対角行列で，非対角ブロック A_{ij} $(|i-j| = 1)$ が(正方とは限らない)対角行列，

のどちらかの条件を満たせば，整合順序性をもつ．実際，A_{ii} のサイズを n_i として，$\Delta = \mathrm{diag}\,(I_{n_1}, zI_{n_2}, \cdots, z^{N-1}I_{n_N})$ とおくと，上記(a)の場合には $\Delta(D^{-1}E + D^{-1}F)\Delta^{-1} = zD^{-1}E + (1/z)D^{-1}F$ となる．相似変換で移り合う行列は同じ固有値をもつので，これは A の整合順序性を示している．(b)の場合には，まず，

$$\tilde{\Delta} = \mathrm{diag}\,(1, z, \cdots, z^{n_1-1}; 1, z, \cdots, z^{n_2-1}; \cdots; 1, z, \cdots, z^{n_N-1})$$

を用いて $\tilde{\Delta}(D^{-1}E + D^{-1}F)\tilde{\Delta}^{-1}$ を作ると，対角ブロック A_{ii} 内の対角の下側の要素は z 倍され，対角の上側の要素は $1/z$ 倍され，非対角ブロックは変化しない．さらに，$\Delta[\tilde{\Delta}(D^{-1}E + D^{-1}F)\tilde{\Delta}^{-1}]\Delta^{-1}$ と変換すると，$zD^{-1}E + (1/z)D^{-1}F$ になる．

モデル問題(3.1)の行列(1.5)は(b)の場合にあたり，整合順序性をもつ．式(3.13)の $\rho(M_{\rm J}) = \cos\dfrac{\pi}{N}$ に注意すると，定理 3.11 の与える最適パラメータ $\omega_{\rm opt}$ と収束率 $\rho(M_{\omega_{\rm opt}})$ は，第 3.3.2 節で導いた式(3.29)，(3.30)と一致して

いることが確かめられる．

3.4　正則分離と収束性*

前節までで，各種の反復法について，収束のための十分条件を見てきた．すなわち，M行列，一般化狭義優対角行列，あるいは，正定値行列に対して，Jacobi法，Gauss-Seidel法，SOR法の収束性を定理3.2，定理3.3，定理3.8，定理3.9において論じた．本節では，M行列と一般化狭義優対角行列の場合を統一的に扱う一般的な収束定理を示す．キーポイントは，正則分離の概念とPerron-Frobeniusの定理である．

Perron-Frobeniusの定理は，非負行列の固有値に関する基本定理で，次のような内容である*5.

定理 3.12　正方形の非負行列 A に対して次のことが成り立つ．

(1) $\rho(A)$ は A の固有値である．

(2) 固有値 $\rho(A)$ に対し，各要素が非負の固有ベクトル $\boldsymbol{x} \geqq \boldsymbol{0}$ が存在する．

(3) A の任意の要素を増加させるとき，$\rho(A)$ は減少しない．　□

この定理は極めて重要なので，少し詳しく説明しよう．スペクトル半径 $\rho(A)$ の定義により，ある複素数 λ と複素ベクトル $\boldsymbol{x} \neq \boldsymbol{0}$ が存在して，$|\lambda| = \rho(A)$ かつ $A\boldsymbol{x} = \lambda\boldsymbol{x}$ が成り立つ．(1)と(2)の主張は，ここで，$\lambda \geqq 0$, $\boldsymbol{x} \geqq \boldsymbol{0}$ と選ぶことができるということである．すなわち，$A\boldsymbol{x} = \rho(A)\boldsymbol{x}$ が成り立つ．なお，$|\lambda| = \rho(A)$, $\lambda \neq \rho(A)$ である固有値 λ が存在する可能性はある．(3)はスペクトル半径の単調性を述べており，式でかけば，

$$O \leqq A \leqq B \implies \rho(A) \leqq \rho(B) \tag{3.41}$$

ということである．なお，行列の間の不等号は要素毎の不等号を意味するものとする．

さて，方程式 $A\boldsymbol{x} = \boldsymbol{b}$ の係数行列 A を二つの部分に分けて

*5 [68]の Theorem 2.20 による．行列の既約性や巡回指数などの性質に立ち入ることにより，固有値についてさらに詳細な性質が分かる．これを含めて Perron-Frobenius の定理と呼ぶのが普通である．詳しくは[31], [68]などを参照されたい．

$$(3.42)\qquad A = C - R$$

と表現するとき，C が正則ならば，$A\boldsymbol{x} = \boldsymbol{b}$ は $\boldsymbol{x} = C^{-1}R\boldsymbol{x} + C^{-1}\boldsymbol{b}$ と変形されるから，反復法

$$(3.43)\qquad \boldsymbol{x}^{(k+1)} = C^{-1}R\boldsymbol{x}^{(k)} + C^{-1}\boldsymbol{b}$$

が得られる．$M = C^{-1}R$ が式(3.10)における反復行列である．

式(3.42)の表現 $A = C - R$ において，C が正則であるとき，これを A の**分離**と呼ぶ．また，C が正則で，$C^{-1} \geqq O$, $R \geqq O$ のとき，**正則分離**と呼ぶ．例えば，A が M 行列のとき，

- Jacobi 法：　$A = D - (E + F)$　$(C = D,\ R = E + F)$
- Gauss–Seidel 法：$A = (D - E) - F$　$(C = D - E,\ R = F)$

は正則分離である．

正則分離から構成される反復法の収束性について，次の定理が成り立つ．

定理 3.13　$A = C - R$ が正則分離のとき，

$$(3.44)\qquad A \text{ が正則で } A^{-1} \geqq O \iff \rho(C^{-1}R) < 1.$$

さらに，このとき

$$(3.45)\qquad \rho(C^{-1}R) = \frac{\rho(A^{-1}R)}{1 + \rho(A^{-1}R)}.$$

□

［証明］　まず，$C^{-1} \geqq O$, $R \geqq O$ より $M = C^{-1}R \geqq O$ に注意する．$\rho(M) < 1$ とすると，Neumann 展開(問題 1.2)により

$$A^{-1} = (C - R)^{-1} = (I - M)^{-1}C^{-1} = (I + M + M^2 + \cdots)C^{-1} \geqq O$$

となるので，式(3.44)において $\Leftarrow$ が成り立つ．

逆向き($\Rightarrow$)を示すために，$A^{-1} \geqq O$ とすると，$A^{-1}R \geqq O$ である．$M \geqq O$ であるから，Perron–Frobenius の定理(定理 3.12)より，ある $\boldsymbol{x} \geqq \boldsymbol{0}$ $(\boldsymbol{x} \neq \boldsymbol{0})$ が存在して，$M\boldsymbol{x} = \rho(M)\boldsymbol{x}$. これより

$$A^{-1}R\boldsymbol{x} = (I-M)^{-1}M\boldsymbol{x} = \frac{\rho(M)}{1-\rho(M)}\boldsymbol{x}.$$

ここで $A^{-1}R\boldsymbol{x} \geqq \mathbf{0}$, $\boldsymbol{x} \geqq \mathbf{0}$ $(\boldsymbol{x} \neq \mathbf{0})$であるから，$\rho(M)<1$ である．また，この等式とスペクトル半径 $\rho(A^{-1}R)$ の定義により $\rho(A^{-1}R) \geqq \rho(M)/(1-\rho(M))$ である．したがって，$\rho(M) \leqq \rho(A^{-1}R)/(1+\rho(A^{-1}R))$ となり，式(3.45)で $\leqq$ が成り立つ．上と同様にして，$A^{-1}R \geqq O$ であるから Perron-Frobenius の定理によって，ある $\boldsymbol{y} \geqq \mathbf{0}$　$(\boldsymbol{y} \neq \mathbf{0})$ が存在して，$A^{-1}R\boldsymbol{y} = \rho(A^{-1}R)\boldsymbol{y}$. これより，

$$M\boldsymbol{y} = (I+A^{-1}R)^{-1}A^{-1}R\boldsymbol{y} = \frac{\rho(A^{-1}R)}{1+\rho(A^{-1}R)}\boldsymbol{y}.$$

したがって式(3.45)で $\geqq$ が成り立つ．■

式(3.45)より，収束率が正則分離の仕方に単調に依存することを簡単に示すことができる．下のような主張を**比較定理**と呼ぶことがある．

系 3.14　$A = C_1 - R_1 = C_2 - R_2$ を二つの正則分離とし，$A^{-1} \geqq O$ とする．$O \leqq R_1 \leqq R_2$ ならば，$\rho({C_1}^{-1}R_1) \leqq \rho({C_2}^{-1}R_2) < 1$ である．□

［証明］　$A^{-1}R_1 \leqq A^{-1}R_2$ だから，スペクトル半径の単調性(定理 3.12 (3))により，$\rho(A^{-1}R_1) \leqq \rho(A^{-1}R_2)$ が成り立つ．このことと式(3.45)より，$\rho({C_1}^{-1}R_1) \leqq \rho({C_2}^{-1}R_2) < 1$ が導かれる．■

上の定理 3.13 の特殊ケースとして，M 行列に対する Jacobi 法の収束性(定理 3.2(iii))，Gauss-Seidel 法の収束性(定理 3.3(iii))が導かれる．

さらに，定理 3.13 を用いて，より一般的な収束定理を導くことができる．式(3.42)の表現 $A = C - R$ において，$\langle C\rangle - |R|$ が M 行列のとき，これを A の **H 分離**と呼ぶ．ここで，$\langle C\rangle$ は C の比較行列(1.13)である．

定理 3.15　$A = C - R$ が H 分離ならば，$\rho(C^{-1}R) < 1$ が成り立つ．□

［証明］　まず，C は H 行列である．実際，問題 1.4(iii)より，ある $\boldsymbol{d} > \mathbf{0}$ が存在して $(\langle C\rangle - |R|)\boldsymbol{d} > \mathbf{0}$ であるから，$\langle C\rangle\boldsymbol{d} > \mathbf{0}$ となり，問題 1.4(ii)より，$\langle C\rangle$ は M 行列(すなわち，C は H 行列)である．そこで，式(1.20)と H 行列の性質 $|C^{-1}| \leqq \langle C\rangle^{-1}$ (→下の補題 3.16)を用いると

$$\rho(C^{-1}R) \leqq \rho(|C^{-1}R|) \leqq \rho(|C^{-1}||R|) \leqq \rho(\langle C\rangle^{-1}|R|)$$

という評価式が得られるが，一方，$\rho(\langle C\rangle^{-1}|R|) < 1$ である．実際，$\langle C\rangle^{-1} \geqq O$ より $\tilde{A} = \langle C\rangle - |R|$ は $\tilde{A}$ の正則分離であり，しかも H 分離の仮定より $\tilde{A}^{-1} \geqq O$ であるから，定理 3.13 によって $\rho(\langle C\rangle^{-1}|R|) < 1$ となる．■

補題 3.16　H 行列 A に対して，$|A^{-1}| \leqq \langle A\rangle^{-1}$ が成り立つ．□

［証明］　式(3.8)，(3.9)のように

$$A = D - E - F, \qquad M_{\mathrm{J}} = D^{-1}(E+F)$$

とおく．A が H 行列，すなわち $\langle A\rangle$ が M 行列であるから，定理 3.2 より，$\langle A\rangle = |D| - |E| - |F|$ に対する Jacobi 反復行列 $|D|^{-1}(|E|+|F|)$ について $\rho(|D|^{-1}(|E|+|F|)) < 1$ が成り立つ．そこで，式(1.20)と $|M_{\mathrm{J}}| = |D|^{-1}(|E| + |F|)$ より $\rho(M_{\mathrm{J}}) \leqq \rho(|M_{\mathrm{J}}|) < 1$ であることに注意して，Neumann 展開(問題 1.2)を用いれば，

$$\begin{aligned}
|A^{-1}| &= |(D-E-F)^{-1}| = |(I - M_{\mathrm{J}})^{-1}D^{-1}| \\
&\leqq |(I + M_{\mathrm{J}} + {M_{\mathrm{J}}}^2 + \cdots)|\ |D|^{-1} \\
&\leqq (I + |M_{\mathrm{J}}| + |M_{\mathrm{J}}|^2 + \cdots)|D|^{-1} \\
&= (I - |M_{\mathrm{J}}|)^{-1}|D|^{-1} = (|D| - |E| - |F|)^{-1} = \langle A\rangle^{-1}.
\end{aligned}$$ ■

上の定理 3.15 の特殊ケースとして，定理 3.2 (Jacobi 法)，定理 3.3 (Gauss-Seidel 法)の(i)〜(ii)，定理 3.10 (SOR 法)を導出してみよう．まず，定理 3.15 の仮定について，

$$A = C - R \text{ が H 分離} \quad \Leftrightarrow \quad \langle C\rangle - |R| \text{ が M 行列}$$

に注意して，それぞれの反復法の $\langle C\rangle - |R|$ を作ってみると次のようになる．

	C	R	$\langle C\rangle - \lvert R\rvert$
Jacobi	D	$E+F$	$\lvert D\rvert - \lvert E\rvert - \lvert F\rvert$
Gauss-Seidel	$D-E$	F	$\lvert D\rvert - \lvert E\rvert - \lvert F\rvert$
SOR	$\frac{1}{\omega}D-E$	$\frac{1-\omega}{\omega}D+F$	$\frac{1-\lvert 1-\omega\rvert}{\omega}\lvert D\rvert - (\lvert E\rvert + \lvert F\rvert)$

定理3.2(Jacobi法)，定理3.3(Gauss-Seidel法)の仮定は，定理1.1より，

$$A\text{が一般化狭義優対角} \Leftrightarrow A\text{が H 行列} \Leftrightarrow |D|-|E|-|F|\text{が M 行列}$$

と書き換えられる．したがって，定理3.2と定理3.3は定理3.15から出る[*6]．定理3.10(SOR法)を定理3.15から出すには，

$$\langle C\rangle - |R| = \frac{1-|1-\omega|}{\omega}|D| - (|E|+|F|) = |D|\left(\frac{1-|1-\omega|}{\omega}I - |M_{\mathrm{J}}|\right)$$

の逆行列が非負行列であることを示せばよいが，実際，$\rho(|M_{\mathrm{J}}|)<1$ のとき，$0<\omega<2/(1+\rho(|M_{\mathrm{J}}|))$ の範囲で $\rho(|M_{\mathrm{J}}|)<(1-|1-\omega|)/\omega$ となるので，$(\langle C\rangle - |R|)^{-1} \geqq O$ が成り立つ．

3.5　Chebyshev加速法

ここで取り上げるChebyshev加速法は，一般に定常反復法が与えられたときにその収束を加速するための方法である．Chebyshev加速法の考え方と算法，および収束速度について述べる．

3.5.1　算法の導出

ベクトル列 $\boldsymbol{x}^{(0)}, \boldsymbol{x}^{(1)}, \cdots, \boldsymbol{x}^{(k)}, \cdots$ が定常反復法 $\boldsymbol{x}^{(k+1)} = M\boldsymbol{x}^{(k)} + \boldsymbol{c}$ によって生成された近似解列のとき，これらの線形結合

$$\tilde{\boldsymbol{x}}^{(k)} = \sum_{j=0}^{k} \alpha_j^{(k)} \boldsymbol{x}^{(j)} \qquad (k=0,1,2,\cdots) \tag{3.46}$$

*6　定理3.15の証明で用いた補題3.16の証明中で定理3.2を用いているので，定理3.2の別証明を与えていることにはならない．

を作って近似解を改良することを考える．ただし，$\boldsymbol{x}^{(0)}=\boldsymbol{x}^{(1)}=\cdots=\boldsymbol{x}^{(k)}=\boldsymbol{x}^*$ ($\boldsymbol{x}^*$ は真の解)のとき $\tilde{\boldsymbol{x}}^{(k)}=\boldsymbol{x}^*$ となるように，$\sum_{j=0}^{k}\alpha_j^{(k)}=1$ という制約をおく．

式(3.46)より，$\tilde{\boldsymbol{x}}^{(k)}$ の誤差 $\tilde{\boldsymbol{e}}^{(k)}=\tilde{\boldsymbol{x}}^{(k)}-\boldsymbol{x}^*$ と $\boldsymbol{x}^{(k)}$ の誤差 $\boldsymbol{e}^{(k)}=\boldsymbol{x}^{(k)}-\boldsymbol{x}^*$ の間には $\tilde{\boldsymbol{e}}^{(k)}=\sum_{j=0}^{k}\alpha_j^{(k)}\boldsymbol{e}^{(j)}$ の関係があり，一方，$\boldsymbol{e}^{(j)}=M^j\boldsymbol{e}^{(0)}$ だから，

$$\tilde{\boldsymbol{e}}^{(k)}=\left[\sum_{j=0}^{k}\alpha_j^{(k)}M^j\right]\boldsymbol{e}^{(0)}=P_k(M)\boldsymbol{e}^{(0)}\qquad(k=0,1,2,\cdots)$$

と表せる．ただし，

$$P_k(\lambda)=\sum_{j=0}^{k}\alpha_j^{(k)}\lambda^j$$

である．目標は，k 次(以下の)多項式 $P_k(\lambda)$ をうまく定めて，誤差 $\tilde{\boldsymbol{e}}^{(k)}$ をできるだけ小さくすることである．条件 $\sum_{j=0}^{k}\alpha_j^{(k)}=1$ に対応して $P_k(1)=1$ という制約がある．

反復行列 M が対角化可能[*7]と仮定して，$M=V\Lambda V^{-1}$ とおく．ここで，Λ は M の固有値 λ_i $(i=1,\cdots,n)$ を並べた対角行列，V は固有ベクトルを並べた行列である．すると，

$$\tilde{\boldsymbol{e}}^{(k)}=P_k(V\Lambda V^{-1})\boldsymbol{e}^{(0)}=VP_k(\Lambda)V^{-1}\boldsymbol{e}^{(0)}$$

と書けるので，p ノルム $\|\cdot\|_p$ $(1\leqq p\leqq\infty)$ を用いて

$$\|\tilde{\boldsymbol{e}}^{(k)}\|_p\leqq\|V\|_p\|V^{-1}\|_p\cdot\max_{1\leqq i\leqq n}|P_k(\lambda_i)|\cdot\|\boldsymbol{e}^{(0)}\|_p \tag{3.47}$$

と評価される．したがって，$\|\tilde{\boldsymbol{e}}^{(k)}\|_p$ を小さくするには，最大最小化問題

$$\min_{P\in\mathcal{P}_k,\,P(1)=1}\ \max_{1\leqq i\leqq n}|P(\lambda_i)| \tag{3.48}$$

($\mathcal{P}_k$ は k 次以下の実係数多項式の全体を表す)を解いて P_k を定めればよいことになる．

---

*7 一般に，n 次行列 A が**対角化可能**とは，ある正則行列 S によって $S^{-1}AS$ が対角行列にできることをいう．このとき，$S^{-1}AS$ の対角要素は A の固有値であり，S の列ベクトルは A の固有ベクトルである．対角化可能であるための必要十分条件は，n 個の 1 次独立な固有ベクトルをもつことである．

現実には固有値λ_iが分かっていることは稀であるが，$\rho(M)<1$は前提としてよい．そこで，λ_iがすべて実数で絶対値が1より小さく，それらを含む区間$[\alpha,\beta]\subset(-1,1)$が既知であると仮定しよう．さらに，離散集合$\{\lambda_1,\cdots,\lambda_n\}$上の最大最小化問題(3.48)を，区間$[\alpha,\beta]$上の問題で置き換えることにすると，次の定理($\chi=1$とする)によって，最適な多項式$P_k$が決定される．なお，

$$T_k(t)=\begin{cases}\cos(k\ \mathrm{arccos}\,t) & (|t|\leqq 1)\\ \cosh(k\,\mathrm{arcosh}\,t) & (|t|>1)\end{cases} \tag{3.49}$$

はk次の**Chebyshev 多項式**を表す(注意3.18参照)[*8]．

定理3.17　$\alpha<\beta,\ \chi\notin[\alpha,\beta]$のとき，最大最小化問題

$$\min_{P\in\mathcal{P}_k,\ P(\chi)=1}\ \max_{\lambda\in[\alpha,\beta]}|P(\lambda)| \tag{3.50}$$

の解$P=P_k$は

$$P_k(\lambda)=T_k\left(\frac{2\lambda-\alpha-\beta}{\beta-\alpha}\right)\bigg/T_k(\delta)\qquad \delta=\frac{2\chi-\alpha-\beta}{\beta-\alpha} \tag{3.51}$$

で与えられ，さらに，次の評価が成立する：

$$\min_{P\in\mathcal{P}_k,\ P(\chi)=1}\ \max_{\lambda\in[\alpha,\beta]}|P(\lambda)|=\frac{1}{T_k(|\delta|)}\leqq 2(|\delta|+\sqrt{|\delta|^2-1})^{-k}. \tag{3.52}$$ □

［証明］　式(3.51)の$P_k(\lambda)$は，$P_k(\chi)=1$を満たし，$k+1$個の点$(\alpha=)\ \xi_0<\xi_1<\cdots<\xi_k\ (=\beta)$で絶対値が最大になり，その符号は交互に変化する．もし，$P(\chi)=1$かつ$\max_{\lambda\in[\alpha,\beta]}|P(\lambda)|<\max_{\lambda\in[\alpha,\beta]}|P_k(\lambda)|$を満たす$P\in\mathcal{P}_k$があったとすると，$R_k(\lambda)=P_k(\lambda)-P(\lambda)$の$\xi_i$における符号は$P_k(\xi_i)$の符号に一致するから，$R_k(\lambda)$は各区間$(\xi_{i-1},\xi_i)\ (i=1,\cdots,k)$に零点をもつ．さらに，$R_k(\chi)=P_k(\chi)-P(\chi)=0$であるから，結局，$k$次多項式$R_k(\lambda)$が$k+1$個の零点をもつことになり，矛盾である．したがって，このようなPは存在せず，P_kが最適解である．

評価式(3.52)の等号は，

---

*8　arcosh は cosh の逆関数を表す．arccosh と書くこともある．

$$\max_{\lambda\in[\alpha,\beta]}\left|T_k\left(\frac{2\lambda-\alpha-\beta}{\beta-\alpha}\right)\right|=\max_{t\in[-1,1]}|T_k(t)|=\max_{t\in[-1,1]}|\cos(k\arccos(t))|=1$$

および

$$\left|T_k\left(\frac{2\chi-\alpha-\beta}{\beta-\alpha}\right)\right|=T_k\left(\left|\frac{2\chi-\alpha-\beta}{\beta-\alpha}\right|\right)=T_k(|\delta|)$$

による．式(3.52)の不等号は，$T_k(t)=\cosh(k\,\mathrm{arcosh}\,(t))$ $(t>1)$ と $|\delta|>1$ に注意して，$T_k(|\delta|)\geqq\exp(k\,\mathrm{arcosh}\,(|\delta|))/2=(|\delta|+\sqrt{|\delta|^2-1})^k/2$ と示される． ∎

注意 3.18 式(3.49)で定義される Chebyshev 多項式は，3 項漸化式

$$T_0(t)=1,\ T_1(t)=t,\quad T_{k+1}(t)=2t\,T_k(t)-T_{k-1}(t)\quad(k=1,2,\cdots) \tag{3.53}$$

を満たす．このことからも分かるように，k 次 Chebyshev 多項式 T_k は，その名の通り，k 次の多項式であり，具体的には

$$T_k(t)=\frac{k}{2}\sum_{j=0}^{\lfloor k/2\rfloor}\frac{(-1)^j(k-j-1)!}{j!\,(k-2j)!}(2t)^{k-2j} \tag{3.54}$$

と表される．例えば，

$$T_0(t)=1,\quad T_1(t)=t,\quad T_2(t)=2t^2-1$$

である．複素変数 z に対しても式(3.49)の解析接続(あるいは表現式(3.54))によって k 次の **Chebyshev 多項式** $T_k(z)$ が定義される．別の表現として

$$T_k(z)=\frac{1}{2}(w^k+w^{-k}),\qquad z=\frac{1}{2}(w+w^{-1}) \tag{3.55}$$

という形もある．

3.5.2 漸化式

次に，$\tilde{\boldsymbol{x}}^{(k)}$ の計算法を考える．式(3.46)の係数 $\alpha_j^{(k)}$ を Chebyshev 多項式の定義に従って具体的に計算するのは効率が悪い．実際の計算に便利な $\tilde{\boldsymbol{x}}^{(k)}$ に関する漸化式を導こう．

Chebyshev 多項式の満たす 3 項漸化式(3.53)より，$\tau_k=T_k(\delta)$ は

$$\tau_0=1,\ \tau_1=\delta,\quad \tau_{k+1}=2\delta\tau_k-\tau_{k-1}\quad(k=1,2,\cdots) \tag{3.56}$$

を満たす．また，$\omega_{k+1}=2\delta\tau_k/\tau_{k+1}$，$\gamma=2/(2-\alpha-\beta)$ とおくと，式(3.51)の $P_k(\lambda)$ は

$$P_{k+1}(\lambda)=\omega_{k+1}(\gamma\lambda+1-\gamma)P_k(\lambda)+(1-\omega_{k+1})P_{k-1}(\lambda) \quad (k=1,2,\cdots)$$

を満たす($\chi=1$ としている)．ここで，λ に M を代入して $\boldsymbol{e}^{(0)}$ に作用させると，$\tilde{\boldsymbol{e}}^{(k)}=P_k(M)\boldsymbol{e}^{(0)}$ により

$$\tilde{\boldsymbol{e}}^{(k+1)}=\omega_{k+1}(\gamma M+(1-\gamma)I)\tilde{\boldsymbol{e}}^{(k)}+(1-\omega_{k+1})\tilde{\boldsymbol{e}}^{(k-1)} \qquad (k=1,2,\cdots)$$

となり，さらに，$(I-M)\boldsymbol{x}^*=\boldsymbol{c}$ を用いて

$$\tilde{\boldsymbol{x}}^{(k+1)}=\omega_{k+1}[\gamma(M\tilde{\boldsymbol{x}}^{(k)}+\boldsymbol{c})+(1-\gamma)\tilde{\boldsymbol{x}}^{(k)}] + (1-\omega_{k+1})\tilde{\boldsymbol{x}}^{(k-1)} \qquad (k=1,2,\cdots) \tag{3.57}$$

を得る．ただし，

$$\tilde{\boldsymbol{x}}^{(0)}=\boldsymbol{x}^{(0)}, \quad \tilde{\boldsymbol{x}}^{(1)}=\gamma\boldsymbol{x}^{(1)}+(1-\gamma)\boldsymbol{x}^{(0)}=\gamma(M\boldsymbol{x}^{(0)}+\boldsymbol{c})+(1-\gamma)\boldsymbol{x}^{(0)} \tag{3.58}$$

である．ω_{k+1} については，式(3.56)により

$$\omega_1=2, \quad \omega_{k+1}=\left(1-\frac{\omega_k}{4\delta^2}\right)^{-1} \qquad (k=1,2,\cdots) \tag{3.59}$$

が成り立つ．

漸化式(3.57)，(3.58)，(3.59)が $\tilde{\boldsymbol{x}}^{(k)}$ の効率的な計算法を与えている．このようにして近似解を求める方法を **Chebyshev 加速**あるいは **Chebyshev 準反復**と呼ぶ．漸化式中の γ, δ を決めるために，元の反復行列 M の固有値についての情報が必要であることに注意されたい．式(3.57)は係数が k に依存する3項漸化式であり，式(3.10)に示した形の反復法ではないが，これも広い意味では一種の反復法である．このように，係数が k に依存した漸化式に基づいて近似解を逐次計算していく解法を，一般に，**非定常反復法**と呼ぶことがある．

3.5.3 収束率

反復1回当りの平均的な収束率(の漸近値) $\limsup_{k\to\infty}\left(\|\tilde{\boldsymbol{e}}^{(k)}\|_p\right)^{1/k}$ は，式(3.47)と定理3.17により，

$$\limsup_{k\to\infty}\left(\|\tilde{\boldsymbol{e}}^{(k)}\|_p\right)^{1/k} \leqq \frac{1}{|\delta|+\sqrt{|\delta|^2-1}} \tag{3.60}$$

と見積れる．

モデル問題(3.1)に対するJacobi法に対しては，式(3.12)より，$-\alpha=\beta=\cos\dfrac{\pi}{N}$, $\delta=1/\cos\dfrac{\pi}{N}$ であり，

$$\limsup_{k\to\infty}\left(\|\tilde{\boldsymbol{e}}^{(k)}\|_p\right)^{1/k} \leqq \frac{\cos\dfrac{\pi}{N}}{1+\sin\dfrac{\pi}{N}} = \left(\frac{1-\sin\dfrac{\pi}{N}}{1+\sin\dfrac{\pi}{N}}\right)^{1/2} \tag{3.61}$$

となる．この収束率は，SOR法において加速パラメータ ω を最適に選んで達成される $\rho(M_\omega)$ の最小値(3.30)の平方根であり，モデル問題に対してはSOR法の方が有効であることを示している(第3.6.3節の表3.2も参照)．

同様の関係は，少し一般的な状況(定理3.11の仮定が満たされ，M_{J} が対角化可能の場合)でも成り立つ．実際，$-\alpha=\beta=\rho(M_{\mathrm{J}})$ としてJacobi反復にChebyshev加速を適用すると，$\delta=1/\rho(M_{\mathrm{J}})$ より，収束率(式(3.60)の右辺)は $\rho(M_{\mathrm{J}})/(1+\sqrt{1-\rho(M_{\mathrm{J}})^2})$ となるが，これは定理3.11における $\rho(M_{\omega_{\mathrm{opt}}})$ の平方根に等しい．なお，このとき，Chebyshev加速における ω_k は単調に減少し，SOR法の最適パラメータ ω_{opt} に収束する．すなわち，

$$\lim_{k\to\infty}\omega_k=\omega_{\mathrm{opt}} \tag{3.62}$$

が成り立つ(→問題3.9)．

現実問題に対して固有値の存在範囲が解析的に求められることは稀であり，数値計算に基づいてこれを推定しながら漸化式の係数を定めていくのが普通である．

式(3.46)の形の加速法には，Chebyshev加速の他にもいろいろなものがある．$I-M$ が正定値対称行列のとき，誤差ベクトル $\tilde{\boldsymbol{e}}^{(k)}$ の大きさを内積

$\left(\tilde{\boldsymbol{e}}^{(k)}, (I-M)\tilde{\boldsymbol{e}}^{(k)}\right)$ で測り，これを最小化するように係数 $\alpha_j^{(k)}$ を定めたものは **CG 加速**と呼ばれる．これは，方程式 $(I-M)\boldsymbol{x}=\boldsymbol{c}$ に対する共役勾配法(CG 法)(→第 4.1 節)に他ならない．

3.6　ADI 法

これまで扱った反復法(Jacobi 法，Gauss-Seidel 法，SOR 法，Chebyshev 加速法)は，直接法とは全く別の形の算法であった．ここで扱う ADI 法は，反復の内部において部分的に(演算量の多くない)直接法を利用する反復法であり，楕円型偏微分方程式の離散化から生じる連立１次方程式の反復解法に起源をもつ解法である．

3.6.1　算法の導出

ADI 法のアイデアをモデル問題(3.1)を例にとって説明する．第 1.1 節で説明したように，モデル問題(3.1)は Laplace 方程式の離散化から生じたものであるが，一方，Laplace 方程式は**熱伝導方程式**[*9]

$$\begin{aligned}
&\frac{\partial u}{\partial t}=\frac{\partial^2 u}{\partial x^2}+\frac{\partial^2 u}{\partial y^2} && (\ (x,y)\in(0,1)\times(0,1),\ t>0\ ),\\
&u(x,y,t)=g(x,y) && (\ (x,y)\in\Gamma\ ),\\
&u(x,y,0)=f(x,y) && (\ (x,y)\in(0,1)\times(0,1)\ )
\end{aligned}$$

の解 $u(x,y,t)$ の $t\to\infty$ における値(いわゆる定常解)を記述している．ADI 法はこの熱伝導方程式の離散化から導出される．

単位正方形に $h=1/N$ 刻みのメッシュを入れ(図 1.1 参照)，さらに，時間の刻み幅 Δt を導入して，$u(ih, jh, k\Delta t)$ に対する近似解を $u_{ij}^{(k)}$ とおく．境界条件より $\boldsymbol{u}^{(k)}=(u_{ij}^{(k)}\mid 1\leqq i,j\leqq N-1)$ $(k=1,2,\cdots)$ が未知量であり，初期条件より $\boldsymbol{u}^{(0)}$ は既知である(各 $\boldsymbol{u}^{(k)}$ は $n=(N-1)^2$ 次元ベクトルである)．解 u の時間発展を安定に計算する数値解法として，$k=0,1,2,\cdots$ に対して

*9　**熱方程式**と呼ぶことも多い．

(3.63)

$$\frac{u_{ij}^{(k+\frac{1}{2})}-u_{ij}^{(k)}}{\Delta t/2}=\frac{u_{i-1,j}^{(k+\frac{1}{2})}-2u_{ij}^{(k+\frac{1}{2})}+u_{i+1,j}^{(k+\frac{1}{2})}}{h^2}+\frac{u_{i,j-1}^{(k)}-2u_{ij}^{(k)}+u_{i,j+1}^{(k)}}{h^2},$$

(3.64)

$$\frac{u_{ij}^{(k+1)}-u_{ij}^{(k+\frac{1}{2})}}{\Delta t/2}=\frac{u_{i-1,j}^{(k+\frac{1}{2})}-2u_{ij}^{(k+\frac{1}{2})}+u_{i+1,j}^{(k+\frac{1}{2})}}{h^2}+\frac{u_{i,j-1}^{(k+1)}-2u_{ij}^{(k+1)}+u_{i,j+1}^{(k+1)}}{h^2}$$

を用いて，$\boldsymbol{u}^{(1)},\boldsymbol{u}^{(2)},\cdots$ を計算していく方法がある．$\boldsymbol{u}^{(k)}$ が計算されているとき，式(3.63)から $\boldsymbol{u}^{(k+\frac{1}{2})}$ を定め，引き続いて，式(3.64)から $\boldsymbol{u}^{(k+1)}$ を定めるのである．式(3.63)の右辺第1項は未知量 $\boldsymbol{u}^{(k+\frac{1}{2})}$ による $\partial^2 u/\partial x^2$ の差分近似，第2項は既知量 $\boldsymbol{u}^{(k)}$ による $\partial^2 u/\partial y^2$ の差分近似である．式(3.63)を $\boldsymbol{u}^{(k+\frac{1}{2})}$ に関する方程式と見るとき，その係数行列は(変数を適当に並べ替えれば) 3重対角行列なので，$\mathrm{O}(n)$ 回の演算で $\boldsymbol{u}^{(k+\frac{1}{2})}$ が求められる(注意2.4参照)．式(3.64)は，式(3.63)において x と y の役割を入れ替えて k を $k+\dfrac{1}{2}$ にしたものになっており，$\boldsymbol{u}^{(k+1)}$ も $\mathrm{O}(n)$ 回の演算で計算できる．式(3.63)は x 方向に陰的(すなわち，各 j に対して，$N-1$ 個の未知量 $u_{ij}^{(k+\frac{1}{2})}$ $(1 \leqq i \leqq N-1)$ に関する連立1次方程式)，式(3.64)は y 方向に陰的(すなわち，各 i に対して，$N-1$ 個の未知量 $u_{ij}^{(k+1)}$ $(1 \leqq j \leqq N-1)$ に関する連立1次方程式)となっており，これを交互に用いることから，この解法を **ADI 法** (alternating-direction implicit iterative method)と呼ぶ*10．

モデル問題(3.1)の解は $\boldsymbol{u}^{(k)}$ の $k\to\infty$ の極限に対応しているので，ADI 法はモデル問題に対する反復解法を与えていることにもなる．式(3.63)，(3.64)を見やすい形に書き換えると，$r=2h^2/\Delta t$ とおいて，

$$\begin{aligned}
-u_{i-1,j}^{(k+\frac{1}{2})}+(2+r)u_{ij}^{(k+\frac{1}{2})}-u_{i+1,j}^{(k+\frac{1}{2})}&=u_{i,j-1}^{(k)}-(2-r)u_{ij}^{(k)}+u_{i,j+1}^{(k)},\\
-u_{i,j-1}^{(k+1)}+(2+r)u_{ij}^{(k+1)}-u_{i,j+1}^{(k+1)}&=u_{i-1,j}^{(k+\frac{1}{2})}-(2-r)u_{ij}^{(k+\frac{1}{2})}+u_{i+1,j}^{(k+\frac{1}{2})}
\end{aligned}$$

となる．これを行列・ベクトル形式で書くと，

*10 **交互方向法**と訳されている[68]．この日本語訳においては，陰的解法であることが陰的になっているので注意．

$$(rI_n + H)\boldsymbol{u}^{(k+\frac{1}{2})} = (rI_n - V)\boldsymbol{u}^{(k)} + \boldsymbol{b},$$
$$(rI_n + V)\boldsymbol{u}^{(k+1)} = (rI_n - H)\boldsymbol{u}^{(k+\frac{1}{2})} + \boldsymbol{b}$$

の形となる．ここで，$H = (2I_{N-1} - B) \otimes I_{N-1}$ は x 方向(水平方向)の２階微分に対応する行列，$V = I_{N-1} \otimes (2I_{N-1} - B)$ は y 方向(垂直方向)の２階微分に対応する行列であり，$\boldsymbol{b}$ は境界条件から決まるベクトルである．上の式から $\boldsymbol{u}^{(k+\frac{1}{2})}$ を消去すると，$\boldsymbol{c}$ を適当なベクトルとして，

$$\boldsymbol{u}^{(k+1)} = (rI_n + V)^{-1}(rI_n - H)(rI_n + H)^{-1}(rI_n - V)\boldsymbol{u}^{(k)} + \boldsymbol{c}$$

となるが，これは，モデル問題(3.1)に対する ADI 法を反復法の一般形(3.10)に表現したことになる．

このように考えると，式(3.6)の一般の方程式 $A\boldsymbol{x} = \boldsymbol{b}$ に対しても ADI 法を拡張することができる．まず，係数行列を $A = H + V$ のように二つの部分に分け，さらに，２通りの分離

$$A = (rI + H) - (rI - V), \qquad A = (rI + V) - (rI - H)$$

から

$$(rI + H)\boldsymbol{x}^{(k+\frac{1}{2})} = (rI - V)\boldsymbol{x}^{(k)} + \boldsymbol{b}, \tag{3.65}$$
$$(rI + V)\boldsymbol{x}^{(k+1)} = (rI - H)\boldsymbol{x}^{(k+\frac{1}{2})} + \boldsymbol{b} \tag{3.66}$$

という漸化式を作るのである(式(3.42)，(3.43)参照)．この式から $\boldsymbol{x}^{(k+\frac{1}{2})}$ を消去すると，

$$\boldsymbol{x}^{(k+1)} = (rI + V)^{-1}(rI - H)(rI + H)^{-1}(rI - V)\boldsymbol{x}^{(k)} + \boldsymbol{c},$$
$$\text{ただし}\quad \boldsymbol{c} = (rI + V)^{-1}[(rI - H)(rI + H)^{-1} + I]\boldsymbol{b}$$

となるので，ADI 法の反復行列は

$$M_r = (rI + V)^{-1}(rI - H)(rI + H)^{-1}(rI - V) \tag{3.67}$$

で与えられる．

注意 3.19 熱伝導方程式の離散化として最初に思いつくのは,

$$\frac{u_{ij}^{(k+1)}-u_{ij}^{(k)}}{\Delta t}=\frac{u_{i-1,j}^{(k)}-2u_{ij}^{(k)}+u_{i+1,j}^{(k)}}{h^2}+\frac{u_{i,j-1}^{(k)}-2u_{ij}^{(k)}+u_{i,j+1}^{(k)}}{h^2}$$

であろう．この右辺には $\boldsymbol{u}^{(k+1)}$ が含まれないので，$\boldsymbol{u}^{(k+1)}$ を求めるために方程式を解く必要がないという利点がある．このような形の数値解法を**陽的スキーム**と呼ぶ．この陽的スキームは，1ステップあたりの演算量が少なくて有利であるが，数値的安定性を保つために $\Delta t \leqq h^2/4$ を満たすように時間刻み幅 Δt を小さくとる必要があり，結果的に，全体の演算量が増えてしまう．これとは逆に，

$$\frac{u_{ij}^{(k+1)}-u_{ij}^{(k)}}{\Delta t}=\frac{u_{i-1,j}^{(k+1)}-2u_{ij}^{(k+1)}+u_{i+1,j}^{(k+1)}}{h^2}+\frac{u_{i,j-1}^{(k+1)}-2u_{ij}^{(k+1)}+u_{i,j+1}^{(k+1)}}{h^2}$$

とする**陰的スキーム**では，安定性のために Δt が制約をうけることはないが，各 k 毎に，モデル問題と同等の方程式を解くことになってしまい，モデル問題の解法は与えない．ADI 法は，x 方向と y 方向を交互に陰的にすることによって，上の二つのスキームの特徴を活かし，少ない演算回数で数値的に安定な解法を実現している．

3.6.2 収束定理

一般の方程式(3.6)に対する ADI 法の収束性について，次の定理が成り立つ．

定理 3.20 方程式 $A\boldsymbol{x}=\boldsymbol{b}$ において，$A=H+V$ とし，H, V は正定値対称行列とする．このとき，任意の $r>0$ に対して，ADI 法(3.65)，(3.66)は収束する．すなわち，式(3.67)の M_r に対して $\rho(M_r)<1$ が成り立つ． □

[証明] まず，式(3.67)より，

$$\begin{aligned}\rho(M_r)&=\rho((rI+V)^{-1}(rI-H)(rI+H)^{-1}(rI-V))\\&=\rho((rI-H)(rI+H)^{-1}(rI-V)(rI+V)^{-1})\\&\leqq\|(rI-H)(rI+H)^{-1}\|_2\ \|(rI-V)(rI+V)^{-1}\|_2.\end{aligned}$$

ここで，H, V の固有値を σ_j, τ_j $(j=1,\cdots,n)$ とすると，これはすべて正の実数であり，

$$\|(rI-H)(rI+H)^{-1}\|_2=\max_{1\leqq j\leqq n}\left|\frac{r-\sigma_j}{r+\sigma_j}\right|, \tag{3.68}$$

$$\|(rI-V)(rI+V)^{-1}\|_2=\max_{1\leqq j\leqq n}\left|\frac{r-\tau_j}{r+\tau_j}\right| \tag{3.69}$$

が成り立つ．任意の $r>0, \sigma>0$ に対して $\left|\dfrac{r-\sigma}{r+\sigma}\right|<1$ であるから $\rho(M_r)<1$ が導かれる． ■

収束率 $\rho(M_r)$ が小さくなるようなパラメータ r を考えよう．定理 3.20 の証明を踏まえて，これを次のような形で考える．

定理 3.21　定理 3.20 の仮定に加えて，H, V の固有値 σ_j, τ_j $(j=1,\cdots,n)$ が区間 $[\alpha,\beta]$ 内にあるとする $(0<\alpha<\beta)$．このとき，

$$\min_{r>0}\|(rI-H)(rI+H)^{-1}\|_2 \leqq \min_{r>0}\max\left(\left|\frac{r-\alpha}{r+\alpha}\right|,\left|\frac{r-\beta}{r+\beta}\right|\right)=\frac{1-\sqrt{\alpha/\beta}}{1+\sqrt{\alpha/\beta}}$$

であり，最後の等式は $r=\sqrt{\alpha\beta}$ のときに成立する．また，V についても同様のことが成り立つ．したがって，$r=\sqrt{\alpha\beta}$ に対して

$$\rho(M_r)\leqq\left(\frac{1-\sqrt{\alpha/\beta}}{1+\sqrt{\alpha/\beta}}\right)^2.$$

□

［証明］　$r>0,\ \alpha\leqq\sigma\leqq\beta$ とすると，$\dfrac{r-\sigma}{r+\sigma}$ は σ の関数として単調減少であるから

$$\left|\frac{r-\sigma}{r+\sigma}\right|\leqq\max\left(\left|\frac{r-\alpha}{r+\alpha}\right|,\left|\frac{r-\beta}{r+\beta}\right|\right).$$

これと (3.68) より，第１の不等式が成り立つ．上式の右辺を最小化する r は，$\left|\dfrac{r-\alpha}{r+\alpha}\right|=\left|\dfrac{r-\beta}{r+\beta}\right|$ から定まり，$r=\sqrt{\alpha\beta}$ である． ■

3.6.3　モデル問題に対する解析

モデル問題 (3.1) に対する ADI 法について考えると，まず，定理 3.20 からこれが収束することが分かるが，収束率については定理 3.21 よりも幾分詳しい解析が可能である．

二つの行列 $H=(2I_{N-1}-B)\otimes I_{N-1}$，$V=I_{N-1}\otimes(2I_{N-1}-B)$ は可換 $(HV=VH)$ であって，共通の固有ベクトルをもつ．実際，

表 3.2 モデル問題(3.1)に対する反復法の収束率の比較(2).

	SOR	Chebyshev	ADI(定常)	ADI(非定常)
収束率	式(3.30)	式(3.61)	式(3.70)	式(3.90)
	$\dfrac{1-\sin\dfrac{\pi}{N}}{1+\sin\dfrac{\pi}{N}}$	$\dfrac{\cos\dfrac{\pi}{N}}{1+\sin\dfrac{\pi}{N}}$	$\dfrac{1-\sin\dfrac{\pi}{N}}{1+\sin\dfrac{\pi}{N}}$	$\mathrm{e}^{-2\pi K(k')/K(k)}$
$N=100$	0.93909	0.96907	0.93909	0.35881
$N\to\infty$	$\approx 1-\dfrac{2\pi}{N}$	$\approx 1-\dfrac{\pi}{N}$	$\approx 1-\dfrac{2\pi}{N}$	$\approx 1-\dfrac{\pi^2}{2\log N}$

$$\boldsymbol{v}_l=\left(\sin\frac{l\pi}{N},\sin\frac{2l\pi}{N},\cdots,\sin\frac{(N-1)l\pi}{N}\right)^{\top}\qquad(1\leqq l\leqq N-1),$$
$$\sigma_l=2-2\cos\frac{l\pi}{N}\qquad(1\leqq l\leqq N-1)$$

とおくと,

$$H(\boldsymbol{v}_l\otimes\boldsymbol{v}_{l'})=\sigma_l(\boldsymbol{v}_l\otimes\boldsymbol{v}_{l'}),\quad V(\boldsymbol{v}_l\otimes\boldsymbol{v}_{l'})=\sigma_{l'}(\boldsymbol{v}_l\otimes\boldsymbol{v}_{l'})\quad(1\leqq l,l'\leqq N-1)$$

が成り立つ(問題1.3参照). したがって, $M_r=(rI+V)^{-1}(rI-H)(rI+H)^{-1}(rI-V)$ の固有ベクトルも $\boldsymbol{v}_l\otimes\boldsymbol{v}_{l'}$ $(1\leqq l,l'\leqq N-1)$ で与えられ, 固有値は

$$\frac{r-\sigma_l}{r+\sigma_l}\cdot\frac{r-\sigma_{l'}}{r+\sigma_{l'}}\qquad(1\leqq l,l'\leqq N-1)$$

となり,

$$\rho(M_r)=\max_{1\leqq l,l'\leqq N-1}\left(\left|\frac{r-\sigma_l}{r+\sigma_l}\right|\cdot\left|\frac{r-\sigma_{l'}}{r+\sigma_{l'}}\right|\right)=\left[\max\left(\left|\frac{r-\sigma_1}{r+\sigma_1}\right|,\left|\frac{r-\sigma_{N-1}}{r+\sigma_{N-1}}\right|\right)\right]^2$$

である. この最右辺は, r が

$$r_{\mathrm{opt}}=\sqrt{\sigma_1\sigma_{N-1}}=2\sin\frac{\pi}{N}$$

のとき最小となり, そのとき,

(3.70)
$$\rho(M_{r_{\mathrm{opt}}}) = \frac{1-\sin\dfrac{\pi}{N}}{1+\sin\dfrac{\pi}{N}}$$

となる．

この値は，SOR 法において加速パラメータ ω を適切に選んで達成される $\rho(M_\omega)$ の最小値(3.30)と一致する．ただし，ADI 法では3重対角行列を係数行列とする方程式を解くために余分な手間がかかるので，この結果からすると，ADI 法の存在意義は薄い．ADI 法の真価が発揮されるのは，パラメータ r を毎回変化させる場合であり，節を改めてそれを考える．モデル問題に対する収束率を表3.2(および第3.1.3節の表3.1)にまとめておく．

3.6.4　非定常反復*

パラメータ r を毎回変化させる場合の ADI 法は

(3.71)
$$(r_{k+1}I+H)\boldsymbol{x}^{(k+\frac{1}{2})} = (r_{k+1}I-V)\boldsymbol{x}^{(k)}+\boldsymbol{b},$$

(3.72)
$$(r_{k+1}I+V)\boldsymbol{x}^{(k+1)} = (r_{k+1}I-H)\boldsymbol{x}^{(k+\frac{1}{2})}+\boldsymbol{b}$$

となる．ここでは，反復回数 m を固定したときの，パラメータ $r_1, r_2, \cdots, r_m$ の最適化を考える．一般の m に対して，最適パラメータは楕円関数を用いて表現されることになるが，m が2のべき$(m=2^p)$のときには，これが簡単な漸化式によって計算できる．

最適パラメータ

行列 H, V は正定値対称で可換$(HV=VH)$であると仮定し，H, V の固有値 σ_j, τ_j $(j=1,\cdots,n)$ は区間 $[\alpha,\beta]$ 内にあるものとする$(0<\alpha<\beta)$[*11]．この仮定の下で，反復回数 m を固定したときの最適なパラメータ $r_1, r_2, \cdots, r_m$ を考える．

近似解 $\boldsymbol{x}^{(k)}$ の誤差 $\boldsymbol{e}^{(k)}=\boldsymbol{x}^{(k)}-\boldsymbol{x}^*$ ($\boldsymbol{x}^*$ は真の解)は $\boldsymbol{e}^{(k+1)}=M_{r_{k+1}}\boldsymbol{e}^{(k)}$ を満たすので，

---

*11　可換性の条件は，モデル問題では満たされているが，かなり強い制約である．可換性より，H と V は共通の固有ベクトルをもち，σ_j と τ_j の間には対応があることに注意．

$$(3.73) \qquad \boldsymbol{e}^{(m)} = \left(\prod_{k=1}^{m} M_{r_k}\right)\boldsymbol{e}^{(0)} \qquad (m=1,2,\cdots)$$

となる*12．この行列 $\prod_{k=1}^{m} M_{r_k}$ に着目する．H と V は可換なので同時対角化可能であり，したがって，$\prod_{k=1}^{m} M_{r_k}$ の固有値は，

$$\prod_{k=1}^{m}\left(\frac{r_k-\sigma_j}{r_k+\sigma_j}\right)\left(\frac{r_k-\tau_j}{r_k+\tau_j}\right) \qquad (j=1,\cdots,n)$$

で与えられ，そのスペクトル半径は

$$(3.74) \qquad \begin{aligned} \rho\left(\prod_{k=1}^{m} M_{r_k}\right) &= \max_{1\leqq j\leqq n}\prod_{k=1}^{m}\left|\frac{r_k-\sigma_j}{r_k+\sigma_j}\right|\left|\frac{r_k-\tau_j}{r_k+\tau_j}\right| \\ &\leqq \max_{1\leqq j\leqq n}\prod_{k=1}^{m}\left|\frac{r_k-\sigma_j}{r_k+\sigma_j}\right| \cdot \max_{1\leqq j\leqq n}\prod_{k=1}^{m}\left|\frac{r_k-\tau_j}{r_k+\tau_j}\right| \\ &\leqq \left(\max_{\alpha\leqq\sigma\leqq\beta}\prod_{k=1}^{m}\left|\frac{r_k-\sigma}{r_k+\sigma}\right|\right)^2 \end{aligned}$$

と評価できる．

そこで，最適パラメータ $r_1, r_2, \cdots, r_m$ を定める問題を

$$(3.75) \qquad F_{\alpha,\beta}^{(m)}(r_1,\cdots,r_m) = \max_{\alpha\leqq\sigma\leqq\beta}\prod_{k=1}^{m}\left|\frac{r_k-\sigma}{r_k+\sigma}\right|$$

の最小化問題として定式化することにする．$F_{\alpha,\beta}^{(m)}$ の最小値を $\phi(\alpha,\beta;m)$ と記し，$\phi(\alpha,\beta;m) = F_{\alpha,\beta}^{(m)}(r_1^*,\cdots,r_m^*)$ とすると，

$$(3.76) \qquad \rho\left(\prod_{j=1}^{m} M_{r_j^*}\right) \leqq \phi(\alpha,\beta;m)^2$$

が成り立つことになる．

この最小化問題は，有理式による最良近似と密接な関係があり(→注意3.23)，次の定理3.22に述べる事実が知られている[69], [126], [127]．ここで，

$$(3.77) \qquad K(k) = \int_0^1 \frac{\mathrm{d}x}{\sqrt{(1-x^2)(1-k^2x^2)}}$$

は k を**母数**とする(第1種の)**完全楕円積分**であり，$k' = \sqrt{1-k^2}$ は**補母数**と

*12 $\prod_{k=1}^{m} M_{r_k} = M_{r_m}\cdots M_{r_1}$ であるが，H と V が可換のときは，積の順序に依らない．

呼ばれる．また，dn は **Jacobi の楕円関数**である[*13]．楕円積分，楕円関数に関して，詳しくは[59]を参照されたい．

定理 3.22　$0<\alpha<\beta$ とする．式(3.75)の $F^{(m)}_{\alpha,\beta}(r_1,\cdots,r_m)$ を最小にする実数の組 $(r_1,\cdots,r_m)=(r_1^*,\cdots,r_m^*)$ は，$r_1^*\geqq\cdots\geqq r_m^*$ の条件の下で一意に定まり，

$$r_j^*=\beta\,\mathrm{dn}\left(\frac{2j-1}{2m}K(k),k\right)\qquad(j=1,\cdots,m) \tag{3.78}$$

と与えられる．ただし，$k=\sqrt{1-(\alpha/\beta)^2}$ である．このとき，

$$r^*_{m+1-j}=\alpha\beta/r_j^*\qquad(j=1,\cdots,m) \tag{3.79}$$

が成り立つ．さらに，$F^{(m)}_{\alpha,\beta}$ の最小値 $\phi(\alpha,\beta;m)$ は

$$\phi(\alpha,\beta;m)=\frac{1-\sqrt{k'_m}}{1+\sqrt{k'_m}} \tag{3.80}$$

で与えられる．ここで，k'_m は k_m の補母数であり，$k_m=k_m(k)$ は k から関係式

$$K(k'_m)\ /\ K(k_m)=m\ K(k')\ /\ K(k) \tag{3.81}$$

によって決まる母数である(なお，k' は k の補母数を表し，$k'=\alpha/\beta$)．　□

［証明］　詳細は[69]の第6.2節に譲ることとするが，証明は，(A)最適パラメータの存在，(B)最適性の十分条件，(C)楕円関数を用いた構成，の3段階から成る[*14]．(A)と(B)の具体的内容は次の通りである．

(A)　$F^{(m)}_{\alpha,\beta}(r_1,\cdots,r_m)$ を最小にする $r_1^*\geqq\cdots\geqq r_m^*$ は一意に定まり，それらは開区間 (α,β) の中の相異なる点である．

(B)　$Q(\sigma)=\prod_{j=1}^{m}\left(\frac{r_j^*-\sigma}{r_j^*+\sigma}\right)$ が，$m+1$ 個の点 $(\alpha=)\ \xi_0<\xi_1<\cdots<\xi_m\ (=\beta)$ で絶対値が最大となり，その符号が交互に変化するならば，r_j^* は最適パラメータである．

---

*13　不定積分 $u=\int_0^z \mathrm{d}x/\sqrt{(1-x^2)(1-k^2x^2)}$ の逆関数として $z=\mathrm{sn}(u,k)$ が定義され，これより $\mathrm{dn}(u,k)=\sqrt{1-k^2\mathrm{sn}^2(u,k)}$ と定義される．sn はエスエヌ関数，dn はディーエヌ関数と呼ばれる．

*14　この種の議論の進め方については[30]の第8章も参照されたい．

(C)は以下のようにする．変数を$\sigma=\beta\ \mathrm{dn}(K(k)u,k)$によって$\sigma$から$u$に変換する．変数の範囲は，$\alpha\leqq\sigma\leqq\beta$が$0\leqq u\leqq 1$に対応する．式(3.78)の$r_j^*$に対し，楕円関数の恒等式

$$\prod_{j=1}^{m}\left(\frac{r_j^*-\beta\ \mathrm{dn}(K(k)u,k)}{r_j^*+\beta\ \mathrm{dn}(K(k)u,k)}\right)=(-1)^{m-1}\frac{\sqrt{k_m'}-\mathrm{dn}(mK(k_m)u,k_m)}{\sqrt{k_m'}+\mathrm{dn}(mK(k_m)u,k_m)}$$

が成り立つ．この右辺は，$0\leqq u\leqq 1$の範囲において，$u=j/m\ (j=0,1,\cdots,m)$において絶対値が最大値$(1-\sqrt{k_m'})/(1+\sqrt{k_m'})$をとり，その符号は交互に変化する．これは(B)の仮定が$\xi_{m-j}=\beta\ \mathrm{dn}(jK(k)/m,k)\ (j=0,1,\cdots,m)$に対して成り立つことを示している．したがって，式(3.78)のr_j^*は最適パラメータであり，$\phi(\alpha,\beta;m)=(1-\sqrt{k_m'})/(1+\sqrt{k_m'})$である．式(3.79)については，楕円関数の基本的な性質

$$\mathrm{dn}(-u,k)=\mathrm{dn}(u,k),\qquad \mathrm{dn}(u+K(k),k)=\frac{k'}{\mathrm{dn}(u,k)}$$

を用いて，

$$\begin{aligned}r_{m+1-j}^*&=\beta\ \mathrm{dn}\left(\frac{2(m+1-j)-1}{2m}K(k),k\right)\\&=\beta\ \mathrm{dn}\left(\frac{-2j+1}{2m}K(k)+K(k),k\right)\\&=\alpha/\mathrm{dn}\left(\frac{2j-1}{2m}K(k),k\right)\\&=\alpha\beta/r_j^*\end{aligned}$$

のように示される．∎

上の定理により，反復回数mを固定するときの最適パラメータは，式(3.78)の$r_j^*\ (j=1,\cdots,m)$によって与えられる．とくに，r_j^*はすべて異なり，$r_1^*>\cdots>r_m^*$である．

なお，モデル問題(3.1)では，式(3.76)の評価式は等号で成り立つ．例えば，$N=100,\ m=8$のとき，その値は0.0011601である．

注意 3.23　歴史的に見ると，定理3.22と密接に関係する問題が，最良有理近似や電気回路合成の文脈で研究されている(E. Zolotareff(1877年)やW. Cauer(1933年)によ

る；[78]を参照)．それは，実数パラメータ $a_1, \cdots, a_m$ をうまく選んで

$$\max_{0 \leqq \tau \leqq \sqrt{\hat{k}}} \prod_{j=1}^{m} \left| \frac{{a_j}^2 - \tau^2}{1 - {a_j}^2 \tau^2} \right| \tag{3.82}$$

(ただし $0 < \hat{k} < 1$)を最小化する問題であり，その最小値は

$$a_j = \sqrt{\hat{k}}\ \mathrm{sn}\left(\frac{2j-1}{2m} K(\hat{k}), \hat{k}\right) \qquad (j = 1, \cdots, m) \tag{3.83}$$

で達成される．この結果から上の定理 3.22 の式(3.78)を比較的容易に導くことができる(→問題 3.10)．

漸化式

最適パラメータ r_j^* は楕円関数を用いた式(3.78)で与えられる(定理 3.22)が，反復回数 m が 2 のべき($m = 2^p$)のときには，楕円関数に関する公式をうまく使って，r_j^* の値を簡単な漸化式で計算することができる．

その基礎となるのは，$(\alpha, \beta; m)$ の場合を $(\sqrt{\alpha\beta}, (\alpha+\beta)/2; m/2)$ の場合に帰着させる次の定理である(証明は後で示す)．

定理 3.24　m を偶数，$0 < \alpha < \beta$ として，$\hat{\alpha} = \sqrt{\alpha\beta}$，$\hat{\beta} = (\alpha+\beta)/2$ とする．$F_{\alpha,\beta}^{(m)}$ を最小にする $r_1^* > \cdots > r_m^*$ と $F_{\hat{\alpha},\hat{\beta}}^{(m/2)}$ を最小にする $\hat{r}_1 > \cdots > \hat{r}_{m/2}$ との間には，

$$\hat{r}_j = \frac{1}{2}\left(r_i^* + \frac{\alpha\beta}{r_i^*}\right) \qquad (i = j, m+1-j;\ j = 1, \cdots, m/2) \tag{3.84}$$

の関係があり，

$$\phi(\alpha, \beta; m) = \phi(\hat{\alpha}, \hat{\beta}; m/2) \tag{3.85}$$

が成立する．　□

さて，$\alpha_0 = \alpha$，$\beta_0 = \beta$ として，$q = 1, \cdots, p$ に対して，$\alpha_q = \sqrt{\alpha_{q-1}\beta_{q-1}}$，$\beta_q = (\alpha_{q-1} + \beta_{q-1})/2$ とおく．各 $q = 0, 1, \cdots, p$ に対して $(\alpha_{p-q}, \beta_{p-q}; 2^q)$ に対する最適パラメータを $\{r_j^{(q)} \mid j = 1, \cdots, 2^q\}$ とすると，とくに，$q = 0$ の場合には $r_1^{(0)} = \sqrt{\alpha_p\beta_p}$ であり(定理 3.21)，q から $q+1$ に進むには，定理 3.24 の式(3.84)を r_i^* に関する 2 次方程式と見て解けばよいので，$q = 1, \cdots, p$ の順に $\{r_j^{(q)} \mid j = 1, \cdots, 2^q\}$ を計算することができる．なお，このとき，式(3.85)と

定理 3.21 により

(3.86)
$$\phi(\alpha,\beta;2^p)=\phi(\alpha_1,\beta_1;2^{p-1})=\cdots=\phi(\alpha_p,\beta_p;2^0)=\frac{1-\sqrt{\alpha_p/\beta_p}}{1+\sqrt{\alpha_p/\beta_p}}$$

が成り立つ.

上に述べた計算法を算法の形にまとめると次のようになる. 四則演算と開平だけで実行できることに注意されたい.

ADI 法の最適パラメータ($\boldsymbol{m=2^p}$ の場合)

$\alpha_0:=\alpha;\quad \beta_0:=\beta;$

for $q:=0$ **to** $p-1$ **do**

  begin

    $\alpha_{q+1}:=\sqrt{\alpha_q\beta_q};\quad \beta_{q+1}:=(\alpha_q+\beta_q)/2$

  end;

$r_1^{(0)}:=\sqrt{\alpha_p\beta_p};$

for $q:=0$ **to** $p-1$ **do**

  for $j:=1$ **to** 2^q **do**

    begin

      x に関する 2 次方程式 $r_j^{(q)}=\dfrac{1}{2}\left(x+\dfrac{\alpha_{p-q-1}\beta_{p-q-1}}{x}\right)$

      を解いて, 二つの解を $r_j^{(q+1)}>r_{2^{q+1}+1-j}^{(q+1)}$ とする

    end;

for $j:=1$ **to** 2^p **do** $r_j^*:=r_j^{(p)}$.

以下, 定理 3.24 の証明を与えよう. まず, 楕円関数の二つの母数 k, $\hat{k}$ の間に $\hat{k}=(1-k')/(1+k')$ という関係[*15]があるとき, 次の公式が成り立つことが知られている(**Landen の変換**):

---

*15 k' は k の補母数($k'=\sqrt{1-k^2}$)である. また, 式(3.88)において $\hat{k}'$ は $\hat{k}$ の補母数($\hat{k}'=\sqrt{1-\hat{k}^2}$)である.

(3.87)
$$K(\hat{k}) = (1+k')K(k)\,/\,2,$$

(3.88)
$$K(\hat{k}') = (1+k')K(k'),$$

(3.89)
$$\mathrm{dn}((1+k')u, \hat{k}) = \frac{k^2 - (1-k')(1-\mathrm{dn}^2(u,k))}{k^2\ \mathrm{dn}(u,k)}.$$

ここで，$k' = \alpha/\beta$, $\hat{k}' = \hat{\alpha}/\hat{\beta}$ のとき，$\hat{k} = (1-k')/(1+k')$ が成り立つことに注意する．

一方，定理 3.22 の式(3.78)により

$$r_j^* = \beta\ \mathrm{dn}\left(\frac{2j-1}{2m}K(k), k\right) \qquad (j = 1, \cdots, m),$$
$$\hat{r}_j = \hat{\beta}\ \mathrm{dn}\left(\frac{2j-1}{m}K(\hat{k}), \hat{k}\right) \qquad (j = 1, \cdots, m/2)$$

である．上記の公式を使い，$u = \dfrac{2j-1}{2m}K(k)$ とおくと，$\hat{r}_j$ は次のように変形される：

$$\begin{aligned}
\hat{r}_j &= \hat{\beta}\ \mathrm{dn}\left(\frac{2j-1}{m}K(\hat{k}), \hat{k}\right) \\
&= \hat{\beta}\ \mathrm{dn}\left(\frac{2j-1}{2m}(1+k')K(k), \hat{k}\right) \qquad (\text{式(3.87)による}) \\
&= \hat{\beta}\ \frac{k^2 - (1-k')(1-\mathrm{dn}^2(u,k))}{k^2\ \mathrm{dn}(u,k)} \qquad (\text{式(3.89)による}) \\
&= \hat{\beta}\left[\left(1 - \frac{1-k'}{k^2}\right)\frac{1}{\mathrm{dn}(u,k)} + \frac{1-k'}{k^2}\mathrm{dn}(u,k)\right] \\
&= \frac{\alpha+\beta}{2}\left[\frac{\alpha}{(\alpha+\beta)\,\mathrm{dn}(u,k)} + \frac{\beta\,\mathrm{dn}(u,k)}{\alpha+\beta}\right] \\
&= \frac{1}{2}\left(r_j^* + \frac{\alpha\beta}{r_j^*}\right).
\end{aligned}$$

これで式(3.84)の $i = j$ の場合が示された．式(3.84)の $i = m+1-j$ の場合は，$i = j$ の場合と式(3.79)による．

式(3.85)を示すには，式(3.80)の ϕ の表式より，$k'_{m/2}(\hat{k}) = k'_m(k)$ を示せばよい．定義式(3.81)より

$$K(k'_{m/2}(\hat{k}))\ /\ K(k_{m/2}(\hat{k})) = (m/2)\ K(\hat{k}')\ /\ K(\hat{k}),$$
$$K(k'_m(k))\ /\ K(k_m(k)) = m\ K(k')\ /\ K(k)$$

であり，一方，式(3.87)，(3.88)より $K(\hat{k}')\ /\ K(\hat{k}) = 2\ K(k')\ /\ K(k)$ である．したがって，

$$K(k'_{m/2}(\hat{k}))\ /\ K(k_{m/2}(\hat{k})) = K(k'_m(k))\ /\ K(k_m(k))$$

となり，$k'_{m/2}(\hat{k}) = k'_m(k)$ が成り立つ．これで定理 3.24 の証明を終わる．

収束率

最後に，収束率について考察する．最適パラメータ(3.78)を用いたとき，式(3.73)，(3.76)より

$$\|\boldsymbol{e}^{(m)}\|_2 \leqq \Big\|\prod_{j=1}^{m} M_{r_j^*}\Big\|_2 \|\boldsymbol{e}^{(0)}\|_2 = \rho\left(\prod_{j=1}^{m} M_{r_j^*}\right)\|\boldsymbol{e}^{(0)}\|_2 \leqq \phi(\alpha,\beta;m)^2\|\boldsymbol{e}^{(0)}\|_2$$

が成り立つ(中央の等号は $\prod_{j=1}^{m} M_{r_j^*}$ が対称行列であることによる)．関数 $\phi(\alpha,\beta;m)$ について，$\phi(\alpha,\beta;m)^{1/m}$ は m に関して単調減少であり，$m\to\infty$ のときに

$$(1/m)\log\phi(\alpha,\beta;m) = -\pi K(k')/K(k) + (1/m)\log 2 + \mathrm{O}(1/m^2)$$

となることが知られている[93]．したがって，反復 1 回当りの平均的な収束率(の漸近値)は

$$\limsup_{m\to\infty}\left(\|\boldsymbol{e}^{(m)}\|_2\right)^{1/m} \leqq \mathrm{e}^{-2\pi K(k')/K(k)} \tag{3.90}$$

と見積れる*16．

モデル問題(3.1)の場合，$\alpha = \alpha_N = 4\sin^2(\pi/2N)$，$\beta = \beta_N = 4\cos^2(\pi/2N)$ であるから，$k' = \tan^2(\pi/2N)$ であり，$N = 100$ のとき $\mathrm{e}^{-2\pi K(k')/K(k)} = 0.35881$ である．また，$k'\to 0$ のとき $K(k')\approx\pi/2, K(k)\approx\log(4/k')$ だから，

*16 ADI 法の 1 反復が 2 段からなることを考えて $\left(\|\boldsymbol{e}^{(m)}\|_2\right)^{1/2m}$ とする考え方もある．

$$e^{-2\pi K(k')/K(k)} \approx e^{-\pi^2/2\log N} \approx 1 - \frac{\pi^2}{2\log N}$$

である(→表3.2).

実用的には，加速パラメータは巡回的に用いられる．すなわち，周期mを$m=2^p$の形に選び，$r_1^*, r_2^*, \cdots, r_m^*, r_1^*, r_2^*, \cdots, r_m^*, r_1^*, r_2^*, \cdots$のようにする．この場合，反復1回当りの平均的な収束率は$\phi(\alpha,\beta;m)^{2/m}$で上から評価できる．モデル問題(3.1)で$N=100$, $m=8$のとき，この値は0.42960となる．なお，$m=2^p$を固定して$N\to\infty$とするとき，

$$\phi(\alpha_N, \beta_N; m) \approx 1 - 4(\pi/4N)^{1/m} \tag{3.91}$$

となることが分かる(→問題3.12)ので，反復1回当りの平均的な収束率は$1-(8/m)(\pi/4N)^{1/m}$程度となる．

3.7　マルチグリッド法

偏微分方程式の離散化から生じる方程式にGauss-Seidel法などの定常反復法を適用すると，空間的高周波成分が速く減衰することが多い．この平滑化現象に着目して，粗い刻み幅のメッシュ(格子)に対応する低次元の方程式を繰り返し解いて近似解を改良する方法があり，マルチグリッド法と総称される．多重(マルチ)の格子(グリッド)を用いるという意味である．

3.7.1　2段グリッド法

マルチグリッド法の出発点となる2段グリッド法を，モデル問題(3.1)を用いて説明する．刻み幅$h=1/N$の格子を用いた差分法

(3.92)

$$4u_{ij} - u_{i-1,j} - u_{i+1,j} - u_{i,j-1} - u_{i,j+1} = 0 \qquad (1 \leqq i,j \leqq N-1)$$

は，$\boldsymbol{u}^h = (u_{ij}^h \mid 1 \leqq i,j \leqq N-1)$を未知ベクトルとする連立1次方程式$A^h\boldsymbol{u}^h = \boldsymbol{b}^h$と見ることができる．ここで，

$$(3.93)\qquad A^h = \frac{1}{h^2}\,(4\,I_{N-1}\otimes I_{N-1} - B\otimes I_{N-1} - I_{N-1}\otimes B)$$

であり(→式(3.3)), $\boldsymbol{b}^h$ は式(1.8)の $\boldsymbol{b}$ を用いて $\boldsymbol{b}^h = (1/h^2)\boldsymbol{b}$ で与えられる．なお，刻み幅への依存性を示すために上添字 h をつけてある．また，本節では，N は2のべきであるとする．

添え字 (i,j) を辞書式に並べて Gauss-Seidel 法を適用すると

$$(3.94)\qquad u_{ij}^{(k+1)} = \frac{1}{4}\left(u_{i-1,j}^{(k+1)} + u_{i+1,j}^{(k)} + u_{i,j-1}^{(k+1)} + u_{i,j+1}^{(k)}\right)$$

となる(→式(3.20))が，この反復式は Gauss-Seidel 法に平滑化作用があることを示唆している(→問題3.14)．実際，数回の反復の後に，空間的高周波成分が減衰する．一方，高周波成分の少ない近似解 $\boldsymbol{u}^h$ は，刻み幅 $2h$ の近似解 $\boldsymbol{u}^{2h} = (u_{ij}^{2h} \mid 1 \leqq i,j \leqq N/2-1)$ で精度よく近似することができる．

そこで，刻み幅 h の近似解 $\boldsymbol{u}^h$ が与えられたとき，次のようにして解を改良する方法が考えられる．まず，刻み幅 h の格子を用いた定常反復法を $\boldsymbol{u}^h$ に適用して，誤差の高周波成分を減衰させた解 $\breve{\boldsymbol{u}}^h$ をつくる．この解 $\breve{\boldsymbol{u}}^h$ の誤差は低周波成分から成り，その補正には刻み幅 $2h$ の格子で十分であると考えて，次に，$\breve{\boldsymbol{u}}^h$ の残差を刻み幅 $2h$ の格子上で考えたものに対応する解 $\hat{\boldsymbol{v}}^{2h}$ を直接法で求める．最後に，解 $\hat{\boldsymbol{v}}^{2h}$ を補間などによって刻み幅 h に戻したものを補正量として $\breve{\boldsymbol{u}}^h$ に足し込んで新たな近似解 $\hat{\boldsymbol{u}}^h$ を作る．このような方法を**2段グリッド法**という．

細かい格子上の近似解 $\boldsymbol{u}^h$ から**粗い格子**上の近似解 $\boldsymbol{u}^{2h}$ を作るには，最も単純に $u_{ij}^{2h} = u_{2i,2j}^h$ と定めてもよいが，通常は，近傍の9点に

$$\begin{array}{ccc} \frac{1}{16} & \frac{1}{8} & \frac{1}{16} \\[4pt] \frac{1}{8} & \boxed{\frac{1}{4}} & \frac{1}{8} \\[4pt] \frac{1}{16} & \frac{1}{8} & \frac{1}{16} \end{array}$$

という重みをつけた平均を用いて

(3.95)

$$u_{ij}^{2h} = \frac{1}{4}u_{2i,2j}^{h} + \frac{1}{8}\sum_{p=\pm 1} u_{2i+p,2j}^{h} + \frac{1}{8}\sum_{q=\pm 1} u_{2i,2j+q}^{h} + \frac{1}{16}\sum_{p,q=\pm 1} u_{2i+p,2j+q}^{h}$$

とする．より一般には，横長の行列 R^h を定めておいて，$\boldsymbol{u}^{2h} = R^h \boldsymbol{u}^h$ とし，これを粗い格子への**制限**(restriction)と呼ぶ．

逆に，粗い格子上の近似解 $\boldsymbol{u}^{2h}$ から細かい格子上の近似解 $\boldsymbol{u}^h$ を作ることを**補間**(interpolation)あるいは**延長**(prolongation)という．一般には，縦長の行列 P^h を定めておいて，$\boldsymbol{u}^h = P^h \boldsymbol{u}^{2h}$ とするが，一つの標準的なやり方は，

$$\begin{aligned} & u_{2i,2j}^{h} = u_{ij}^{2h}, \\ (3.96)\quad & u_{2i+1,2j}^{h} = \frac{1}{2}\left(u_{ij}^{2h} + u_{i+1,j}^{2h}\right), \quad u_{2i,2j+1}^{h} = \frac{1}{2}\left(u_{ij}^{2h} + u_{i,j+1}^{2h}\right), \\ & u_{2i+1,2j+1}^{h} = \frac{1}{4}\left(u_{ij}^{2h} + u_{i+1,j}^{2h} + u_{i,j+1}^{2h} + u_{i+1,j+1}^{2h}\right) \end{aligned}$$

である(→注意3.25)．

2段グリッド法の算法は，次のように記述できる．与えられた近似解を $\breve{\boldsymbol{u}}^h$ とするとき，変数 $\boldsymbol{u}^h$ の値は $\breve{\boldsymbol{u}}^h \Rightarrow \check{\boldsymbol{u}}^h \Rightarrow \tilde{\boldsymbol{u}}^h \Rightarrow \hat{\boldsymbol{u}}^h$ のように更新される．

2段グリッド法

〈1〉 細かい格子上の方程式 $A^h \boldsymbol{u}^h = \boldsymbol{b}^h$ の近似解 $\breve{\boldsymbol{u}}^h$ に(Gauss-Seidel法などによる)平滑化を数回(ν_1 回)適用して $\check{\boldsymbol{u}}^h$ とする．

〈2〉 残差 $\boldsymbol{r}^h = \boldsymbol{b}^h - A^h \check{\boldsymbol{u}}^h$ の粗い格子への制限 $\boldsymbol{r}^{2h} = R^h \boldsymbol{r}^h$ を計算する．

〈3〉 粗い格子上の方程式 $A^{2h} \boldsymbol{v}^{2h} = \boldsymbol{r}^{2h}$ を解いて $\boldsymbol{v}^{2h} = \hat{\boldsymbol{v}}^{2h}$ を求める．

〈4〉 $\hat{\boldsymbol{v}}^{2h}$ の補間 $P^h \hat{\boldsymbol{v}}^{2h}$ を用いて，細かい格子上の近似解を $\tilde{\boldsymbol{u}}^h := \check{\boldsymbol{u}}^h + P^h \hat{\boldsymbol{v}}^{2h}$ と修正する．

〈5〉 $\tilde{\boldsymbol{u}}^h$ に対して平滑化を数回(ν_2 回)適用して $\hat{\boldsymbol{u}}^h$ とする．

上の⟨1⟩, ⟨5⟩の平滑化の回数 ν_1, ν_2 を予め固定するとき，2段グリッド法の手順は定常反復法の1反復を定めていることになる．2段グリッド法の反復行列 M_{T}^h は，平滑化に用いる反復法の反復行列を S^h とすると，

$$M_{\mathrm{T}}^h = (S^h)^{\nu_2} \left[I - P^h (A^{2h})^{-1} R^h A^h \right] (S^h)^{\nu_1} \tag{3.97}$$

で与えられる．実際，⟨2⟩から⟨4⟩の手順をまとめると

$$\begin{aligned}
\tilde{\boldsymbol{u}}^h &= \breve{\boldsymbol{u}}^h + P^h \hat{\boldsymbol{v}}^{2h} \\
&= \breve{\boldsymbol{u}}^h + P^h (A^{2h})^{-1} \boldsymbol{r}^{2h} \\
&= \breve{\boldsymbol{u}}^h + P^h (A^{2h})^{-1} R^h (\boldsymbol{b}^h - A^h \breve{\boldsymbol{u}}^h) \\
&= \left[I - P^h (A^{2h})^{-1} R^h A^h \right] \breve{\boldsymbol{u}}^h + P^h (A^{2h})^{-1} R^h \boldsymbol{b}^h
\end{aligned}$$

となり，これに⟨1⟩と⟨5⟩における平滑化の効果 $(S^h)^{\nu_1}$, $(S^h)^{\nu_2}$ を加えると式(3.97)が導かれる．

注意 3.25　実は，式(3.95), (3.96)で定義される R^h, P^h の間には $P^h = 4(R^h)^{\top}$ という関係が成り立つ．その意味を考えよう．単位正方形領域上の関数 $u(x,y)$, $v(x,y)$ に対して内積 $(u,v) = \int_0^1 \int_0^1 u(x,y)v(x,y)\mathrm{d}x\mathrm{d}y$ が考えられるが，この内積を近似するものとして，刻み幅 h の近似解 $\boldsymbol{u}^h$ の属する空間 $\mathbb{R}^{(N-1)^2}$ に，内積 $(\boldsymbol{u}^h, \boldsymbol{v}^h)_h = h^2 \sum_{i,j=1}^{N-1} u_{ij}^h v_{ij}^h$ を考えるのは自然である．このとき，任意の $\boldsymbol{u}^h \in \mathbb{R}^{(N-1)^2}$, $\boldsymbol{v}^{2h} \in \mathbb{R}^{(N/2-1)^2}$ に対して関係式 $(\boldsymbol{u}^h, P^h \boldsymbol{v}^{2h})_h = (R^h \boldsymbol{u}^h, \boldsymbol{v}^{2h})_{2h}$ を要請するのは素直であろう．これが成り立つための必要十分条件が $P^h = 4(R^h)^{\top}$ である．

3.7.2 マルチグリッド法の算法

2段グリッド法の⟨3⟩において方程式 $A^{2h}\boldsymbol{v}^{2h} = \boldsymbol{r}^{2h}$ を解く際に，再帰的に，2段グリッド法を(初期近似解を $\mathbf{0}$ として)適用する方法が考えられる．これを**マルチグリッド法**という．再帰呼び出しの結果，刻み幅が $h, 2h, 4h, 8h, \cdots$ の多重(マルチ)の格子(グリッド)を用いることになるので，この名前がある．平滑化の回数は，通常，$\nu_1 = 0 \sim 2$, $\nu_2 = 1 \sim 3$ 程度に設定する．

このようにして得られる1反復をマルチグリッド法の **V サイクル**と称する．例えば，$N = 16$, $h = 1/16$ の場合には，刻み幅が h, $2h$, $4h$, $8h$ の4つのレベ

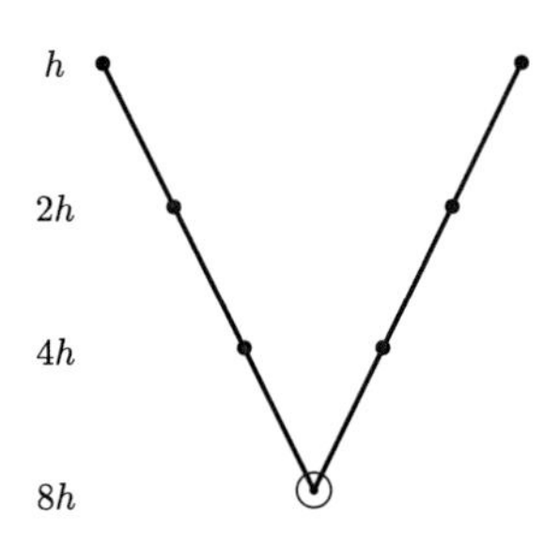

図 3.5　V サイクル(●: 平滑化，⊙: 厳密求解).

ルを扱うことになり(図 3.5)，具体的には次のようになる.

V サイクル($\boldsymbol{N = 16}$)

1) $\breve{\boldsymbol{u}}^h$ を初期値として，$A^h \boldsymbol{u}^h = \boldsymbol{b}^h$ に対する平滑化を ν_1 回適用して $\breve{\boldsymbol{u}}^h$ とする.

1) 残差の計算 $\boldsymbol{r}^{2h} := R^h(\boldsymbol{b}^h - A^h \breve{\boldsymbol{u}}^h)$.

　2) $\breve{\boldsymbol{v}}^{2h} = \boldsymbol{0}$ を初期値として，$A^{2h}\boldsymbol{v}^{2h} = \boldsymbol{r}^{2h}$ に対する平滑化を ν_1 回適用して $\breve{\boldsymbol{v}}^{2h}$ とする.

　2) 残差の計算 $\boldsymbol{r}^{4h} := R^{2h}(\boldsymbol{r}^{2h} - A^{2h}\breve{\boldsymbol{v}}^{2h})$.

　　3) $\breve{\boldsymbol{v}}^{4h} = \boldsymbol{0}$ を初期値として，$A^{4h}\boldsymbol{v}^{4h} = \boldsymbol{r}^{4h}$ に対する平滑化を ν_1 回適用して $\breve{\boldsymbol{v}}^{4h}$ とする.

　　3) 残差の計算 $\boldsymbol{r}^{8h} := R^{4h}(\boldsymbol{r}^{4h} - A^{4h}\breve{\boldsymbol{v}}^{4h})$.

　　　4) $A^{8h}\boldsymbol{v}^{8h} = \boldsymbol{r}^{8h}$ を解いて $\boldsymbol{v}^{8h} = \hat{\boldsymbol{v}}^{8h}$ を求める.

　　3) 解の修正 $\tilde{\boldsymbol{v}}^{4h} := \breve{\boldsymbol{v}}^{4h} + P^{4h}\hat{\boldsymbol{v}}^{8h}$.

　　3) $\tilde{\boldsymbol{v}}^{4h}$ を初期値として，$A^{4h}\boldsymbol{v}^{4h} = \boldsymbol{r}^{4h}$ に対する平滑化を ν_2 回適用して $\hat{\boldsymbol{v}}^{4h}$ とする.

　2) 解の修正 $\tilde{\boldsymbol{v}}^{2h} := \breve{\boldsymbol{v}}^{2h} + P^{2h}\hat{\boldsymbol{v}}^{4h}$.

　2) $\tilde{\boldsymbol{v}}^{2h}$ を初期値として，$A^{2h}\boldsymbol{v}^{2h} = \boldsymbol{r}^{2h}$ に対する平滑化を ν_2 回適用して $\hat{\boldsymbol{v}}^{2h}$ とする.

1) 解の修正 $\tilde{\boldsymbol{u}}^h := \breve{\boldsymbol{u}}^h + P^h\hat{\boldsymbol{v}}^{2h}$.

1) $\tilde{\boldsymbol{u}}^h$ を初期値として，$A^h\boldsymbol{u}^h = \boldsymbol{b}^h$ に対する平滑化を ν_2 回適用して $\hat{\boldsymbol{u}}^h$ とする.

Vサイクルのアルゴリズムを正確に定義するには，近似解 $\check{\boldsymbol{v}}^h$ と右辺ベクトル $\boldsymbol{f}^h$ から新たな近似解 $\hat{\boldsymbol{v}}^h$ を生成する手続き $\mathrm{V}^h(\check{\boldsymbol{v}}^h, \boldsymbol{f}^h)$ を，以下のように，再帰的に定義すると便利である．このとき，方程式 $A^h\boldsymbol{u}^h = \boldsymbol{b}^h$ の近似解 $\check{\boldsymbol{u}}^h$ に対するVサイクルは，$\mathrm{V}^h(\check{\boldsymbol{u}}^h, \boldsymbol{b}^h)$ と記述される．なお，〈1〉における $h_{\max}$ は，最大刻み幅(再帰呼び出しをせずに厳密に解を求める刻み幅)の設定値である．

Vサイクル　$\mathbf{V}^h(\check{\boldsymbol{v}}^h, \boldsymbol{f}^h)$

〈1〉 $h \geqq h_{\max}$ ならば $A^h\boldsymbol{v}^h = \boldsymbol{f}^h$ を解き，$\boldsymbol{v}^h = \hat{\boldsymbol{v}}^h$ を返して終了．

〈2〉 $\check{\boldsymbol{v}}^h$ を初期値として，$A^h\boldsymbol{v}^h = \boldsymbol{f}^h$ に対する平滑化を ν_1 回適用して $\check{\boldsymbol{v}}^h$ とする．

〈3〉 $\boldsymbol{f}^{2h} := R^h(\boldsymbol{f}^h - A^h\check{\boldsymbol{v}}^h)$;　$\check{\boldsymbol{v}}^{2h} := \boldsymbol{0}$;　$\hat{\boldsymbol{v}}^{2h} := \mathrm{V}^{2h}(\check{\boldsymbol{v}}^{2h}, \boldsymbol{f}^{2h})$; $\tilde{\boldsymbol{v}}^h := \check{\boldsymbol{v}}^h + P^h\hat{\boldsymbol{v}}^{2h}$.

〈4〉 $\tilde{\boldsymbol{v}}^h$ を初期値として，$A^h\boldsymbol{v}^h = \boldsymbol{f}^h$ に対する平滑化を ν_2 回適用して $\hat{\boldsymbol{v}}^h$ とし，$\hat{\boldsymbol{v}}^h$ を返す．

Vサイクルの計算量 T_{V}^h を考えよう．1回の平滑化の計算量を C^h とすると，残差，制限，補間などの計算も C^h と同程度(以下)でできると考えられるので，

$$T_{\mathrm{V}}^h \leqq (\nu_1 + \nu_2 + \beta)C^h + T_{\mathrm{V}}^{2h}$$

の形の漸化式が成り立つ(β は h に依らない定数)．モデル問題のような2次元問題では $C^{2h} \approx C^h/4$, 3次元問題では $C^{2h} \approx C^h/8$ としてよいので，これより，

$$T_{\mathrm{V}}^h \leqq \alpha(\nu_1 + \nu_2 + \beta)C^h$$

という評価が成り立つ．2次元問題では $\alpha \approx 4/3$, 3次元問題では $\alpha \approx 8/7$ であり，再帰呼び出しによる計算量の増加は数割程度で済む．

Vサイクル1回に対応する反復行列 M_{V}^h は，漸化式

$$(3.98)\quad M_{\mathrm{V}}^{h} = (S^h)^{\nu_2}\left[I - P^h(I - M_{\mathrm{V}}^{2h})(A^{2h})^{-1}R^hA^h\right](S^h)^{\nu_1}$$

で定められる．ただし，$M_{\mathrm{V}}^{h_{\max}} = O$ である．実際，$\hat{\boldsymbol{v}}^h = \mathrm{V}^h(\check{\boldsymbol{v}}^h, \boldsymbol{f}^h)$ を $\hat{\boldsymbol{v}}^h = M_{\mathrm{V}}^h\check{\boldsymbol{v}}^h + \boldsymbol{c}^h$ の形に書くと，これは $A^h\boldsymbol{v}^h = \boldsymbol{f}^h$ に対する反復法になっているから，$\boldsymbol{c}^h = (I - M_{\mathrm{V}}^h)(A^h)^{-1}\boldsymbol{f}^h$ である．この関係式の $2h$ の場合を用いて〈3〉を式で書くと，

$$\begin{aligned}
\hat{\boldsymbol{v}}^{2h} &= M_{\mathrm{V}}^{2h}\,\mathbf{0} + \boldsymbol{c}^{2h}\\
&= (I - M_{\mathrm{V}}^{2h})(A^{2h})^{-1}\boldsymbol{f}^{2h}\\
&= (I - M_{\mathrm{V}}^{2h})(A^{2h})^{-1}R^h(\boldsymbol{f}^h - A^h\check{\boldsymbol{v}}^h),\\
\tilde{\boldsymbol{v}}^h &= \check{\boldsymbol{v}}^h + P^h\hat{\boldsymbol{v}}^{2h}\\
&= \check{\boldsymbol{v}}^h + P^h(I - M_{\mathrm{V}}^{2h})(A^{2h})^{-1}R^h(\boldsymbol{f}^h - A^h\check{\boldsymbol{v}}^h)\\
&= \left[I - P^h(I - M_{\mathrm{V}}^{2h})(A^{2h})^{-1}R^hA^h\right]\check{\boldsymbol{v}}^h + P^h(I - M_{\mathrm{V}}^{2h})(A^{2h})^{-1}R^h\boldsymbol{f}^h
\end{aligned}$$

となる．これに〈2〉と〈4〉における平滑化の効果 $(S^h)^{\nu_1}$, $(S^h)^{\nu_2}$ を加えると式(3.98)が導かれる．

マルチグリッド法には様々な変種があり，Vサイクルの〈3〉における再帰呼び出しを2度行うものを**Wサイクル**と称する．上と同様に手続き $\mathrm{W}^h(\check{\boldsymbol{v}}^h, \boldsymbol{f}^h)$ を以下のように定義すると，方程式 $A^h\boldsymbol{u}^h = \boldsymbol{b}^h$ の近似解 $\check{\boldsymbol{u}}^h$ に対するWサイクルは，$\mathrm{W}^h(\check{\boldsymbol{u}}^h, \boldsymbol{b}^h)$ と記述される．

Wサイクル　$\mathbf{W}^h(\check{\boldsymbol{v}}^h, \boldsymbol{f}^h)$

〈1〉 $h \geqq h_{\max}$ ならば $A^h\boldsymbol{v}^h = \boldsymbol{f}^h$ を解き，$\boldsymbol{v}^h = \hat{\boldsymbol{v}}^h$ を返して終了．

〈2〉 $\check{\boldsymbol{v}}^h$ を初期値として，$A^h\boldsymbol{v}^h = \boldsymbol{f}^h$ に対する平滑化を ν_1 回適用して $\check{\boldsymbol{v}}^h$ とする．

〈3〉 $\boldsymbol{f}^{2h} := R^h(\boldsymbol{f}^h - A^h\check{\boldsymbol{v}}^h)$;　$\check{\boldsymbol{v}}^{2h} := \mathbf{0}$;　$\bar{\boldsymbol{v}}^{2h} := \mathrm{W}^{2h}(\check{\boldsymbol{v}}^{2h}, \boldsymbol{f}^{2h})$; $\hat{\boldsymbol{v}}^{2h} := \mathrm{W}^{2h}(\bar{\boldsymbol{v}}^{2h}, \boldsymbol{f}^{2h})$;　$\tilde{\boldsymbol{v}}^h := \check{\boldsymbol{v}}^h + P^h\hat{\boldsymbol{v}}^{2h}$.

〈4〉 $\tilde{\boldsymbol{v}}^h$ を初期値として，$A^h\boldsymbol{v}^h = \boldsymbol{f}^h$ に対する平滑化を ν_2 回適用して $\hat{\boldsymbol{v}}^h$ とし，$\hat{\boldsymbol{v}}^h$ を返す．

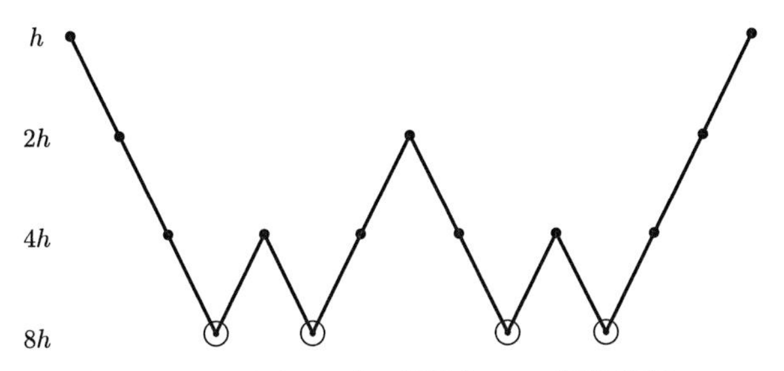

図 3.6　W サイクル(●: 平滑化，⊙: 厳密求解).

例えば，$N=16$, $h=1/16$, $h_{\max}=1/2$ の場合の W サイクルは，刻み幅が $h, 2h, 4h, 8h$ の 4 つのレベルを図 3.6 のように動く．

W サイクルの反復行列 M_{W}^{h} は，漸化式

$$M_{\mathrm{W}}^{h}=(S^{h})^{\nu_2}\left[I-P^{h}(I-(M_{\mathrm{W}}^{2h})^{2})(A^{2h})^{-1}R^{h}A^{h}\right](S^{h})^{\nu_1} \tag{3.99}$$

で定められる(→問題 3.15)．ただし，$M_{\mathrm{W}}^{h_{\max}}=O$ である．

以上，モデル問題に即した形でマルチグリッド法を説明してきたが，その考え方は，偏微分方程式の離散化から生じる方程式一般に対しても適用可能である．また，第 3.7.4 節において，マルチグリッド法の更なる一般化を扱う．

3.7.3　モデル問題に対する解析*

マルチグリッド法の振舞いを，モデル問題(3.1)を例として解析してみよう．ここでは，理論的解析が比較的簡単な場合として，減速 Jacobi 法を平滑化に用いる．**減速 Jacobi 法**とは，$0<\omega<1$ として，

$$\boldsymbol{y}^{(k+1)}=M_{\mathrm{J}}\boldsymbol{x}^{(k)}+\boldsymbol{c}_{\mathrm{J}},\quad \boldsymbol{x}^{(k+1)}=\boldsymbol{x}^{(k)}+\omega(\boldsymbol{y}^{(k+1)}-\boldsymbol{x}^{(k)}) \tag{3.100}$$

という形の定常反復法であり，反復行列は，

$$S=(1-\omega)I+\omega M_{\mathrm{J}}=I-\omega D^{-1}A \tag{3.101}$$

である(式(3.9)参照)．モデル問題に対しては，

$$S=S^{h}=I-(\omega h^{2}/4)A^{h} \tag{3.102}$$

となる(式(3.11)，(3.93)参照)．

以下では，まず，減速パラメータ ω の最適値について議論し，2段グリッド法の収束性解析，マルチグリッド法(Vサイクル，Wサイクル)の収束性解析へと進む．他の反復法(表3.1，表3.2)において $N\to\infty$ で収束率が1に漸近してしまうのとは対照的に，マルチグリッド法の収束率は N に依らない一定の値で抑えられるという著しい特徴が見られる．

減速パラメータ $\boldsymbol{\omega}$ の最適値

式(3.15)により，反復行列 S^h の固有ベクトルは $\boldsymbol{v}_l\otimes\boldsymbol{v}_{l'}$ で与えられ，対応する固有値は

$$\chi_{ll'}=(1-\omega)+\omega\mu_{ll'}=1-\frac{\omega}{2}\left(2-\cos\frac{l\pi}{N}-\cos\frac{l'\pi}{N}\right) \tag{3.103}$$

である $(1\leqq l,l'\leqq N-1)$．ここで，

$$\boldsymbol{v}_l=\left(\sin\frac{l\pi}{N},\sin\frac{2l\pi}{N},\cdots,\sin\frac{(N-1)l\pi}{N}\right)^{\top}\qquad(1\leqq l\leqq N-1)$$

であるから，添え字 l が大きいものが高周波成分を表している．そこで，$N/2\leqq\max(l,l')\leqq N-1$ の範囲の添え字 (l,l') をもつ $\boldsymbol{v}_l\otimes\boldsymbol{v}_{l'}$ を高周波成分と見なすことにしよう．

一般に，ベクトル $\boldsymbol{x}^{(0)}$ に対して減速Jacobi法を ν 回適用したときの誤差 $\boldsymbol{e}^{(\nu)}$ を考える．初期ベクトル $\boldsymbol{x}^{(0)}$ の誤差 $\boldsymbol{e}^{(0)}$ の固有ベクトル展開を

$$\boldsymbol{e}^{(0)}=\sum_{l,l'}\varepsilon_{ll'}(\boldsymbol{v}_l\otimes\boldsymbol{v}_{l'})$$

とすると

$$\boldsymbol{e}^{(\nu)}=\sum_{l,l'}(\chi_{ll'})^{\nu}\varepsilon_{ll'}(\boldsymbol{v}_l\otimes\boldsymbol{v}_{l'})$$

となる．したがって，高周波成分に対する減衰を速くするためには

$$\max\{|\chi_{ll'}|\mid N/2\leqq\max(l,l')\leqq N-1\}$$

を最小にする ω を求めればよい．N が大きいとき

$$\max\{|\chi_{ll'}| \mid N/2 \leqq \max(l, l') \leqq N-1\} \approx \max(|1-\omega/2|, |1-2\omega|)$$

であり，右辺は $\omega=0.8$ において最小値 0.6 をとる．すなわち，$\omega=0.8$ とすると，高周波成分は収束率 0.6 程度で減衰していく．

2 段グリッド法の収束性解析

2 段グリッド法の反復行列は，式(3.97)の

$$M_{\mathrm{T}}^h = (S^h)^{\nu_2}\left[I - P^h(A^{2h})^{-1}R^hA^h\right](S^h)^{\nu_1} \tag{3.104}$$

で与えられる．ただし，P^h は式(3.96)の補間，R^h は式(3.95)の制限を表す長方行列を表す．反復行列 M_{T}^h のスペクトル半径 $\rho(M_{\mathrm{T}}^h)$ が 2 段グリッド法の収束率である．なお，パラメータ (ν_1, ν_2) の影響は $\nu=\nu_1+\nu_2$ で決まること(式(1.21)参照)に注意されたい．

以下に示す解析の結果，$\rho(M_{\mathrm{T}}^h)$ の値は表 3.3 のようになる．例えば，$\omega=0.8, \nu_1=\nu_2=1, h=1/64$ のとき，$\rho(M_{\mathrm{T}}^h)=0.359$ である．表 3.4 は表 3.3 の結果に基づいて $\rho(M_{\mathrm{T}}^h)$ の上界をまとめたものである．

以下，解析の詳細を説明する．行列 A^h の固有ベクトルを並べた直交行列によって M_{T}^h を変換すると，対角ブロックのサイズが 4 または 1 のブロック対角行列になる．このことを利用して式(3.113)を導くという方針である．

まず

$$\boldsymbol{v}_l^h = \sqrt{2h}\,(\sin(lh\pi), \sin(2lh\pi), \cdots, \sin((N-1)lh\pi))^{\mathsf{T}} \qquad (1 \leqq l \leqq N-1)$$

とすると，$\boldsymbol{e}_{ll'}^h = \boldsymbol{v}_l^h \otimes \boldsymbol{v}_{l'}^h$ $(1 \leqq l, l' \leqq N-1)$ は A^h の正規化された固有ベクトルであり(→式(1.10))，これを並べた $(N-1)^2$ 次行列 $E^h = (\boldsymbol{e}_{ll'}^h \mid 1 \leqq l, l' \leqq N-1)$ は直交行列である．同様に，$\boldsymbol{e}_{kk'}^{2h} = \boldsymbol{v}_k^{2h} \otimes \boldsymbol{v}_{k'}^{2h}$ $(1 \leqq k, k' \leqq N/2-1)$ を並べた $(N/2-1)^2$ 次行列 $E^{2h} = (\boldsymbol{e}_{kk'}^{2h} \mid 1 \leqq k, k' \leqq N/2-1)$ を定義する．

この二つの直交行列を用いて，式(3.104)を変換すると，

$$\hat{M}_{\mathrm{T}}^h = (\hat{S}^h)^{\nu_2}\left[I - \hat{P}^h(\hat{A}^{2h})^{-1}\hat{R}^h\hat{A}^h\right](\hat{S}^h)^{\nu_1} \tag{3.105}$$

となる．ここで，

表 3.3　2段グリッド法の収束率 $\rho(M_{\mathrm{T}}^h)$.
（モデル問題(3.1)の式(3.113)；$\nu = \nu_1 + \nu_2$; 平滑化は減速 Jacobi 法(3.100)）

ν	ω	$N\ (=1/h)$ 4	16	64	256	1024
2	0.5	0.458	0.555	0.562	0.562	0.562
	0.6	0.375	0.482	0.489	0.490	0.490
	0.7	0.300	0.414	0.422	0.422	0.422
	0.8	0.233	0.351	0.359	0.360	0.360
	0.9	0.290	0.613	0.638	0.640	0.640
3	0.5	0.310	0.414	0.421	0.422	0.422
	0.6	0.229	0.335	0.342	0.343	0.343
	0.7	0.196	0.266	0.274	0.275	0.275
	0.8	0.171	0.208	0.215	0.216	0.216
	0.9	0.153	0.480	0.510	0.512	0.512
4	0.5	0.217	0.308	0.316	0.316	0.316
	0.6	0.180	0.232	0.240	0.240	0.240
	0.7	0.153	0.171	0.178	0.178	0.179
	0.8	0.130	0.134	0.137	0.137	0.137
	0.9	0.113	0.375	0.407	0.409	0.410

表 3.4　2段グリッド法の収束率 $\rho(M_{\mathrm{T}}^h)$ の上界.
（モデル問題(3.1)；$\nu = \nu_1 + \nu_2$; 平滑化は減速 Jacobi 法(3.100)）

ω \ ν	1	2	3	4
0.5	0.750	0.563	0.422	0.316
0.6	0.700	0.490	0.343	0.240
0.7	0.650	0.423	0.275	0.179
0.8	0.600	0.360	0.216	0.137
0.9	0.800	0.640	0.512	0.410

(3.106)

$$\hat{M}_{\mathrm{T}}^h = (E^h)^\top M_{\mathrm{T}}^h E^h, \quad \hat{A}^h = (E^h)^\top A^h E^h, \quad \hat{A}^{2h} = (E^{2h})^\top A^{2h} E^{2h},$$

(3.107)

$$\hat{P}^h = (E^h)^\top P^h E^{2h}, \quad \hat{R}^h = (E^{2h})^\top R^h E^h, \quad \hat{S}^h = (E^h)^\top S^h E^h$$

である．

ベクトル $\mathbf{e}_{ll'}^h$ は A^h の固有ベクトルであるから，$\hat{A}^h$ は対角行列であり，式(1.10)により，その第 (l, l') 対角要素 $\alpha_{ll'}^h$ は

$$\alpha_{ll'}^h = \frac{1}{h^2}\left(4 - 2\cos\frac{l\pi}{N} - 2\cos\frac{l'\pi}{N}\right) = \frac{4}{h^2}(s_l + s_{l'}) \tag{3.108}$$

で与えられる．ただし，この節では

$$s_l = \sin^2\left(\frac{l\pi}{2N}\right), \qquad c_l = \cos^2\left(\frac{l\pi}{2N}\right) \tag{3.109}$$

と略記する．同様に，$\hat{A}^{2h}$ は対角行列であり，その第 (k, k') 対角要素 $\alpha_{kk'}^{2h}$ は

(3.110)

$$\alpha_{kk'}^{2h} = \frac{1}{(2h)^2}\left(4 - 2\cos\frac{2k\pi}{N} - 2\cos\frac{2k'\pi}{N}\right) = \frac{4}{h^2}(s_k c_k + s_{k'} c_{k'})$$

である．式(3.102)より $\hat{S}^h = I - (\omega h^2/4)\hat{A}^h$ が成り立つので，$\hat{S}^h$ も対角行列であり，その第 (l, l') 対角要素 $\sigma_{ll'}^h$ は

$$\sigma_{ll'}^h = 1 - (\omega h^2/4)\alpha_{ll'}^h = 1 - \omega(s_l + s_{l'})$$

で与えられる．このように，$\hat{A}^h$, $\hat{A}^{2h}$, $\hat{S}^h$ は対角行列となっている．

次に，$\hat{R}^h$ と $\hat{P}^h$ を計算する．R^h は式(3.95)で定義されるが，例えば $N = 8$ のとき，

$$R^h = \frac{1}{16} \times$$

$$\left[\begin{array}{c|c|c|c|c|c|c}
\begin{smallmatrix}1&2&1&&&&\\&&1&2&1&&\\&&&&1&2&1\end{smallmatrix} & \begin{smallmatrix}2&4&2&&&&\\&&2&4&2&&\\&&&&2&4&2\end{smallmatrix} & \begin{smallmatrix}1&2&1&&&&\\&&1&2&1&&\\&&&&1&2&1\end{smallmatrix} & & & & \\ \hline
& & \begin{smallmatrix}1&2&1&&&&\\&&1&2&1&&\\&&&&1&2&1\end{smallmatrix} & \begin{smallmatrix}2&4&2&&&&\\&&2&4&2&&\\&&&&2&4&2\end{smallmatrix} & \begin{smallmatrix}1&2&1&&&&\\&&1&2&1&&\\&&&&1&2&1\end{smallmatrix} & & \\ \hline
& & & & \begin{smallmatrix}1&2&1&&&&\\&&1&2&1&&\\&&&&1&2&1\end{smallmatrix} & \begin{smallmatrix}2&4&2&&&&\\&&2&4&2&&\\&&&&2&4&2\end{smallmatrix} & \begin{smallmatrix}1&2&1&&&&\\&&1&2&1&&\\&&&&1&2&1\end{smallmatrix}
\end{array}\right]$$

という行列である．これはテンソル積を使って，

$$R^h = \frac{1}{4}\begin{bmatrix} 1 & 2 & 1 & & & & \\ & & 1 & 2 & 1 & & \\ & & & & 1 & 2 & 1 \end{bmatrix} \otimes \frac{1}{4}\begin{bmatrix} 1 & 2 & 1 & & & & \\ & & 1 & 2 & 1 & & \\ & & & & 1 & 2 & 1 \end{bmatrix}$$

と書くことができる．一般には，$(N/2-1)\times(N-1)$ 行列

$$W^h = \frac{1}{4}\begin{bmatrix} 1 & 2 & 1 & & & & \\ & & 1 & 2 & 1 & & \\ & & & \ddots & \ddots & \ddots & \\ & & & & 1 & 2 & 1 \end{bmatrix}$$

を用いて $R^h = W^h \otimes W^h$ となる．一方，行列 P^h は式(3.96)で定義されるが，$P^h = 4(R^h)^\top$ となっているので，$\hat{P}^h = 4(\hat{R}^h)^\top$ が成り立つ．したがって，$\hat{R}^h$ だけを計算すればよい．

行列 $\hat{R}^h = (E^{2h})^\top R^h E^h$ は $(N/2-1)^2 \times (N-1)^2$ の横長の行列であり，行番号は (k,k')，列番号は (l,l') で指定される$(1 \leqq k,k' \leqq N/2-1;\ 1 \leqq l,l' \leqq N-1)$．

$$\begin{aligned}(\boldsymbol{e}_{kk'}^{2h})^\top R^h \boldsymbol{e}_{ll'}^h &= (\boldsymbol{v}_k^{2h} \otimes \boldsymbol{v}_{k'}^{2h})^\top (W^h \otimes W^h)(\boldsymbol{v}_l^h \otimes \boldsymbol{v}_{l'}^h) \\ &= ((\boldsymbol{v}_k^{2h})^\top W^h \boldsymbol{v}_l^h)((\boldsymbol{v}_{k'}^{2h})^\top W^h \boldsymbol{v}_{l'}^h)\end{aligned}$$

より，$\hat{R}^h$ の $(k,k';l,l')$ 要素 $= \xi_{kl}\,\xi_{k'l'}$ となる．ただし，

$$\xi_{kl} = (\boldsymbol{v}_k^{2h})^\top W^h \boldsymbol{v}_l^h = \begin{cases} c_k/\sqrt{2} & (k=l) \\ -s_k/\sqrt{2} & (k+l=N) \\ 0 & (\text{その他}) \end{cases}$$

である．各 $l\,(\neq N/2)$ に対して $\xi_{kl} \neq 0$ となる k がちょうど一つあり，$l=N/2$ のときは任意の k に対して $\xi_{kl}=0$ であることに注意．

行列 $\hat{P}^h(\hat{A}^{2h})^{-1}\hat{R}^h = 4(\hat{R}^h)^\top(\hat{A}^{2h})^{-1}\hat{R}^h$ は $(N-1)^2$ 次対称行列である．その行番号を $(\tilde{l},\tilde{l}')$，列番号を (l,l') で指定するとき，$4(\hat{R}^h)^\top(\hat{A}^{2h})^{-1}\hat{R}^h$ の $(\tilde{l},\tilde{l}';l,l')$ 要素 $\beta_{\tilde{l}\tilde{l}'|ll'}$ は

$$\beta_{\tilde{l}\tilde{l}'|ll'} = 4\sum_{k,k'} \xi_{k\tilde{l}}\,\xi_{k'\tilde{l}'}(\alpha_{kk'}^{2h})^{-1}\xi_{kl}\,\xi_{k'l'}$$

で与えられるが，これが非零となるのは，$l \neq N/2,\ l' \neq N/2$ を満たす各 (l,l') に対して $(\tilde{l},\tilde{l}')=(l,l'),(\bar{l},l'),(l,\bar{l}'),(\bar{l},\bar{l}')$ の 4 つの場合(ただし，$\bar{l}=N-l$，$\bar{l}'=N-l'$)である[*17]．すなわち，$4(\hat{R}^h)^\top(\hat{A}^{2h})^{-1}\hat{R}^h$ は，行と列を適当に並べ替えると，$(N/2-1)^2$ 個の 4 次対称行列

$$Q_{ll'} = \begin{bmatrix} \beta_{ll'|ll'} & \beta_{ll'|l\bar{l}'} & \beta_{ll'|\bar{l}l'} & \beta_{ll'|\bar{l}\bar{l}'} \\ \beta_{l\bar{l}'|ll'} & \beta_{l\bar{l}'|l\bar{l}'} & \beta_{l\bar{l}'|\bar{l}l'} & \beta_{l\bar{l}'|\bar{l}\bar{l}'} \\ \beta_{\bar{l}l'|ll'} & \beta_{\bar{l}l'|l\bar{l}'} & \beta_{\bar{l}l'|\bar{l}l'} & \beta_{\bar{l}l'|\bar{l}\bar{l}'} \\ \beta_{\bar{l}\bar{l}'|ll'} & \beta_{\bar{l}\bar{l}'|l\bar{l}'} & \beta_{\bar{l}\bar{l}'|\bar{l}l'} & \beta_{\bar{l}\bar{l}'|\bar{l}\bar{l}'} \end{bmatrix}$$

$(1 \leqq l,l' \leqq N/2-1)$ と $(2N-3)$ 次の零行列 O_{2N-3} を対角ブロックとするブロック対角行列になる．すなわち，

(3.111)

$$4(\hat{R}^h)^\top(\hat{A}^{2h})^{-1}\hat{R}^h \overset{\mathrm{P}}{=} \mathrm{diag}\,(Q_{11}, Q_{12}, \cdots, Q_{N/2-1,N/2-1}, O_{2N-3})$$

である．ただし，一般に，"$X \overset{\mathrm{P}}{=} Y$" は，ある置換行列 P に対して $P^\top XP = Y$ が成り立つことを表すものとする．このとき，さらに，

*17 偶数番目の要素を見る限り $\boldsymbol{v}_l^h$ と $\boldsymbol{v}_{\bar{l}}^h$ は区別が付かず，$(\boldsymbol{v}_l^h)_{2k} = (\boldsymbol{v}_{\bar{l}}^h)_{2k} = (\boldsymbol{v}_l^{2h})_k/\sqrt{2}$ が成り立つので，刻み幅 $2h$ の世界で $(l,l'),(\bar{l},l'),(l,\bar{l}'),(\bar{l},\bar{l}')$ が相互作用を起こす．

$$\beta_{ll'|ll'} = 4\,\xi_{ll}\,\xi_{l'l'}(\alpha_{ll'}^{2h})^{-1}\xi_{ll}\,\xi_{l'l'} = (\alpha_{ll'}^{2h})^{-1}\cdot c_l c_{l'}\cdot c_l c_{l'},$$

$$\beta_{l\bar{l'}|ll'} = 4\,\xi_{ll}\,\xi_{l'\bar{l'}}(\alpha_{ll'}^{2h})^{-1}\xi_{ll}\,\xi_{l'l'} = (\alpha_{ll'}^{2h})^{-1}\cdot c_l(-s_{l'})\cdot c_l c_{l'},$$

$$\beta_{l\bar{l'}|\bar{l}\bar{l'}} = 4\,\xi_{ll}\,\xi_{l'\bar{l'}}(\alpha_{ll'}^{2h})^{-1}\xi_{l\bar{l}}\,\xi_{l'\bar{l'}} = (\alpha_{ll'}^{2h})^{-1}\cdot c_l(-s_{l'})\cdot(-s_l)(-s_{l'})$$

などに注意すると，$\boldsymbol{q}_{ll'} = [c_l c_{l'}, -c_l s_{l'}, -s_l c_{l'}, s_l s_{l'}]^{\mathsf{T}}$ として

$$Q_{ll'} = \frac{h^2}{4(s_l c_l + s_{l'} c_{l'})}\boldsymbol{q}_{ll'}\boldsymbol{q}_{ll'}{}^{\mathsf{T}} \tag{3.112}$$

と書けることが分かる．

以上の議論より，式(3.105)の行列 $\hat{M}_{\mathrm{T}}^h$ は $(N/2-1)^2$ 個の4次正方行列

$$Q_{ll'}^{\circ} = \mathrm{diag}\,(\sigma_{ll'}^h, \sigma_{l\bar{l'}}^h, \sigma_{\bar{l}l'}^h, \sigma_{\bar{l}\bar{l'}}^h)^{\nu_2}\cdot[I_4 - Q_{ll'}\cdot\mathrm{diag}\,(\alpha_{ll'}^h, \alpha_{l\bar{l'}}^h, \alpha_{\bar{l}l'}^h, \alpha_{\bar{l}\bar{l'}}^h)]$$
$$\cdot\mathrm{diag}\,(\sigma_{ll'}^h, \sigma_{l\bar{l'}}^h, \sigma_{\bar{l}l'}^h, \sigma_{\bar{l}\bar{l'}}^h)^{\nu_1}$$

$(1 \leqq l, l' \leqq N/2-1)$ と $(2N-3)$ 個のスカラー $(\sigma_{N/2,l}^h)^{\nu_1+\nu_2}$，$(\sigma_{l,N/2}^h)^{\nu_1+\nu_2}$ $(1 \leqq l \leqq N-1,\ l \neq N/2)$ および $(\sigma_{N/2,N/2}^h)^{\nu_1+\nu_2}$ を対角ブロックとするブロック対角行列である．ここで，スカラーのブロックについては，$0<\omega<1$ のとき

$$|\sigma_{N/2,l}^h| = |\sigma_{l,N/2}^h| \leqq |\sigma_{1,N/2}^h| = 1 - \frac{\omega}{2} - \omega\sin^2\left(\frac{\pi}{2N}\right)$$

$(1 \leqq l \leqq N-1)$ であるから，$\hat{M}_{\mathrm{T}}^h$ のスペクトル半径 $\rho(\hat{M}_{\mathrm{T}}^h) = \rho(M_{\mathrm{T}}^h)$ は，

(3.113)
$$\rho(M_{\mathrm{T}}^h) = \max\left\{\left(1 - \frac{\omega}{2} - \omega\sin^2\left(\frac{\pi}{2N}\right)\right)^{\nu_1+\nu_2}, \max_{1 \leqq l, l' \leqq N/2-1}\rho(Q_{ll'}^{\circ})\right\}$$

で与えられる．式(3.113)の右辺の値を数値計算によって求めたものが，最初に示した表3.3である．

反復行列の2ノルム $\|M_{\mathrm{T}}^h\|$ についても同様に評価することができて，

(3.114)
$$\|M_{\mathrm{T}}^h\| = \max\left\{\left(1 - \frac{\omega}{2} - \omega\sin^2\left(\frac{\pi}{2N}\right)\right)^{\nu_1+\nu_2}, \max_{1 \leqq l, l' \leqq N/2-1}\|Q_{ll'}^{\circ}\|\right\}$$

表 3.5 2段グリッド法の反復行列のノルム $\|M_{\mathrm{T}}^h\|$.
(モデル問題(3.1)の式(3.114)；平滑化は減速 Jacobi 法(3.100))

(ν_1,ν_2)	ω	$N\ (=1/h)$ 4	16	64	256	1024
(1, 1)	0.5	0.458	0.555	0.562	0.562	0.562
	0.6	0.374	0.482	0.489	0.490	0.490
	0.7	0.300	0.414	0.422	0.422	0.422
	0.8	0.241	0.351	0.359	0.360	0.360
	0.9	0.294	0.613	0.638	0.640	0.640
(2, 1)	0.5	0.310	0.414	0.421	0.422	0.422
	0.6	0.230	0.335	0.342	0.343	0.343
	0.7	0.196	0.266	0.274	0.275	0.275
	0.8	0.172	0.208	0.215	0.216	0.216
	0.9	0.167	0.480	0.510	0.512	0.512
(2, 2)	0.5	0.227	0.308	0.316	0.316	0.316
	0.6	0.185	0.232	0.240	0.240	0.240
	0.7	0.154	0.171	0.178	0.178	0.179
	0.8	0.131	0.135	0.137	0.137	0.137
	0.9	0.114	0.375	0.407	0.409	0.410

表 3.6 2段グリッド法の反復行列のノルム $\|M_{\mathrm{T}}^h\|$ の上界.
(モデル問題(3.1)；平滑化は減速 Jacobi 法(3.100))

ω \ (ν_1,ν_2)	(1, 0)	(0, 1)	(2, 0)	(1, 1)	(0, 2)	(3, 0)	(2, 1)
0.5	0.750	1.189	0.563	0.563	1.031	0.422	0.422
0.6	0.700	1.108	0.490	0.490	1.013	0.343	0.343
0.7	0.650	1.055	0.423	0.423	1.004	0.275	0.275
0.8	0.600	1.023	0.360	0.360	1.000	0.216	0.216
0.9	0.800	1.005	0.640	0.640	1.000	0.512	0.512

ω \ (ν_1,ν_2)	(1, 2)	(0, 3)	(4, 0)	(3, 1)	(2, 2)	(1, 3)	(0, 4)
0.5	0.515	1.008	0.316	0.316	0.316	0.504	1.002
0.6	0.405	1.002	0.240	0.240	0.240	0.401	1.000
0.7	0.301	1.000	0.179	0.179	0.179	0.300	1.000
0.8	0.216	1.000	0.148	0.137	0.137	0.200	1.000
0.9	0.512	1.000	0.410	0.410	0.410	0.410	1.000

となる．右辺の値を数値計算によって求めた結果を表 3.5，表 3.6 に示す．なお，この結果は，後に，W サイクルの解析に用られる．

マルチグリッド法(V サイクル)の収束性解析

V サイクルで $\nu_1 = \nu_2\ (= \nu)$ の場合について，反復行列 M_{V}^h の漸化式

$$M_{\mathrm{V}}^h = (S^h)^\nu \left[I - P^h (I - M_{\mathrm{V}}^{2h})(A^{2h})^{-1} R^h A^h \right] (S^h)^\nu \tag{3.115}$$

(式(3.98)参照)を用いてスペクトル半径 $\rho(M_{\mathrm{V}}^h)$ を評価する．以下に示す解析の結果，$0 < \omega \leqq 1/2$ のとき

$$\rho(M_{\mathrm{V}}^h) \leqq 1/(1+\omega\nu) \tag{3.116}$$

となる．この上界の値は表 3.7 のようになり，例えば，$\omega = 0.5$, $\nu_1 = \nu_2 = 1$ のとき，$\rho(M_{\mathrm{V}}^h) \leqq 0.667$ である[*18]．この事実は，他の反復法(第 3.1.3 節の表 3.1，第 3.6.3 節の表 3.2)において $N \to \infty$ のとき収束率が 1 に漸近してしまうのと対照的であり，マルチグリッド法の優位性を示している．

解析の手順は，(i)スペクトル半径を評価するための一般的な枠組み(補題 3.26)を示すことと，(ii)そこに含まれる定数を具体的に評価することの 2 段階からなる．まず，

$$\tilde{M}_{\mathrm{V}}^h = (A^h)^{1/2} M_{\mathrm{V}}^h (A^h)^{-1/2}, \quad \tilde{M}_{\mathrm{V}}^{2h} = (A^{2h})^{1/2} M_{\mathrm{V}}^{2h} (A^{2h})^{-1/2},$$
$$\tilde{P}^h = (A^h)^{1/2} P^h (A^{2h})^{-1/2}, \quad \tilde{R}^h = (A^{2h})^{-1/2} R^h (A^h)^{1/2},$$
$$\tilde{S}^h = (A^h)^{1/2} S^h (A^h)^{-1/2}$$

とおく．式(3.102)より $\tilde{S}^h = S^h$ が成り立ち，$\tilde{S}^h$ は対称行列である．また，$\tilde{P}^h = 4(\tilde{R}^h)^{\mathsf{T}}$ である．この記号で式(3.115)を書き直すと

$$\tilde{M}_{\mathrm{V}}^h = (\tilde{S}^h)^\nu \left[I - \tilde{P}^h (I - \tilde{M}_{\mathrm{V}}^{2h}) \tilde{R}^h \right] (\tilde{S}^h)^\nu \tag{3.117}$$

となる．$\tilde{M}_{\mathrm{V}}^{h_{\max}} = O$ であるから，任意の h に対して $\tilde{M}_{\mathrm{V}}^h$ は対称行列となる．

---

*18　この 0.667 という数値は，あくまで収束率の上界であり，実際の収束率を定量的に近似するものではない．ここでの論点は，収束率が h に依存しないという定性的事実(**h 独立性**と呼ばれる)である．

表 3.7　V サイクルの収束率 $\rho(M_{\mathrm{V}}^h)$ の上界.
(モデル問題(3.1)の式(3.116)；平滑化は減速 Jacobi 法(3.100))

ω \ (ν_1,ν_2)	(1, 1)	(2, 2)
0.1	0.910	0.834
0.2	0.834	0.715
0.3	0.770	0.625
0.4	0.715	0.556
0.5	0.667	0.500

このとき，次の補題が成り立つ．なお，一般に，対称行列 B, C に対して，$B \preceq C$ （あるいは $C \succeq B$）は $C-B$ が半正定値であることを表す．

補題 3.26　γ を正の定数として，数列 $\delta_k\,(k=0,1,\cdots)$ を漸化式

$$\delta_0 = 0, \qquad \delta_k = \min_{\delta_{k-1} \leqq \beta \leqq 1} \left(\max_{0 \leqq s \leqq 1} s^{2\nu}[\beta + (1-\beta)\gamma(1-s)] \right) \quad (k=1,2,\cdots)$$

によって定義する．

(1)　数列 δ_k は，単調に増加して $\gamma/(2\nu+\gamma)$ に収束する．

(2)　任意の $h \leqq h_{\max}$ に対して条件

(a)　$O \preceq S^h \preceq I$,

(b)　$O \preceq I - \tilde{P}^h \tilde{R}^h \preceq \gamma(I - S^h)$

が成り立つとき，$h = h_{\max}/2^k$ に対して $\eta^h = \delta_k$ とおけば

$$\rho(M_{\mathrm{V}}^h) \leqq \eta^h \leqq \gamma/(2\nu+\gamma). \tag{3.118}$$

□

[証明]　(1)　$0 \leqq \beta \leqq 1$ を固定して，$f(s,\beta) = s^{2\nu}[\beta + (1-\beta)\gamma(1-s)]$ の増減を $s \geqq 0$ の範囲で考える．s で微分して考えれば容易に分かるように，

$$s^*(\beta) = \begin{cases} \dfrac{2\nu[\beta + (1-\beta)\gamma]}{(1-\beta)\gamma(2\nu+1)} & (0 \leqq \beta < 1) \\ +\infty & (\beta = 1) \end{cases}$$

として，$0 \leqq s \leqq s^*(\beta)$ において単調増加，$s \geqq s^*(\beta)$ において単調減少である．$\beta^\circ = \gamma/(2\nu+\gamma)$ に対して「$s^*(\beta) \leqq 1 \Leftrightarrow \beta \leqq \beta^\circ$」となるので，

$$\hat{f}(\beta) \equiv f(s^*(\beta),\beta) = \left(\frac{\beta + (1-\beta)\gamma}{2\nu+1} \right)^{2\nu+1} \left(\frac{2\nu}{\gamma(1-\beta)} \right)^{2\nu} \quad (0 \leqq \beta < 1)$$

とおけば，

$$\max_{0 \leqq s \leqq 1} f(s,\beta) = \begin{cases} \hat{f}(\beta) & (\beta \leqq \beta^\circ) \\ f(1,\beta) = \beta & (\beta \geqq \beta^\circ) \end{cases}$$

である．ここで，$\hat{f}(\beta^\circ) = \beta^\circ$ に注意して，

$$\delta_k = \min\left(\min_{\delta_{k-1} \leqq \beta \leqq \beta^\circ} \hat{f}(\beta),\ \min_{\beta^\circ \leqq \beta \leqq 1} \beta \right) = \min_{\delta_{k-1} \leqq \beta \leqq \beta^\circ} \hat{f}(\beta)$$

と書き直せる．

したがって，主張の証明のためには，$0 \leqq \beta \leqq \beta^\circ$ のとき $\hat{f}(\beta) \geqq \beta$ で，等号は $\beta = \beta^\circ$ のときに限られることを示せばよい．$\beta = \gamma\xi/(2\nu + \gamma\xi)$ とおくと，$0 \leqq \beta \leqq \beta^\circ$ は $0 \leqq \xi \leqq 1$ に対応し，

$$\hat{f}(\beta) = \left(\frac{\gamma(2\nu + \xi)}{(2\nu+1)(2\nu+\gamma\xi)} \right)^{2\nu+1} \left(\frac{2\nu+\gamma\xi}{\gamma} \right)^{2\nu} = \frac{\gamma}{2\nu+\gamma\xi} \left(\frac{2\nu+\xi}{2\nu+1} \right)^{2\nu+1}$$

であるから，示すべき不等式は

$$\left(\frac{2\nu+\xi}{2\nu+1} \right)^{2\nu+1} \geqq \xi \qquad (0 \leqq \xi \leqq 1)$$

と同値である．この不等式が成り立ち，等号は $\xi = 1$ のときに限られることは容易に確かめられる．

(2) $\rho(M_{\mathrm{V}}^h) = \rho(\tilde{M}_{\mathrm{V}}^h)$ に注意する．$h = h_{\max}/2^k$, $k = 0, 1, \cdots$ に関する帰納法によって $O \preceq \tilde{M}_{\mathrm{V}}^h \preceq \eta^h I$ を示そう．まず，$\tilde{M}_{\mathrm{V}}^{h_{\max}} = O$ であるから $h = h_{\max}$ のときにこれは成り立つ．次に，$O \preceq \tilde{M}_{\mathrm{V}}^{2h} \preceq \eta^{2h} I$ を仮定する．条件(b)より，

$$I - \tilde{P}^h (I - \tilde{M}_{\mathrm{V}}^{2h}) \tilde{R}^h \succeq I - \tilde{P}^h \tilde{R}^h \succeq O$$

となるので，式(3.117)より $\tilde{M}_{\mathrm{V}}^h \succeq O$ となる．条件(b)より，任意の α $(0 \leqq \alpha \leqq 1)$ に対して $-\tilde{P}^h \tilde{R}^h \preceq \alpha[\gamma(I-S) - I]$ となることに注意し，S^h を S と略記すると，式(3.117)より

$$
\begin{aligned}
\tilde{M}_{\mathrm{V}}^{h} &= S^{\nu}\left[I - \tilde{P}^{h}(I - \tilde{M}_{\mathrm{V}}^{2h})\tilde{R}^{h}\right]S^{\nu} \\
&\preceq S^{\nu}\left[I - (1-\eta^{2h})\tilde{P}^{h}\tilde{R}^{h}\right]S^{\nu} \\
&\preceq S^{\nu}\left[I + (1-\eta^{2h})\alpha[\gamma(I-S) - I]\right]S^{\nu} \\
&= S^{\nu}\left[\beta I + (1-\beta)\gamma(I-S)\right]S^{\nu}
\end{aligned}
$$

となる．最後の等式で $\beta = 1-(1-\eta^{2h})\alpha$ とおいている．$0 \leqq \alpha \leqq 1$ に対応して $\eta^{2h} \leqq \beta \leqq 1$ であるから，上の不等式と条件(a)から $\tilde{M}_{\mathrm{V}}^{h} \preceq \eta^{h} I$ が導かれる．

∎

モデル問題(3.1)について，補題 3.26 の条件(a)，(b)を考える．S^h の固有値は式(3.103)で与えられるので，任意の ω $(0 < \omega \leqq 1/2)$ に対して条件(a)は満たされる．条件(b)については，後の補題 3.28 に示すように $\gamma = 2/\omega$ にとれる．したがって，式(3.118)より $\rho(M_{\mathrm{V}}^{h}) \leqq (2/\omega)/(2\nu + 2/\omega) = 1/(1+\omega\nu)$ が成り立つ．これが，式(3.116)に示した評価式である．

補題 3.28 への準備として，まず，次の事実に注意する．

補題 3.27　$\boldsymbol{q} = (q_1, \cdots, q_m)^{\top}$, $D = \mathrm{diag}\,(d_1, \cdots, d_m)$ とする．

(1) d_i がすべて正のとき，$\boldsymbol{q}\boldsymbol{q}^{\top} \preceq D \Longleftrightarrow \sum_{i=1}^{m} {q_i}^2/d_i \leqq 1$.

(2) d_i のうち一つが正で他が負のとき，$\boldsymbol{q}\boldsymbol{q}^{\top} \succeq D \Longleftrightarrow \sum_{i=1}^{m} {q_i}^2/d_i \geqq 1$.　□

［証明］ (1) $\tilde{\boldsymbol{q}} = (q_i/\sqrt{d_i})_{i=1}^{m}$ とおくと，主張は「$\tilde{\boldsymbol{q}}\tilde{\boldsymbol{q}}^{\top} \preceq I \Longleftrightarrow \|\tilde{\boldsymbol{q}}\| \leqq 1$」と書き換えられるが，明らかに，これは成り立つ．

(2) $d_1 > 0, d_i < 0$ $(i = 2, \cdots, m)$ と仮定してよい．$\tilde{\boldsymbol{q}} = (q_i/\sqrt{|d_i|})_{i=1}^{m}$ とおくと，主張は「$\tilde{\boldsymbol{q}}\tilde{\boldsymbol{q}}^{\top} \succeq \mathrm{diag}\,(1, -1, \cdots, -1) \Longleftrightarrow {\tilde{q}_1}^2 - \sum_{i=2}^{m} {\tilde{q}_i}^2 \geqq 1$」と書き換えられる．直交行列によって $\tilde{\boldsymbol{q}}$ を $\boldsymbol{p} = (p_1, p_2, 0, \cdots, 0)^{\top}$（ただし，$p_1 = \tilde{q}_1$, $p_2 = \left(\sum_{i=2}^{m} {\tilde{q}_i}^2\right)^{1/2}$）に変換することによって，$m = 2$ の場合に帰着される．$(p_1, p_2)^{\top}(p_1, p_2) \succeq \mathrm{diag}\,(1, -1)$ が成り立つためには ${p_1}^2 - {p_2}^2 \geqq 1$ が必要十分である．

∎

補題 3.28　モデル問題(3.1)においては，補題 3.26 の条件(b)が $\gamma = 2/\omega$ に対して成り立つ．　□

［証明］ 式(3.106)により $(A^h)^{1/2} = E^h(\hat{A}^h)^{1/2}(E^h)^\top$ および $(A^{2h})^{1/2} = E^{2h}(\hat{A}^{2h})^{1/2}(E^{2h})^\top$ となるので

$$\tilde{R}^h = (A^{2h})^{-1/2} R^h (A^h)^{1/2} = E^{2h}(\hat{A}^{2h})^{-1/2}\hat{R}^h(\hat{A}^h)^{1/2}(E^h)^\top$$

であり，したがって，

$$\tilde{P}^h\tilde{R}^h = 4(\tilde{R}^h)^\top\tilde{R}^h = 4E^h(\hat{A}^h)^{1/2}(\hat{R}^h)^\top(\hat{A}^{2h})^{-1}\hat{R}^h(\hat{A}^h)^{1/2}(E^h)^\top$$

となる．これと式(3.102)により，$\gamma = 2/\omega$ のとき，条件(b)は

$$O \preceq (\hat{A}^h)^{-1} - 4(\hat{R}^h)^\top(\hat{A}^{2h})^{-1}\hat{R}^h \preceq \frac{h^2}{2}I \tag{3.119}$$

と書き直せる．ここで，$\hat{A}^h$ は $\alpha^h_{ll'}$ を対角要素とする対角行列であり，$4(\hat{R}^h)^\top(\hat{A}^{2h})^{-1}\hat{R}^h$ は式(3.111)のようなブロック対角行列である．

式(3.119)の左側の $\preceq$ は，すべての l, l' $(1 \leqq l, l' \leqq N/2-1)$ に対して

$$Q_{ll'} \preceq \mathrm{diag}\,((\alpha^h_{ll'})^{-1}, (\alpha^h_{l\bar{l}'})^{-1}, (\alpha^h_{\bar{l}l'})^{-1}, (\alpha^h_{\bar{l}\bar{l}'})^{-1})$$

が成り立つことと同値である．式(3.108)，(3.112)，および補題 3.27(1)により，この条件は

$$\frac{(s_l + s_{l'})c_l^2c_{l'}^2 + (s_l + c_{l'})c_l^2s_{l'}^2 + (c_l + s_{l'})s_l^2c_{l'}^2 + (c_l + c_{l'})s_l^2s_{l'}^2}{s_lc_l + s_{l'}c_{l'}} \leqq 1$$

と書き換えられる．一方，上式の左辺 $= 1 - 4s_lc_ls_{l'}c_{l'}/(s_lc_l + s_{l'}c_{l'}) < 1$ であるから，これは成り立つ．

式(3.119)の右側の $\preceq$ は，すべての l, l' $(1 \leqq l, l' \leqq N/2-1)$ に対して

$$Q_{ll'} \succeq \mathrm{diag}\left(\frac{1}{\alpha^h_{ll'}} - \frac{h^2}{2}, \frac{1}{\alpha^h_{l\bar{l}'}} - \frac{h^2}{2}, \frac{1}{\alpha^h_{\bar{l}l'}} - \frac{h^2}{2}, \frac{1}{\alpha^h_{\bar{l}\bar{l}'}} - \frac{h^2}{2}\right) \tag{3.120}$$

が成り立ち，かつ，すべての l $(1 \leqq l \leqq N-1)$ に対して $(\alpha^h_{l,N/2})^{-1} \leqq h^2/2$ が成り立つことと同値である．後者は

$$\max_{1 \leqq l \leqq N-1} (\alpha_{l,N/2}^h)^{-1} = \frac{h^2}{4} \cdot \frac{1}{\dfrac{1}{2} + \sin^2\left(\dfrac{\pi}{2N}\right)}$$

により成立するので，式(3.120)を証明すればよい．

式(3.120)の右辺の対角要素は

$$\frac{1}{\alpha_{ll'}^h} - \frac{h^2}{2} = \frac{h^2}{4}\left(\frac{1}{s_l + s_{l'}} - 2\right), \quad \frac{1}{\alpha_{l\bar{l'}}^h} - \frac{h^2}{2} = \frac{h^2}{4}\left(\frac{1}{s_l + c_{l'}} - 2\right)$$

などで与えられるが，（i）4つすべてが負であるか，（ii）一つが正で3つが負，のどちらかである．実際，例えば，上記の二つが正だとすると，$s_l + s_{l'} < 1/2$, $s_l + c_{l'} < 1/2$ であるが，このとき $2s_l + (s_{l'} + c_{l'}) = 2s_l + 1 < 1$ となって矛盾する．$Q_{ll'}$ は半正定値であるから，（i）の場合には式(3.120)が成立する．（ii）の場合には，補題3.27(2)により，式(3.120)は

$$\frac{1}{s_l c_l + s_{l'} c_{l'}} \left[\frac{c_l^2 c_{l'}^2}{\dfrac{1}{s_l + s_{l'}} - 2} + \frac{c_l^2 s_{l'}^2}{\dfrac{1}{s_l + c_{l'}} - 2} + \frac{s_l^2 c_{l'}^2}{\dfrac{1}{c_l + s_{l'}} - 2} + \frac{s_l^2 s_{l'}^2}{\dfrac{1}{c_l + c_{l'}} - 2} \right] \geqq 1$$

と同値である．少し整理すると，これは

$$\frac{c_l^2 c_{l'}^2}{1 - 2(s_l + s_{l'})} + \frac{c_l^2 s_{l'}^2}{1 - 2(s_l + c_{l'})} + \frac{s_l^2 c_{l'}^2}{1 - 2(c_l + s_{l'})} + \frac{s_l^2 s_{l'}^2}{1 - 2(c_l + c_{l'})}$$
$$\geqq 1 + 4 s_l c_l s_{l'} c_{l'}$$

と書き直せる．この左辺を通分して計算すると，$p = s_l c_l$, $q = s_{l'} c_{l'}$ として，

$$[\text{分子}] = -3 + 8(p+q) + 16(p^2 + q^2) - 44pq - 16(p^2 q + pq^2),$$
$$[\text{分母}] = -3 + 8(p+q) + 16(p^2 + q^2) - 32pq$$

となり，さらに，

$$(1 + 4pq)[\text{分母}] - [\text{分子}] = 48pq(p+q) + 64(p^2 + q^2) - 128 p^2 q^2$$
$$\geqq 64p^2(1 - q^2) + 64q^2(1 - p^2) \geqq 0$$

となる．したがって，上記の不等式が成り立つ(ここで $[\text{分母}] < 0$ に注意)．■

マルチグリッド法(W サイクル)の収束性解析

W サイクルの反復行列 M_{W}^h の 2 ノルム $\|M_{\mathrm{W}}^h\|$ を評価しよう．一般に $\rho(M_{\mathrm{W}}^h) \leqq \|M_{\mathrm{W}}^h\|$ であるから，これによって収束率 $\rho(M_{\mathrm{W}}^h)$ の上界が得られる．解析の手順は，(i)ノルムを評価するための一般的な枠組み(補題 3.29)を示すことと，(ii)そこに含まれる定数を具体的に評価すること(補題 3.30)の 2 段階からなる．

2 段グリッド法の反復行列 M_{T}^h を用いて M_{W}^h の漸化式(3.99)を書き直すと

$$M_{\mathrm{W}}^h = M_{\mathrm{T}}^h + (S^h)^{\nu_2} P^h (M_{\mathrm{W}}^{2h})^2 (A^{2h})^{-1} R^h A^h (S^h)^{\nu_1} \tag{3.121}$$

となるので，

$$\|M_{\mathrm{W}}^h\| \leqq \|M_{\mathrm{T}}^h\| + \|(S^h)^{\nu_2} P^h\| \cdot \|(A^{2h})^{-1} R^h A^h (S^h)^{\nu_1}\| \cdot \|M_{\mathrm{W}}^{2h}\|^2 \tag{3.122}$$

という不等式が成り立つ．ただし，$M_{\mathrm{W}}^{h_{\max}} = O$ である．

補題 3.29　h に依らない正定数 τ, γ_1, γ_2 が存在して，任意の $h \leqq h_{\max}/2$ に対して

$$\|M_{\mathrm{T}}^h\| \leqq \tau, \tag{3.123}$$

$$\|(S^h)^{\nu_2} P^h\| \leqq \gamma_1, \tag{3.124}$$

$$\|(A^{2h})^{-1} R^h A^h (S^h)^{\nu_1}\| \leqq \gamma_2 \tag{3.125}$$

が成り立つとする．このとき，数列 $\delta_k\,(k=0,1,\cdots)$ を漸化式

$$\delta_0 = 0, \qquad \delta_k = \tau + \gamma_1 \gamma_2 (\delta_{k-1})^2 \quad (k=1,2,\cdots)$$

によって定義し，$h = h_{\max}/2^k$ に対して $\eta^h = \delta_k$ とおくと，$\|M_{\mathrm{W}}^h\| \leqq \eta^h$ が成り立つ．さらに $4\gamma_1\gamma_2\tau \leqq 1$ であれば，

$$\eta^* = (1 - \sqrt{1 - 4\gamma_1\gamma_2\tau})/(2\gamma_1\gamma_2)$$

に対して $\eta^h \leqq \eta^*$ が成り立ち，したがって $\|M_{\mathrm{W}}^h\| \leqq \eta^*$ である．　□

［証明］　前半は式(3.122)より明らかである．後半については，$\eta = \eta^*$ が $\eta = \tau + \gamma_1\gamma_2\eta^2$ の小さい方の実根であることに注意する．　■

モデル問題(3.1)においては，式(3.123)における定数τとして，表3.6に示した数値を用いることができる．また，次の補題3.30に示すように，$\gamma_1 = 2$，$\gamma_2 = 1/\sqrt{2}$にとることができるので，$\tau \leqq 1/(4\sqrt{2}) \approx 0.177$ならば$\eta^* = (1 - \sqrt{1 - 4\sqrt{2}\tau})/(2\sqrt{2})$が収束率の上界を与える．例えば，$\omega = 0.8$，$\nu_1 = \nu_2 = 2$のとき，$\eta^* = 0.187$となる．

補題 3.30 モデル問題(3.1)においては，$\gamma_1 = 2$，$\gamma_2 = 1/\sqrt{2}$として不等式(3.124)，(3.125)が成り立つ． □

[証明] まず，

$$\|(S^h)^{\nu_2} P^h\| = \|(\hat{S}^h)^{\nu_2} \hat{P}^h\| = 2\rho\left((\hat{S}^h)^{\nu_2} \cdot 4(\hat{R}^h)^\top \hat{R}^h \cdot (\hat{S}^h)^{\nu_2}\right)^{1/2}$$

に注意する．式(3.111)と同様にして，

$$4(\hat{R}^h)^\top \hat{R}^h \overset{\mathrm{p}}{=} \mathrm{diag}\,(\bar{Q}_{11}, \bar{Q}_{12}, \cdots, \bar{Q}_{N/2-1,N/2-1}, O_{2N-3})$$

が導かれる．ただし，式(3.112)の記号を用いて，$\bar{Q}_{ll'} = \boldsymbol{q}_{ll'} \boldsymbol{q}_{ll'}{}^\top$ $(1 \leqq l, l' \leqq N/2-1)$である．さらに

$$\bar{Q}^\circ_{ll'} = \mathrm{diag}\,(\sigma^h_{ll'}, \sigma^h_{l\bar{l'}}, \sigma^h_{\bar{l}l'}, \sigma^h_{\bar{l}\bar{l'}})^{\nu_2} \cdot \bar{Q}_{ll'} \cdot \mathrm{diag}\,(\sigma^h_{ll'}, \sigma^h_{l\bar{l'}}, \sigma^h_{\bar{l}l'}, \sigma^h_{\bar{l}\bar{l'}})^{\nu_2}$$

とおくと，

$$\begin{aligned}\rho(\bar{Q}^\circ_{ll'}) &= (1 - \omega(s_l + s_{l'}))^{2\nu_2} c_l^2 c_{l'}^2 + (1 - \omega(s_l + c_{l'}))^{2\nu_2} c_l^2 s_{l'}^2 \\ &\quad + (1 - \omega(c_l + s_{l'}))^{2\nu_2} s_l^2 c_{l'}^2 + (1 - \omega(c_l + c_{l'}))^{2\nu_2} s_l^2 s_{l'}^2 \\ &\leqq c_l^2 c_{l'}^2 + c_l^2 s_{l'}^2 + s_l^2 c_{l'}^2 + s_l^2 s_{l'}^2 \ = \ (1 - 2s_l c_l)(1 - 2s_{l'} c_{l'}) \ \leqq \ 1\end{aligned}$$

となる．したがって，

$$\|(S^h)^{\nu_2} P^h\| = 2 \cdot \max_{1 \leqq l, l' \leqq N/2-1} \rho(\bar{Q}^\circ_{ll'})^{1/2} \leqq 2$$

となり，不等式(3.124)が$\gamma_1 = 2$に対して成り立つ．

次に，不等式(3.125)を考えるため，

$$\begin{aligned}&\|(A^{2h})^{-1} R^h A^h (S^h)^{\nu_1}\| = \|(\hat{A}^{2h})^{-1} \hat{R}^h \hat{A}^h (\hat{S}^h)^{\nu_1}\| \\ &= \frac{1}{2}\,\rho\left((\hat{S}^h)^{\nu_1} \hat{A}^h \cdot 4(\hat{R}^h)^\top (\hat{A}^{2h})^{-2} \hat{R}^h \cdot \hat{A}^h (\hat{S}^h)^{\nu_1}\right)^{1/2}\end{aligned}$$

に注意する．式(3.111)と同様にして，

$$4(\hat{R}^h)^{\top}(\hat{A}^{2h})^{-2}\hat{R}^h \overset{\mathrm{p}}{=} \mathrm{diag}\,(\check{Q}_{11}, \check{Q}_{12}, \cdots, \check{Q}_{N/2-1,N/2-1}, O_{2N-3})$$

が導かれる．ただし，式(3.112)の記号を用いて，

$$\check{Q}_{ll'} = \left(\frac{h^2}{4(s_l c_l + s_{l'} c_{l'})}\right)^2 \boldsymbol{q}_{ll'} \boldsymbol{q}_{ll'}{}^{\top}$$

である．さらに

$$\check{Q}^{\circ}_{ll'} = \mathrm{diag}\,(\sigma^h_{ll'}, \sigma^h_{l\bar{l'}}, \sigma^h_{\bar{l}l'}, \sigma^h_{\bar{l}\bar{l'}})^{\nu_1} \cdot \mathrm{diag}\,(\alpha^h_{ll'}, \alpha^h_{l\bar{l'}}, \alpha^h_{\bar{l}l'}, \alpha^h_{\bar{l}\bar{l'}})$$
$$\cdot \check{Q}_{ll'} \cdot \mathrm{diag}\,(\alpha^h_{ll'}, \alpha^h_{l\bar{l'}}, \alpha^h_{\bar{l}l'}, \alpha^h_{\bar{l}\bar{l'}}) \cdot \mathrm{diag}\,(\sigma^h_{ll'}, \sigma^h_{l\bar{l'}}, \sigma^h_{\bar{l}l'}, \sigma^h_{\bar{l}\bar{l'}})^{\nu_1}$$

とおくと，

$$\begin{aligned}
\rho(\check{Q}^{\circ}_{ll'}) = \frac{1}{(s_l c_l + s_{l'} c_{l'})^2} [&(1-\omega(s_l + s_{l'}))^{2\nu_1}(s_l + s_{l'})^2 c_l^2 c_{l'}^2 \\
&+ (1-\omega(s_l + c_{l'}))^{2\nu_1}(s_l + c_{l'})^2 c_l^2 s_{l'}^2 \\
&+ (1-\omega(c_l + s_{l'}))^{2\nu_1}(c_l + s_{l'})^2 s_l^2 c_{l'}^2 \\
&+ (1-\omega(c_l + c_{l'}))^{2\nu_1}(c_l + c_{l'})^2 s_l^2 s_{l'}^2] \\
\leqq \frac{1}{(s_l c_l + s_{l'} c_{l'})^2} [&(s_l + s_{l'})^2 c_l^2 c_{l'}^2 + (s_l + c_{l'})^2 c_l^2 s_{l'}^2 \\
&+ (c_l + s_{l'})^2 s_l^2 c_{l'}^2 + (c_l + c_{l'})^2 s_l^2 s_{l'}^2] \\
= 2 - \frac{4 s_l c_l s_{l'} c_{l'}}{s_l c_l + s_{l'} c_{l'}} \leqq 2&
\end{aligned}$$

となる．したがって，

$$\|(A^{2h})^{-1} R^h A^h (S^h)^{\nu_1}\| = \frac{1}{2} \cdot \max_{1 \leqq l, l' \leqq N/2-1} \rho(\check{Q}^{\circ}_{ll'})^{1/2} \leqq \frac{1}{\sqrt{2}}$$

となり，不等式(3.125)が $\gamma_2 = 1/\sqrt{2}$ に対して成り立つ．■

注意 3.31　W サイクルについても，$\nu_1 = \nu_2$ の場合には，V サイクルの場合と同様にして，ノルムを経由せずに収束率 $\rho(M^h_{\mathrm{W}})$ の評価を導くことができる(→問題 3.17)．結果は表 3.8 のようになる．V サイクルの収束率(表 3.7)と比較されたい．

表 3.8 W サイクルの収束率 $\rho(M_{\mathrm{W}}^h)$ の上界.
(モデル問題(3.1);平滑化は減速 Jacobi 法(3.100))

ω \ (ν_1, ν_2)	$(1,1)$	$(2,2)$
0.1	0.903	0.815
0.2	0.810	0.657
0.3	0.723	0.523
0.4	0.640	0.416
0.5	0.563	0.341

3.7.4 代数的マルチグリッド法*

既に説明したように，マルチグリッド法は，偏微分方程式の離散化から生じる方程式 $A^h\boldsymbol{u}^h = \boldsymbol{b}^h$ を想定した手法であり，粗いレベルの係数行列 A^{2h} や制限 R^h，補間 P^h などは，空間離散化の精粗に基づいて定義されている．本節では，マルチグリッド法の考え方を拡張することによって(偏微分方程式とは無関係の)一般の連立 1 次方程式 $A\boldsymbol{u} = \boldsymbol{b}$ に対する類似の手法を構成する．この手法は代数的考察に基づいているので，**代数的マルチグリッド法**と呼ばれる．これに対して，空間離散化の精粗に基づく元来のマルチグリッド法を**幾何的マルチグリッド法**と呼ぶ．

まず，2 段グリッド法の導出を復習しよう．第 3.7.1 節に述べたように，2 段グリッド法は，定常反復法が空間的高周波成分を速く減衰させること(平滑化作用)と，空間的低周波成分が粗い格子で良く近似できることの二つの事実に立脚している．2 段グリッド法の具体的な構成要素は，平滑化のための反復法 S^h，粗レベルの係数行列 A^{2h}，制限 R^h，補間 P^h の 4 つである．制限 R^h と補間 P^h は関数の滑らかさと空間の幾何的構造に基づいて構成され，A^{2h} は連続問題の粗い近似として定められている．すなわち，

という構成法であり，A^{2h}, R^h, P^h は，解くべき連立 1 次方程式の係数行列 A^h から直接的に生成されるのではなく，連続問題の近似という視点から導出

されている．なお，平滑化 S^h のためには Gauss-Seidel 法などが用いられるが，これは連続問題に立ち戻ることなく A^h から直接的に定まっている．

以上のように２段グリッド法は連続問題の幾何的構造に強く依拠しているが，これを一般の連立１次方程式 $A\boldsymbol{u}=\boldsymbol{b}$ に拡張するためには，A^{2h}, R^h, P^h に相当する行列 $\bar{A}$, R, P を行列 A から直接に(幾何的構造を経由することなく)定めることが必要となる．このとき，２段グリッド法は次のようになる．

２段グリッド法

〈1〉　方程式 $A\boldsymbol{u}=\boldsymbol{b}$ の近似解に定常反復法を数回適用する．

〈2〉　残差 $\boldsymbol{r}=\boldsymbol{b}-A\boldsymbol{u}$ の制限 $\bar{\boldsymbol{r}}=R\boldsymbol{r}$ を計算する．

〈3〉　方程式 $\bar{A}\boldsymbol{v}=\bar{\boldsymbol{r}}$ を解く．

〈4〉　近似解を $\tilde{\boldsymbol{u}}:=\boldsymbol{u}+P\boldsymbol{v}$ と修正する．

〈5〉　$\tilde{\boldsymbol{u}}$ に対して定常反復法を数回適用する．

以下では，一般の連立１次方程式 $A\boldsymbol{u}=\boldsymbol{b}$ に対する２段グリッド法を導出する．２段グリッド法が構成できれば，その再帰的適用によってマルチグリッド法が構成される．算法の導出においては行列 A が正定値対称な M 行列であることを想定しているが，最終的に得られる算法はより一般の場合にも適用可能である．なお，算法の導出過程は，数学的に厳密な議論ではなく，多分に発見的・経験的である．

そもそも，空間的な格子が存在しない状況で，「高周波成分」「低周波成分」をどのように捉え直すかが問題である．モデル問題の場合には，定常反復を数回適用すると，誤差の高周波成分が減衰し，低周波成分だけが残るという平滑化の現象があった．一般の場合には，この現象を逆手にとって，定常反復で減衰しない成分を低周波成分に相当するものと考え，**代数的に滑らか**な成分と呼ぶ．すなわち，定常反復の反復行列を S とするとき，$S\boldsymbol{e}\approx\boldsymbol{e}$ となるベクトル $\boldsymbol{e}$ を代数的に滑らかな成分と定義する．このように，定常反復法を一つ固定し，それを出発点として議論を展開するのが，代数的マルチグリッド法の特徴である．

代数的に滑らかな成分には，残差が小さいという性質がある．実際，モデル問題の場合には，低周波成分は小さい固有値に対応しており，その残差は小さい．一般の場合にも，適当な状況設定の下で，これを示すことができる．例えば，減速 Jacobi 法(3.101)の場合には，$S\boldsymbol{e} \approx \boldsymbol{e}$ は $\omega D^{-1}A\boldsymbol{e} \approx \boldsymbol{0}$ と同値であり，A の対角要素が普通の大きさであれば，これより $A\boldsymbol{e} \approx \boldsymbol{0}$ が導かれる．以下では，代数的に滑らかな $\boldsymbol{e}$ に対して $A\boldsymbol{e} \approx \boldsymbol{0}$ が成り立つとして議論する．

代数的に滑らかな成分は，以下のような自然な意味での「滑らかさ」を有している．行列 A が M 行列であるような場合を想定して，行番号と列番号の間に対応があるとし，第 i 番目の方程式は第 i 番目の変数 u_i を定めるためのものであると見なす(実際，Jacobi 法や Gauss-Seidel 法では，これを実行している)．行列 A の第 i 行の中で非零要素に対応する列番号($\neq i$)の集合を $N_i = \{j \mid j \neq i, a_{ij} \neq 0\}$ とする．また，ある閾値 $0 < \theta \leqq 1$ を設定して，

$$S_i = \{j \mid j \neq i, |a_{ij}| \geqq \theta \max_{k \neq i} |a_{ik}|\}$$

とおく．これは第 i 行における「比較的大きな非対角要素」の列番号を表しており，変数 u_i を決める際に強い影響をもつ変数 u_j の番号の集合である．行列 A が対称な M 行列の場合には，$A\boldsymbol{e} \approx \boldsymbol{0}$ から，ほとんどの i に対して

$$\sum_{j \neq i} \frac{|a_{ij}|}{a_{ii}} \left(\frac{e_i - e_j}{e_i} \right)^2 \ll 1 \qquad (3.126)$$

となることを導くことができる(→注意 3.32)．左辺の各項は非負であり，$j \in S_i$ に対して $|a_{ij}|$ は比較的大きい数なので，各 $j \in S_i$ に対して $e_i \approx e_j$ が成り立つことになる．すなわち，代数的に滑らかな成分は S_i の方向に緩やかに変化する(これを「S_i の方向に滑らか」と表現することが多い)．

次に，空間的な格子が存在しない状況において「粗い格子」に対応するものを定める必要があるが，これは，変数の番号の集合 $V = \{1, 2, \cdots, n\}$ の部分集合で適当な望ましい性質(後出の式(3.127)，(3.128)など)をもつものとすればよい．すなわち，V の部分集合 C を適当に指定して，これを**粗い格子**と呼ぶ．このとき，V は C とその補集合 $F = V \setminus C$ に分割され，F は粗い格子に含まれない細かい格子を表す．

粗い格子 C と同時に補間のための $n \times |C|$ 行列 P (線形写像 $P : \mathbb{R}^C \to$

$\mathbb{R}^{C\cup F}$)をうまく定めて，代数的に滑らかな成分が C 上の値で近似できるようにする必要がある．代数的に滑らかな成分が S_i の方向に滑らかであることに着目して，行列 P を

$$(P\boldsymbol{v})_i = \begin{cases} v_i & (i \in C) \\ \displaystyle\sum_{j\in C_i} \pi_{ij} v_j & (i \in F) \end{cases}$$

の形で定めることにする．ただし，$C_i = C \cap S_i$ であり，π_{ij} は適当な重みである．

さらに，近似解 $\boldsymbol{u}$ の誤差 $\boldsymbol{e}$ が代数的に滑らかなとき，適当な $\boldsymbol{v}$ を選んで新しい近似解 $\tilde{\boldsymbol{u}} = \boldsymbol{u} + P\boldsymbol{v}$ の誤差 $\tilde{\boldsymbol{e}} = \boldsymbol{e} + P\boldsymbol{v}$ を $\boldsymbol{0}$ にできるためには $\boldsymbol{e} \in \operatorname{Im} P$ が成り立つことが必要である($\operatorname{Im} P$ は P の像空間)．したがって，任意の代数的に滑らかな成分が(少なくとも近似的に) $\operatorname{Im} P$ に属するように P を選ぶ必要がある．

行列 P を定める重み π_{ij} を定めよう．記号 $F_i = F \cap S_i$, $W_i = N_i \setminus S_i$ を導入して，代数的に滑らかな成分 $\boldsymbol{e}$ の残差が小さいという条件 $A\boldsymbol{e} \approx \boldsymbol{0}$ を書き直すと，

$$a_{ii}e_i \approx -\sum_{j\in C_i} a_{ij}e_j - \sum_{k\in F_i} a_{ik}e_k - \sum_{l\in W_i} a_{il}e_l$$

となる．この右辺の W_i 上の和に現れる係数 a_{il} は小さい値であることに注意して，この部分を対角項に繰り込むことにより

$$\left(a_{ii} + \sum_{l\in W_i} a_{il}\right) e_i \approx -\sum_{j\in C_i} a_{ij}e_j - \sum_{k\in F_i} a_{ik}e_k$$

と近似する．さらに，各 $k \in F_i$ に対して，

$$e_k \approx \sum_{j\in C_i} a_{kj}e_j \Big/ \sum_{j\in C_i} a_{kj}$$

のように近似すると，$e_i \approx \displaystyle\sum_{j\in C_i} \pi_{ij}e_j$ の形となる．ただし

$$\pi_{ij} = -\frac{a_{ij} + \displaystyle\sum_{k\in F_i} a_{ik}a_{kj} \Big/ \sum_{m\in C_i} a_{km}}{a_{ii} + \displaystyle\sum_{l\in W_i} a_{il}} \qquad (i \in F,\ j \in C_i)$$

である[*19]．すなわち，この π_{ij} を用いて補間の行列 P を定義すると，$\boldsymbol{v}=\boldsymbol{e}|_C$ ($\boldsymbol{e}$ の C への制限)に対して $\boldsymbol{e}\approx P\boldsymbol{v}$ が成り立つ．とくに，$\boldsymbol{e}\in \mathrm{Im}\, P$ が近似的に成り立つ．なお，e_k を近似する式の分母で $\sum_{j\in C_i} a_{kj}\approx 0$ とならないように，

(3.127)　$i,k\in F$ に対し，$k\in S_i$ ならば $C_i\cap C_k\neq\emptyset$

が成り立つような C を選んでおく必要がある．

計算量の観点からは，$|C|$ は小さい方が都合がよいので，

(3.128)

C は「任意の $i,j\in C$ に対して $j\notin S_i$」を満たす集合の中で極大

という条件を考える．条件(3.127)，(3.128)の両方を満たす C が存在するとは限らないので，通常は，条件(3.127)を満たす範囲で条件(3.128)をできるだけ満たすように C を選ぶ．粗い格子 C の作り方については，問題の特徴を利用しながら適切なものを見出すアルゴリズムが実用的な観点から工夫されている(詳しくは[49]，[66]などを参照)．

粗レベルの方程式 $\bar{A}\boldsymbol{v}=R\boldsymbol{r}$ としては，元来のマルチグリッド法では刻み幅を 2 倍にした離散近似を用いたが，代数的マルチグリッド法においては $\bar{A}=P^{\top}AP$，$R=P^{\top}$ と設定するのが普通である．これは新しい近似解 $\tilde{\boldsymbol{u}}=\boldsymbol{u}+P\boldsymbol{v}$ の残差が P の像空間 $\mathrm{Im}\, P$ と直交するようにするためである．A が正定値対称のときには，この直交性は新しい近似解 $\tilde{\boldsymbol{u}}$ の誤差 $\tilde{\boldsymbol{e}}=\boldsymbol{e}+P\boldsymbol{v}$ が最小になること(**変分原理**)

$$\|\boldsymbol{e}+P\boldsymbol{v}\|_A=\min_{\boldsymbol{w}}\|\boldsymbol{e}+P\boldsymbol{w}\|_A$$

と等価である．ただし $\|\boldsymbol{w}\|_A=(A\boldsymbol{w},\boldsymbol{w})^{1/2}$ である．

注意 3.32　行列 A が優対角で対称な M 行列であるとする．A の対角要素からなる対角行列を D と記すとき，$\|\boldsymbol{r}\|_{D^{-1}}\ll\|\boldsymbol{e}\|_A$ であれば式(3.126)が成り立つことを示そう．まず，

$$\|\boldsymbol{e}\|_A^2=(A\boldsymbol{e},\boldsymbol{e})=(D^{-1/2}A\boldsymbol{e},D^{1/2}\boldsymbol{e})\leqq\|\boldsymbol{r}\|_{D^{-1}}\|\boldsymbol{e}\|_D\ll\|\boldsymbol{e}\|_A\|\boldsymbol{e}\|_D$$

---

*19　A が M 行列のときには $\pi_{ij}>0$ となる．また，$\sum_j a_{ij}=0$ ならば $\sum_{j\in C_i}\pi_{ij}=1$ となる．

より $\|\boldsymbol{e}\|_A \ll \|\boldsymbol{e}\|_D$ である．一方，恒等式

$$\frac{1}{2}\sum_i \sum_{j\neq i}(-a_{ij})(e_i - e_j)^2 + \sum_i \Bigl(\sum_j a_{ij}\Bigr)e_i^2 = \|\boldsymbol{e}\|_A^2$$

に着目すると，$j \neq i$ のとき $a_{ij} \leqq 0$ で，左辺の第2項は非負だから，

$$\frac{1}{2}\sum_i \sum_{j\neq i}|a_{ij}|(e_i - e_j)^2 \leqq \|\boldsymbol{e}\|_A^2 \ll \|\boldsymbol{e}\|_D^2 = \sum_i a_{ii}e_i^2$$

となる．したがって，ほとんどの i に対して

$$\sum_{j\neq i}|a_{ij}|(e_i - e_j)^2 \ll a_{ii}e_i^2$$

が成り立つ．これより式(3.126)が導かれる．

第3章ノート▶算法を天下り的に与えてしまう著書も多いが，本書では，モデル問題を例にして，算法導出のアイデアを明らかにするよう心がけた．

SOR法(第3.3節)に関しては，Varga[68]，Young[70]がバイブル的存在であり，本書もそれに従った部分が多い．ただし，極く基本的な結果しか扱うことができなかった．

正則分離と収束性(第3.4節)に関しては，古典的な正則分離，および，一般的な枠組みを与えるH分離の概念を説明することとした．このH分離の概念はFrommer-Szyld[92]による．なお，正則分離の概念の直接の精密化や種々の比較定理もあるが，これについてはAxelsson[47]や仁木-河野[61]を参照されたい．

Chebyshev加速法(第3.5節)では，加速法を適用する反復行列の固有値がある実区間に含まれる場合に限ったが，より一般的な状況[*20]で式(3.46)の形の加速法の一般論が作られている．この理論は，多項式近似，等角写像の理論とも関わる興味深いものである．Varga[68]を参照されたい．

ADI法(第3.6節)の最適パラメータの議論においては，従来の教科書のもの(問題3.11に示した)とは違って，楕円関数を積極的に用いる記述をした．最適パラメータの議論は，本質的に最良有理関数近似の議論であり，その文脈では楕円関数が現れるのは自然であり，したがって，ここでも楕円関数を使うのが素直であると考えたからである．ADI法のより詳しい解析，例えば H と V が可換になるための条件や非可換の場合の解析，およびADI法の3次元問題への拡張(→問題3.13)等についてはVarga[68]，Wachspress[69]，Young[70]を参照されたい．

マルチグリッド法(第3.7節)全般への入門書としてはBriggs-Henson-McCormick [49]が薦められる．本書の導入部分もこれを参考にした．収束性解

*20　反復行列の固有値が，複素平面上の領域 Ω (ただし，その補集合 Ω^c は複素球面上の単連結領域で，$1 \notin \Omega$)に含まれる場合．

析に関しては Hackbusch[55, 56], Trottenberg-Oosterlee-Schüller[66]を参考にして，モデル問題の係数行列の固有ベクトルを基底にとって解析を行うという素朴な方法によって，2 段グリッド法，マルチグリッド法(V サイクル，W サイクル)の収束性解析を完全に行った．モデル問題に対するマルチグリッド法(V サイクル)に関してここまで完全に解析を行った文献は他にはないと思う．もっとも，この解析方法は素朴なものなので適用範囲は限られており，自然な順序付けによる Gauss-Seidel 法を平滑化に用いる場合などには適用できない．近似的方法ではあるが，これらの場合も扱える “local Fourier analysis” もしくは “local mode analysis” と呼ばれる一般的方法が開発されており[*21]，収束率について，定量的に良い近似を与えることが知られている(→問題 3.14)．これについては Trottenberg-Oosterlee-Schüller[66]を参照されたい．一方，数学的に厳密に，かなり一般的条件下で，収束率の h 独立性を証明する研究も行われている．Bramble-Zhang[77]などを参照されたい．代数的マルチグリッド法については，[66]の付録(413〜532 頁)にある：K. Stüben: An introduction to algebraic multigrid を参考にし，“古典的” 代数的マルチグリッド法と呼ばれる基本的な手法について解説した．現在では，様々な変種が提案されている．これに関しても Stüben の論文を参照されたい．

本書では扱わなかったが，並列計算機に適した，偏微分方程式の境界値問題の反復解法として，**領域分割法**がある．問題領域を小領域に分割し，各小領域で偏微分方程式の境界値問題を解きながら，全領域での解を求める方法である．歴史的には，ポテンシャル問題に対する C. Neumann と H. A. Schwarz による交代法(1870 年)に起源をもつ．Greenbaum[54], Hackbusch[56], Meurant[60], Saad[63]に基本的なことが記されている．Smith-Bjørstad-Gropp[64]はこの方面の本格的教科書である．

第 3 章問題

3.1　$1/2 < a < 1$ のとき，行列 $\begin{bmatrix} 1 & a & a \\ a & 1 & a \\ a & a & 1 \end{bmatrix}$ は正定値対称であるが，Jacobi 法は収束しないことを示せ．

3.2　モデル問題(3.1)に対する Jacobi 法に関して以下のことを示せ．

(i) 式(3.4)の行列 B の固有値は $\mu_l = 2\cos\dfrac{l\pi}{N}$, 固有ベクトルは式(3.14)の $\boldsymbol{v}_l$ $(1 \leqq l \leqq N-1)$.

(ii) 反復行列 M_{J} (→式(3.11))の固有値，固有ベクトルは $\mu_{ll'} = (\mu_l + \mu_{l'})/4$, $\boldsymbol{v}_l \otimes \boldsymbol{v}_{l'}$ $(1 \leqq l, l' \leqq N-1)$.

3.3　モデル問題(3.1)に対する Gauss-Seidel 法に関して以下のことを示せ．

---

*21　これに対して，本書のような厳密な解析は “rigorous Fourier analysis” と呼ばれる．

ただし，$N-1$ 次単位行列を I，$n=(N-1)^2$ 次単位行列を I_n と表し，$G(\lambda)=D^{-1}F-\lambda(I_n-D^{-1}E)$ とおく(式(3.19)参照)．さらに，

$$B(\lambda)=\begin{bmatrix} 0 & 1 & & \\ \lambda & \ddots & \ddots & \\ & \ddots & \ddots & 1 \\ & & \lambda & 0 \end{bmatrix},\quad T(\lambda)=\begin{bmatrix} 1 & & & \\ & \lambda & & \\ & & \ddots & \\ & & & \lambda^{N-2} \end{bmatrix}$$

とする(ともに $N-1$ 次行列である)．なお，M_{J} は式(3.11)，B は式(3.4)，$\mu_{ll'}$ は式(3.12)である．

(i) $G(\lambda)=\dfrac{1}{4}(B(\lambda)\otimes I+I\otimes B(\lambda))-\lambda\, I\otimes I.$

(ii) $\lambda\neq 0$ に対して，$T(\sqrt{\lambda})^{-1}B(\lambda)T(\sqrt{\lambda})=\sqrt{\lambda}B.$

(iii) $\lambda\neq 0$ に対して，
$[T(\sqrt{\lambda})\otimes T(\sqrt{\lambda})]^{-1}G(\lambda)[T(\sqrt{\lambda})\otimes T(\sqrt{\lambda})]=\sqrt{\lambda}(M_{\mathrm{J}}-\sqrt{\lambda}I_n).$

(iv) 任意の λ に対して，$\det G(\lambda)=\det[\sqrt{\lambda}(M_{\mathrm{J}}-\sqrt{\lambda}I_n)].$

(v) $\det[\sqrt{\lambda}(M_{\mathrm{J}}-\sqrt{\lambda}I_n)]=(-1)^{N-1}\lambda^{\frac{N(N-1)}{2}}\displaystyle\prod_{\substack{1\leqq l,l'\leqq N-1\\ l+l'\leqq N-1}}(\lambda-\mu_{ll'}{}^2).$

3.4　モデル問題(3.1)に対するSOR法に関して以下のことを示せ．ただし，$G(\lambda,\omega)=\omega\lambda D^{-1}E+\omega D^{-1}F-(\lambda+\omega-1)I_n$ とおく(式(3.26)参照)．また，$B(\lambda)$, $T(\lambda)$ は問題3.3の通りとして，M_{J} は式(3.11)，$\mu_{ll'}$ は式(3.12)，$\xi^{\pm}$ は式(3.27)である．

(i) $\lambda\neq 0$ に対して，
$[T(\sqrt{\lambda})\otimes T(\sqrt{\lambda})]^{-1}G(\lambda,\omega)[T(\sqrt{\lambda})\otimes T(\sqrt{\lambda})]=\sqrt{\lambda}\omega M_{\mathrm{J}}-(\lambda+\omega-1)I_n.$

(ii) 任意の λ に対して，$\det G(\lambda,\omega)=\det[\sqrt{\lambda}\omega M_{\mathrm{J}}-(\lambda+\omega-1)I_n].$

(iii)
$$\begin{aligned}&\det[\sqrt{\lambda}\omega M_{\mathrm{J}}-(\lambda+\omega-1)I_n]\\ &\quad=(-\lambda-\omega+1)^{N-1}\prod_{l+l'\leqq N-1}\left((\lambda+\omega-1)^2-\lambda\omega^2\mu_{ll'}{}^2\right)\\ &\quad=(-\lambda-\omega+1)^{N-1}\prod_{l+l'\leqq N-1}\left(\lambda-\xi^{+}(\mu_{ll'},\omega)\right)\left(\lambda-\xi^{-}(\mu_{ll'},\omega)\right).\end{aligned}$$

3.5　モデル問題(3.1)で赤黒順序を用いたSOR法に関して以下のことを示せ．

(i) $\boldsymbol{u}_{\mathrm{R}}$, $\boldsymbol{u}_{\mathrm{B}}$ の次元 n_{R}, n_{B} は N が奇数のとき $n_{\mathrm{R}}=n_{\mathrm{B}}=(N-1)^2/2$ であり，N が偶数のとき $n_{\mathrm{R}}=N(N-2)/2+1$，$n_{\mathrm{B}}=N(N-2)/2$ である．

(ii) 係数行列は $\tilde{A}=\begin{bmatrix} 4I_{n_{\mathrm{R}}} & G^{\mathrm{T}} \\ G & 4I_{n_{\mathrm{B}}} \end{bmatrix}$ の形である．

(iii) $\tilde{A}=\tilde{D}-\tilde{E}-\tilde{F}$ ($\tilde{D}$ は対角，$\tilde{E}$ は狭義下三角，$\tilde{F}$ は狭義上三角)とおき，反復行列を M_{RB} とすると，

$$\begin{aligned}\det(M_{\mathrm{RB}}-\lambda I_n)&=\det[\omega\lambda\tilde{D}^{-1}\tilde{E}+\omega\tilde{D}^{-1}\tilde{F}-(\lambda+\omega-1)I_n]\\&=\det[\sqrt{\lambda}\omega\tilde{D}^{-1}(\tilde{E}+\tilde{F})-(\lambda+\omega-1)I_n]\\&=\det[(\sqrt{\lambda}\omega-\lambda-\omega+1)I_n-\sqrt{\lambda}\omega\tilde{D}^{-1}\tilde{A}].\end{aligned}$$

(iv) 自然な順序付けによるSOR法の反復行列 M_ω について,

$$\det(M_\omega-\lambda I_n)=\det[(\sqrt{\lambda}\omega-\lambda-\omega+1)I_n-\sqrt{\lambda}\omega D^{-1}A].$$

(v) $\boldsymbol{u}_{\mathrm{RB}}=P\boldsymbol{u}$ である置換行列 P に対して, $\tilde{D}^{-1}\tilde{A}=PD^{-1}AP^{\mathsf{T}}$.

(vi) $\det(M_{\mathrm{RB}}-\lambda I_n)=\det(M_\omega-\lambda I_n)$.

3.6 モデル問題(3.1)に対する反復法(3.23)に関して以下のことを示せ．ただし $\mu_{ll'}$ は式(3.12)である．

(i) 反復行列は $M=(1-\omega)I_n+\omega M_{\mathrm{G}}$.

(ii) M の固有値は $\zeta_{ll'}=1-\omega+\omega\mu_{ll'}{}^2\ (1\leqq l,l'\leqq N-1)$.

(iii) $\rho(M)=\max(|1-\omega|,|1-\omega+\omega\mu_{11}{}^2|)$.

(iv) 最適パラメータは $\omega=2/(2-\mu_{11}{}^2)=2\Big/\left(2-\cos^2\dfrac{\pi}{N}\right)$ で，そのときの収束率は $\cos^2\dfrac{\pi}{N}\Big/\left(2-\cos^2\dfrac{\pi}{N}\right)$.

(v) $\rho(M)\leqq\rho(M_{\mathrm{G}})$ となる ω の範囲は $1\leqq\omega\leqq1+\mu_{11}{}^2$.

3.7 SOR法について，式(3.32)，(3.33)，(3.34)から式(3.35)を導け．

3.8 $A=\begin{bmatrix}1 & a\\ -a & 1\end{bmatrix}$(ただし $|a|<1$)について以下のことを示せ．

(i) A は狭義優対角で，$\rho(|M_{\mathrm{J}}|)=|a|<1$.

(ii) $2/(1+|a|)\leqq\omega\leqq2$ のとき $\rho(M_\omega)\geqq1$.

3.9 Chebyshev加速に関する式(3.62)を証明せよ．

3.10* (i)～(iii)を示すことにより，式(3.83)から式(3.78)を導出せよ．

(i) 式(3.75)の形から，$\beta=1$ として一般性を失わない．

(ii) 式(3.82)において，$\tau^2=(1-\sigma)/(1+\sigma)$, $a_j{}^2=(1-r_j)/(1+r_j)$, $\hat{k}=(1-k')/(1+k')$ と変換すると，式(3.75)で $\alpha=k'$, $\beta=1$ とした式になる．

(iii) $\hat{k}=(1-k')/(1+k')$ のときに成り立つ楕円関数の公式

$$\mathrm{dn}(u,k)=\frac{1-\hat{k}\ \mathrm{sn}^2(u/(1+\hat{k}),\hat{k})}{1+\hat{k}\ \mathrm{sn}^2(u/(1+\hat{k}),\hat{k})}$$

により，式(3.83)は，式(3.78)で $\beta=1$ とした式と等価である．

3.11* (i)～(iii)を示すことによって，定理3.24を証明せよ．ただし，定理3.22の証明中の(A)の事実および(B)の仮定が成り立つことは使ってよい．

(i) $\alpha\beta/r_j^*\ (j=1,\cdots,m)$ も最適パラメータである．

(ii) (i)の結果から，最適パラメータは $r_1^*>\cdots>r_{m/2}^*>\alpha\beta/r_{m/2}^*>\cdots>$

$\alpha\beta/r_1^*$ と書けるが,

$$\tau = \frac{\sqrt{\alpha\beta}}{2}\left(\frac{\sqrt{\alpha\beta}}{\sigma} + \frac{\sigma}{\sqrt{\alpha\beta}}\right), \quad \hat{r}_j = \frac{1}{2}\left(r_j^* + \frac{\alpha\beta}{r_j^*}\right) \quad (j = 1, \cdots, m/2)$$

とおくと

$$\begin{aligned}\phi(\alpha, \beta; m) &= \max_{\alpha \leqq \sigma \leqq \beta} \prod_{j=1}^{m} \left|\frac{r_j^* - \sigma}{r_j^* + \sigma}\right| \\ &= \max_{\sqrt{\alpha\beta} \leqq \tau \leqq \frac{\alpha+\beta}{2}} \prod_{j=1}^{m/2} \left|\frac{\hat{r}_j - \tau}{\hat{r}_j + \tau}\right| \geqq \phi\left(\sqrt{\alpha\beta}, \frac{\alpha+\beta}{2}; \frac{m}{2}\right).\end{aligned}$$

(iii) (ii)の最後の不等式は，実は等式で成り立ち，したがって，$r_j^* = \hat{r}_j$ $(j = 1, \cdots, m/2)$.

3.12* 式(3.91)を証明せよ．(ヒント：ADI 法の最適パラメータを計算する算法(第3.6.4節)で $\gamma_q = \sqrt{\alpha_q/\beta_q}$ の満たす漸化式を考えるとよい．)

3.13* 3次元空間における単位立方体上の Laplace 方程式の Dirichlet 問題を差分法によって離散化すると，連立1次方程式 $(X + Y + Z)\boldsymbol{u} = \boldsymbol{b}$ を得る．ただし，$X = (2I_{N-1} - B) \otimes I_{N-1} \otimes I_{N-1}$, $Y = I_{N-1} \otimes (2I_{N-1} - B) \otimes I_{N-1}$, $Z = I_{N-1} \otimes I_{N-1} \otimes (2I_{N-1} - B)$ である．また，$n = (N-1)^3$ とおく．

(i) 上の方程式に対する ADI 法は，素直には,

$$\begin{aligned}(rI_n + X)\boldsymbol{u}^{(k+\frac{1}{3})} &= (rI_n - Y - Z)\boldsymbol{u}^{(k)} + \boldsymbol{b}, \\ (rI_n + Y)\boldsymbol{u}^{(k+\frac{2}{3})} &= (rI_n - Z - X)\boldsymbol{u}^{(k+\frac{1}{3})} + \boldsymbol{b}, \\ (rI_n + Z)\boldsymbol{u}^{(k+1)} &= (rI_n - X - Y)\boldsymbol{u}^{(k+\frac{2}{3})} + \boldsymbol{b}\end{aligned}$$

の形であろう．しかし，2次元の場合と異なり，この反復は $0 < r < 1 + \cos(\pi/N)$ に対して発散する．これを示せ．

(ii) 反復法

$$\begin{aligned}(rI_n + X)\boldsymbol{u}^{(k+\frac{1}{3})} &= (rI_n - X - 2Y - 2Z)\boldsymbol{u}^{(k)} + 2\boldsymbol{b}, \\ (rI_n + Y)\boldsymbol{u}^{(k+\frac{2}{3})} &= r\boldsymbol{u}^{(k+\frac{1}{3})} + Y\boldsymbol{u}^{(k)}, \\ (rI_n + Z)\boldsymbol{u}^{(k+1)} &= r\boldsymbol{u}^{(k+\frac{2}{3})} + Z\boldsymbol{u}^{(k)}\end{aligned}$$

が $r > 0$ に対して収束することを示せ．(この反復法は，熱伝導方程式に対する第3.6.1節とは別の離散化から Douglas [80]によって導出されたものである．)

3.14 Gauss-Seidel 法(3.94)の平滑化作用について以下のことを示せ．

(i) $u_{ij}^{(k)} = \varepsilon_k \exp\left(\frac{2il\pi\mathrm{i}}{N}\right)\exp\left(\frac{2jl'\pi\mathrm{i}}{N}\right)$ (ただし $-N/2 \leqq l, l' < N/2$)のとき，境界付近の影響を無視すれば,

$$\frac{\varepsilon_{k+1}}{\varepsilon_k} = \frac{\exp\left(\dfrac{2l\pi \mathrm{i}}{N}\right) + \exp\left(\dfrac{2l'\pi \mathrm{i}}{N}\right)}{4 - \exp\left(\dfrac{-2l\pi \mathrm{i}}{N}\right) - \exp\left(\dfrac{-2l'\pi \mathrm{i}}{N}\right)}.$$

（ii）$|l| \geqq N/4$ または $|l'| \geqq N/4$ のとき，$|\varepsilon_{k+1}/\varepsilon_k| \leqq 1/2$.

3.15　W サイクルに関する式(3.99)を証明せよ．

3.16　W サイクルの計算量 T_{W}^h について以下のことを示せ．

（i）$T_{\mathrm{W}}^h \leqq (\nu_1 + \nu_2 + \beta)C^h + 2T_{\mathrm{W}}^{2h}$.

（ii）$T_{\mathrm{W}}^h \leqq \alpha(\nu_1 + \nu_2 + \beta)C^h$．ただし，2 次元問題では $\alpha \approx 3/2$, 3 次元問題では $\alpha \approx 4/3$.

3.17*　W サイクル$(\nu_1 = \nu_2 = \nu)$の収束率を考える．

（i）γ を正の定数とする．漸化式

$$\delta_0 = 0, \quad \delta_k = \min_{(\delta_{k-1})^2 \leqq \beta \leqq 1} \left(\max_{0 \leqq s \leqq 1} s^{2\nu}[\beta + (1-\beta)\gamma(1-s)] \right) \quad (k = 1, 2, \cdots)$$

によって定義される数列 $\delta_k\,(k = 0, 1, \cdots)$は，単調増加であることを示せ．

（ii）$\eta^h = \delta_k\ (h = h_{\max}/2^k)$とおくと，補題 3.26 の条件の下に $\rho(M_{\mathrm{W}}^h) \leqq \eta^h$ が成り立つことを示せ．

（iii）$\gamma = 2/\omega\ (\omega = 0.1 \sim 0.5)$に対して $\lim_{k\to\infty} \delta_k$ の値を計算することによって表 3.8 を確かめよ．

4　連立1次方程式Ⅲ：共役勾配法

対称行列を係数とする方程式に対する共役勾配法[*1]は，もともと直接法として M. R. Hestenes と E. Stiefel によって 1950 年代に提案された．その後，丸め誤差に弱いという理由で長い間忘れられていたが，1970 年代には，疎行列用の反復解法としての側面が注目され，1980 年代には，前処理という新しい手法に支えられて，大規模行列に対する反復法として脚光を浴びてきた．今では非対称行列を係数とする問題用にも拡張され，有効な解法と考えられている．Krylov 部分空間法の名で呼ばれることも多い．

4.1　対称行列に対する共役勾配法

対称行列に対して，2 次関数最小化の観点から共役勾配法を導出し，その収束性を論じる．次いで，残差直交性との関係を考察し，2 次関数最小化の視点と残差直交性の視点が同じ算法を導くことを述べる．この二つの視点は，一般の非対称行列に対しては，算法を設計する際の二つの異なる指導原理として用いられることになる．

4.1.1　算法の導出

逐次最小化法

行列 A が正定値対称のとき，方程式 $A\boldsymbol{x} = \boldsymbol{b}$ の解 $\boldsymbol{x}^* = A^{-1}\boldsymbol{b}$ は，2 次関数[*2]

---

*1 「きょうやくこうばいほう」と読む．

*2 $(\boldsymbol{x}, \boldsymbol{y})$ は内積を表す．このとき $\|\boldsymbol{x}\| = \sqrt{(\boldsymbol{x}, \boldsymbol{x})}$ は Euclid ノルム (2 ノルム) である．

$$\phi(\boldsymbol{x}) = \frac{1}{2}(\boldsymbol{x}-\boldsymbol{x}^*, A(\boldsymbol{x}-\boldsymbol{x}^*)) \tag{4.1}$$

$$= \frac{1}{2}(\boldsymbol{x}, A\boldsymbol{x}) - (\boldsymbol{x}, \boldsymbol{b}) + \frac{1}{2}(\boldsymbol{x}^*, A\boldsymbol{x}^*) \tag{4.2}$$

の最小点として特徴付けられる．実際，A の正定値性により，$\phi(\boldsymbol{x}) \geqq 0 = \phi(\boldsymbol{x}^*)$ が成り立っている．したがって，関数値 $\phi(\boldsymbol{x})$ を減少させるようなベクトル $\boldsymbol{x}$ の列 $\boldsymbol{x}_0$, $\boldsymbol{x}_1$, $\boldsymbol{x}_2$, $\cdots$ を生成すれば，真の解 $\boldsymbol{x}^*$ の近似値が得られるものと期待される．

式(4.1)は未知量 $\boldsymbol{x}^*$ を含んでいるので関数値 $\phi(\boldsymbol{x})$ そのものは計算できないが，式(4.2)の最後の項 $\frac{1}{2}(\boldsymbol{x}^*, A\boldsymbol{x}^*)$ は定数であるから，関数値 $\phi(\boldsymbol{x})$ の変化量は計算できる．とくに，式(4.2)を微分すると，$\phi(\boldsymbol{x})$ の勾配 $\nabla\phi(\boldsymbol{x})$ が

$$\nabla\phi(\boldsymbol{x}) = A\boldsymbol{x} - \boldsymbol{b} = -\boldsymbol{r} \tag{4.3}$$

となることが分かる．既に述べたように，$\boldsymbol{r} = \boldsymbol{b} - A\boldsymbol{x}$ は，一般に，$\boldsymbol{x}$ の残差と呼ばれる量である．式(4.3)は，$\phi(\boldsymbol{x})$ の停留点が残差を0にすること，したがって，$\phi(\boldsymbol{x})$ の最小化が解 $\boldsymbol{x}^*$ を与えることを示している．

近似解の列 $\boldsymbol{x}_0$, $\boldsymbol{x}_1$, $\boldsymbol{x}_2$, $\cdots$ の作り方は，適当な初期ベクトル $\boldsymbol{x}_0$ から始めて，$k = 0, 1, 2, \cdots$ に対して，適当に定めた**探索方向**の最小化から**ステップサイズ** α_k を定めていく．これを**逐次最小化法**と呼ぶ．

逐次最小化法の第 k 段

〈1〉　探索方向ベクトル $\boldsymbol{p}_k \neq \boldsymbol{0}$ を定める．

〈2〉　$\phi(\boldsymbol{x}_k + \alpha\boldsymbol{p}_k)$ を最小にする α を α_k として，
　　$\boldsymbol{x}_{k+1} = \boldsymbol{x}_k + \alpha_k\boldsymbol{p}_k$ とする．

近似解 $\boldsymbol{x}_k$ の残差を

$$\boldsymbol{r}_k = \boldsymbol{b} - A\boldsymbol{x}_k \tag{4.4}$$

とすると，この算法の〈2〉において最小化すべき関数は

$$\phi(\boldsymbol{x}_k + \alpha \boldsymbol{p}_k) = \phi(\boldsymbol{x}_k) - \alpha(\boldsymbol{r}_k, \boldsymbol{p}_k) + \frac{\alpha^2}{2}(\boldsymbol{p}_k, A\boldsymbol{p}_k) \tag{4.5}$$

のような2次関数であり，これを最小化する $\alpha = \alpha_k$ は

$$\alpha_k = \frac{(\boldsymbol{r}_k, \boldsymbol{p}_k)}{(\boldsymbol{p}_k, A\boldsymbol{p}_k)} \tag{4.6}$$

と与えられる．

探索方向ベクトル $\boldsymbol{p}_k$ の定め方はいろいろ考えられるが，関数値 $\phi(\boldsymbol{x})$ を減らすのが目的であるから，$\phi(\boldsymbol{x})$ の $\boldsymbol{x} = \boldsymbol{x}_k$ での**最急降下方向** $\boldsymbol{s}_k = -\nabla\phi(\boldsymbol{x}_k)$ を $\boldsymbol{p}_k$ に選ぶのが素朴な発想であろう．式(4.3)より

$$\boldsymbol{s}_k = -\nabla\phi(\boldsymbol{x}_k) = \boldsymbol{r}_k \tag{4.7}$$

である．探索方向 $\boldsymbol{p}_k$ をこのように選んだ逐次最小化法は**最急降下法**と呼ばれる．このとき，A の2ノルムに関する条件数(1.22)を κ として

$$\phi(\boldsymbol{x}_{k+1}) \leqq \left(\frac{\kappa - 1}{\kappa + 1}\right)^2 \phi(\boldsymbol{x}_k) \tag{4.8}$$

が成り立つ(→問題4.1)ので，近似解列 $\boldsymbol{x}_k$ は $\boldsymbol{x}^*$ に収束する．

2次元問題($n = 2$)に対する最急降下法の振舞いの一例を図4.1に示す．この図からも分かるように，$\phi(\boldsymbol{x})$ の等高線を表す楕円が細長い場合(条件数 κ が大きい場合)には $\boldsymbol{x}_k$ が $\boldsymbol{x}^*$ になかなか近づかない．一般の n 次元問題においても，最急降下法の誤差は，A の最大・最小固有値に対応する固有ベクトルの張る2次元部分空間(**Stiefel の鳥かご**と呼ばれる)に漸近し，図4.1と同様の状況が生じることが知られている(→問題4.2)．したがって，A の条件数 κ が大きい場合には最急降下法は実用的でない．

共役方向法

一般の逐次最小化法において，$\boldsymbol{x}_k$ はアフィン部分空間

$$S_k = \boldsymbol{x}_0 + \mathrm{span}(\boldsymbol{p}_0, \boldsymbol{p}_1, \cdots, \boldsymbol{p}_{k-1}) \tag{4.9}$$

に属しているが，$\boldsymbol{x}_k$ は S_k 上で $\phi(\boldsymbol{x})$ を最小化するであろうか．一般には，1次元の最小化問題を繰り返し解いても S_k 上での最小化は実現できないので，

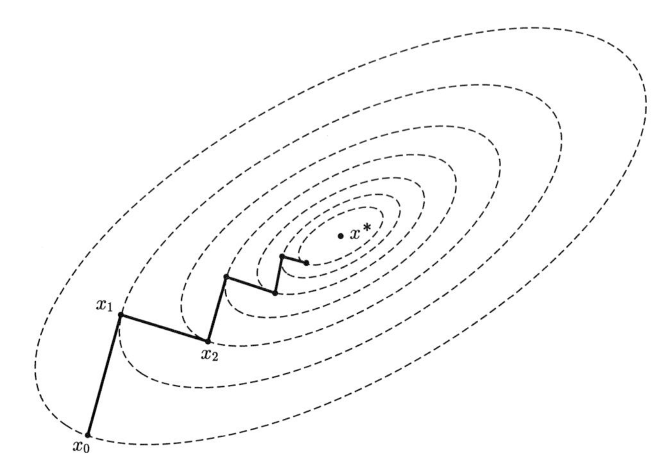

図 4.1　最急降下法の振舞い(楕円は $\phi(\boldsymbol{x})$ の等高線).

これは成り立たない(図 4.1 の最急降下法を参照のこと)．しかし，次の定理 4.1 に述べるように，探索方向ベクトル $\boldsymbol{p}_0, \boldsymbol{p}_1, \cdots, \boldsymbol{p}_{k-1}$ が条件(4.10)を満たすようにうまく選ばれていれば，$\boldsymbol{x}_k$ によって S_k 上での最小化が実現されることになる．

定理 4.1　行列 A が正定値対称として，逐次最小化法の第 $k-1$ 段の終了時点を考える．$\boldsymbol{p}_j \neq \boldsymbol{0}$ $(j=0,1,\cdots,k-1)$ かつ

$$(\boldsymbol{p}_i, A\boldsymbol{p}_j) = 0 \qquad (0 \leqq i < j \leqq k-1) \tag{4.10}$$

ならば，以下のことが成り立つ．

(1) $\boldsymbol{p}_0, \boldsymbol{p}_1, \cdots, \boldsymbol{p}_{k-1}$ は 1 次独立である．したがって，$\dim S_k = k$.

(2) $j=0,1,\cdots,k-1$ に対して，S_{j+1} に属する任意の $\boldsymbol{x}$ を $\boldsymbol{x} = \hat{\boldsymbol{x}} + \alpha \boldsymbol{p}_j$ $(\hat{\boldsymbol{x}} \in S_j)$ と表すとき，目的関数 $\phi(\boldsymbol{x})$ は

$$\phi(\boldsymbol{x}) = \phi(\hat{\boldsymbol{x}}) + \psi(\alpha \boldsymbol{p}_j) \tag{4.11}$$

の形に分離される．ただし，$\boldsymbol{r}_0 = \boldsymbol{b} - A\boldsymbol{x}_0$ として

$$\psi(\boldsymbol{p}) = \frac{1}{2}(\boldsymbol{p}, A\boldsymbol{p}) - (\boldsymbol{r}_0, \boldsymbol{p}) \tag{4.12}$$

である．

(3) $\boldsymbol{x}_k$ は S_k 上で目的関数 $\phi(\boldsymbol{x})$ を最小化する：

$$\phi(\boldsymbol{x}_k) = \min_{\boldsymbol{x} \in S_k} \phi(\boldsymbol{x}). \tag{4.13}$$

(4) 残差はそれまでの探索方向ベクトルと直交する：

$$(\boldsymbol{r}_k, \boldsymbol{p}_j) = 0 \qquad (j = 0, 1, \cdots, k-1). \tag{4.14}$$
□

[証明]　(1) 仮定(4.10)と A の正定値性による.

(2) 式(4.5)と同様に計算して $\boldsymbol{b} = \boldsymbol{r}_0 + A\boldsymbol{x}_0$ を用いると

$$\begin{aligned}\phi(\boldsymbol{x}) &= \phi(\hat{\boldsymbol{x}}) + \frac{\alpha^2}{2}(\boldsymbol{p}_j, A\boldsymbol{p}_j) - \alpha(\boldsymbol{b} - A\hat{\boldsymbol{x}}, \boldsymbol{p}_j) \\ &= \phi(\hat{\boldsymbol{x}}) + \psi(\alpha\boldsymbol{p}_j) + \alpha(\hat{\boldsymbol{x}} - \boldsymbol{x}_0, A\boldsymbol{p}_j)\end{aligned}$$

となるが，最後の項は $\hat{\boldsymbol{x}} - \boldsymbol{x}_0 \in \mathrm{span}(\boldsymbol{p}_0, \boldsymbol{p}_1, \cdots, \boldsymbol{p}_{j-1})$ と仮定(4.10)により 0 になる.

(3) $\phi(\boldsymbol{x}_j) = \min_{\boldsymbol{x} \in S_j} \phi(\boldsymbol{x})$ $(0 \leqq j \leqq k)$ であることを j に関する帰納法で証明する. $\min_{\hat{\boldsymbol{x}} \in S_j} \phi(\hat{\boldsymbol{x}}) = \phi(\boldsymbol{x}_j)$ を仮定するとき，(2)に示した $\phi(\boldsymbol{x})$ の分離性により，$j+1$ の場合が次のように示される：

$$\begin{aligned}\min_{\boldsymbol{x} \in S_{j+1}} \phi(\boldsymbol{x}) &= \min_{\hat{\boldsymbol{x}} \in S_j} \min_{\alpha \in \mathbb{R}} (\phi(\hat{\boldsymbol{x}}) + \psi(\alpha\boldsymbol{p}_j)) \\ &= \min_{\hat{\boldsymbol{x}} \in S_j} \phi(\hat{\boldsymbol{x}}) + \min_{\alpha \in \mathbb{R}} \psi(\alpha\boldsymbol{p}_j) = \phi(\boldsymbol{x}_j) + \min_{\alpha \in \mathbb{R}} \psi(\alpha\boldsymbol{p}_j) \\ &= \min_{\alpha \in \mathbb{R}} \phi(\boldsymbol{x}_j + \alpha\boldsymbol{p}_j) = \phi(\boldsymbol{x}_{j+1}).\end{aligned}$$

(4) (3)より，$\nabla\phi(\boldsymbol{x}_k) = -\boldsymbol{r}_k$ (式(4.3))は $S_k - \boldsymbol{x}_0 = \mathrm{span}(\boldsymbol{p}_0, \boldsymbol{p}_1, \cdots, \boldsymbol{p}_{k-1})$ と直交するので，式(4.14)が成り立つ. ■

定理 4.1 に述べた性質(4.10)は，$\boldsymbol{p}_0, \boldsymbol{p}_1, \cdots, \boldsymbol{p}_{k-1}$ の **A 共役性**と呼ばれる[*3]. また，このような探索方向ベクトルを用いた逐次最小化法は，**共役方向法**(**CD 法**[*4])と呼ばれる [58]. 定理 4.1(1)，(3)から次のことが分かる.

定理 4.2　行列 A が正定値対称とすると，共役方向法において，ある $k \leqq$

---

*3　定理 4.1(2)の証明は，探索方向の A 共役性が目的関数 $\phi(\boldsymbol{x})$ の分離性(4.11)とほとんど同等であることを示している.

*4　CD = Conjugate Direction.

n に対して $\boldsymbol{x}_k = \boldsymbol{x}^*$ となる．すなわち，有限回の逐次最小化によって大域的最小化が達成される． □

共役勾配法

共役方向の選び方はいろいろ考えられるが，関数値 $\phi(\boldsymbol{x})$ を減らすのが目的であるから，$\phi(\boldsymbol{x})$ の最急降下方向 $\boldsymbol{s}_k = \boldsymbol{r}_k$ (→式(4.7))をもとにして A 共役な探索方向 $\boldsymbol{p}_k$ を作ってみよう．まず，$\boldsymbol{p}_0$ は $\boldsymbol{r}_0$ に等しくとればよい．$k \geqq 1$ に対しては，$\boldsymbol{r}_k$ から $\boldsymbol{p}_j\,(j=0,1,\cdots,k-1)$ 方向の成分を引いて A 共役化すればよいので，

$$\boldsymbol{p}_k = \boldsymbol{r}_k - \sum_{j=0}^{k-1} \frac{(\boldsymbol{r}_k, A\boldsymbol{p}_j)}{(\boldsymbol{p}_j, A\boldsymbol{p}_j)} \boldsymbol{p}_j \tag{4.15}$$

と定める．これは Gram-Schmidt の直交化法(第 6.2.1 節)と本質的に同じである．

補題 4.3　行列 A を正定値対称とする．式(4.15)によって $\boldsymbol{p}_0, \boldsymbol{p}_1, \cdots$ を定義していくとき，$\boldsymbol{p}_j \neq \boldsymbol{0}$ $(j=0,1,\cdots,k-1)$ であるとする(このとき，$\boldsymbol{p}_k$ の定義式に現れる分母 $\neq 0$ であり，$\boldsymbol{p}_k$ が定義される)．

(1) 式(4.10)の A 共役性が成り立つ．

(2) $\boldsymbol{p}_k \neq \boldsymbol{0}$ と $\boldsymbol{r}_k \neq \boldsymbol{0}$ は同値であり，$\boldsymbol{r}_k \neq \boldsymbol{0}$ のとき $\alpha_k \neq 0$ である． □

[証明]　(1) 明らか．(2) $\boldsymbol{p}_k = \boldsymbol{0}$ ならば $\boldsymbol{r}_k \in \mathrm{span}(\boldsymbol{p}_0, \boldsymbol{p}_1, \cdots, \boldsymbol{p}_{k-1})$ であるが，一方，式(4.14)より $(\boldsymbol{r}_k, \boldsymbol{p}_j) = 0$ $(j \leqq k-1)$ だから，$\boldsymbol{r}_k = \boldsymbol{0}$．逆は明らか．$\boldsymbol{r}_k \neq \boldsymbol{0}$ のとき $(\boldsymbol{r}_k, \boldsymbol{p}_k) = (\boldsymbol{r}_k, \boldsymbol{r}_k) \neq 0$ より $\alpha_k \neq 0$． ■

上の補題の意味するところは，漸化式(4.15)によって共役方向法が実現され，残差が零でない(すなわち，解 $\boldsymbol{x}^*$ に到達していない)限り，次の段に進めるということである．

一般に，ベクトル $\boldsymbol{y}$ に行列 A のべき乗を掛けて生成される列 $\boldsymbol{y}$, $A\boldsymbol{y}$, $A^2\boldsymbol{y}$, … を **Krylov 列**と呼び，その最初の k 個のベクトルの張る部分空間

$$\mathcal{K}_k(A, \boldsymbol{y}) = \mathrm{span}(\boldsymbol{y}, A\boldsymbol{y}, \cdots, A^{k-1}\boldsymbol{y}) \tag{4.16}$$

を(A によって $\boldsymbol{y}$ から生成される)k 次 **Krylov 部分空間**という(→第 4.3 節)．

次の補題は，初期残差 $\boldsymbol{r}_0$ から生成される Krylov 部分空間が探索方向 $\boldsymbol{p}_k$ の張る部分空間に一致することと，式(4.15)の右辺の和 $\sum_{j=0}^{k-1}$ において $j \neq k-1$ の項は消えてしまうことを示している．

補題 4.4　補題 4.3 と同じ仮定の下で，以下のことが成り立つ：

$$(4.17) \quad \mathrm{span}(\boldsymbol{p}_0, \boldsymbol{p}_1, \cdots, \boldsymbol{p}_k) = \mathrm{span}(\boldsymbol{r}_0, \boldsymbol{r}_1, \cdots, \boldsymbol{r}_k) = \mathcal{K}_{k+1}(A, \boldsymbol{r}_0);$$

$$(4.18) \quad \boldsymbol{p}_k = \boldsymbol{r}_k + \beta_{k-1}\boldsymbol{p}_{k-1}, \qquad \beta_{k-1} = -\frac{(\boldsymbol{r}_k, A\boldsymbol{p}_{k-1})}{(\boldsymbol{p}_{k-1}, A\boldsymbol{p}_{k-1})}. \qquad \square$$

［証明］　式(4.17)の第 1 の等式は，式(4.15)から明らかである．第 2 の等式は k に関する帰納法による．実際，

$$\boldsymbol{r}_k = (-1)^k (\alpha_0\alpha_1 \cdots \alpha_{k-1}) A^k \boldsymbol{r}_0 + \hat{\boldsymbol{r}}_{k-1},$$

$$\hat{\boldsymbol{r}}_{k-1} = (A \text{ の } k-1 \text{ 次多項式}) \boldsymbol{r}_0 \in \mathcal{K}_k(A, \boldsymbol{r}_0) = \mathrm{span}(\boldsymbol{r}_0, \boldsymbol{r}_1, \cdots, \boldsymbol{r}_{k-1})$$

と表現されるので $\boldsymbol{r}_k \in \mathcal{K}_{k+1}(A, \boldsymbol{r}_0)$ であり，逆に，$\alpha_0\alpha_1 \cdots \alpha_{k-1} \neq 0$ (→補題 4.3(2))により $A^k \boldsymbol{r}_0 \in \mathrm{span}(\boldsymbol{r}_0, \boldsymbol{r}_1, \cdots, \boldsymbol{r}_k)$ である．

式(4.18)を示すには，式(4.15)において $j \leqq k-2$ に対して $(\boldsymbol{r}_k, A\boldsymbol{p}_j) = 0$ であることを示せばよい．$j \leqq k-2$ とすると，式(4.17)により $\boldsymbol{p}_j \in \mathcal{K}_{j+1}(A, \boldsymbol{r}_0)$ であり，したがって，$A\boldsymbol{p}_j \in \mathcal{K}_{j+2}(A, \boldsymbol{r}_0) \subseteq \mathcal{K}_k(A, \boldsymbol{r}_0) = \mathrm{span}(\boldsymbol{p}_0, \boldsymbol{p}_1, \cdots, \boldsymbol{p}_{k-1})$ である．これと式(4.14)より，$(\boldsymbol{r}_k, A\boldsymbol{p}_j) = 0$ となる．■

以上のようにして導かれる算法が**共役勾配法**(**CG 法**[*5])である．すなわち，目的関数(4.5)に対して式(4.17)を満たすような探索方向を選んだ共役方向法が共役勾配法である．

共役勾配法の計算手順をまとめると次のようになる．普通は，共役勾配法を反復法として用いるので，$\varepsilon > 0$ を適当に定めて，残差の大きさ $\|\boldsymbol{r}_k\|$ が $\varepsilon\|\boldsymbol{b}\|$ 以下になったら終了する．

*5　CG = Conjugate Gradient.

共役勾配法(CG 法)

初期ベクトル $\boldsymbol{x}_0$ をとる; $\boldsymbol{r}_0 := \boldsymbol{b} - A\boldsymbol{x}_0$; $\boldsymbol{p}_0 := \boldsymbol{r}_0$;

for $k := 0, 1, 2, \cdots$ **until** $\|\boldsymbol{r}_k\| \leqq \varepsilon \|\boldsymbol{b}\|$ **do**

begin

$$\alpha_k := \frac{(\boldsymbol{r}_k, \boldsymbol{p}_k)}{(\boldsymbol{p}_k, A\boldsymbol{p}_k)};$$

$$\boldsymbol{x}_{k+1} := \boldsymbol{x}_k + \alpha_k \boldsymbol{p}_k; \quad \boldsymbol{r}_{k+1} := \boldsymbol{r}_k - \alpha_k A\boldsymbol{p}_k;$$

$$\beta_k := -\frac{(\boldsymbol{r}_{k+1}, A\boldsymbol{p}_k)}{(\boldsymbol{p}_k, A\boldsymbol{p}_k)};$$

$$\boldsymbol{p}_{k+1} := \boldsymbol{r}_{k+1} + \beta_k \boldsymbol{p}_k$$

end

上の算法で必要な計算は，行列とベクトルの積，ベクトルの内積，ベクトルのスカラー倍，ベクトルの和などの形をしているので，係数行列 A の疎性を利用しやすく，さらに，ベクトル計算機や並列計算機に馴染みやすい．補助ベクトル $\boldsymbol{q} = A\boldsymbol{p}_k$ を用いることにすると，計算に必要な領域は，大きさ n の1次元配列が4つ(と行列 A のための領域)である．計算量は，反復1回あたり(すなわち，各 k に対して)，行列・ベクトル積が1回，ベクトルの内積，ベクトル・スカラー積，ベクトルの和がそれぞれ3回である．なお，後述(→第4.1.3節)のPCG法の算法 [実用版] と同様の工夫によって，ベクトルの内積を2回にすることができる．

注意 4.5　上の算法は，正定値対称行列を念頭において導出されたが，正定値でない対称行列に対しても一応は適用可能である．ただし，このときには，($\boldsymbol{r}_k \neq \boldsymbol{0}$ であるにもかかわらず) α_k や β_k の計算の際に分母が0になって**破綻**(breakdown)をきたす可能性があるし，目的関数の最小化という解釈もできない．しかし，各種の直交性は成り立つので，破綻しないうちは，$\boldsymbol{x}_k$ はアフィン部分空間 S_k の上で目的関数 $\phi(\boldsymbol{x})$ の停留値を与えている(定理4.1(3))．なお，補題4.3(2)は，正定値行列ならば破綻が起きないことを示している．

4.1.2　収束性

正定値対称行列に対する共役勾配法は共役方向法の一種であるから，反復法的性格と直接法的性格を併せもっており，(丸め誤差がなければ)目的関数

の値 $\phi(\boldsymbol{x}_k)$ は単調に減少して，有限の $k \leqq n$ に対して $\phi(\boldsymbol{x}_k)=0$ となる(→定理 4.2，補題 4.3)．以下において，その様子をより詳しく定量的に解析しよう．ただし，実際には，丸め誤差の影響を強く受けて式(4.10)の性質が保たれなくなるので，理論通りの挙動は実現されないことにも注意する必要がある[95], [96].

正定値対称行列 A の相異なる固有値 $\lambda_i>0$ の個数を n^* とし，初期誤差ベクトル $\boldsymbol{x}_0-\boldsymbol{x}^*$ を A の固有ベクトル $\boldsymbol{z}_i$ を用いて

$$\boldsymbol{x}_0-\boldsymbol{x}^*=\sum_{i=1}^{n^*} c_i\boldsymbol{z}_i \tag{4.19}$$

と展開する[*6]．ここで，$A\boldsymbol{z}_i=\lambda_i\boldsymbol{z}_i$, $(\boldsymbol{z}_i,\boldsymbol{z}_i)=1$ とする．このとき，$i\neq j$ に対して $(\boldsymbol{z}_i,\boldsymbol{z}_j)=0$ が成り立っているので，$c_i\boldsymbol{z}_i$ は $\boldsymbol{x}_0-\boldsymbol{x}^*$ を λ_i に対応する固有空間に直交射影したものに一致している．

この展開式(4.19)を用いて，定理 4.1(3)に示した最小性

$$\phi(\boldsymbol{x}_k)=\min_{\boldsymbol{x}\in S_k}\phi(\boldsymbol{x})$$

を使いやすい形に書き換えておく．ただし，式(4.20)で $\mathcal{P}_k$ は k 次以下の実係数多項式の全体を表す．

補題 4.6 正定値対称行列 A に対する共役勾配法において，

$$\phi(\boldsymbol{x}_k)=\frac{1}{2}\min_{R\in\mathcal{P}_k,\,R(0)=1}\ \sum_{i=1}^{n^*}|c_i|^2\lambda_i|R(\lambda_i)|^2. \tag{4.20}$$

□

[証明] 補題 4.4 の式(4.17)により，$\boldsymbol{x}\in S_k$ であることは，λ の $k-1$ 次以下の多項式 $Q(\lambda)$ を用いて $\boldsymbol{x}-\boldsymbol{x}_0=Q(A)\boldsymbol{r}_0$ と書けることと同等である．このとき，$A(\boldsymbol{x}^*-\boldsymbol{x}_0)=\boldsymbol{r}_0$ により，

$$\boldsymbol{x}-\boldsymbol{x}^*=(\boldsymbol{x}-\boldsymbol{x}_0)-(\boldsymbol{x}^*-\boldsymbol{x}_0)=(I-AQ(A))(\boldsymbol{x}_0-\boldsymbol{x}^*)$$

と表現されるので，$1-\lambda Q(\lambda)=R(\lambda)$ とおけば，$R(\lambda)$ は $R(0)=1$ を満たす k 次以下の多項式である．したがって，

---

*6 n^* は A の最小多項式の次数 $d(A)$ に等しい．なお，A の**最小多項式**とは，$P(A)=O$ を満たす多項式 $P(\lambda)$ の中で次数が最小のもののことである．

$$\boldsymbol{x} \in S_k \iff \boldsymbol{x} - \boldsymbol{x}^* = R(A)(\boldsymbol{x}_0 - \boldsymbol{x}^*) \quad (\exists R \in \mathcal{P}_k,\ R(0) = 1).$$

ゆえに，$\boldsymbol{x} \in S_k$ のとき，

$$\phi(\boldsymbol{x}) = \frac{1}{2}\left(R(A)\sum_{i=1}^{n^*} c_i \boldsymbol{z}_i, AR(A)\sum_{i=1}^{n^*} c_i \boldsymbol{z}_i\right) = \frac{1}{2}\sum_{i=1}^{n^*} |c_i|^2 \lambda_i |R(\lambda_i)|^2 \tag{4.21}$$

であり，$\phi(\boldsymbol{x}_k)$ の最小性(定理 4.1)により式(4.20)が示される．■

式(4.19)における展開係数 c_i のうち 0 でないものの個数を $\overline{n}$ とすると，当然，$\overline{n} \leqq n^* \leqq n$ であるが，この $\overline{n}$ が共役勾配法の(直接法としての)終了時点を与える．n^* が行列 A で決まるのに対し，$\overline{n}$ は初期ベクトル $\boldsymbol{x}_0$ にも依存することに注意されたい[*7]．

定理 4.7　正定値対称行列 A に対する共役勾配法の算法は $k = \overline{n}$ で終了し，$\boldsymbol{x}_{\overline{n}} = \boldsymbol{x}^*$ である．□

［証明］　$c_i \neq 0$ である λ_i に対して $R(\lambda_i) = 0$ となり，かつ $R(0) = 1$ であるような k 次以下の多項式 $R \in \mathcal{P}_k$ が存在するためには，$k \geqq \overline{n}$ であることが必要十分である．したがって，補題 4.6 により，$\phi(\boldsymbol{x}_k) > 0$ $(k < \overline{n})$, $\phi(\boldsymbol{x}_{\overline{n}}) = 0$ が成り立つ．一方，式(4.1)より $\phi(\boldsymbol{x}_k) = \dfrac{1}{2}(\boldsymbol{r}_k, A^{-1}\boldsymbol{r}_k)$ であるから，$\boldsymbol{r}_k \neq \boldsymbol{0}$ $(k < \overline{n})$, $\boldsymbol{r}_{\overline{n}} = \boldsymbol{0}$ が成り立つ．■

次に，目的関数 $\phi(\boldsymbol{x})$ の減少に関する定量的な評価を与えよう．

定理 4.8　正定値対称行列 A に対する共役勾配法において，

$$\begin{aligned}\phi(\boldsymbol{x}_k) &\leqq \phi(\boldsymbol{x}_0)\cdot\left(\min_{R \in \mathcal{P}_k,\, R(0)=1}\ \max_{1 \leqq i \leqq n^*} |R(\lambda_i)|\right)^2 \\ &\leqq \phi(\boldsymbol{x}_0) \Big/ \left(T_k\left(\frac{\kappa+1}{\kappa-1}\right)\right)^2 \\ &\leqq \phi(\boldsymbol{x}_0)\cdot 4\left(\frac{\sqrt{\kappa}-1}{\sqrt{\kappa}+1}\right)^{2k}\end{aligned} \tag{4.22}$$

---

*7　$\overline{n}$ は $\boldsymbol{r}_0$ の A に関する最小消去多項式の次数 $d(A, \boldsymbol{r}_0)$ に等しい(→問題 4.8)．なお，**最小消去多項式**とは，$P(A)\boldsymbol{r}_0 = \boldsymbol{0}$ を満たす多項式 $P(\lambda)$ の中で次数が最小のもののことである．

が成り立つ．ただし，κ は A の 2 ノルムに関する条件数(1.22)を，$T_k(t)$ は k 次の Chebyshev 多項式(3.49)を表す．□

［証明］　補題 4.6 より，$R \in \mathcal{P}_k$, $R(0) = 1$ のとき

$$\phi(\boldsymbol{x}_k) \leqq \left(\frac{1}{2}\sum_{i=1}^{n^*}|c_i|^2\lambda_i\right)\max_{1\leqq i\leqq n^*}|R(\lambda_i)|^2 = \phi(\boldsymbol{x}_0)\max_{1\leqq i\leqq n^*}|R(\lambda_i)|^2$$

となる．これより式(4.22)の最初の不等式が分かる．さらに，A の最大固有値，最小固有値を $\lambda_{\max}$, $\lambda_{\min}$ として，

$$\min_{R\in\mathcal{P}_k,\,R(0)=1}\ \max_{1\leqq i\leqq n^*}|R(\lambda_i)| \leqq \min_{R\in\mathcal{P}_k,\,R(0)=1}\ \max_{\lambda\in[\lambda_{\min},\lambda_{\max}]}|R(\lambda)|$$

と評価し，$\kappa = \lambda_{\max}/\lambda_{\min}$ に注意して，第 3.5.1 節の定理 3.17 を用いればよい($\alpha = \lambda_{\min}$, $\beta = \lambda_{\max}$, $\chi = 0$ とおく)．■

上の評価式(4.22)を最急降下法に関する式(4.8)と比べると，共役勾配法の方が速く収束することが窺がえる(任意の $\kappa \geqq 1$ に対して $\dfrac{\kappa-1}{\kappa+1} \geqq \dfrac{\sqrt{\kappa}-1}{\sqrt{\kappa}+1}$ であることに注意)．

以上，係数行列 A は正定値対称行列であると仮定してきたが，A が一般の計量に関する正定値の自己随伴行列の場合にも共役勾配法はそのまま拡張される(→第 4.4 節)．

注意 4.9　いままで目的関数 $\phi(\boldsymbol{x})$ の減少を議論してきたが，誤差のノルム $\|\boldsymbol{x}_k - \boldsymbol{x}^*\|$ も単調に減少することを示すことができる(→問題 4.5)．しかし，残差のノルム $\|\boldsymbol{r}_k\|$ は単調に減少するとは限らない．

4.1.3　前処理

適当な正則行列 C により，解くべき方程式 $A\boldsymbol{x} = \boldsymbol{b}$ を

$$(C^{-1}AC^{-\mathsf{T}})(C^{\mathsf{T}}\boldsymbol{x}) = (C^{-1}\boldsymbol{b}) \tag{4.23}$$

と変形し，この方程式に共役勾配法を適用することによって，より効率的に近似解を求められる可能性がある．このような解法は，**前処理付き共役勾配法**

(**PCG 法**[*8])と呼ばれ，1980年代以降，偏微分方程式の離散近似で得られる大規模連立1次方程式の解法として使用されてきた．行列 C は**前処理行列**と呼ばれるが，これの選び方は多分に問題に依存しており，それぞれの応用分野で経験が蓄積されてきている[47], [54], [60], [63], [67], [76].

方程式(4.23)で

$$\tilde{A} = C^{-1}AC^{-\mathsf{T}}, \quad \tilde{\boldsymbol{x}} = C^{\mathsf{T}}\boldsymbol{x}, \quad \tilde{\boldsymbol{b}} = C^{-1}\boldsymbol{b}$$

とおく．A が正定値対称行列ならば $\tilde{A}$ も正定値対称であることに注意して，$\tilde{A}\tilde{\boldsymbol{x}} = \tilde{\boldsymbol{b}}$ に共役勾配法の算法を適用すると，例えば，

$$\tilde{\boldsymbol{x}}_{k+1} := \tilde{\boldsymbol{x}}_k + \alpha_k \tilde{\boldsymbol{p}}_k, \quad \tilde{\boldsymbol{p}}_{k+1} := \tilde{\boldsymbol{r}}_{k+1} + \beta_k \tilde{\boldsymbol{p}}_k$$

などの式が現れるが，$\tilde{\boldsymbol{r}}_k = C^{-1}\boldsymbol{r}_k$, $\tilde{\boldsymbol{p}}_k = C^{\mathsf{T}}\boldsymbol{p}_k$ とおけば，これらは

$$\boldsymbol{x}_{k+1} := \boldsymbol{x}_k + \alpha_k \boldsymbol{p}_k, \quad \boldsymbol{p}_{k+1} := (CC^{\mathsf{T}})^{-1}\boldsymbol{r}_{k+1} + \beta_k \boldsymbol{p}_k$$

のように書き直せる．このような書換えによって，次の算法が得られる．

前処理付き共役勾配法(PCG 法)[原型]

初期ベクトル $\boldsymbol{x}_0$ をとる; $\boldsymbol{r}_0 := \boldsymbol{b} - A\boldsymbol{x}_0$;　$\boldsymbol{p}_0 := (CC^{\mathsf{T}})^{-1}\boldsymbol{r}_0$;

for $k := 0, 1, 2, \cdots$ **until** $\|\boldsymbol{r}_k\| \leqq \varepsilon\|\boldsymbol{b}\|$ **do**

　begin

　　$\alpha_k := \dfrac{(\boldsymbol{r}_k, \boldsymbol{p}_k)}{(\boldsymbol{p}_k, A\boldsymbol{p}_k)}$;

　　$\boldsymbol{x}_{k+1} := \boldsymbol{x}_k + \alpha_k \boldsymbol{p}_k$;　$\boldsymbol{r}_{k+1} := \boldsymbol{r}_k - \alpha_k A\boldsymbol{p}_k$;

　　$\beta_k := -\dfrac{((CC^{\mathsf{T}})^{-1}\boldsymbol{r}_{k+1}, A\boldsymbol{p}_k)}{(\boldsymbol{p}_k, A\boldsymbol{p}_k)}$;

　　$\boldsymbol{p}_{k+1} := (CC^{\mathsf{T}})^{-1}\boldsymbol{r}_{k+1} + \beta_k \boldsymbol{p}_k$

　end

上の算法において，$\boldsymbol{v} = (CC^{\mathsf{T}})^{-1}\boldsymbol{r}_{k+1}$ などの部分は，行列 CC^{T} やその逆行列を作るのではなく，$\boldsymbol{v} = C^{-\mathsf{T}}(C^{-1}\boldsymbol{r}_{k+1})$ の形と考え，まず方程式 $C\boldsymbol{u} =$

---

*8　PCG = Preconditioned Conjugate Gradient.

$\boldsymbol{r}_{k+1}$ を解いて $\boldsymbol{u}$ を定め，引き続いて方程式 $C^{\mathsf{T}}\boldsymbol{v}=\boldsymbol{u}$ を解いて $\boldsymbol{v}$ を定める．したがって，前処理行列 C としては，これらの方程式が解き易いようなものが計算量の観点から好都合である．例えば，疎な三角行列などがよい．

一方，収束性の観点からは，CC^{T} が A に近いのがよい．なぜなら，このとき，行列 $\tilde{A}$ の固有値 $\tilde{\lambda}_i$ がすべて 1 の近くに集まるので，補題 4.6 によれば，小さい k に対しても $\phi(\tilde{\boldsymbol{x}}_k)$ が小さくなるからである．

現状では，前処理行列の取り方に決定版はなく，計算量と収束性の両方の観点から，個々の問題に応じて経験的に行われている．比較的一般性のある手法として，**不完全 Cholesky 分解**に基づくものがある[108]．これは，予め指定した零/非零パターンをもつ下三角行列 C を用いて $A\approx CC^{\mathsf{T}}$ と近似する方法で，Cholesky 分解の過程において，予め指定した (i,j) に対しては $c_{ij}=0$ とおくことで $C=(c_{ij})$ を定めるものである．詳しくは，注意 4.10 に述べる．

PCG 法の実際の計算は，α_k, β_k が

$$\alpha_k=\frac{((CC^{\mathsf{T}})^{-1}\boldsymbol{r}_k,\boldsymbol{r}_k)}{(\boldsymbol{p}_k,A\boldsymbol{p}_k)},\qquad \beta_k=\frac{((CC^{\mathsf{T}})^{-1}\boldsymbol{r}_{k+1},\boldsymbol{r}_{k+1})}{((CC^{\mathsf{T}})^{-1}\boldsymbol{r}_k,\boldsymbol{r}_k)}$$

のように書けること(→問題 4.4)を利用して，補助ベクトル $\boldsymbol{q}$ を用いて次のようにする．なお，変数 $\boldsymbol{x}_k$, $\boldsymbol{p}_k$, $\boldsymbol{r}_k$, α_k, β_k は上書きできるので記憶領域に添え字 k は不要である．

前処理付き共役勾配法(PCG 法)[実用版]

初期ベクトル $\boldsymbol{x}$ をとる;

$\boldsymbol{r}:=\boldsymbol{b}-A\boldsymbol{x};\quad \boldsymbol{p}:=(CC^{\mathsf{T}})^{-1}\boldsymbol{r};\quad \rho:=(\boldsymbol{r},\boldsymbol{p});$

for $k:=0,1,2,\cdots$ **until** $\|\boldsymbol{r}\|\leqq\varepsilon\|\boldsymbol{b}\|$ **do**

  begin

    $\boldsymbol{q}:=A\boldsymbol{p};\quad \gamma:=(\boldsymbol{p},\boldsymbol{q});\quad \alpha:=\rho/\gamma;$

    $\boldsymbol{x}:=\boldsymbol{x}+\alpha\boldsymbol{p};\quad \boldsymbol{r}:=\boldsymbol{r}-\alpha\boldsymbol{q};$

    $\boldsymbol{q}:=(CC^{\mathsf{T}})^{-1}\boldsymbol{r};\quad \mu:=(\boldsymbol{q},\boldsymbol{r});\quad \beta:=\mu/\rho;\quad \rho:=\mu;$

    $\boldsymbol{p}:=\boldsymbol{q}+\beta\boldsymbol{p}$

  end

この実用版の反復１回あたりの計算量は，行列・ベクトル積が１回，ベクトルの内積が２回，ベクトル・スカラー積が３回，ベクトルの和が３回，および $(CC^{\top})^{-1}\boldsymbol{r}$ の計算が１回である．

注意 4.10　不完全 Cholesky 分解について，少し詳しく述べておく．C の下三角部分のうち $c_{ij}=0$ とすべく予め指定した (i,j)（ただし $i>j$）の集合を Z とするとき，不完全 Cholesky 分解の算法は次のように記述できる．２次元配列 $a[\cdot,\cdot]$ の下三角部分のみを用いており，最終的に $c_{ij}=a[i,j]$ $(i\geqq j)$ となる．なお，$Z=\emptyset$ の場合が，通常の Cholesky 分解にあたる．

不完全 Cholesky 分解

```
for k := 1 to n do
  begin
    a[k,k] := √a[k,k];   w := 1/a[k,k];
    for i := k+1 to n do
      if (i,k) ∈ Z then a[i,k] := 0 else a[i,k] := a[i,k]·w;
    for j := k+1 to n do
      if (j,k) ∉ Z then for i := j to n do
        if ((i,j) ∉ Z ∧ (i,k) ∉ Z) then a[i,j] := a[i,j] − a[i,k]·a[j,k]
  end
```

上の算法の導出法は，Cholesky 分解（第 2.2.3 節）と同様である．

$$A\approx CC^{\top}=\left[\begin{array}{c|c|c|c} \boldsymbol{c}_1 & \boldsymbol{c}_2 & \cdots & \boldsymbol{c}_n \end{array}\right]\left[\begin{array}{c} {\boldsymbol{c}_1}^{\top} \\ \hline {\boldsymbol{c}_2}^{\top} \\ \hline \vdots \\ \hline {\boldsymbol{c}_n}^{\top} \end{array}\right],$$

$$\boldsymbol{c}_k=(\overbrace{0,\cdots,0}^{k-1},c_{kk},\cdots,c_{nk})^{\top}$$

より，式(2.19)の形の $A^{(k)}$ を用いて

$$A^{(k)}\approx\boldsymbol{c}_k{\boldsymbol{c}_k}^{\top}+A^{(k+1)}\qquad(k=1,\cdots,n)$$

とする．これより，$k=1,\cdots,n$ の順に

$$c_{kk}=\sqrt{a_{kk}^{(k)}},\qquad c_{ik}=\begin{cases} a_{ik}^{(k)}/c_{kk} & ((i,k)\notin Z,\ i>k) \\ 0 & ((i,k)\in Z,\ i>k), \end{cases}$$

$$a_{ij}^{(k+1)} = a_{ij}^{(k)} - c_{ik}c_{jk} \quad (k+1 \leqq i,\, j \leqq n)$$

として $\boldsymbol{c}_1, \cdots, \boldsymbol{c}_n$ を求めればよいことが分かる．さらに，$(i,j) \in Z$ のときには $a_{ij}^{(k+1)}$ $(= a_{ji}^{(k+1)})$ を更新する必要のないことに注意して，上の算法が導かれる．

行列 A が正定値対称であっても，任意の Z に対して不完全 Cholesky 分解が存在する訳ではなく，$a_{kk}^{(k)} \leqq 0$ となって**破綻**することがある．Z をどのように指定しても不完全 Cholesky 分解ができるような対称行列のクラスとして，対角要素が正の H 行列が知られている(→問題 4.6)．

以上，不完全 Cholesky 分解を算法の形で導入したが，要するに

$$A = CC^{\top} + R, \quad c_{ij} = 0 \ \ ((i,j) \in Z,\, i > j), \quad r_{ij} = r_{ji} = 0 \ \ ((i,j) \notin Z,\, i \geqq j)$$

(ただし C の対角要素は正)という形の分解である．なお，もしこのような分解が存在するならば，それは一意的に定まる．なぜならば，

$$R = \left[\begin{array}{c|c|ccc} 0 & \multicolumn{4}{c}{\boldsymbol{r}_1^{\top}} \\ \hline & 0 & \multicolumn{3}{c}{\boldsymbol{r}_2^{\top}} \\ \cline{2-5} & & 0 & & \\ \boldsymbol{r}_1 & \boldsymbol{r}_2 & & \ddots & \\ & & & & 0 \end{array}\right], \qquad R^{(k)} = \left[\begin{array}{c|c|c} O & \boldsymbol{0} & O \\ \hline \boldsymbol{0}^{\top} & 0 & \boldsymbol{r}_k^{\top} \\ \hline O & \boldsymbol{r}_k & O \end{array}\right]$$

とおくと

$$A^{(k)} = \boldsymbol{c}_k {\boldsymbol{c}_k}^{\top} + A^{(k+1)} + R^{(k)} \qquad (k = 1, \cdots, n)$$

となり，$A^{(k)}$ から $\boldsymbol{c}_k$, $A^{(k+1)}$, $R^{(k)}$ が一意に決まるからである．

4.1.4 残差直交性に基づく算法の導出

これまで注目してこなかったが，共役勾配法の残差列 $\boldsymbol{r}_0, \boldsymbol{r}_1, \boldsymbol{r}_2, \cdots$ は直交系を成している．実際，$(\boldsymbol{r}_k, \boldsymbol{p}_j) = 0 \ \ (0 \leqq j \leqq k-1)$ (→式(4.14))と $\boldsymbol{r}_j \in \mathrm{span}(\boldsymbol{p}_0, \boldsymbol{p}_1, \cdots, \boldsymbol{p}_j)$ (→補題 4.4)により，

$$(\boldsymbol{r}_k, \boldsymbol{r}_j) = 0 \qquad (0 \leqq j \leqq k-1) \tag{4.24}$$

が成り立ち，$\boldsymbol{r}_k$ は $\boldsymbol{r}_0, \boldsymbol{r}_1, \cdots, \boldsymbol{r}_{k-1}$ と直交する．n 次元空間の直交系の長さは n 以下であるから，この直交性からも，ある $\overline{n} \leqq n$ に対して $\boldsymbol{r}_{\overline{n}} = \boldsymbol{0}$ となること(有限回の反復で解が得られること)が導かれる．ここでは，この残差の直交

性に焦点を当てて，共役勾配法を導出してみよう[*9].

共役勾配法の導出と解析において，$\boldsymbol{x}_k$ の誤差と残差が k 次多項式 $R_k(\lambda)$ によって

$$\boldsymbol{x}_k - \boldsymbol{x}^* = R_k(A)(\boldsymbol{x}_0 - \boldsymbol{x}^*), \qquad \boldsymbol{r}_k = R_k(A)\boldsymbol{r}_0$$

と表現されることが重要であった(→補題 4.4, 補題 4.6 の証明)．この多項式 $R_k(\lambda)$ は**残差多項式**と呼ばれる．

以下，近似解 $\boldsymbol{x}_k$ に対応する残差 $\boldsymbol{r}_k = \boldsymbol{b} - A\boldsymbol{x}_k$ が k 次多項式 $R_k(\lambda)$ によって

$$\boldsymbol{r}_k = R_k(A)\boldsymbol{r}_0 \tag{4.25}$$

と表されるような反復解法を考える．このとき

$$\boldsymbol{x}_{k+1} = \boldsymbol{x}_k - A^{-1}[R_{k+1}(A) - R_k(A)]\boldsymbol{r}_0 \tag{4.26}$$

が成り立つので，$X_{k+1}(\lambda) = [R_{k+1}(\lambda) - R_k(\lambda)]/\lambda$ とおくと

$$\boldsymbol{x}_{k+1} = \boldsymbol{x}_k - X_{k+1}(A)\boldsymbol{r}_0 \tag{4.27}$$

となる．この $X_{k+1}(\lambda)$ がすべての k に対して λ の多項式になるように，条件

$$R_k(0) = 1 \qquad (k = 0, 1, \cdots) \tag{4.28}$$

を課す．

条件(4.28)を満たし，式(4.25)の残差 $\boldsymbol{r}_k = R_k(A)\boldsymbol{r}_0$ $(k = 0, 1, 2, \cdots)$ が直交系となるような多項式系 $R_k(\lambda)$ $(k = 0, 1, 2, \cdots)$ とそれに対応する近似解列 $\boldsymbol{x}_k$ $(k = 0, 1, 2, \cdots)$ を生成するには，Gram-Schmidt の直交化(第 6.2.1 節)とスケーリングを組み合わせた以下のような手続きを用いればよい．

残差直交系の生成手順

$V_0(\lambda) := 1; \quad R_0(\lambda) := 1; \quad \boldsymbol{v}_0 := \boldsymbol{r}_0;$

---

*9　この議論は第 4.2.6 節への布石でもある．

for $k := 0, 1, 2, \cdots$ **until** $\boldsymbol{r}_k = \boldsymbol{0}$ **do**

begin

$V_{k+1}(\lambda) := \lambda^{k+1} - \sum_{j=0}^{k} \frac{(A^{k+1}\boldsymbol{r}_0, \boldsymbol{v}_j)}{(\boldsymbol{v}_j, \boldsymbol{v}_j)} V_j(\lambda);$

$R_{k+1}(\lambda) := V_{k+1}(\lambda)/V_{k+1}(0);$

$X_{k+1}(\lambda) := [R_{k+1}(\lambda) - R_k(\lambda)]/\lambda;$

$\boldsymbol{v}_{k+1} := V_{k+1}(A)\boldsymbol{r}_0; \quad \boldsymbol{r}_{k+1} := R_{k+1}(A)\boldsymbol{r}_0;$

$\boldsymbol{x}_{k+1} := \boldsymbol{x}_k - X_{k+1}(A)\boldsymbol{r}_0$

end

なお，A が正定値対称ゆえ，この手続きにおいて**破綻**[*10]は起きない(問題 4.7 参照).

実は，共役勾配法は，上記の手順で定義されるベクトル $\boldsymbol{r}_k$, $\boldsymbol{x}_k$ を効率良く計算する算法となっている．その基礎となる次の事実は，数値計算法の各所で利用される基本原理であり，**Lanczos 原理**と呼ばれることもある．

定理 4.11 A を対称行列，$\hat{k}$ を自然数，$U_k(\lambda)$ を k 次多項式$(k = 0, 1, \cdots, \hat{k})$，$\boldsymbol{u}_0$ をベクトルとする．$\boldsymbol{u}_k = U_k(A)\boldsymbol{u}_0$ $(k = 0, 1, \cdots, \hat{k})$が直交条件

$$(\boldsymbol{u}_i, \boldsymbol{u}_j) = 0 \qquad (0 \leqq i < j \leqq \hat{k})$$

を満たし，かつ $\boldsymbol{u}_k \neq \boldsymbol{0}$ $(k = 0, 1, \cdots, \hat{k} - 1)$ならば[*11]，ある実数 $\xi_k \neq 0, \eta_k, \zeta_k$ が存在して，3 項漸化式

(4.29)

$$U_{k+1}(\lambda) = \xi_k \lambda U_k(\lambda) + \eta_k U_k(\lambda) + \zeta_k U_{k-1}(\lambda) \qquad (k = 0, 1, \cdots, \hat{k} - 1)$$

が成り立つ．ただし $U_0(\lambda) = 1$, $U_{-1}(\lambda) = 0$ とする． □

[証明] $k \leqq \hat{k} - 1$ のとき，ある $\xi_k \neq 0$, η_k, ζ_k, c_{kj} $(0 \leqq j \leqq k - 2)$ を用いて

$$U_{k+1}(\lambda) = \xi_k \lambda U_k(\lambda) + \eta_k U_k(\lambda) + \zeta_k U_{k-1}(\lambda) + \sum_{j=0}^{k-2} c_{kj} U_j(\lambda)$$

*10 ここでは，$\boldsymbol{r}_0 \neq \boldsymbol{0}$, $\boldsymbol{r}_1 \neq \boldsymbol{0}$, $\cdots$, $\boldsymbol{r}_k \neq \boldsymbol{0}$ であって $V_{k+1}(0) = 0$ となること．

*11 $\boldsymbol{u}_{\hat{k}} = \boldsymbol{0}$ の可能性は許す．

と展開できる．このとき

$$\boldsymbol{u}_{k+1} = \xi_k A U_k(A)\boldsymbol{u}_0 + \eta_k \boldsymbol{u}_k + \zeta_k \boldsymbol{u}_{k-1} + \sum_{j=0}^{k-2} c_{kj}\boldsymbol{u}_j$$

であり，直交性より，$0 \leqq j \leqq k-2$ に対して，

$$0 = (\boldsymbol{u}_j, \boldsymbol{u}_{k+1}) = \xi_k (U_j(A)\boldsymbol{u}_0, AU_k(A)\boldsymbol{u}_0) + c_{kj}\|\boldsymbol{u}_j\|^2$$

となる．ここで，A の対称性により

$$(U_j(A)\boldsymbol{u}_0, AU_k(A)\boldsymbol{u}_0) = (AU_j(A)\boldsymbol{u}_0, U_k(A)\boldsymbol{u}_0) \tag{4.30}$$

が成り立ち，$\lambda U_j(\lambda)$ が $k-1$ 次以下の多項式だから右辺の値は0である．さらに，$\|\boldsymbol{u}_j\| \neq 0$ であるから，$c_{kj} = 0$ である．■

Lanczos 原理を利用して，$R_k(\lambda)$ や $[R_{k+1}(\lambda) - R_k(\lambda)]/\lambda$ をうまく計算する算法を導こう．Lanczos 原理によって $R_k(\lambda)$ に対して(4.29)の形の3項漸化式が成り立つが，このとき，$R_k(0) = 1$ により $\eta_k + \zeta_k = 1$ である．したがって，

$$R_{k+1}(\lambda) = \xi_k \lambda R_k(\lambda) + (1-\zeta_k)R_k(\lambda) + \zeta_k R_{k-1}(\lambda) \tag{4.31}$$

が成立する．さらに，この3項漸化式を以下のように連立の2項漸化式に書き換える．

$$\frac{R_{k+1}(\lambda) - R_k(\lambda)}{\xi_k \lambda} = R_k(\lambda) - \frac{\zeta_k \xi_{k-1}}{\xi_k} \cdot \frac{R_k(\lambda) - R_{k-1}(\lambda)}{\xi_{k-1}\lambda}$$

と書き直して

$$P_k(\lambda) = \frac{R_{k+1}(\lambda) - R_k(\lambda)}{\xi_k \lambda}, \quad \alpha_k = -\xi_k, \quad \beta_{k-1} = \frac{-\zeta_k \xi_{k-1}}{\xi_k}$$

とおくと，漸化式

$$P_k(\lambda) = R_k(\lambda) + \beta_{k-1} P_{k-1}(\lambda), \tag{4.32}$$

$$R_{k+1}(\lambda) = R_k(\lambda) - \alpha_k \lambda P_k(\lambda) \tag{4.33}$$

が得られる．

近似解 $\boldsymbol{x}_k$ は，式(4.26)，(4.33)より

$$\boldsymbol{x}_{k+1} = \boldsymbol{x}_k + \alpha_k P_k(A)\boldsymbol{r}_0 \tag{4.34}$$

によって逐次計算できる．ここで $P_k(A)\boldsymbol{r}_0$ $(k=0,1,2,\cdots)$ は A 共役である．すなわち，$(P_j(A)\boldsymbol{r}_0, AP_k(A)\boldsymbol{r}_0)=0$ $(j<k)$ が成り立つ．なぜなら，

$$(P_j(A)\boldsymbol{r}_0, AP_k(A)\boldsymbol{r}_0) = (P_j(A)\boldsymbol{r}_0, [R_k(A)-R_{k+1}(A)]\boldsymbol{r}_0)/\alpha_k$$

において，$P_j(\lambda)$ は $R_0(\lambda), R_1(\lambda), \cdots, R_j(\lambda)$ の1次結合で書け，$\boldsymbol{r}_i = R_i(A)\boldsymbol{r}_0$ が直交系を成すからである．

係数 α_k, β_{k-1} は次のようになる．式(4.33)と $(R_{k+1}(A)\boldsymbol{r}_0, P_k(A)\boldsymbol{r}_0)=0$ により

$$\alpha_k = \frac{(R_k(A)\boldsymbol{r}_0, P_k(A)\boldsymbol{r}_0)}{(AP_k(A)\boldsymbol{r}_0, P_k(A)\boldsymbol{r}_0)} \tag{4.35}$$

が導かれる．また，式(4.32)と $(P_k(A)\boldsymbol{r}_0, AP_{k-1}(A)\boldsymbol{r}_0)=0$ により

$$\beta_{k-1} = -\frac{(R_k(A)\boldsymbol{r}_0, AP_{k-1}(A)\boldsymbol{r}_0)}{(P_{k-1}(A)\boldsymbol{r}_0, AP_{k-1}(A)\boldsymbol{r}_0)} \tag{4.36}$$

が導かれる．

以上の関係式から $\boldsymbol{p}_k = P_k(A)\boldsymbol{r}_0$, $\boldsymbol{r}_k = R_k(A)\boldsymbol{r}_0$ および $\boldsymbol{x}_k$ に関する漸化式を作れば，第4.1.1節に示した共役勾配法の算法が得られる．実際，式(4.35)，(4.34)，(4.33)から共役勾配法の算法における計算式

$$\alpha_k := \frac{(\boldsymbol{r}_k, \boldsymbol{p}_k)}{(\boldsymbol{p}_k, A\boldsymbol{p}_k)}, \qquad \boldsymbol{x}_{k+1} := \boldsymbol{x}_k + \alpha_k \boldsymbol{p}_k, \qquad \boldsymbol{r}_{k+1} := \boldsymbol{r}_k - \alpha_k A\boldsymbol{p}_k$$

が得られ，式(4.36)，(4.32)で k を $k+1$ とした式から

$$\beta_k := -\frac{(\boldsymbol{r}_{k+1}, A\boldsymbol{p}_k)}{(\boldsymbol{p}_k, A\boldsymbol{p}_k)}, \qquad \boldsymbol{p}_{k+1} := \boldsymbol{r}_{k+1} + \beta_k \boldsymbol{p}_k$$

が得られる．

注意 4.12　残差多項式の3項漸化式(4.31)から，残差 $\boldsymbol{r}_k$ の3項漸化式

$$\boldsymbol{r}_{k+1} = \xi_k A\boldsymbol{r}_k + (1-\zeta_k)\boldsymbol{r}_k + \zeta_k \boldsymbol{r}_{k-1} \tag{4.37}$$

が得られる．また，式(4.32)の $k+1$ の場合から k の場合を引いて式(4.33)を用いる

ことにより，$P_k(\lambda)$ の3項漸化式

$$P_{k+1}(\lambda) = -\alpha_k \lambda P_k(\lambda) + (1+\beta_k)P_k(\lambda) - \beta_{k-1}P_{k-1}(\lambda) \tag{4.38}$$

が導かれる．したがって，$\boldsymbol{p}_k$ は3項漸化式

$$\boldsymbol{p}_{k+1} = -\alpha_k A\boldsymbol{p}_k + (1+\beta_k)\boldsymbol{p}_k - \beta_{k-1}\boldsymbol{p}_{k-1} \tag{4.39}$$

を満たす．

4.2　非対称行列に対する共役勾配法系の算法

非対称行列を係数とする方程式に対しても，共役勾配法の系統の算法がいろいろあり，一般化最小残差法や双共役勾配法とその変種がよく利用される．いずれにしても，前処理を併用するが，以下ではこれを陽に書いていないので注意されたい．

4.2.1　概　説

非対称な正則行列 A を係数とする方程式 $A\boldsymbol{x} = \boldsymbol{b}$ は，対称行列を係数にもつ方程式

$$A^{\mathsf{T}}A\boldsymbol{x} = A^{\mathsf{T}}\boldsymbol{b}$$

と同値である．したがって，このように書き換えた後で共役勾配法を適用すれば $\boldsymbol{x}$ を求めることができる．これを **CGNR 法**[*12]と呼ぶ．同様に，$A\boldsymbol{x} = \boldsymbol{b}$ を

$$AA^{\mathsf{T}}\boldsymbol{y} = \boldsymbol{b}, \qquad \boldsymbol{x} = A^{\mathsf{T}}\boldsymbol{y}$$

と書き換えて共役勾配法を適用する方法を **CGNE 法**[*13]と呼ぶ．

しかし，いずれの方法においても，係数行列 $A^{\mathsf{T}}A$, AA^{T} の条件数は A の条件数の2乗になり，収束性が悪化する(→定理4.8)．したがって，対称行列の場合に帰着して共役勾配法を適用する方法は実際的でない．

---

*12　CGNR = Conjugate Gradient Normal equation Residual.

*13　CGNE = Conjugate Gradient Normal equation Error.

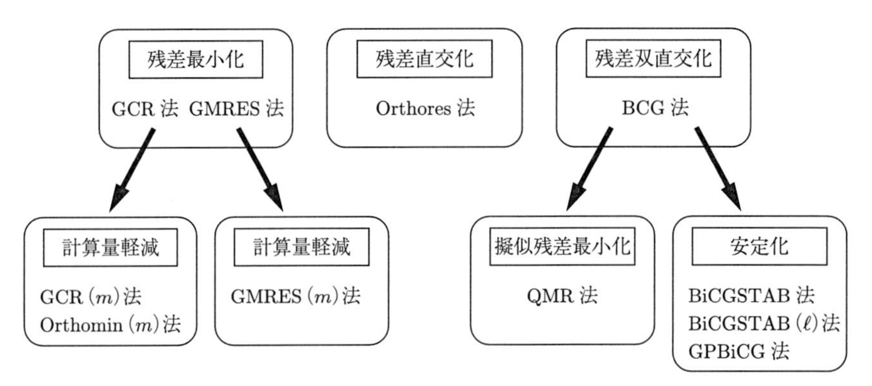

図 4.2 非対称行列に対する共役勾配法系の主な算法.

そこで，共役勾配法の導出法を非対称行列用に拡張することによって，非対称行列に対する算法が設計される．導出原理には「残差の最小化」と「残差の直交化」の二つがある．既に第 4.1 節で見たように，対称行列の場合にはこの二つの原理から同じ算法が得られるが，非対称行列の場合にはそうならず，変種も含めて，いろいろな算法が得られる．なお，「残差の直交化」はそのままでは有効な算法を生み出さないので，「残差の双直交化」に修正されて用いられる*14.

以下で扱う主な算法を図 4.2 に挙げる．左側は「残差の最小化」の原理によるものであり，GCR 法(一般化共役残差法，第 4.2.2 節)と GMRES 法(一般化最小残差法，第 4.2.4 節)を基本として，Orthomin(m) 法(第 4.2.3 節)，GCR(m) 法，GMRES(m) 法など，計算量を減らすための変種がある．中央に示した「残差の直交化」による Orthores 法(第 4.2.5 節)は，実際上の有効性は小さい．右側は「残差の双直交化」によるもので，BCG 法(双共役勾配法，第 4.2.6 節)を基本形として，QMR 法(擬似最小残差法，第 4.2.7 節)，BiCGSTAB 法(安定化双共役勾配法，第 4.2.8 節)，BiCGSTAB(ℓ) 法(第 4.2.9 節)などがある．QMR 法は，「残差の双直交化」に基づく BCG 法に「残差の最小化」の考え方を加味したものである．このようにいろいろな算

*14　ベクトル列 $(\boldsymbol{v}_0, \boldsymbol{v}_1, \cdots, \boldsymbol{v}_m)$，$(\boldsymbol{u}_0, \boldsymbol{u}_1, \cdots, \boldsymbol{u}_m)$ で，$\langle \boldsymbol{u}_i, \boldsymbol{v}_j \rangle = 0\ (i \neq j)$; $\langle \boldsymbol{u}_i, \boldsymbol{v}_i \rangle \neq 0$ を満たすものを**双直交系**という．ここで，$\langle \cdot, \cdot \rangle$ は**内積**(pairing)を表す．内積を表すのに $(\cdot, \cdot)$ と別の記号を用いる理由については，線形代数の教科書([3]，[4]，[5]など)を参照されたい．

法があるが，実用的観点から決定版といえるものは存在せず，問題の特性に応じて適切な解法を選ぶ必要がある．

4.2.2　一般化共役残差法(GCR法)

共役勾配法の目的関数(4.1)の代わりに，残差平方和の半分

$$\tilde{\phi}(\boldsymbol{x}) = \frac{1}{2}(A\boldsymbol{x}-\boldsymbol{b}, A\boldsymbol{x}-\boldsymbol{b}) = \frac{1}{2}(\boldsymbol{r}, \boldsymbol{r}) \tag{4.40}$$

を目的関数とし，逐次最小化によって，方程式 $A\boldsymbol{x}=\boldsymbol{b}$ の近似解を求めることを考える．本節では，このような形の解法の一つである一般化共役残差法(GCR法)について述べる．

まず，第4.1.1節で導入した共役方向法の考え方を整理しておこう．一般の2次関数 $\phi(\boldsymbol{x})$ の最小化問題において，**Hesse行列** $\nabla^2\phi$ が正定値であるとする．この問題に対する逐次最小化法において，共役性条件 $\langle \boldsymbol{p}_i, \nabla^2\phi\cdot\boldsymbol{p}_j\rangle = 0$ $(i<j)$ を満たす探索方向 $\boldsymbol{p}_i$ を用いるものが共役方向法である．このとき，式(4.5)，(4.6)，(4.10)，(4.12)，(4.14)をそれぞれ

$$\begin{aligned}\phi(\boldsymbol{x}_k+\alpha\boldsymbol{p}_k) \\ = \phi(\boldsymbol{x}_k) + \alpha\langle\nabla\phi(\boldsymbol{x}_k), \boldsymbol{p}_k\rangle + \frac{\alpha^2}{2}\langle\boldsymbol{p}_k, \nabla^2\phi\cdot\boldsymbol{p}_k\rangle,\end{aligned} \tag{4.41}$$

$$\alpha_k = \frac{\langle-\nabla\phi(\boldsymbol{x}_k), \boldsymbol{p}_k\rangle}{\langle\boldsymbol{p}_k, \nabla^2\phi\cdot\boldsymbol{p}_k\rangle}, \tag{4.42}$$

$$\langle\boldsymbol{p}_i, \nabla^2\phi\cdot\boldsymbol{p}_j\rangle = 0, \tag{4.43}$$

$$\psi(\boldsymbol{p}) = \frac{1}{2}\langle\boldsymbol{p}, \nabla^2\phi\cdot\boldsymbol{p}\rangle - \langle-\nabla\phi(\boldsymbol{x}_0), \boldsymbol{p}\rangle, \tag{4.44}$$

$$\langle-\nabla\phi(\boldsymbol{x}_k), \boldsymbol{p}_j\rangle = 0 \tag{4.45}$$

と修正すれば，定理4.1，定理4.2に述べた事柄が成り立つ[*15]．また，共役な探索方向 $\boldsymbol{p}_k$ を残差 $\boldsymbol{r}_k$ から作ることにすると，式(4.15)は

$$\boldsymbol{p}_k = \boldsymbol{r}_k - \sum_{j=0}^{k-1}\frac{\langle\boldsymbol{r}_k, \nabla^2\phi\cdot\boldsymbol{p}_j\rangle}{\langle\boldsymbol{p}_j, \nabla^2\phi\cdot\boldsymbol{p}_j\rangle}\boldsymbol{p}_j \tag{4.46}$$

---

*15　$\langle\cdot,\cdot\rangle$ は内積を表す．$(\cdot,\cdot)$ と別の記号を用いる理由については問題4.18を参照のこと．

と修正される．

式(4.40)の関数 $\tilde{\phi}(\boldsymbol{x})$ に共役方向法を適用する．いま $\nabla\tilde{\phi}(\boldsymbol{x}_k) = -A^\mathsf{T}\boldsymbol{r}_k$, $\nabla^2\tilde{\phi} = A^\mathsf{T}A$ であることに注意すると，式(4.42)，(4.43)，(4.45)は

$$\alpha_k = \frac{(\boldsymbol{r}_k, A\boldsymbol{p}_k)}{(A\boldsymbol{p}_k, A\boldsymbol{p}_k)}, \tag{4.47}$$

$$(A\boldsymbol{p}_i, A\boldsymbol{p}_j) = 0 \qquad (i < j), \tag{4.48}$$

$$(\boldsymbol{r}_k, A\boldsymbol{p}_j) = 0 \qquad (j < k) \tag{4.49}$$

と書き直せる．また，共役方向法の第 k 段の計算式は

(4.50)

$$\alpha_k := \frac{(\boldsymbol{r}_k, A\boldsymbol{p}_k)}{(A\boldsymbol{p}_k, A\boldsymbol{p}_k)}, \quad \boldsymbol{x}_{k+1} := \boldsymbol{x}_k + \alpha_k\boldsymbol{p}_k, \quad \boldsymbol{r}_{k+1} := \boldsymbol{r}_k - \alpha_k A\boldsymbol{p}_k,$$

$$\boldsymbol{p}_{k+1} := \boldsymbol{r}_{k+1} - \sum_{j=0}^{k} \frac{(A\boldsymbol{r}_{k+1}, A\boldsymbol{p}_j)}{(A\boldsymbol{p}_j, A\boldsymbol{p}_j)}\boldsymbol{p}_j \tag{4.51}$$

となる．この算法を**一般化共役残差法**(**GCR 法**[*16])と呼ぶ．

共役方向法の一般論と探索方向ベクトルの生成法により，次の定理が成り立つ．この定理は，Krylov 部分空間 $\mathcal{K}_k(A, \boldsymbol{r}_0)$ を平行移動したアフィン部分空間 $\boldsymbol{x}_0 + \mathcal{K}_k(A, \boldsymbol{r}_0)$ の上での残差最小化が GCR 法で実現されることを示している．

定理 4.13 GCR 法において，$\boldsymbol{p}_j \neq \boldsymbol{0}$ $(j = 0, 1, \cdots, k-1)$ とするとき，以下のことが成り立つ．

(1) $\mathrm{span}(\boldsymbol{p}_0, \boldsymbol{p}_1, \cdots, \boldsymbol{p}_{k-1}) = \mathrm{span}(\boldsymbol{r}_0, \boldsymbol{r}_1, \cdots, \boldsymbol{r}_{k-1}) = \mathcal{K}_k(A, \boldsymbol{r}_0)$.

(2) $(A\boldsymbol{p}_i, A\boldsymbol{p}_j) = 0 \quad (0 \leqq i < j \leqq k-1)$.

(3) $\tilde{\phi}(\boldsymbol{x}_k) = \min\{\tilde{\phi}(\boldsymbol{x}) \mid \boldsymbol{x} \in \boldsymbol{x}_0 + \mathrm{span}(\boldsymbol{p}_0, \boldsymbol{p}_1, \cdots, \boldsymbol{p}_{k-1})\}$.

(4) $(\boldsymbol{r}_k, A\boldsymbol{p}_j) = 0 \quad (0 \leqq j \leqq k-1)$.

(5) $(\boldsymbol{r}_k, A\boldsymbol{p}_k) = (\boldsymbol{r}_k, A\boldsymbol{r}_k)$. □

[証明] (1)は補題 4.4 の式(4.17)の証明と同様である．$\boldsymbol{p}_0, \cdots, \boldsymbol{p}_{k-1}$ は $\boldsymbol{x}_0$ を出発点とする $A^\mathsf{T}A$ 共役方向であるから(2)が成り立つ．(3)，(4)は，定理

---

*16 GCR = Generalized Conjugate Residual.

4.1 の証明と同様である．(5)は $\boldsymbol{p}_k$ の計算式(4.51)と(4)による． ∎

GCR 法においては，α_k の計算の際に分母が 0 になって**破綻**をきたす可能性がある．破綻するのは，$\boldsymbol{r}_k \neq \boldsymbol{0}$ であるのに $A\boldsymbol{p}_k = \boldsymbol{0}$ (すなわち $\boldsymbol{p}_k = \boldsymbol{0}$)となるときである．

GCR 法の収束性について，残差平方和 $\|\boldsymbol{r}_k\|^2 = 2\,\tilde{\phi}(\boldsymbol{x}_k)$ の単調減少性は明らかであるが，その収束速度を考察しよう．既に第 4.1.2 節において，共役勾配法の収束速度が，条件数と Chebyshev 多項式を用いて評価されること(定理 4.8)を見たが，まず最初に，これに対応する定理を考える．

正の実数 a, b と実数 c に対して，複素平面上の楕円領域を

$$\tilde{\mathcal{E}}(a,b,c) = \left\{ z \in \mathbb{C} \,\middle|\, \frac{(x-c)^2}{a^2} + \frac{y^2}{b^2} \leqq 1,\ z = x + \mathrm{i}y \right\} \tag{4.52}$$

と定義する．ここで $f = \sqrt{|a^2 - b^2|}$ とおくと，焦点の位置は，$a \geqq b$ のとき $c \pm f$，$a \leqq b$ のとき $c \pm \mathrm{i}f$ である．

次の定理は，破綻が生じないという仮定の下で，GCR 法の収束速度を与えている．

定理 4.14　A は対角化可能とし，$A = Z\Lambda Z^{-1}$ とおく．ここで，Λ は A の固有値 λ_i $(i = 1, \cdots, n)$ を並べた対角行列，Z は固有ベクトルを並べた行列である．また，$\mathcal{P}_k$ を k 次以下の実係数多項式の全体とする．

(1) GCR 法において，破綻が生じなければ，

$$\|\boldsymbol{r}_k\| \leqq \kappa(Z)\,\|\boldsymbol{r}_0\| \cdot \min_{R \in \mathcal{P}_k,\, R(0)=1}\ \max_{1 \leqq i \leqq n} |R(\lambda_i)| \tag{4.53}$$

が成り立つ．ただし，$\kappa(Z)$ は Z の 2 ノルムに関する条件数(1.22)を表す．

(2) 楕円領域 $\tilde{\mathcal{E}}(a,b,c)$ が原点 0 を含まないと仮定し，$\tilde{\mathcal{E}}(a,b,c)$ に含まれる固有値を λ_i $(i \in I)$，含まれない固有値を λ_j $(j \in J)$ として，$\nu = |J|$，$f = \sqrt{|a^2 - b^2|}$ とおく $(I \cap J = \emptyset,\ I \cup J = \{1, \cdots, n\})$．$a \geqq b$ ならば，任意の $k \geqq \nu$ に対して

$$
\begin{aligned}
&\min_{R\in\mathcal{P}_k,\, R(0)=1}\ \max_{1\leqq i\leqq n} |R(\lambda_i)| \\
&\leqq \left(\max_{i\in I}\prod_{j\in J}\frac{|\lambda_i-\lambda_j|}{|\lambda_j|}\right)\cdot\frac{T_{k-\nu}(a/f)}{|T_{k-\nu}(c/f)|} \\
&= \left(\max_{i\in I}\prod_{j\in J}\frac{|\lambda_i-\lambda_j|}{|\lambda_j|}\right) \\
&\quad\times\frac{\left(\dfrac{a}{f}+\sqrt{\left(\dfrac{a}{f}\right)^2-1}\right)^{k-\nu}+\left(\dfrac{a}{f}+\sqrt{\left(\dfrac{a}{f}\right)^2-1}\right)^{-k+\nu}}{\left(\dfrac{|c|}{f}+\sqrt{\left(\dfrac{c}{f}\right)^2-1}\right)^{k-\nu}+\left(\dfrac{|c|}{f}+\sqrt{\left(\dfrac{c}{f}\right)^2-1}\right)^{-k+\nu}}
\end{aligned}
$$

が成り立ち，$a\leqq b$ ならば，任意の $k\geqq\nu$ に対して

$$
\begin{aligned}
&\min_{R\in\mathcal{P}_k,\, R(0)=1}\ \max_{1\leqq i\leqq n} |R(\lambda_i)| \\
&\leqq \left(\max_{i\in I}\prod_{j\in J}\frac{|\lambda_i-\lambda_j|}{|\lambda_j|}\right)\cdot\frac{T_{k-\nu}(b/f)}{|T_{k-\nu}(c/(\mathrm{i}f))|} \\
&= \left(\max_{i\in I}\prod_{j\in J}\frac{|\lambda_i-\lambda_j|}{|\lambda_j|}\right) \\
&\quad\times\frac{\left(\dfrac{b}{f}+\sqrt{\left(\dfrac{b}{f}\right)^2-1}\right)^{k-\nu}+\left(\dfrac{b}{f}+\sqrt{\left(\dfrac{b}{f}\right)^2-1}\right)^{-k+\nu}}{\left(\dfrac{|c|}{f}+\sqrt{\left(\dfrac{c}{f}\right)^2+1}\right)^{k-\nu}+\left(-\dfrac{|c|}{f}-\sqrt{\left(\dfrac{c}{f}\right)^2+1}\right)^{-k+\nu}}
\end{aligned}
$$

が成り立つ[*17]．ただし $T_k(z)$ は k 次の Chebyshev 多項式(3.49)を表す． □

［証明］ (1) $\boldsymbol{x}\in\boldsymbol{x}_0+\mathcal{K}_k(A,\boldsymbol{r}_0)$ であることは，ある $Q\in\mathcal{P}_{k-1}$ を用いて $\boldsymbol{x}-\boldsymbol{x}_0=Q(A)\boldsymbol{r}_0$ と書けることと同等である．ここで $R(\lambda)=1-\lambda Q(\lambda)$ とおくと，$Q\in\mathcal{P}_{k-1}$ は $R\in\mathcal{P}_k$ かつ $R(0)=1$ と等価であり，$\boldsymbol{r}_k=\boldsymbol{r}_0-AQ(A)\boldsymbol{r}_0=(I-AQ(A))\boldsymbol{r}_0=R(A)\boldsymbol{r}_0=ZR(\Lambda)Z^{-1}\boldsymbol{r}_0$ となる．したがって，

*17 $a=b$ のときには $f=0$ となるので，それぞれの式は $f\to 0$ での極限値を表すと解釈する．

$$\begin{aligned}\|\boldsymbol{r}_k\| &= \min_{R\in\mathcal{P}_k,\, R(0)=1} \|ZR(\Lambda)Z^{-1}\boldsymbol{r}_0\| \\ &\leqq (\|Z\|\cdot\|Z^{-1}\|)\cdot\|\boldsymbol{r}_0\|\cdot \min_{R\in\mathcal{P}_k,\, R(0)=1}\|R(\Lambda)\| \\ &= \kappa(Z)\,\|\boldsymbol{r}_0\|\cdot \min_{R\in\mathcal{P}_k,\, R(0)=1}\ \max_{1\leqq i\leqq n}|R(\lambda_i)|.\end{aligned}$$

(2) $R(z)=P(z)\prod_{j\in J}(1-z/\lambda_j)$（ただし $P\in\mathcal{P}_{k-\nu}, P(0)=1$）の形を考える．すると，$\lambda_i\in\tilde{\mathcal{E}}(a,b,c)\ (i\in I)$ により，

$$\begin{aligned}\max_{1\leqq i\leqq n}|R(\lambda_i)| &= \max_{i\in I}\left(|P(\lambda_i)|\prod_{j\in J}|1-\lambda_i/\lambda_j|\right) \\ &\leqq \left(\max_{i\in I}\prod_{j\in J}\frac{|\lambda_i-\lambda_j|}{|\lambda_j|}\right)\cdot\max_{z\in\tilde{\mathcal{E}}(a,b,c)}|P(z)|\end{aligned}$$

が成り立つ．最後の項について，$a>b$ のときには，問題 4.9 (iv)，(v) において $\chi=0$，$\rho+\rho^{-1}=2a/f$，$\rho=a/f+\sqrt{(a/f)^2-1}$ として，$|T_{k-\nu}(-c/f)|=|T_{k-\nu}(c/f)|$ に注意すると，

$$\begin{aligned}\min_{P\in\mathcal{P}_{k-\nu},\, P(0)=1}\ \max_{z\in\tilde{\mathcal{E}}(a,b,c)}|P(z)| &\leqq \frac{T_{k-\nu}(a/f)}{|T_{k-\nu}(c/f)|} \\ &= \frac{\left(\dfrac{a}{f}+\sqrt{\left(\dfrac{a}{f}\right)^2-1}\right)^{k-\nu}+\left(\dfrac{a}{f}+\sqrt{\left(\dfrac{a}{f}\right)^2-1}\right)^{-k+\nu}}{\left(\dfrac{|c|}{f}+\sqrt{\left(\dfrac{c}{f}\right)^2-1}\right)^{k-\nu}+\left(\dfrac{|c|}{f}+\sqrt{\left(\dfrac{c}{f}\right)^2-1}\right)^{-k+\nu}}\end{aligned}$$

が導かれ，$a<b$ のときには，問題 4.9 (vi)，(vii) で $\chi=0$，$\rho+\rho^{-1}=2b/f$，$\rho=b/f+\sqrt{(b/f)^2-1}$ として，

$$\begin{aligned}\min_{P\in\mathcal{P}_{k-\nu},\, P(0)=1}\ \max_{z\in\tilde{\mathcal{E}}(a,b,c)}|P(z)| &\leqq \frac{T_{k-\nu}(b/f)}{|T_{k-\nu}(c/(\mathrm{i}f))|} \\ &= \frac{\left(\dfrac{b}{f}+\sqrt{\left(\dfrac{b}{f}\right)^2-1}\right)^{k-\nu}+\left(\dfrac{b}{f}+\sqrt{\left(\dfrac{b}{f}\right)^2-1}\right)^{-k+\nu}}{\left(\dfrac{|c|}{f}+\sqrt{\left(\dfrac{c}{f}\right)^2+1}\right)^{k-\nu}+\left(-\dfrac{|c|}{f}-\sqrt{\left(\dfrac{c}{f}\right)^2+1}\right)^{-k+\nu}}\end{aligned}$$

が導かれる．また，$a=b$ のときには，これらの評価式で $f\to 0$ とする．　■

GCR 法の収束性については，破綻が起きないための条件も含めた次の定理も知られている．

定理 4.15　係数行列 A の対称部分 $M=(A+A^\top)/2$ が定値(正定値または負定値)ならば，GCR 法において，ある $k^{\#}$(ただし $0 \leqq k^{\#} \leqq n$)が存在して，$\boldsymbol{p}_k \neq \boldsymbol{0}$ $(0 \leqq k \leqq k^{\#}-1)$, $\boldsymbol{r}_{k^{\#}}=\boldsymbol{0}$, かつ，$0 \leqq k \leqq k^{\#}-1$ に対して

$$\frac{\|\boldsymbol{r}_{k+1}\|^2}{\|\boldsymbol{r}_k\|^2} \leqq 1-\frac{\min\left(|\lambda_{\max}(M)|^2, |\lambda_{\min}(M)|^2\right)}{\lambda_{\max}(A^\top A)} \tag{4.54}$$

が成り立つ．ただし，$\lambda_{\max}(\cdot)$, $\lambda_{\min}(\cdot)$ は対称行列の最大，最小固有値を表す．　□

[証明]　破綻しないことを示すには，$\boldsymbol{p}_j \neq \boldsymbol{0}$ $(j=0,1,\cdots,k-1)$ のとき，$\boldsymbol{p}_k=\boldsymbol{0}$ ならば $\boldsymbol{r}_k=\boldsymbol{0}$ であることを示せばよい．定理 4.13(5)と M の定義により，$\langle \boldsymbol{r}_k, M\boldsymbol{r}_k\rangle=(\boldsymbol{r}_k, A\boldsymbol{r}_k)=(\boldsymbol{r}_k, A\boldsymbol{p}_k)=0$ であるが*18，M は定値だから，$\boldsymbol{r}_k=\boldsymbol{0}$ である．式(4.54)に関しては以下の通りである．

$$\begin{aligned}\|\boldsymbol{r}_{k+1}\|^2 &= (\boldsymbol{r}_k-\alpha_k A\boldsymbol{p}_k, \boldsymbol{r}_k-\alpha_k A\boldsymbol{p}_k)\\ &= (\boldsymbol{r}_k, \boldsymbol{r}_k)-(\boldsymbol{r}_k, A\boldsymbol{r}_k)^2/(A\boldsymbol{p}_k, A\boldsymbol{p}_k)\\ &= (\boldsymbol{r}_k, \boldsymbol{r}_k)-\langle \boldsymbol{r}_k, M\boldsymbol{r}_k\rangle^2/(A\boldsymbol{p}_k, A\boldsymbol{p}_k)\end{aligned}$$

より，

$$\frac{\|\boldsymbol{r}_{k+1}\|^2}{\|\boldsymbol{r}_k\|^2}=1-\left[\frac{\langle \boldsymbol{r}_k, M\boldsymbol{r}_k\rangle}{(\boldsymbol{r}_k, \boldsymbol{r}_k)}\right]^2\frac{(\boldsymbol{r}_k, \boldsymbol{r}_k)}{(A\boldsymbol{p}_k, A\boldsymbol{p}_k)}$$

である．この最後の項の分母は，式(4.51)により，

$$(A\boldsymbol{p}_k, A\boldsymbol{p}_k)=(A\boldsymbol{r}_k, A\boldsymbol{r}_k)-\sum_{j=0}^{k-1}\frac{(A\boldsymbol{r}_k, A\boldsymbol{p}_j)^2}{(A\boldsymbol{p}_j, A\boldsymbol{p}_j)} \leqq (A\boldsymbol{r}_k, A\boldsymbol{r}_k) \tag{4.55}$$

と評価される．最後に，Courant-Fischer の最大・最小定理(第 7.6 節の補題 7.16)を適用して，

$$\left|\frac{\langle \boldsymbol{r}_k, M\boldsymbol{r}_k\rangle}{(\boldsymbol{r}_k, \boldsymbol{r}_k)}\right| \geqq \min\left(|\lambda_{\max}(M)|, |\lambda_{\min}(M)|\right), \qquad \frac{(A\boldsymbol{r}_k, A\boldsymbol{r}_k)}{(\boldsymbol{r}_k, \boldsymbol{r}_k)} \leqq \lambda_{\max}(A^\top A)$$

とする．　■

*18　内積の記号 $\langle\cdot,\cdot\rangle$, $(\cdot,\cdot)$ を使い分ける理由については問題 4.18 を参照のこと．

注意 4.16　A の対称部分 M が定値でない場合には，$(\boldsymbol{r}_0, A\boldsymbol{p}_0) = (\boldsymbol{r}_0, A\boldsymbol{r}_0) = \langle \boldsymbol{r}_0, M\boldsymbol{r}_0 \rangle = 0$ を満たす $\boldsymbol{r}_0 \neq \boldsymbol{0}$ が存在するが，GCR 法で $\boldsymbol{x}_0 = A^{-1}(\boldsymbol{b} - \boldsymbol{r}_0)$ とすると，$\boldsymbol{r}_0 = \boldsymbol{r}_1 \neq \boldsymbol{0}$, $\boldsymbol{p}_1 = \boldsymbol{0}$ となって破綻する．したがって，A の対称部分が定値であることは，A に対する GCR 法が任意の初期ベクトルに対して収束するための必要十分条件である．

注意 4.17　A の対称部分 M が正定値ならば，A のすべての固有値の実部は正である（$A\boldsymbol{z} = \lambda\boldsymbol{z}$ $(\boldsymbol{z} \neq \boldsymbol{0})$ とすると $0 < \boldsymbol{z}^{\mathsf{H}}(A + A^{\mathsf{T}})\boldsymbol{z} = (\lambda + \overline{\lambda})(\boldsymbol{z}^{\mathsf{H}}\boldsymbol{z})$ となる）．したがって，定理 4.15 が適用できる状況では，適当な楕円を選ぶことによって定理 4.14(2) が $J = \emptyset$ として適用できる．逆に，例えば，$A = \begin{bmatrix} a & b \\ 0 & c \end{bmatrix}$ において $a > 0$, $c > 0$ で $|b|$ が大きい場合には，定理 4.14(2) は $J = \emptyset$ として適用可能であるが，対称部分 M は不定値となり定理 4.15 は適用できない．定理 4.15 が破綻を生じない十分条件を与えていることも考え合わせると，定理 4.15 の方が（適用範囲は狭いが）定理 4.14 よりも精密な解析結果であると理解される．

注意 4.18　GCR 法と同等あるいは類似の算法は多くの文献で様々な名前で提案されている．共役方向を使って残差を最小化するという基本的な考え方は，1955 年，Stiefel[121] によって正定値対称行列に対して提案された．これは**共役残差法**（**CR 法**[*19]）と呼ばれる（→問題 4.17）．GCR 法は，これを非対称行列に対して一般化したものであり，1983 年に Eisenstat-Elman-Schultz[81] によって提案された．なお，m 段毎に再出発[*20]する GCR 法を **GCR($\boldsymbol{m}$) 法**と呼ぶ（→問題 4.10）．GCR 法の簡便法である Orthomin(m) 法（第 4.2.3 節参照）が，1976 年に Vinsome[125] によって提案されている．また，GCR 法とある意味で等価で応用上はより有効な GMRES 法（第 4.2.4 節参照）が，1986 年に Saad-Schultz[115] によって提案されている．この他にも，MINRES 法，Orthodir 法などがある．詳しくは [48], [54], [63] などを参照されたい．

4.2.3　Orthomin(m) 法

GCR 法では，式 (4.51) の $\boldsymbol{p}_{k+1}$ の計算のために $\boldsymbol{p}_j$ $(j = 0, 1, \cdots, k)$ を記憶しておく必要があり，計算量も多いので実用的でない．そこで，ある $m \geqq 1$ を設定して，最新の m 個だけを使って

---

*19　CR = Conjugate Residual.

*20　その時点で記憶している $\boldsymbol{p}_k$ などの情報をすべて捨てて，最新の近似解を初期解として出発することを，一般に，再出発 (restart) という．

$$\boldsymbol{p}_{k+1} := \boldsymbol{r}_{k+1} - \sum_{j=\max(k-m+1,0)}^{k} \frac{(A\boldsymbol{r}_{k+1}, A\boldsymbol{p}_j)}{(A\boldsymbol{p}_j, A\boldsymbol{p}_j)} \boldsymbol{p}_j \tag{4.56}$$

とする簡便法がよく用いられる．これを **Orthomin($\boldsymbol{m}$)** 法と呼ぶ．

Orthomin($\boldsymbol{m}$) 法 [原型]

初期ベクトル $\boldsymbol{x}_0$ をとる; $\boldsymbol{r}_0 := \boldsymbol{b} - A\boldsymbol{x}_0$;　$\boldsymbol{p}_0 := \boldsymbol{r}_0$;

for $k := 0, 1, 2, \cdots$ **until** $\|\boldsymbol{r}_k\| \leqq \varepsilon \|\boldsymbol{b}\|$ **do**

　begin

　　$\alpha_k := \dfrac{(\boldsymbol{r}_k, A\boldsymbol{p}_k)}{(A\boldsymbol{p}_k, A\boldsymbol{p}_k)}$;

　　$\boldsymbol{x}_{k+1} := \boldsymbol{x}_k + \alpha_k \boldsymbol{p}_k$;　$\boldsymbol{r}_{k+1} := \boldsymbol{r}_k - \alpha_k A\boldsymbol{p}_k$;

　　$\boldsymbol{p}_{k+1} := \boldsymbol{r}_{k+1}$;

　　for $j := 1$ **to** $\min(k+1, m)$ **do**

　　　begin

　　　　$\beta_{kj} := -\dfrac{(A\boldsymbol{r}_{k+1}, A\boldsymbol{p}_{k+1-j})}{(A\boldsymbol{p}_{k+1-j}, A\boldsymbol{p}_{k+1-j})}$;

　　　　$\boldsymbol{p}_{k+1} := \boldsymbol{p}_{k+1} + \beta_{kj} \boldsymbol{p}_{k+1-j}$

　　　end

　end

上の算法では，各 k に対して，行列・ベクトル積が $m+1$ 回必要であるが，補助ベクトル変数 $\boldsymbol{a}$, $\boldsymbol{q}_0, \boldsymbol{q}_1, \cdots, \boldsymbol{q}_{m-1}$ と補助スカラー変数 $\mu_0, \mu_1, \cdots, \mu_{m-1}$ を用いることによって，これを 1 回に減らすことができる．元の変数との対応は，$\overline{k} = k \mod m \,(0 \leqq \overline{k} \leqq m-1)$ として，

$$\boldsymbol{a} = A\boldsymbol{r}_{k+1}, \quad \boldsymbol{q}_{\overline{k}} = A\boldsymbol{p}_k, \quad \mu_{\overline{k}} = (A\boldsymbol{p}_k, A\boldsymbol{p}_k)$$

である．また，変数 $\boldsymbol{x}_k$, $\boldsymbol{r}_k$, α_k, $\beta_{k1}, \cdots, \beta_{km}$ は上書きできるので記憶領域に添え字 k は不要であり，$\boldsymbol{p}_k$ は最近の m 個だけが必要なので $\boldsymbol{p}_0, \boldsymbol{p}_1, \cdots, \boldsymbol{p}_{m-1}$ の領域を用意して巡回的に用いる．

Orthomin(m) 法 [実用版]

初期ベクトル $\boldsymbol{x}$ をとる; $\boldsymbol{r} := \boldsymbol{b} - A\boldsymbol{x}$;　$\boldsymbol{p}_0 := \boldsymbol{r}$;　$\boldsymbol{q}_0 := A\boldsymbol{p}_0$;

for $k := 0, 1, 2, \cdots$ **until** $\|\boldsymbol{r}\| \leqq \varepsilon \|\boldsymbol{b}\|$ **do**

　begin

　　$\mu_{\overline{k}} := (\boldsymbol{q}_{\overline{k}}, \boldsymbol{q}_{\overline{k}})$;　$\alpha := (\boldsymbol{r}, \boldsymbol{q}_{\overline{k}})/\mu_{\overline{k}}$;

　　$\boldsymbol{x} := \boldsymbol{x} + \alpha \boldsymbol{p}_{\overline{k}}$;　$\boldsymbol{r} := \boldsymbol{r} - \alpha \boldsymbol{q}_{\overline{k}}$;

　　$\boldsymbol{p}_{\overline{k+1}} := \boldsymbol{r}$;　$\boldsymbol{a} := A\boldsymbol{r}$;　$\boldsymbol{q}_{\overline{k+1}} := \boldsymbol{a}$;

　　for $j := 1$ **to** $\min(k+1, m)$ **do**

　　　begin

　　　　$\beta_j := -(\boldsymbol{a}, \boldsymbol{q}_{\overline{k+1-j}})/\mu_{\overline{k+1-j}}$;

　　　　$\boldsymbol{p}_{\overline{k+1}} := \boldsymbol{p}_{\overline{k+1}} + \beta_j \boldsymbol{p}_{\overline{k+1-j}}$;　$\boldsymbol{q}_{\overline{k+1}} := \boldsymbol{q}_{\overline{k+1}} + \beta_j \boldsymbol{q}_{\overline{k+1-j}}$

　　　end

　end

この実用版の反復 1 回あたりの計算量は，行列・ベクトル積が 1 回，ベクトルの内積が $m+2$ 回，ベクトル・スカラー積が $2m+2$ 回，ベクトルの和が $2m+2$ 回である．

Orthomin(m) 法においても，GCR 法と同様に，α_k の計算の際に分母が 0 になって**破綻**をきたす可能性がある．破綻するのは，$\boldsymbol{r}_k \neq \boldsymbol{0}$ であるのに $A\boldsymbol{p}_k = \boldsymbol{0}$ (すなわち $\boldsymbol{p}_k = \boldsymbol{0}$) となるときである．

Orthomin(m) 法の収束性について，残差平方和 $\|\boldsymbol{r}_k\|^2 = 2\,\tilde{\phi}(\boldsymbol{x}_k)$ の単調減少性は明らかであるが，以下に示す定理 4.20 は，破綻が起きずに近似解が真解に (1 次) 収束するための十分条件を与えている．

補題 4.19　Orthomin(m) 法において，$\boldsymbol{p}_j \neq \boldsymbol{0}$ $(j = 0, 1, \cdots, k-1)$ とするとき，$k_{[-m]} = \max(k-m-1, 0)$ として，以下のことが成り立つ．

(1)　$(A\boldsymbol{p}_i, A\boldsymbol{p}_j) = 0$　$(k_{[-m]} \leqq i < j \leqq k-1)$.

(2)　$\tilde{\phi}(\boldsymbol{x}_k) = \min\{\tilde{\phi}(\boldsymbol{x}) \mid \boldsymbol{x} \in \boldsymbol{x}_{k_{[-m]}} + \mathrm{span}(\boldsymbol{p}_{k_{[-m]}}, \cdots, \boldsymbol{p}_{k-1})\}$.

(3)　$(\boldsymbol{r}_k, A\boldsymbol{p}_j) = 0$　$(k_{[-m]} \leqq j \leqq k-1)$.

(4)　$(\boldsymbol{r}_k, A\boldsymbol{p}_k) = (\boldsymbol{r}_k, A\boldsymbol{r}_k)$.　□

[証明]　$\boldsymbol{p}_{k_{[-m]}}, \cdots, \boldsymbol{p}_{k-1}$ は $\boldsymbol{x}_{k_{[-m]}}$ を出発点とする $A^{\top}A$ 共役方向であるから

(1)が成り立つ．(2)，(3)は，定理4.1の証明と同様である．(4)は $\boldsymbol{p}_k$ の計算式(4.56)と(3)による． ∎

定理 4.20　係数行列 A の対称部分 $M=(A+A^{\mathsf{T}})/2$ が定値(正定値または負定値)ならば，Orthomin(m) 法において，次の(i)，(ii)のいずれかが成り立つ．

(i) ある $k^{\#} \geqq 0$ が存在して，$\boldsymbol{p}_k \neq \boldsymbol{0}$ $(0 \leqq k \leqq k^{\#}-1)$，$\boldsymbol{r}_{k^{\#}}=\boldsymbol{0}$，かつ，$0 \leqq k \leqq k^{\#}-1$ に対して

$$\frac{\|\boldsymbol{r}_{k+1}\|^2}{\|\boldsymbol{r}_k\|^2} \leqq 1-\frac{\min\left(|\lambda_{\max}(M)|^2, |\lambda_{\min}(M)|^2\right)}{\lambda_{\max}(A^{\mathsf{T}}A)} \tag{4.57}$$

が成り立つ．ただし，$\lambda_{\max}(\cdot)$, $\lambda_{\min}(\cdot)$ は対称行列の最大，最小固有値を表す．

(ii) すべての $k \geqq 0$ に対して，$\boldsymbol{p}_k \neq \boldsymbol{0}$ かつ $\boldsymbol{r}_k \neq \boldsymbol{0}$ であって，式(4.57)が成り立つ． □

[証明]　定理4.15の証明とほとんど同じであるが，式(4.55)において $\sum_{j=0}^{k-1}$ を $\sum_{j=\max(k-m,0)}^{k-1}$ に変えて

$$(A\boldsymbol{p}_k, A\boldsymbol{p}_k)=(A\boldsymbol{r}_k, A\boldsymbol{r}_k)-\sum_{j=\max(k-m,0)}^{k-1}\frac{(A\boldsymbol{r}_k, A\boldsymbol{p}_j)^2}{(A\boldsymbol{p}_j, A\boldsymbol{p}_j)} \leqq (A\boldsymbol{r}_k, A\boldsymbol{r}_k)$$

とする． ∎

注意 4.21　注意4.16と同様の理由により，A の対称部分が定値であることは，A に対する Orthomin(m) 法が任意の初期ベクトルに対して収束するための必要十分条件である．

4.2.4　一般化最小残差法(GMRES 法)

一般化共役残差法(GCR 法)は，共役方向を生成することによって，Krylov 部分空間 $\mathcal{K}_k(A, \boldsymbol{r}_0)$ を平行移動したアフィン部分空間 $\boldsymbol{x}_0+\mathcal{K}_k(A, \boldsymbol{r}_0)$ の上で残差を最小化する $\boldsymbol{x}_k$ を求めた(定理4.13)．本節では，共役方向の代わりに Krylov 部分空間の正規直交基底を生成することによって $\boldsymbol{x}_k$(GCR 法と同じ近似解)を計算する一般化最小残差法(GMRES 法)について述べる．

適当な初期ベクトル $\boldsymbol{x}_0$ の残差 $\boldsymbol{r}_0 = \boldsymbol{b} - A\boldsymbol{x}_0$ から定まる Krylov 列 $\boldsymbol{r}_0, A\boldsymbol{r}_0, A^2\boldsymbol{r}_0, \cdots$ に Gram-Schmidt の直交化(第 6.2.1 節)を施して得られる正規直交系を $\boldsymbol{v}_0, \boldsymbol{v}_1, \boldsymbol{v}_2, \cdots$ とする．各 $k = 1, 2, \cdots$ に対して $\boldsymbol{v}_0, \boldsymbol{v}_1, \cdots, \boldsymbol{v}_{k-1}$ は，Krylov 部分空間

$$\mathcal{K}_k(A, \boldsymbol{r}_0) = \mathrm{span}(\boldsymbol{r}_0, A\boldsymbol{r}_0, A^2\boldsymbol{r}_0, \cdots, A^{k-1}\boldsymbol{r}_0) \tag{4.58}$$

の正規直交基底である．基底を並べた $n \times k$ 行列 $V_k = [\boldsymbol{v}_0, \boldsymbol{v}_1, \cdots, \boldsymbol{v}_{k-1}]$ を定義する(n は行列 A の次元)．すると，

$$A\boldsymbol{v}_j \in \mathrm{span}(\boldsymbol{v}_0, \cdots, \boldsymbol{v}_j, \boldsymbol{v}_{j+1}) \qquad (j = 0, 1, 2, \cdots) \tag{4.59}$$

が成り立つので，Hessenberg 形の $(k+1) \times k$ 行列 $\hat{H}_k$ を用いて

$$AV_k = V_{k+1}\hat{H}_k \tag{4.60}$$

と書くことができる[*21]．$\hat{H}_k = (h_{ij}^{(k)} \mid 0 \leqq i \leqq k,\ 0 \leqq j \leqq k-1)$ とおくと，$i \geqq j+2$ のとき $h_{ij}^{(k)} = 0$ である．なお，$k < l$ のとき $h_{ij}^{(k)} = h_{ij}^{(l)}$ であるから，$h_{ij}^{(k)}$ を h_{ij} と略記することができる．

正規直交系 $\boldsymbol{v}_0, \boldsymbol{v}_1, \boldsymbol{v}_2, \cdots$ と係数 $(h_{ij} \mid 0 \leqq i \leqq j+1)$ は，次の **Arnoldi 算法**によって計算することができる(注意 4.25 参照)．

Arnoldi 算法

初期ベクトル $\boldsymbol{r}_0 \neq \boldsymbol{0}$ をとる; $\boldsymbol{v}_0 := \boldsymbol{r}_0/\|\boldsymbol{r}_0\|$;

for $k := 1, 2, \cdots$ **do**

　$\boldsymbol{w} := A\boldsymbol{v}_{k-1}$;

　for $i := 0$ **to** $k-1$ **do**

　　$h_{i,k-1} := \boldsymbol{v}_i{}^{\top}\boldsymbol{w}$;　$\boldsymbol{w} := \boldsymbol{w} - h_{i,k-1}\boldsymbol{v}_i$

　end;

　$h_{k,k-1} := \|\boldsymbol{w}\|$;

　if $h_{k,k-1} = 0$ **then**（算法終了）**else** $\boldsymbol{v}_k := \boldsymbol{w}/h_{k,k-1}$

---

*21　$k = n$ の場合には V_{k+1} の最後の列 $\boldsymbol{v}_n = \boldsymbol{0}$ と約束する．なお，実際に GMRES 法を使う場面では，$k \ll n$ である．

end

以上の準備の下で，アフィン部分空間 $\boldsymbol{x}_0+\mathcal{K}_k(A,\boldsymbol{r}_0)$ 上での残差の最小化を次のように行う．ベクトル $\boldsymbol{x}_k$ が $\boldsymbol{x}_0+\mathcal{K}_k(A,\boldsymbol{r}_0)$ に属することは，あるベクトル $\boldsymbol{y}_k\in\mathbb{R}^k$ によって $\boldsymbol{x}_k=\boldsymbol{x}_0+V_k\boldsymbol{y}_k$ と表現できることと等価である．また，$\boldsymbol{v}_0$ は $\boldsymbol{r}_0$ を規格化したものだから $\boldsymbol{r}_0=V_{k+1}\boldsymbol{e}_{k+1}$（ただし $\boldsymbol{e}_{k+1}=(\|\boldsymbol{r}_0\|,0,\cdots,0)^\top\in\mathbb{R}^{k+1}$）が成り立つ．これより，残差 $\boldsymbol{r}_k=\boldsymbol{b}-A\boldsymbol{x}_k$ のノルムは

(4.61)

$$\|\boldsymbol{r}_k\|=\|\boldsymbol{r}_0-AV_k\boldsymbol{y}_k\|=\|V_{k+1}(\boldsymbol{e}_{k+1}-\hat{H}_k\boldsymbol{y}_k)\|=\|\boldsymbol{e}_{k+1}-\hat{H}_k\boldsymbol{y}_k\|$$

となる．ここで，最後の等号は V_{k+1} の列ベクトルの正規直交性（${V_{k+1}}^\top V_{k+1}=I_{k+1}$）による．式(4.61)より，残差の最小化は $\|\boldsymbol{e}_{k+1}-\hat{H}_k\boldsymbol{y}_k\|$ の $\boldsymbol{y}_k$ に関する最小化問題に帰着される．行列 $\hat{H}_k$ が Hessenberg 形なので，Givens 変換（第 6.1 節）を巧妙に用いて最小化問題の解 $\boldsymbol{y}_k$ を求めることができる[54]，[63]．近似解 $\boldsymbol{x}_k$ は，この $\boldsymbol{y}_k$ から $\boldsymbol{x}_k=\boldsymbol{x}_0+V_k\boldsymbol{y}_k$ と定める．これを**一般化最小残差法**（**GMRES 法**[*22]）という．

GMRES 法の手順をまとめると，次のようになる[*23]．

GMRES 法

初期ベクトル $\boldsymbol{x}_0$ をとる; $\boldsymbol{r}_0:=\boldsymbol{b}-A\boldsymbol{x}_0$ ($\boldsymbol{r}_0=\boldsymbol{0}$ なら算法終了);
$\boldsymbol{v}_0:=\boldsymbol{r}_0/\|\boldsymbol{r}_0\|$;
for $k:=1,2,\cdots$ **do**
　$\boldsymbol{w}:=A\boldsymbol{v}_{k-1}$;
　for $i:=0$ **to** $k-1$ **do**
　　$h_{i,k-1}:={\boldsymbol{v}_i}^\top\boldsymbol{w};\quad \boldsymbol{w}:=\boldsymbol{w}-h_{i,k-1}\boldsymbol{v}_i$
　end;

---

*22　GMRES = Generalized Minimal RESidual.

*23　後述の定理 4.22 との関係で終了判定を $h_{k,k-1}=0$ としてあるが，実際には $\varepsilon>0$ を適当に定めて，$\|\boldsymbol{r}_k\|\leqq\varepsilon\|\boldsymbol{b}\|$ となったら終了する．

　　$h_{k,k-1} := \|\boldsymbol{w}\|$;
　　$\|\boldsymbol{e}_{k+1} - \hat{H}_k \boldsymbol{y}_k\|$ を最小化する $\boldsymbol{y}_k$ を求める; $\boldsymbol{x}_k := \boldsymbol{x}_0 + V_k \boldsymbol{y}_k$;
　　if $h_{k,k-1} = 0$ **then**（算法終了）**else** $\boldsymbol{v}_k := \boldsymbol{w}/h_{k,k-1}$
end

定理 4.22　GMRES 法において，$h_{k,k-1} = 0$ となって終了することと，近似解 $\boldsymbol{x}_k$ が真の解 $\boldsymbol{x}^*$ に一致することは同値である．　□

［証明］　まず，$h_{k,k-1} = 0$ とする．$\hat{H}_k$ の最後の行を除いた k 次正方行列を H_k とすると，$AV_k = V_{k+1}\hat{H}_k = V_k H_k$ より，H_k は正則である．したがって，残差ノルム $\|\boldsymbol{r}_k\| = \|\boldsymbol{e}_{k+1} - \hat{H}_k \boldsymbol{y}_k\| = \|\boldsymbol{e}_k - H_k \boldsymbol{y}_k\|$（式(4.61)参照）は $\boldsymbol{y}_k = {H_k}^{-1}\boldsymbol{e}_k$ に対して 0 になる．

逆に，$h_{j,j-1} \neq 0$ $(j = 1, \cdots, k)$ とする．$\hat{H}_k$ の最初の行ベクトルを $\bar{\boldsymbol{h}}_k^{\mathsf{T}}$，$\hat{H}_k$ の最初の行を除いた k 次正方行列を $\bar{H}_k$ とすると，

$$\|\boldsymbol{r}_k\|^2 = (\|\boldsymbol{r}_0\| - \bar{\boldsymbol{h}}_k^{\mathsf{T}} \boldsymbol{y}_k)^2 + \|\bar{H}_k \boldsymbol{y}_k\|^2$$

が成り立つ．$\bar{H}_k$ は対角要素が非零の上三角行列で正則だから右辺第2項 $\|\bar{H}_k \boldsymbol{y}_k\|^2$ が 0 になるのは $\boldsymbol{y}_k = \boldsymbol{0}$ の場合に限られるが，このとき右辺第1項は $\|\boldsymbol{r}_0\|^2$ に等しい．したがって，$\|\boldsymbol{r}_k\| \neq 0$ である．　■

既に述べたように，GMRES 法と GCR 法は(丸め誤差のない状況では)同じ近似解 $\boldsymbol{x}_k$ を生成する．両者の違いは $\mathcal{K}_k(A, \boldsymbol{r}_0)$ の基底の取り方にあり，GMRES 法が通常の意味での直交基底を Arnoldi 算法によって生成するのに対して，GCR 法では $A^{\mathsf{T}}A$ に関する直交基底(共役方向)を用いる．GCR 法は GMRES 法に比べて実装が簡単であるものの，演算量が多く，さらに，場合によっては破綻が生じる可能性がある(注意 4.16 参照)．これとは対照的に，GMRES 法には**破綻**の心配がないという著しい長所がある(定理 4.22)．

GMRES 法の収束性については，GCR 法に関する定理 4.14 と同じ評価式が(破綻に関するただし書きなしで)成り立つ．また，定理 4.15 に対応して，次の定理が成り立つ．

定理 4.23　係数行列 A の対称部分 $M = (A + A^{\mathsf{T}})/2$ が定値(正定値または

負定値)ならば，GMRES 法において，ある $k^{\#}$(ただし $0 \leqq k^{\#} \leqq n$)が存在して，$\boldsymbol{r}_{k^{\#}} = \boldsymbol{0}$ であり，$0 \leqq k \leqq k^{\#} - 1$ に対して

$$\frac{\|\boldsymbol{r}_{k+1}\|^2}{\|\boldsymbol{r}_k\|^2} \leqq 1 - \frac{\min\left(|\lambda_{\max}(M)|^2, |\lambda_{\min}(M)|^2\right)}{\lambda_{\max}(A^\mathsf{T} A)} \tag{4.62}$$

が成り立つ($\lambda_{\max}(\cdot)$, $\lambda_{\min}(\cdot)$ は対称行列の最大，最小固有値を表す)． □

GMRES 法は，段数 k が大きくなるにつれて計算量と記憶領域が大きくなってしまうので，適当な段数 m で反復を停止して，そのときの近似解を初期解として再出発することもある．これを **GMRES(m) 法**と呼ぶ．この算法の終了性については定理 4.22 と同じことが成り立ち，収束性については次の定理が成り立つ．

定理 4.24 係数行列 A の対称部分 $M = (A + A^\mathsf{T})/2$ が定値(正定値または負定値)ならば，GMRES(m) 法において，次の(i)，(ii)のいずれかが成り立つ．

(i) ある $k^{\#} \geqq 0$ が存在して，$\boldsymbol{r}_{k^{\#}} = \boldsymbol{0}$ であり，$0 \leqq k \leqq k^{\#} - 1$ に対して式(4.62)が成り立つ．

(ii) すべての $k \geqq 0$ に対して，$\boldsymbol{r}_k \neq \boldsymbol{0}$ であって，式(4.62)が成り立つ． □

注意 4.25 Arnoldi 算法において，初期ベクトル $\boldsymbol{r}_0$ は残差という意味をもつ必要はなく，一般のベクトルでよい．$\boldsymbol{r}_0$ の A に関する最小消去多項式の次数を $d(A, \boldsymbol{r}_0)$ とすると，定理 4.22 の証明から，$k = d(A, \boldsymbol{r}_0)$ において初めて $h_{k+1,k} = 0$ となって算法が終了することが分かる．Arnoldi 算法は固有値問題の解法にも利用される(第 7.7.1 節)．

4.2.5 残差直交性をもつ解法

以上に述べた GCR 法，Orthomin(m) 法，GMRES 法は，残差の最小化を指導原理として導出されてきた．これは，第 4.1.1 節における共役勾配法の導出法を非対称行列に対して拡張したことにあたる．一方，第 4.1.4 節において，共役勾配法が残差の直交性という別の原理からも導出できることを示した．本節では，非対称行列に対して，残差の直交性をもつ解法がどのような形になるかを考察しよう．

以下，A は対称とは限らない n 次正則行列とし，第 4.1.4 節と同様に，近

似解 $\boldsymbol{x}_k$ に対応する残差 $\boldsymbol{r}_k=\boldsymbol{b}-A\boldsymbol{x}_k$ が初期残差 $\boldsymbol{r}_0$ と k 次多項式 $R_k(\lambda)$ によって $\boldsymbol{r}_k=R_k(A)\boldsymbol{r}_0$ と表されるような反復解法を考える．ただし，ここでも式(4.28)の条件 $R_k(0)=1$ を課すこととする．

多項式の次数を考えると，ある実数 $\xi_k\neq 0,\ \eta_{kj}\ (j=0,1,\cdots,k)$ に対して

$$R_{k+1}(\lambda)=\xi_k\lambda R_k(\lambda)+\sum_{j=0}^{k}\eta_{kj}R_j(\lambda)\qquad(k=0,1,2,\cdots)\tag{4.63}$$

が成り立つことが分かる．この式を連立の漸化式に書き換えることを考える．$R_k(0)=1$ により

$$\sum_{j=0}^{k}\eta_{kj}=1\tag{4.64}$$

であることに注意して，

$$\begin{aligned}R_{k+1}(\lambda)-R_k(\lambda)&=\xi_k\lambda R_k(\lambda)-\sum_{j=0}^{k}\eta_{kj}(R_k(\lambda)-R_j(\lambda))\\&=\xi_k\lambda R_k(\lambda)-\sum_{j=0}^{k}\eta_{kj}\sum_{i=j}^{k-1}(R_{i+1}(\lambda)-R_i(\lambda))\end{aligned}$$

と計算し，これを

$$\begin{aligned}\frac{R_{k+1}(\lambda)-R_k(\lambda)}{\xi_k\lambda}&=R_k(\lambda)-\sum_{j=0}^{k}\frac{\eta_{kj}}{\xi_k}\sum_{i=j}^{k-1}\xi_i\frac{R_{i+1}(\lambda)-R_i(\lambda)}{\xi_i\lambda}\\&=R_k(\lambda)-\sum_{i=0}^{k-1}\left(\frac{\xi_i}{\xi_k}\sum_{j=0}^{i}\eta_{kj}\right)\frac{R_{i+1}(\lambda)-R_i(\lambda)}{\xi_i\lambda}\\&=R_k(\lambda)-\sum_{i=1}^{k}\left(\frac{\xi_{k-i}}{\xi_k}\sum_{j=0}^{k-i}\eta_{kj}\right)\frac{R_{k-i+1}(\lambda)-R_{k-i}(\lambda)}{\xi_{k-i}\lambda}\end{aligned}$$

と変形する．ここで

$$P_k(\lambda)=\frac{R_{k+1}(\lambda)-R_k(\lambda)}{\xi_k\lambda},\quad \alpha_k=-\xi_k,\quad \beta_{k-1,i}=\frac{-\xi_{k-i}}{\xi_k}\sum_{j=0}^{k-i}\eta_{kj}$$

とおくと，漸化式

$$P_k(\lambda)=R_k(\lambda)+\sum_{i=1}^{k}\beta_{k-1,i}P_{k-i}(\lambda),\tag{4.65}$$

$$R_{k+1}(\lambda)=R_k(\lambda)-\alpha_k\lambda P_k(\lambda)\tag{4.66}$$

が得られる．ここで，P_k の作り方から

$$(4.67)\qquad (AP_k(A)\boldsymbol{r}_0, P_j(A)\boldsymbol{r}_0)=0 \qquad (j<k)$$

が成り立つことに注意する．実際，

$$(AP_k(A)\boldsymbol{r}_0, P_j(A)\boldsymbol{r}_0)=([R_k(A)-R_{k+1}(A)]\boldsymbol{r}_0, P_j(A)\boldsymbol{r}_0)/\alpha_k$$

において，$P_j(\lambda)$ は $R_0(\lambda), R_1(\lambda), \cdots, R_j(\lambda)$ の 1 次結合で書け，$\boldsymbol{r}_i=R_i(A)\boldsymbol{r}_0$ $(i=0,1,2,\cdots)$ が直交系を成すので式(4.67)が成り立つ．

係数 α_k，$\beta_{k-1,i}$ は次のように定められる．まず，式(4.66)と $(R_{k+1}(A)\boldsymbol{r}_0, P_k(A)\boldsymbol{r}_0)=0$ により

$$\alpha_k=\frac{(R_k(A)\boldsymbol{r}_0, P_k(A)\boldsymbol{r}_0)}{(AP_k(A)\boldsymbol{r}_0, P_k(A)\boldsymbol{r}_0)}$$

が導かれる．また，式(4.65)，(4.67)により，$1\leqq j\leqq k$ に対して

$$\begin{aligned}
0&=(AP_k(A)\boldsymbol{r}_0, P_{k-j}(A)\boldsymbol{r}_0)\\
&=(AR_k(A)\boldsymbol{r}_0+\sum_{i=1}^{k}\beta_{k-1,i}AP_{k-i}(A)\boldsymbol{r}_0, P_{k-j}(A)\boldsymbol{r}_0)\\
&=(AR_k(A)\boldsymbol{r}_0, P_{k-j}(A)\boldsymbol{r}_0)+\sum_{i=j}^{k}\beta_{k-1,i}(AP_{k-i}(A)\boldsymbol{r}_0, P_{k-j}(A)\boldsymbol{r}_0)
\end{aligned}$$

となるので，

$$\beta_{k-1,k}=-\frac{(AR_k(A)\boldsymbol{r}_0, P_0(A)\boldsymbol{r}_0)}{(AP_0(A)\boldsymbol{r}_0, P_0(A)\boldsymbol{r}_0)},$$

$$\beta_{k-1,j}=-\frac{(AR_k(A)\boldsymbol{r}_0, P_{k-j}(A)\boldsymbol{r}_0)+\sum_{i=j+1}^{k}\beta_{k-1,i}(AP_{k-i}(A)\boldsymbol{r}_0, P_{k-j}(A)\boldsymbol{r}_0)}{(AP_{k-j}(A)\boldsymbol{r}_0, P_{k-j}(A)\boldsymbol{r}_0)}$$

$$(j=k-1, k-2, \cdots, 1)$$

のように計算することができる．

以上の関係式から $\boldsymbol{p}_k=P_k(A)\boldsymbol{r}_0$，$\boldsymbol{r}_k=R_k(A)\boldsymbol{r}_0$ および $\boldsymbol{x}_k$ に関する漸化式を作ると，次の算法が得られる：

$$\alpha_k := \frac{(\boldsymbol{r}_k, \boldsymbol{p}_k)}{(\boldsymbol{p}_k, A\boldsymbol{p}_k)}, \quad \boldsymbol{x}_{k+1} := \boldsymbol{x}_k + \alpha_k \boldsymbol{p}_k, \quad \boldsymbol{r}_{k+1} := \boldsymbol{r}_k - \alpha_k A\boldsymbol{p}_k,$$

$$\beta_{kj} := -\frac{(A\boldsymbol{r}_{k+1}, \boldsymbol{p}_{k+1-j}) + \sum_{i=j+1}^{k+1} \beta_{ki}(A\boldsymbol{p}_{k+1-i}, \boldsymbol{p}_{k+1-j})}{(A\boldsymbol{p}_{k+1-j}, \boldsymbol{p}_{k+1-j})} \qquad (j = k+1, k, \cdots, 1),$$

$$\boldsymbol{p}_{k+1} := \boldsymbol{r}_{k+1} + \sum_{j=1}^{k+1} \beta_{kj} \boldsymbol{p}_{k+1-j}.$$

対称行列の場合には，$j \geqq 2$ に対して $\beta_{kj} = 0$ となって簡単な形の漸化式が得られた．これは Lanczos 原理の帰結であった．しかし，ここで見たように，一般の非対称行列の場合には，残差の直交性を要請すると**短い漸化式**(項数の少ない漸化式)は得られない．次節において，直交性を双直交性に置き換えることによって，短い漸化式の解法を設計できることを示そう．

注意 4.26　上の算法は，いわゆる **Orthores 法**[60], [129]と同じ近似解 $\boldsymbol{x}_k$ を生成する．ここでは，残差の直交性と式(4.63)，(4.64)から Orthores 法を導出することによって，このことを示そう．式(4.63)より，$0 \leqq j \leqq k$ に対して

$$0 = (R_{k+1}(A)\boldsymbol{r}_0, R_j(A)\boldsymbol{r}_0) = \xi_k(AR_k(A)\boldsymbol{r}_0, R_j(A)\boldsymbol{r}_0) + \eta_{kj}(R_j(A)\boldsymbol{r}_0, R_j(A)\boldsymbol{r}_0)$$

となるので，

$$\eta_{kj} = -\xi_k \frac{(AR_k(A)\boldsymbol{r}_0, R_j(A)\boldsymbol{r}_0)}{(R_j(A)\boldsymbol{r}_0, R_j(A)\boldsymbol{r}_0)} \qquad (0 \leqq j \leqq k)$$

である．これと式(4.64)により，

$$\xi_k = -\left(\sum_{j=0}^{k} \frac{(AR_k(A)\boldsymbol{r}_0, R_j(A)\boldsymbol{r}_0)}{(R_j(A)\boldsymbol{r}_0, R_j(A)\boldsymbol{r}_0)} \right)^{-1}$$

となる．近似解 $\boldsymbol{x}_k$ については，式(4.63)，(4.64)と残差の定義 $\boldsymbol{r}_j = \boldsymbol{b} - A\boldsymbol{x}_j$ から

$$\boldsymbol{x}_{k+1} = -\xi_k \boldsymbol{r}_k + \sum_{j=0}^{k} \eta_{kj} \boldsymbol{x}_j$$

という漸化式が導かれる．以上より，

$$\hat{\eta}_{kj} := \frac{(A\boldsymbol{r}_k, \boldsymbol{r}_j)}{(\boldsymbol{r}_j, \boldsymbol{r}_j)} \quad (0 \leqq j \leqq k), \qquad \hat{\xi}_k := \left(\sum_{j=0}^{k} \hat{\eta}_{kj}\right)^{-1},$$

$$\boldsymbol{x}_{k+1} := \hat{\xi}_k(\boldsymbol{r}_k + \sum_{j=0}^{k} \hat{\eta}_{kj}\boldsymbol{x}_j), \qquad \boldsymbol{r}_{k+1} := \hat{\xi}_k(-A\boldsymbol{r}_k + \sum_{j=0}^{k} \hat{\eta}_{kj}\boldsymbol{r}_j)$$

という算法が得られる．これは Orthores 法に他ならない．

4.2.6 双共役勾配法(BCG 法)

非対称行列の場合に「残差の直交化」という原理があまり有効でないことを第 4.2.5 節で見た．しかし，この原理を「残差の双直交化」に修正することによって新しい道が開ける(図 4.2 参照)．本節で述べる双共役勾配法(BCG 法)は，残差双直交性の原理に従う算法の基本形である．途中で破綻が起きなければ有限回演算で真の解を出すという直接法的な側面をもつが，現在では，専ら反復法として用いられている．

解きたい方程式 $A\boldsymbol{x} = \boldsymbol{b}$ の他に補助的な方程式[*24]

$$A^{\mathsf{T}}\boldsymbol{x}^{\bullet} = \boldsymbol{b}^{\bullet} \tag{4.68}$$

(右辺ベクトル $\boldsymbol{b}^{\bullet}$ は任意に定める)を考え，両者の初期残差 $\boldsymbol{r}_0 = \boldsymbol{b} - A\boldsymbol{x}_0$, $\boldsymbol{r}_0^{\bullet} = \boldsymbol{b}^{\bullet} - A^{\mathsf{T}}\boldsymbol{x}_0^{\bullet}$ から

$$\boldsymbol{r}_k = R_k(A)\boldsymbol{r}_0, \quad \boldsymbol{r}_k^{\bullet} = R_k(A^{\mathsf{T}})\boldsymbol{r}_0^{\bullet} \qquad (k = 0, 1, 2, \cdots) \tag{4.69}$$

の形の**双直交系**を構成することを考える．ここで，$R_k(\lambda)$ は $R_k(0) = 1$ を満たす k 次多項式とする．二つのベクトル $\boldsymbol{r}_k$, $\boldsymbol{r}_k^{\bullet}$ が同じ多項式 $R_k(\lambda)$ で生成されること，および，$\boldsymbol{r}_k$ では $\lambda = A$ を代入するのに対して $\boldsymbol{r}_k^{\bullet}$ では $\lambda = A^{\mathsf{T}}$ であることに注意されたい．なお，念のため思い出すと，**双直交性**とは

$$\langle \boldsymbol{r}_i^{\bullet}, \boldsymbol{r}_j \rangle = 0 \quad (i \neq j); \qquad \langle \boldsymbol{r}_i^{\bullet}, \boldsymbol{r}_i \rangle \neq 0 \tag{4.70}$$

---

*24 $\boldsymbol{x}^{\bullet}$, $\boldsymbol{b}^{\bullet}$ は $\boldsymbol{x}$, $\boldsymbol{b}$ とは無関係のベクトルである($\boldsymbol{x}^{\mathsf{T}}$ などの記法とは異なる)．補助方程式(4.68)は $A^{\mathsf{T}}\boldsymbol{y} = \boldsymbol{c}$ と書いてもよく，係数行列が A^{T} であることだけが重要である．$\boldsymbol{x}^{\bullet}$, $\boldsymbol{b}^{\bullet}$ などの記法を用いるのは，双対空間に属するベクトルであることを明示するためである．

という条件であった．

このとき，$X_{k+1}(\lambda)=[R_{k+1}(\lambda)-R_k(\lambda)]/\lambda$ として，近似解の列を漸化式 $\boldsymbol{x}_{k+1}=\boldsymbol{x}_k-X_{k+1}(A)\boldsymbol{r}_0$ で定義すると，近似解 $\boldsymbol{x}_k$ の残差は $\boldsymbol{r}_k$ に一致する(すなわち $\boldsymbol{r}_k=\boldsymbol{b}-A\boldsymbol{x}_k$)．このことから，$R_k(\lambda)$ は**残差多項式**と呼ばれる(第4.1.4節の議論と同様である)．

式(4.69)の形の双直交系は，Gram-Schmidt の直交化と同様の双直交化とスケーリングを組み合わせて，次のようにして作ることができる(→問題4.11)．第4.1.4節の「残差直交系の生成手順」とも比較されたい．

残差双直交系の生成手順

$V_0(\lambda):=1;\quad R_0(\lambda):=1;\quad \boldsymbol{v}_0:=\boldsymbol{r}_0;\quad \boldsymbol{v}_0^\bullet:=\boldsymbol{r}_0^\bullet;$

for $k:=0,1,2,\cdots$ **until** $\boldsymbol{r}_k=\boldsymbol{0}$ **do**

begin

$$V_{k+1}(\lambda):=\lambda^{k+1}-\sum_{j=0}^{k}\frac{\langle \boldsymbol{v}_j^\bullet, A^{k+1}\boldsymbol{r}_0\rangle}{\langle \boldsymbol{v}_j^\bullet, \boldsymbol{v}_j\rangle}V_j(\lambda);$$

$R_{k+1}(\lambda):=V_{k+1}(\lambda)/V_{k+1}(0);$

$X_{k+1}(\lambda):=[R_{k+1}(\lambda)-R_k(\lambda)]/\lambda;$

$\boldsymbol{v}_{k+1}:=V_{k+1}(A)\boldsymbol{r}_0;\quad \boldsymbol{v}_{k+1}^\bullet:=V_{k+1}(A^\top)\boldsymbol{r}_0^\bullet;$

$\boldsymbol{r}_{k+1}:=R_{k+1}(A)\boldsymbol{r}_0;\quad \boldsymbol{r}_{k+1}^\bullet:=R_{k+1}(A^\top)\boldsymbol{r}_0^\bullet;$

$\boldsymbol{x}_{k+1}:=\boldsymbol{x}_k-X_{k+1}(A)\boldsymbol{r}_0$

end

---

n 次元空間内の双直交系の長さは n 以下であるから，上の手順の途中で $V_{k+1}(0)=0$ や $\langle \boldsymbol{v}_k^\bullet, \boldsymbol{v}_k\rangle=0$ となって**破綻**することがなければ，ある $\overline{n}\leqq n$ に対して $\boldsymbol{r}_{\overline{n}}=\boldsymbol{0}$ となり，$\boldsymbol{x}^*=\boldsymbol{x}_{\overline{n}}$ が求められる($\overline{n}$ は $\boldsymbol{r}_0$ の A に関する最小消去多項式の次数 $d(A,\boldsymbol{r}_0)$ に等しい)．

次の定理は，上記の手順で定義されるベクトル $\boldsymbol{r}_k$, $\boldsymbol{r}_k^\bullet$, $\boldsymbol{x}_k$ を効率良く計算するための基礎を与えるものである．Lanczos 原理(定理4.11)の非対称行列への一般化にあたり，**一般化 Lanczos 原理**と呼ばれることがある．

定理 4.27　A を(対称とは限らない)行列，$\hat{k}$ を自然数，$U_k(\lambda)$ を k 次多項

式$(k=0,1,\cdots,\hat{k})$とし，$\boldsymbol{u}_0$，$\boldsymbol{u}_0^\bullet$をベクトルとする．$\boldsymbol{u}_k=U_k(A)\boldsymbol{u}_0$，$\boldsymbol{u}_k^\bullet=U_k(A^\top)\boldsymbol{u}_0^\bullet$ $(k=0,1,\cdots,\hat{k})$が双直交条件

$$\langle \boldsymbol{u}_i^\bullet,\boldsymbol{u}_j\rangle=0 \quad (0\leqq i<j\leqq \hat{k}), \qquad \langle \boldsymbol{u}_i^\bullet,\boldsymbol{u}_i\rangle\neq 0 \quad (0\leqq i\leqq \hat{k}-1)$$

を満たし，かつ$\boldsymbol{u}_k\neq\boldsymbol{0}$, $\boldsymbol{u}_k^\bullet\neq\boldsymbol{0}$ $(k=0,1,\cdots,\hat{k}-1)$ならば*25，ある実数$\xi_k\neq 0$, η_k, ζ_kが存在して，3項漸化式

(4.71)

$$U_{k+1}(\lambda)=\xi_k\lambda U_k(\lambda)+\eta_k U_k(\lambda)+\zeta_k U_{k-1}(\lambda) \qquad (k=0,1,\cdots,\hat{k}-1)$$

が成り立つ．ただし$U_0(\lambda)=1$, $U_{-1}(\lambda)=0$とする． □

［証明］ $k\leqq\hat{k}-1$のとき，ある$\xi_k\neq 0$, η_k, ζ_k, c_{kj} $(0\leqq j\leqq k-2)$を用いて

$$U_{k+1}(\lambda)=\xi_k\lambda U_k(\lambda)+\eta_k U_k(\lambda)+\zeta_k U_{k-1}(\lambda)+\sum_{j=0}^{k-2}c_{kj}U_j(\lambda)$$

と展開できる．このとき

$$\boldsymbol{u}_{k+1}=\xi_k AU_k(A)\boldsymbol{u}_0+\eta_k\boldsymbol{u}_k+\zeta_k\boldsymbol{u}_{k-1}+\sum_{j=0}^{k-2}c_{kj}\boldsymbol{u}_j$$

であり，双直交性より，$0\leqq j\leqq k-2$に対して，

$$0=\langle\boldsymbol{u}_j^\bullet,\boldsymbol{u}_{k+1}\rangle=\xi_k\langle U_j(A^\top)\boldsymbol{u}_0^\bullet,AU_k(A)\boldsymbol{u}_0\rangle+c_{kj}\langle\boldsymbol{u}_j^\bullet,\boldsymbol{u}_j\rangle$$

となる．ここで，

$$\langle U_j(A^\top)\boldsymbol{u}_0^\bullet,AU_k(A)\boldsymbol{u}_0\rangle=\langle A^\top U_j(A^\top)\boldsymbol{u}_0^\bullet,U_k(A)\boldsymbol{u}_0\rangle$$

が成り立ち，$\lambda U_j(\lambda)$が$k-1$次以下の多項式だから右辺の値は0である．さらに，$\langle\boldsymbol{u}_j^\bullet,\boldsymbol{u}_j\rangle\neq 0$であるから，$c_{kj}=0$である． ■

この一般化 Lanczos 原理により，残差多項式$R_k(\lambda)$が3項漸化式

*25 $\boldsymbol{u}_{\hat{k}}=\boldsymbol{0}$や$\boldsymbol{u}_{\hat{k}}^\bullet=\boldsymbol{0}$の可能性は許す．

(4.72)

$$R_{k+1}(\lambda) = \xi_k \lambda R_k(\lambda) + \eta_k R_k(\lambda) + \zeta_k R_{k-1}(\lambda) \qquad (k = 0, 1, 2, \cdots)$$

$(R_0(\lambda) = 1,\ R_{-1}(\lambda) = 0)$ を満たすことが分かる．以下，第 4.1.4 節と同様にして，式(4.32)，(4.33)と同じ形の漸化式

$$P_k(\lambda) = R_k(\lambda) + \beta_{k-1} P_{k-1}(\lambda), \tag{4.73}$$

$$R_{k+1}(\lambda) = R_k(\lambda) - \alpha_k \lambda P_k(\lambda) \tag{4.74}$$

が導かれる．係数 α_k, β_{k-1} は，双直交性により，

$$\alpha_k = \frac{\langle R_k(A^\top)\boldsymbol{r}_0^\bullet, P_k(A)\boldsymbol{r}_0 \rangle}{\langle A^\top P_k(A^\top)\boldsymbol{r}_0^\bullet, P_k(A)\boldsymbol{r}_0 \rangle}, \quad \beta_{k-1} = -\frac{\langle R_k(A^\top)\boldsymbol{r}_0^\bullet, AP_{k-1}(A)\boldsymbol{r}_0 \rangle}{\langle P_{k-1}(A^\top)\boldsymbol{r}_0^\bullet, AP_{k-1}(A)\boldsymbol{r}_0 \rangle}$$

となるが，普通は，対称性のよい表現式

$$\alpha_k = \frac{\langle R_k(A^\top)\boldsymbol{r}_0^\bullet, R_k(A)\boldsymbol{r}_0 \rangle}{\langle P_k(A^\top)\boldsymbol{r}_0^\bullet, AP_k(A)\boldsymbol{r}_0 \rangle}, \quad \beta_{k-1} = \frac{\langle R_k(A^\top)\boldsymbol{r}_0^\bullet, R_k(A)\boldsymbol{r}_0 \rangle}{\langle R_{k-1}(A^\top)\boldsymbol{r}_0^\bullet, R_{k-1}(A)\boldsymbol{r}_0 \rangle}$$

を用いる(→問題 4.12)．近似解 $\boldsymbol{x}_k = A^{-1}(\boldsymbol{b} - \boldsymbol{r}_k)$ については，$\boldsymbol{x}_{k+1} = \boldsymbol{x}_k + \alpha_k P_k(A)\boldsymbol{r}_0$ によって逐次計算できる．

以上の関係式から

$$\boldsymbol{p}_k = P_k(A)\boldsymbol{r}_0, \quad \boldsymbol{p}_k^\bullet = P_k(A^\top)\boldsymbol{r}_0^\bullet, \quad \boldsymbol{r}_k = R_k(A)\boldsymbol{r}_0, \quad \boldsymbol{r}_k^\bullet = R_k(A^\top)\boldsymbol{r}_0^\bullet$$

と $\boldsymbol{x}_k$ に関する漸化式を作ることによって，**双共役勾配法**の算法が得られる．双共役勾配法の略称には，**BCG 法**，**BiCG 法**，**Bi-CG 法**[*26]などがあり，必ずしも確定していないようである．

具体的な算法は次のようになる．式(4.68)の補助方程式 $A^\top \boldsymbol{x}^\bullet = \boldsymbol{b}^\bullet$ の右辺ベクトル $\boldsymbol{b}^\bullet$ を任意に選べることに対応して，$\boldsymbol{r}_0^\bullet$ は任意のベクトルでよい．

双共役勾配法(BCG 法)

初期ベクトル $\boldsymbol{x}_0$ をとる; $\boldsymbol{r}_0 := \boldsymbol{b} - A\boldsymbol{x}_0$;　$\boldsymbol{p}_0 := \boldsymbol{r}_0$;

$\boldsymbol{r}_0^\bullet$ を適当にとる; $\boldsymbol{p}_0^\bullet := \boldsymbol{r}_0^\bullet$;

---

*26　BCG = BiConjugate Gradient;　BiCG = BiConjugate Gradient.

for $k := 0, 1, 2, \cdots$ **until** $\|\boldsymbol{r}_k\| \leqq \varepsilon \|\boldsymbol{b}\|$ **do**

begin

$$\alpha_k := \frac{\langle \boldsymbol{r}_k^\bullet, \boldsymbol{r}_k \rangle}{\langle \boldsymbol{p}_k^\bullet, A\boldsymbol{p}_k \rangle}; \quad \boldsymbol{x}_{k+1} := \boldsymbol{x}_k + \alpha_k \boldsymbol{p}_k;$$

$$\boldsymbol{r}_{k+1} := \boldsymbol{r}_k - \alpha_k A\boldsymbol{p}_k; \quad \boldsymbol{r}_{k+1}^\bullet := \boldsymbol{r}_k^\bullet - \alpha_k A^\top \boldsymbol{p}_k^\bullet;$$

$$\beta_k := \frac{\langle \boldsymbol{r}_{k+1}^\bullet, \boldsymbol{r}_{k+1} \rangle}{\langle \boldsymbol{r}_k^\bullet, \boldsymbol{r}_k \rangle};$$

$$\boldsymbol{p}_{k+1} := \boldsymbol{r}_{k+1} + \beta_k \boldsymbol{p}_k; \quad \boldsymbol{p}_{k+1}^\bullet := \boldsymbol{r}_{k+1}^\bullet + \beta_k \boldsymbol{p}_k^\bullet$$

end

算法の途中で α_k や β_k の分母が 0 になって**破綻**する可能性がある．丸め誤差がなく，しかも破綻が起きなければ，$k = \overline{n}$ で終了する．収束性については理論的な保証はほとんどなく，収束特性は問題のタイプに大きく依存することが経験的に知られている．

注意 4.28 ベクトル $\boldsymbol{r}_k^\bullet$ を**影の残差**(shadow residual)と呼ぶことがある．漸化式 $\boldsymbol{x}_{k+1}^\bullet = \boldsymbol{x}_k^\bullet + \alpha_k \boldsymbol{p}_k^\bullet$ $(k = 0, 1, \cdots)$ でベクトル $\boldsymbol{x}_0^\bullet, \boldsymbol{x}_1^\bullet, \cdots$ を定義したとすると，この $\boldsymbol{x}_k^\bullet$ は $A^\top \boldsymbol{x}^\bullet = \boldsymbol{b}^\bullet$ の近似解であり，その残差 $\boldsymbol{b}^\bullet - A^\top \boldsymbol{x}_k^\bullet$ が $\boldsymbol{r}_k^\bullet$ に等しくなるからである．$\boldsymbol{x}_k^\bullet$ は「影の近似解」とでも呼ぶべきもので，形式的対称性の観点からは明示した方が分かりやすい面もあるが，与えられた方程式を解くためには必要ないので実際に計算することはしない．BCG 法の骨格は，「表」の量である $(\boldsymbol{r}_k, \boldsymbol{p}_k)$ と「裏」(あるいは「影」)の量である $(\boldsymbol{r}_k^\bullet, \boldsymbol{p}_k^\bullet)$ の同時生成にあり，近似解 $\boldsymbol{x}_k$ は副産物と位置づけられる．

現在では，BCG 法の考え方に基づいて，QMR 法，BiCGSTAB 法，BiCGSTAB(ℓ) 法など，多くの拡張や変種が提案されている．これについては，第 4.2.7 節，第 4.2.8 節，第 4.2.9 節で述べる．

4.2.7 擬似最小残差法(QMR 法)

双共役勾配法(BCG 法)の収束特性を安定化することを狙った改良版に，擬似最小残差法(QMR 法)がある．双直交系を利用して，アフィン部分空間 $\boldsymbol{x}_0 + \mathcal{K}_k(A, \boldsymbol{r}_0)$ 上で残差を擬似的に最小化するものである．

双共役勾配法における残差を規格化したベクトルの列 $\boldsymbol{r}_0/\|\boldsymbol{r}_0\|, \boldsymbol{r}_1/\|\boldsymbol{r}_1\|, \cdots, \boldsymbol{r}_{k-1}/\|\boldsymbol{r}_{k-1}\|$ を並べた $n \times k$ 行列を $V_k = [\boldsymbol{v}_0, \boldsymbol{v}_1, \cdots, \boldsymbol{v}_{k-1}]$ とする(n は行列 A の次元)．残差多項式の 3 項漸化式(4.72)より，残差は 3 項漸化式

(4.75) $$\boldsymbol{r}_{j+1} = \xi_j A\boldsymbol{r}_j + \eta_j \boldsymbol{r}_j + \zeta_j \boldsymbol{r}_{j-1} \qquad (j = 0, 1, 2, \cdots)$$

を満たすので，3 重対角形の $(k+1) \times k$ 行列 $\hat{T}_k$ を用いて

(4.76) $$AV_k = V_{k+1}\hat{T}_k$$

と書くことができる[*27]．この行列 $\hat{T}_k$ を

(4.77) $$\hat{T}_k = \begin{bmatrix} \alpha_0 & \beta_0 & & & & \\ \gamma_0 & \alpha_1 & \beta_1 & & & \\ & \gamma_1 & \alpha_2 & \ddots & & \\ & & \ddots & \ddots & \ddots & \\ & & & \ddots & \ddots & \beta_{k-2} \\ & & & & \gamma_{k-2} & \alpha_{k-1} \\ & & & & & \gamma_{k-1} \end{bmatrix}$$

とおく（α_j, β_j, γ_j は k に依らずに定まる）．

ベクトル $\boldsymbol{v}_j$ と α_j, β_j, γ_j は，原理的には BCG 法の算法で計算できるが，数値的安定性や破綻対応の柔軟性のために，以下のように計算する（算法の正しさについては注意 4.30 参照）．この算法は**非対称 Lanczos 算法**（あるいは**両側 Lanczos 算法**）と呼ばれる．

非対称 Lanczos 算法

$\boldsymbol{v}_0 := \boldsymbol{r}_0/\|\boldsymbol{r}_0\|$;　$\boldsymbol{v}_0^\bullet := \boldsymbol{r}_0^\bullet/\langle \boldsymbol{r}_0^\bullet, \boldsymbol{v}_0\rangle$;　$\boldsymbol{v}_{-1} := \boldsymbol{0}$;　$\boldsymbol{v}_{-1}^\bullet := \boldsymbol{0}$;

$\beta_{-1} := 0$;　$\gamma_{-1} := 0$;

for $k := 0, 1, 2, \cdots$ **do**

　begin

　　$\alpha_k := \langle \boldsymbol{v}_k^\bullet, A\boldsymbol{v}_k\rangle$;

　　$\overline{\boldsymbol{v}}_{k+1} := A\boldsymbol{v}_k - \alpha_k \boldsymbol{v}_k - \beta_{k-1}\boldsymbol{v}_{k-1}$;

　　$\overline{\boldsymbol{v}}_{k+1}^\bullet := A^\top \boldsymbol{v}_k^\bullet - \alpha_k \boldsymbol{v}_k^\bullet - \gamma_{k-1}\boldsymbol{v}_{k-1}^\bullet$;

*27　$k = n$ の場合には V_{k+1} の最後の列 $\boldsymbol{v}_n = \boldsymbol{0}$ と約束する．なお，実際に QMR 法を使う場面では，$k \ll n$ である．

$\gamma_k := \|\overline{\boldsymbol{v}}_{k+1}\|;\quad \boldsymbol{v}_{k+1} := \overline{\boldsymbol{v}}_{k+1}/\gamma_k;$

$\beta_k := \langle \overline{\boldsymbol{v}}^{\bullet}_{k+1}, \boldsymbol{v}_{k+1}\rangle;\quad \boldsymbol{v}^{\bullet}_{k+1} := \overline{\boldsymbol{v}}^{\bullet}_{k+1}/\beta_k$

end

このようにして計算した $\hat{T}_k$ を用いて，アフィン部分空間 $\boldsymbol{x}_0 + \mathcal{K}_k(A, \boldsymbol{r}_0)$ 上での残差の(擬似的)最小化を次のように行う．ベクトル $\boldsymbol{x}_k$ が $\boldsymbol{x}_0 + \mathcal{K}_k(A, \boldsymbol{r}_0)$ に属することは，あるベクトル $\boldsymbol{y}_k \in \mathbb{R}^k$ によって $\boldsymbol{x}_k = \boldsymbol{x}_0 + V_k \boldsymbol{y}_k$ と表現できることと等価である．また，$\boldsymbol{v}_0$ は $\boldsymbol{r}_0$ を規格化したものだから，$\boldsymbol{r}_0 = V_{k+1}\boldsymbol{e}_{k+1}$(ただし $\boldsymbol{e}_{k+1} = (\|\boldsymbol{r}_0\|, 0, \cdots, 0)^{\top} \in \mathbb{R}^{k+1}$)が成り立つ．これより，残差 $\boldsymbol{r}_k = \boldsymbol{b} - A\boldsymbol{x}_k$ のノルムは

$$\|\boldsymbol{r}_k\| = \|\boldsymbol{r}_0 - AV_k \boldsymbol{y}_k\| = \|V_{k+1}(\boldsymbol{e}_{k+1} - \hat{T}_k \boldsymbol{y}_k)\| \tag{4.78}$$

と表現される．行列 V_{k+1} の列ベクトルは直交するとは限らないので，この残差ノルムの最小化は簡単でない．そこで，$\|\boldsymbol{e}_{k+1} - \hat{T}_k \boldsymbol{y}_k\|$ を残差ノルムの主要部と見なしてこれを最小化する $\boldsymbol{y}_k$ を求め，近似解 $\boldsymbol{x}_k = \boldsymbol{x}_0 + V_k \boldsymbol{y}_k$ を定めることにする．行列 $\hat{T}_k$ が3重対角形なので，Givens 変換(第6.1節)を巧妙に用いて最小化問題の解 $\boldsymbol{y}_k$ を求めることができる[54], [63]．これを**擬似最小残差法**(**QMR 法**[*28])と呼ぶ．

QMR 法の収束速度については，次の定理が成り立つ．式(4.79)は GMRES 法との比較であり，$\boldsymbol{r}_k^{\mathrm{GMRES}}$ は QMR 法と同じ初期値から出発して GMRES 法を適用したときに得られる残差を表す．また，式(4.80)における $\boldsymbol{y}_k$ は $\|\boldsymbol{e}_{k+1} - \hat{T}_k \boldsymbol{y}_k\|$ を最小にするベクトルである．

定理 4.29 QMR 法において，第 k 段まで破綻が起こらないとすると，

$$\|\boldsymbol{r}_k\| \leqq \kappa(V_{k+1})\,\|\boldsymbol{r}_k^{\mathrm{GMRES}}\|, \tag{4.79}$$

$$\|\boldsymbol{r}_k\| \leqq \sqrt{k+1}\,\|\boldsymbol{e}_{k+1} - \hat{T}_k \boldsymbol{y}_k\| \tag{4.80}$$

が成り立つ[*29]．ここで，$\kappa(V_{k+1})$ は V_{k+1} の2ノルムに関する条件数(1.22)で

---

*28 QMR = Quasi-Minimal Residual.

*29 式(4.80)は，いわゆる**事後評価**である．一般に，計算を実行して初めて分かる量を用いた評価を事後評価という．

ある． □

［証明］ V_{k+1} の最大特異値，最小特異値をそれぞれ $\sigma_{\max}$，$\sigma_{\min}$ とし，$\kappa=\kappa(V_{k+1})$ と略記すると，$\kappa=\sigma_{\max}/\sigma_{\min}$ である（式(1.23)）．式(4.78)により

$$(4.81)\qquad \|\boldsymbol{r}_k\|=\|V_{k+1}(\boldsymbol{e}_{k+1}-\hat{T}_k\boldsymbol{y}_k)\|\leqq\sigma_{\max}\|\boldsymbol{e}_{k+1}-\hat{T}_k\boldsymbol{y}_k\|$$

である．この右辺を

$$\begin{aligned}\sigma_{\max}\|\boldsymbol{e}_{k+1}-\hat{T}_k\boldsymbol{y}_k\| &= \kappa\,\sigma_{\min}\min_{\boldsymbol{y}}\|\boldsymbol{e}_{k+1}-\hat{T}_k\boldsymbol{y}\|\\ &\leqq \kappa\min_{\boldsymbol{y}}\|V_{k+1}(\boldsymbol{e}_{k+1}-\hat{T}_k\boldsymbol{y})\|=\kappa\min_{\boldsymbol{y}}\|\boldsymbol{r}_0-AV_k\boldsymbol{y}\|=\kappa\|\boldsymbol{r}_k^{\mathrm{GMRES}}\|\end{aligned}$$

と評価すると，式(4.79)が得られる．また，$\sigma_{\max}\leqq(\mathrm{Tr}\,({V_{k+1}}^{\mathsf{T}}V_{k+1}))^{1/2}=\sqrt{k+1}$ と式(4.81)より式(4.80)が得られる． ■

注意 4.30　上に示した非対称 Lanczos 算法は，$\|\boldsymbol{v}_k\|=1$, $\langle\boldsymbol{v}_k^\bullet,\boldsymbol{v}_k\rangle=1$ $(k=0,1,2,\cdots)$ のように規格化された双直交系 $(\boldsymbol{v}_0,\boldsymbol{v}_1,\boldsymbol{v}_2,\cdots)$, $(\boldsymbol{v}_0^\bullet,\boldsymbol{v}_1^\bullet,\boldsymbol{v}_2^\bullet,\cdots)$ を生成する．このことは帰納法でも証明できるが，ここでは逆に，このような双直交系を計算する算法を一般化 Lanczos 原理から導出して，それが非対称 Lanczos 算法に一致することを見よう．

Krylov 列 $(\boldsymbol{r}_0,A\boldsymbol{r}_0,A^2\boldsymbol{r}_0,\cdots)$，$(\boldsymbol{r}_0^\bullet,A^{\mathsf{T}}\boldsymbol{r}_0^\bullet,(A^{\mathsf{T}})^2\boldsymbol{r}_0^\bullet,\cdots)$ から生成される双直交系 $(\boldsymbol{v}_0,\boldsymbol{v}_1,\boldsymbol{v}_2,\cdots)$, $(\boldsymbol{v}_0^\bullet,\boldsymbol{v}_1^\bullet,\boldsymbol{v}_2^\bullet,\cdots)$ を考える．ただし，$\|\boldsymbol{v}_k\|=1$, $\langle\boldsymbol{v}_k^\bullet,\boldsymbol{v}_k\rangle=1$ $(k=0,1,2,\cdots)$ と規格化されているとする．このような双直交系は次のようにして作ることができる（第4.2.6節の「残差双直交系の生成手順」も参照されたい）：

$\tilde{V}_0(\lambda):=1$;　$\tilde{\boldsymbol{v}}_0:=\boldsymbol{r}_0$;　$\tilde{\boldsymbol{v}}_0^\bullet:=\boldsymbol{r}_0^\bullet$;　$\boldsymbol{v}_0:=\tilde{\boldsymbol{v}}_0/\|\tilde{\boldsymbol{v}}_0\|$;　$\boldsymbol{v}_0^\bullet:=\tilde{\boldsymbol{v}}_0^\bullet/\langle\tilde{\boldsymbol{v}}_0^\bullet,\boldsymbol{v}_0\rangle$;
for $k:=0,1,2,\cdots$ **do**
　begin
　　$\displaystyle\tilde{V}_{k+1}(\lambda):=\lambda^{k+1}-\sum_{j=0}^{k}\frac{\langle\tilde{\boldsymbol{v}}_j^\bullet,A^{k+1}\boldsymbol{r}_0\rangle}{\langle\tilde{\boldsymbol{v}}_j^\bullet,\tilde{\boldsymbol{v}}_j\rangle}\tilde{V}_j(\lambda)$;
　　$\tilde{\boldsymbol{v}}_{k+1}:=\tilde{V}_{k+1}(A)\boldsymbol{r}_0$;　$\tilde{\boldsymbol{v}}_{k+1}^\bullet:=\tilde{V}_{k+1}(A^{\mathsf{T}})\boldsymbol{r}_0^\bullet$;
　　$\boldsymbol{v}_{k+1}:=\tilde{\boldsymbol{v}}_{k+1}/\|\tilde{\boldsymbol{v}}_{k+1}\|$;　$\boldsymbol{v}_{k+1}^\bullet:=\tilde{\boldsymbol{v}}_{k+1}^\bullet/\langle\tilde{\boldsymbol{v}}_{k+1}^\bullet,\boldsymbol{v}_{k+1}\rangle$
　end

一般化 Lanczos 原理（定理4.27）を用いてこれを3項漸化式の形に書き換える．まず，式(4.72)により

$$\tilde{V}_{k+1}(\lambda) = \lambda \tilde{V}_k(\lambda) + \eta_k \tilde{V}_k(\lambda) + \zeta_k \tilde{V}_{k-1}(\lambda) \qquad (k = 0, 1, 2, \cdots) \tag{4.82}$$

が成立するが，この係数 η_k, ζ_k は

$$\eta_k = -\frac{\langle \tilde{\boldsymbol{v}}_k^\bullet, A\tilde{\boldsymbol{v}}_k \rangle}{\langle \tilde{\boldsymbol{v}}_k^\bullet, \tilde{\boldsymbol{v}}_k \rangle}, \qquad \zeta_k = -\frac{\langle \tilde{\boldsymbol{v}}_k^\bullet, \tilde{\boldsymbol{v}}_k \rangle}{\langle \tilde{\boldsymbol{v}}_{k-1}^\bullet, \tilde{\boldsymbol{v}}_{k-1} \rangle} \tag{4.83}$$

と与えられる．実際，式(4.82)と双直交性により

$$0 = \langle \tilde{V}_k(A^\top)\boldsymbol{r}_0^\bullet, A\tilde{V}_k(A)\boldsymbol{r}_0 \rangle + \eta_k \langle \tilde{V}_k(A^\top)\boldsymbol{r}_0^\bullet, \tilde{V}_k(A)\boldsymbol{r}_0 \rangle,$$
$$0 = \langle \tilde{V}_{k-1}(A^\top)\boldsymbol{r}_0^\bullet, A\tilde{V}_k(A)\boldsymbol{r}_0 \rangle + \zeta_k \langle \tilde{V}_{k-1}(A^\top)\boldsymbol{r}_0^\bullet, \tilde{V}_{k-1}(A)\boldsymbol{r}_0 \rangle$$

が成り立ち，この第 2 式の右辺第 1 項は，式(4.82)(k を $k-1$ とする)と双直交性から

$$\langle \tilde{V}_{k-1}(A^\top)\boldsymbol{r}_0^\bullet, A\tilde{V}_k(A)\boldsymbol{r}_0 \rangle = \langle A^\top \tilde{V}_{k-1}(A^\top)\boldsymbol{r}_0^\bullet, \tilde{V}_k(A)\boldsymbol{r}_0 \rangle = \langle \tilde{V}_k(A^\top)\boldsymbol{r}_0^\bullet, \tilde{V}_k(A)\boldsymbol{r}_0 \rangle$$

と書き直せるから，

$$\eta_k = -\frac{\langle \tilde{V}_k(A^\top)\boldsymbol{r}_0^\bullet, A\tilde{V}_k(A)\boldsymbol{r}_0 \rangle}{\langle \tilde{V}_k(A^\top)\boldsymbol{r}_0^\bullet, \tilde{V}_k(A)\boldsymbol{r}_0 \rangle} = -\frac{\langle \tilde{\boldsymbol{v}}_k^\bullet, A\tilde{\boldsymbol{v}}_k \rangle}{\langle \tilde{\boldsymbol{v}}_k^\bullet, \tilde{\boldsymbol{v}}_k \rangle},$$
$$\zeta_k = -\frac{\langle \tilde{V}_k(A^\top)\boldsymbol{r}_0^\bullet, \tilde{V}_k(A)\boldsymbol{r}_0 \rangle}{\langle \tilde{V}_{k-1}(A^\top)\boldsymbol{r}_0^\bullet, \tilde{V}_{k-1}(A)\boldsymbol{r}_0 \rangle} = -\frac{\langle \tilde{\boldsymbol{v}}_k^\bullet, \tilde{\boldsymbol{v}}_k \rangle}{\langle \tilde{\boldsymbol{v}}_{k-1}^\bullet, \tilde{\boldsymbol{v}}_{k-1} \rangle}$$

となる．

このようにして定まる $\tilde{\boldsymbol{v}}_k$, $\tilde{\boldsymbol{v}}_k^\bullet$ を規格化したものが $\boldsymbol{v}_k$, $\boldsymbol{v}_k^\bullet$ であるから，ある正の実数 σ_k, $\sigma_k^\bullet$ を用いて $\boldsymbol{v}_k = \sigma_k \tilde{\boldsymbol{v}}_k$, $\boldsymbol{v}_k^\bullet = \sigma_k^\bullet \tilde{\boldsymbol{v}}_k^\bullet$ と書ける．式(4.83)を用いて，式(4.82)から $\boldsymbol{v}_k$, $\boldsymbol{v}_k^\bullet$ についての漸化式を作ると

$$\frac{\sigma_k}{\sigma_{k+1}}\boldsymbol{v}_{k+1} = A\boldsymbol{v}_k - \langle \boldsymbol{v}_k^\bullet, A\boldsymbol{v}_k \rangle \boldsymbol{v}_k - \frac{\sigma_{k-1}^\bullet}{\sigma_k^\bullet}\boldsymbol{v}_{k-1},$$
$$\frac{\sigma_k^\bullet}{\sigma_{k+1}^\bullet}\boldsymbol{v}_{k+1}^\bullet = A^\top\boldsymbol{v}_k^\bullet - \langle \boldsymbol{v}_k^\bullet, A\boldsymbol{v}_k \rangle \boldsymbol{v}_k^\bullet - \frac{\sigma_{k-1}}{\sigma_k}\boldsymbol{v}_{k-1}^\bullet$$

となる．最後に，変数を

$$\overline{\boldsymbol{v}}_{k+1} = \frac{\sigma_k}{\sigma_{k+1}}\boldsymbol{v}_{k+1}, \qquad \overline{\boldsymbol{v}}_{k+1}^\bullet = \frac{\sigma_k^\bullet}{\sigma_{k+1}^\bullet}\boldsymbol{v}_{k+1}^\bullet,$$
$$\alpha_k = \langle \boldsymbol{v}_k^\bullet, A\boldsymbol{v}_k \rangle, \qquad \beta_k = \frac{\sigma_k^\bullet}{\sigma_{k+1}^\bullet}, \qquad \gamma_k = \frac{\sigma_k}{\sigma_{k+1}}$$

と定義すると，$\|\boldsymbol{v}_{k+1}\| = 1$ より $\|\overline{\boldsymbol{v}}_{k+1}\| = \sigma_k/\sigma_{k+1} = \gamma_k$ が得られ，$\langle \boldsymbol{v}_{k+1}^\bullet, \boldsymbol{v}_{k+1} \rangle = 1$ より $\langle \overline{\boldsymbol{v}}_{k+1}^\bullet, \boldsymbol{v}_{k+1} \rangle = \sigma_k^\bullet/\sigma_{k+1}^\bullet = \beta_k$ が得られる．これを算法の形に記述したものが非対称 Lanczos 算法である．

注意 4.31 非対称 Lanczos 算法において，$\gamma_k = 0$ や $\beta_k = 0$ という状況になると，

割り算が実行できず，先に進めなくなる．$\gamma_k = 0$ の場合には，$\boldsymbol{x}_{k+1}$ は真の解に一致するので，その時点で停止すればよい．$\beta_k = \langle \overline{\boldsymbol{v}}^\bullet_{k+1}, \boldsymbol{v}_{k+1} \rangle$ が 0 の場合，$\overline{\boldsymbol{v}}^\bullet_{k+1} \neq \boldsymbol{0}$ ならば，**先読み**(look-ahead)と呼ばれる工夫によって**破綻**を回避することができる．これは，k をひとつずつ増やして3重対角行列 $\hat{T}_k$ を作る代わりに，いくつかの k をまとめて処理することによって，ブロック3重対角行列を構成するものである．なお，$\overline{\boldsymbol{v}}^\bullet_{k+1} = \boldsymbol{0}$ の場合には，初期値を変えて計算し直すことになる．

4.2.8　安定化双共役勾配法(BiCGSTAB法)

双共役勾配法(BCG法)の改良版として，前節では擬似最小残差法(QMR法)を扱った(第4.2.1節の図4.2も参照)．ここでは，別の方向への改良版である安定化双共役勾配法(BiCGSTAB法)をBCG法から導出しよう．

BCG法においては，$\boldsymbol{r}_k = R_k(A)\boldsymbol{r}_0$ と $\boldsymbol{r}^\bullet_k = R_k(A^\top)\boldsymbol{r}^\bullet_0$ を同じ多項式 $R_k(\lambda)$ を用いて生成した．ここでは，$R_k(\lambda)$ とは別の k 次多項式 $S_k(\lambda)$ を用いて $\boldsymbol{s}^\bullet_k = S_k(A^\top)\boldsymbol{r}^\bullet_0$ を生成し，これを $\boldsymbol{r}^\bullet_k$ の代わりに使うことを考える．その目的は多項式 $S_k(\lambda)$ の自由度を利用して算法を安定化することにある．この多項式 $S_k(\lambda)$ を**安定化多項式**と呼ぶ．

最初に，BCG法の算法を $\boldsymbol{p}^\bullet_k$ を含まない形に書き換えることを考える．BCG法における係数 α_k, β_k は，

$$\alpha_k = \frac{\langle \boldsymbol{r}^\bullet_k, \boldsymbol{r}_k \rangle}{\langle \boldsymbol{p}^\bullet_k, A\boldsymbol{p}_k \rangle} = \frac{\langle \boldsymbol{r}^\bullet_k, \boldsymbol{r}_k \rangle}{\langle \boldsymbol{r}^\bullet_k, A\boldsymbol{p}_k \rangle} = \frac{\langle \boldsymbol{s}^\bullet_k, \boldsymbol{r}_k \rangle}{\langle \boldsymbol{s}^\bullet_k, A\boldsymbol{p}_k \rangle}, \tag{4.84}$$

$$\beta_k = \frac{\langle \boldsymbol{r}^\bullet_{k+1}, \boldsymbol{r}_{k+1} \rangle}{\langle \boldsymbol{r}^\bullet_k, \boldsymbol{r}_k \rangle} = -\frac{\alpha_k \cdot \mathrm{lc}(S_k)}{\mathrm{lc}(S_{k+1})} \cdot \frac{\langle \boldsymbol{s}^\bullet_{k+1}, \boldsymbol{r}_{k+1} \rangle}{\langle \boldsymbol{s}^\bullet_k, \boldsymbol{r}_k \rangle} \tag{4.85}$$

と書き直すことができる*30(証明は注意4.32に示す)．したがって，次の算法によって，BCG法と同じ $\boldsymbol{x}_k$, $\boldsymbol{r}_k$ を得ることができる．

BCG法と等価な算法

初期ベクトル $\boldsymbol{x}_0$ をとる; $\boldsymbol{r}_0 := \boldsymbol{b} - A\boldsymbol{x}_0$;　$\boldsymbol{p}_0 := \boldsymbol{r}_0$;

$\boldsymbol{r}^\bullet_0$ を適当にとる; $\boldsymbol{s}^\bullet_0 := S_0(A^\top)\,\boldsymbol{r}^\bullet_0$;

---

*30　一般に，多項式 P の最高次の係数を $\mathrm{lc}(P)$ と表す(lc = leading coefficient)．

for $k := 0, 1, 2, \cdots$ **do**

begin

$$\alpha_k := \frac{\langle \boldsymbol{s}_k^\bullet, \boldsymbol{r}_k \rangle}{\langle \boldsymbol{s}_k^\bullet, A\boldsymbol{p}_k \rangle}; \quad \boldsymbol{x}_{k+1} := \boldsymbol{x}_k + \alpha_k \boldsymbol{p}_k;$$

$$\boldsymbol{r}_{k+1} := \boldsymbol{r}_k - \alpha_k A\boldsymbol{p}_k; \quad \boldsymbol{s}_{k+1}^\bullet := S_{k+1}(A^\top)\boldsymbol{r}_0^\bullet;$$

$$\beta_k := -\frac{\alpha_k \cdot \mathrm{lc}(S_k)}{\mathrm{lc}(S_{k+1})} \cdot \frac{\langle \boldsymbol{s}_{k+1}^\bullet, \boldsymbol{r}_{k+1} \rangle}{\langle \boldsymbol{s}_k^\bullet, \boldsymbol{r}_k \rangle}; \quad \boldsymbol{p}_{k+1} := \boldsymbol{r}_{k+1} + \beta_k \boldsymbol{p}_k$$

end

上の算法には $\boldsymbol{p}_k^\bullet$ が現れないこと，および，$\boldsymbol{r}_k^\bullet$ の役割を $\boldsymbol{s}_k^\bullet$ が担っていることに注意されたい．

次に，

$$\alpha_k = \frac{\langle \boldsymbol{s}_k^\bullet, \boldsymbol{r}_k \rangle}{\langle \boldsymbol{s}_k^\bullet, A\boldsymbol{p}_k \rangle} = \frac{\langle \boldsymbol{r}_0^\bullet, S_k(A)R_k(A)\boldsymbol{r}_0 \rangle}{\langle \boldsymbol{r}_0^\bullet, AS_k(A)P_k(A)\boldsymbol{r}_0 \rangle},$$

$$\begin{aligned}\beta_k &= -\frac{\alpha_k \cdot \mathrm{lc}(S_k)}{\mathrm{lc}(S_{k+1})} \cdot \frac{\langle \boldsymbol{s}_{k+1}^\bullet, \boldsymbol{r}_{k+1} \rangle}{\langle \boldsymbol{s}_k^\bullet, \boldsymbol{r}_k \rangle} \\ &= -\frac{\alpha_k \cdot \mathrm{lc}(S_k)}{\mathrm{lc}(S_{k+1})} \cdot \frac{\langle \boldsymbol{r}_0^\bullet, S_{k+1}(A)R_{k+1}(A)\boldsymbol{r}_0 \rangle}{\langle \boldsymbol{r}_0^\bullet, S_k(A)R_k(A)\boldsymbol{r}_0 \rangle}\end{aligned}$$

と書き直せることに着目して，$\boldsymbol{r}_k$ と $\boldsymbol{p}_k$ を $S_k(A)$ で変換したベクトル

$$\tilde{\boldsymbol{r}}_k = S_k(A)\boldsymbol{r}_k = S_k(A)R_k(A)\boldsymbol{r}_0, \qquad \tilde{\boldsymbol{p}}_k = S_k(A)\boldsymbol{p}_k = S_k(A)P_k(A)\boldsymbol{r}_0$$

を定義すると，

$$\alpha_k = \frac{\langle \boldsymbol{r}_0^\bullet, \tilde{\boldsymbol{r}}_k \rangle}{\langle \boldsymbol{r}_0^\bullet, A\tilde{\boldsymbol{p}}_k \rangle}, \qquad \beta_k = -\frac{\alpha_k \cdot \mathrm{lc}(S_k)}{\mathrm{lc}(S_{k+1})} \cdot \frac{\langle \boldsymbol{r}_0^\bullet, \tilde{\boldsymbol{r}}_{k+1} \rangle}{\langle \boldsymbol{r}_0^\bullet, \tilde{\boldsymbol{r}}_k \rangle} \tag{4.86}$$

である．また，$\tilde{\boldsymbol{r}}_k$ を残差にもつような近似解を $\tilde{\boldsymbol{x}}_k$（すなわち $\tilde{\boldsymbol{r}}_k = \boldsymbol{b} - A\tilde{\boldsymbol{x}}_k$）とすると，「BCG 法と等価な算法」の第 k 段は

$$\alpha_k := \frac{\langle \boldsymbol{r}_0^\bullet, \tilde{\boldsymbol{r}}_k \rangle}{\langle \boldsymbol{r}_0^\bullet, A\tilde{\boldsymbol{p}}_k \rangle}; \quad \tilde{\boldsymbol{x}}_k \text{ から } \tilde{\boldsymbol{x}}_{k+1} \text{ を計算}; \quad \tilde{\boldsymbol{r}}_k \text{ から } \tilde{\boldsymbol{r}}_{k+1} \text{ を計算};$$

$$\beta_k := -\frac{\alpha_k \cdot \mathrm{lc}(S_k)}{\mathrm{lc}(S_{k+1})} \cdot \frac{\langle \boldsymbol{r}_0^\bullet, \tilde{\boldsymbol{r}}_{k+1} \rangle}{\langle \boldsymbol{r}_0^\bullet, \tilde{\boldsymbol{r}}_k \rangle}; \quad \tilde{\boldsymbol{p}}_k \text{ から } \tilde{\boldsymbol{p}}_{k+1} \text{ を計算}$$

となる．

多項式 $S_k(\lambda)$ の選び方には自由度があるが，これを上手く選ぶことによっ

て，近似解 $\tilde{\boldsymbol{x}}_k$ の残差 $\tilde{\boldsymbol{r}}_k$ を BCG 法の近似解 $\boldsymbol{x}_k$ の残差 $\boldsymbol{r}_k$ より小さくできる可能性がある．すなわち，変数を $(\tilde{\boldsymbol{r}}_k, \tilde{\boldsymbol{p}}_k, \tilde{\boldsymbol{x}}_k)$ に変換することによって，BCG 法を安定化しようというのがここでの基本的な考え方である．なお，

$$\boldsymbol{b} - A\tilde{\boldsymbol{x}}_k = \tilde{\boldsymbol{r}}_k = S_k(A)R_k(A)\boldsymbol{r}_0 = S_k(A)R_k(A)(\boldsymbol{b} - A\boldsymbol{x}_0)$$

であるから，A^{-1} を使わずに $\tilde{\boldsymbol{x}}_k$ が計算できるように，条件 $S_k(0) = 1$ を課すことにする（$R_k(0) = 1$ に注意）．

さて，安定化多項式 $S_k(\lambda)$ の具体形として

$$S_k(\lambda) = (1 - \omega_{k-1}\lambda)(1 - \omega_{k-2}\lambda)\cdots(1 - \omega_1\lambda)(1 - \omega_0\lambda) \tag{4.87}$$

を考える．このとき，漸化式

$$S_{k+1}(\lambda) = (1 - \omega_k\lambda)S_k(\lambda) \tag{4.88}$$

が成り立つので，パラメータ ω_k を逐次的に決定することによって $S_k(\lambda)$ が定められる．なお，この漸化式から $\mathrm{lc}(S_{k+1})/\mathrm{lc}(S_k) = -\omega_k$ である．

安定化多項式を式(4.87)のように選ぶとき，$\tilde{\boldsymbol{r}}_k$，$\tilde{\boldsymbol{x}}_k$，$\tilde{\boldsymbol{p}}_k$ は以下の漸化式に従って更新することができる．

$$\begin{aligned}
\tilde{\boldsymbol{r}}_{k+1} &= S_{k+1}(A)R_{k+1}(A)\boldsymbol{r}_0 \\
&= (I - \omega_k A)S_k(A)(R_k(A) - \alpha_k AP_k(A))\boldsymbol{r}_0 \\
&= (I - \omega_k A)(\tilde{\boldsymbol{r}}_k - \alpha_k A\tilde{\boldsymbol{p}}_k), \\
\tilde{\boldsymbol{x}}_{k+1} &= \tilde{\boldsymbol{x}}_k + \alpha_k\tilde{\boldsymbol{p}}_k + \omega_k(\tilde{\boldsymbol{r}}_k - \alpha_k A\tilde{\boldsymbol{p}}_k), \\
\tilde{\boldsymbol{p}}_{k+1} &= S_{k+1}(A)P_{k+1}(A)\boldsymbol{r}_0 \\
&= S_{k+1}(A)(R_{k+1}(A) + \beta_k P_k(A))\boldsymbol{r}_0 \\
&= S_{k+1}(A)R_{k+1}(A)\boldsymbol{r}_0 + \beta_k(I - \omega_k A)S_k(A)P_k(A)\boldsymbol{r}_0 \\
&= \tilde{\boldsymbol{r}}_{k+1} + \beta_k(\tilde{\boldsymbol{p}}_k - \omega_k A\tilde{\boldsymbol{p}}_k).
\end{aligned}$$

パラメータ ω_k は自由に決めることができるので，残差ノルム $\|\tilde{\boldsymbol{r}}_{k+1}\|$ を最小化する値に設定する．具体的には，$\boldsymbol{t}_{k+1} = \tilde{\boldsymbol{r}}_k - \alpha_k A\tilde{\boldsymbol{p}}_k$ とおくとき $\tilde{\boldsymbol{r}}_{k+1} = \boldsymbol{t}_{k+1} - \omega_k A\boldsymbol{t}_{k+1}$ となるので，

$$\omega_k = \frac{(\boldsymbol{t}_{k+1}, A\boldsymbol{t}_{k+1})}{(A\boldsymbol{t}_{k+1}, A\boldsymbol{t}_{k+1})}$$

とする[*31].

このようにして近似解 $\tilde{\boldsymbol{x}}_k$ を求める方法を，**安定化双共役勾配法** (**BiCGSTAB 法**[*32]) と呼ぶ．算法の形にまとめると，次のようになる．ただし，算法中の $\boldsymbol{x}_k$, $\boldsymbol{r}_k$, $\boldsymbol{p}_k$ は，いままで $\tilde{\boldsymbol{x}}_k$, $\tilde{\boldsymbol{r}}_k$, $\tilde{\boldsymbol{p}}_k$ と書いていたものに対応する変数である．

BiCGSTAB 法

初期ベクトル $\boldsymbol{x}_0$ をとる; $\boldsymbol{r}_0 := \boldsymbol{b} - A\boldsymbol{x}_0$; $\boldsymbol{p}_0 := \boldsymbol{r}_0$;

$\boldsymbol{r}_0^\bullet$ を適当にとる;

for $k := 0, 1, 2, \cdots$ **until** $\|\boldsymbol{r}_k\| \leqq \varepsilon \|\boldsymbol{b}\|$ **do**

begin

$$\alpha_k := \frac{\langle \boldsymbol{r}_0^\bullet, \boldsymbol{r}_k \rangle}{\langle \boldsymbol{r}_0^\bullet, A\boldsymbol{p}_k \rangle};$$

$$\boldsymbol{t}_{k+1} := \boldsymbol{r}_k - \alpha_k A\boldsymbol{p}_k; \quad \omega_k := \frac{(\boldsymbol{t}_{k+1}, A\boldsymbol{t}_{k+1})}{(A\boldsymbol{t}_{k+1}, A\boldsymbol{t}_{k+1})};$$

$$\boldsymbol{x}_{k+1} := \boldsymbol{x}_k + \alpha_k \boldsymbol{p}_k + \omega_k \boldsymbol{t}_{k+1}; \quad \boldsymbol{r}_{k+1} := \boldsymbol{t}_{k+1} - \omega_k A\boldsymbol{t}_{k+1};$$

$$\beta_k := \frac{\alpha_k}{\omega_k} \frac{\langle \boldsymbol{r}_0^\bullet, \boldsymbol{r}_{k+1} \rangle}{\langle \boldsymbol{r}_0^\bullet, \boldsymbol{r}_k \rangle}; \quad \boldsymbol{p}_{k+1} := \boldsymbol{r}_{k+1} + \beta_k (\boldsymbol{p}_k - \omega_k A\boldsymbol{p}_k)$$

end

BiCGSTAB 法は BiCGSTAB(ℓ) 法（第 4.2.9 節）や GPBiCG 法（注意 4.33）に拡張される．

注意 4.32 係数 α_k, β_k に関する式(4.84)，(4.85)の証明を与える．まず，$\boldsymbol{p}_k^\bullet = \boldsymbol{r}_k^\bullet + \beta_{k-1}\boldsymbol{p}_{k-1}^\bullet$ と $\langle \boldsymbol{p}_{k-1}^\bullet, A\boldsymbol{p}_k \rangle = 0$ により，

$$\langle \boldsymbol{p}_k^\bullet, A\boldsymbol{p}_k \rangle = \langle \boldsymbol{r}_k^\bullet, A\boldsymbol{p}_k \rangle + \beta_{k-1} \langle \boldsymbol{p}_{k-1}^\bullet, A\boldsymbol{p}_k \rangle = \langle \boldsymbol{r}_k^\bullet, A\boldsymbol{p}_k \rangle$$

となるので，式(4.84)の第 2 の等号 $\langle \boldsymbol{r}_k^\bullet, \boldsymbol{r}_k \rangle / \langle \boldsymbol{p}_k^\bullet, A\boldsymbol{p}_k \rangle = \langle \boldsymbol{r}_k^\bullet, \boldsymbol{r}_k \rangle / \langle \boldsymbol{r}_k^\bullet, A\boldsymbol{p}_k \rangle$ が成り立つ．次に，

---

*31 ω_k の分母，分子の内積を $(\cdot,\cdot)$ と書く理由は，これが残差ノルムを定める内積であって，双直交性を定める内積 $\langle \cdot,\cdot \rangle$ とは別のものだからである．一般の G 計量(→第 4.4.1 節)に関する残差ノルムを最小化するときには $\omega_k = (\boldsymbol{t}_{k+1}, A\boldsymbol{t}_{k+1})_G / (A\boldsymbol{t}_{k+1}, A\boldsymbol{t}_{k+1})_G$ となる．

*32 BiCGSTAB = BiConjugate Gradient STABilized.

$$\boldsymbol{s}_k^\bullet = \frac{\mathrm{lc}(S_k)}{\mathrm{lc}(R_k)}(\boldsymbol{r}_k^\bullet + c_{k-1}\boldsymbol{r}_{k-1}^\bullet + \cdots + c_1\boldsymbol{r}_1^\bullet + c_0\boldsymbol{r}_0^\bullet)$$

と展開して，$\langle \boldsymbol{r}_i^\bullet, \boldsymbol{r}_j\rangle = 0\ (i \neq j)$, $\langle \boldsymbol{r}_i^\bullet, A\boldsymbol{p}_j\rangle = 0\ (i < j)$ (→問題 4.12)を用いると

$$\langle \boldsymbol{s}_k^\bullet, \boldsymbol{r}_k\rangle = \frac{\mathrm{lc}(S_k)}{\mathrm{lc}(R_k)}\langle \boldsymbol{r}_k^\bullet + c_{k-1}\boldsymbol{r}_{k-1}^\bullet + \cdots + c_0\boldsymbol{r}_0^\bullet, \boldsymbol{r}_k\rangle = \frac{\mathrm{lc}(S_k)}{\mathrm{lc}(R_k)}\langle \boldsymbol{r}_k^\bullet, \boldsymbol{r}_k\rangle,$$

$$\langle \boldsymbol{s}_k^\bullet, A\boldsymbol{p}_k\rangle = \frac{\mathrm{lc}(S_k)}{\mathrm{lc}(R_k)}\langle \boldsymbol{r}_k^\bullet + c_{k-1}\boldsymbol{r}_{k-1}^\bullet + \cdots + c_0\boldsymbol{r}_0^\bullet, A\boldsymbol{p}_k\rangle = \frac{\mathrm{lc}(S_k)}{\mathrm{lc}(R_k)}\langle \boldsymbol{r}_k^\bullet, A\boldsymbol{p}_k\rangle$$

が導かれる．また，$\mathrm{lc}(R_{k+1})/\mathrm{lc}(R_k) = -\alpha_k$ である．これらの関係式から，式(4.84)の第 3 の等号と式(4.85)が示される．

注意 4.33　BiCGSTAB 法では，安定化多項式 $S_k(\lambda)$ として 1 次式の積の形の式(4.87)を採用した．$S_k(\lambda)$ に要請される性質は，$S_k(0) = 1$ を満たす k 次多項式ということであるが，この他に，単純な漸化式を満たすことが望ましい．実際，BiCGSTAB 法の場合には，漸化式(4.88)が成り立っていた．この一般化として，残差多項式と同じような 3 項漸化式を満たすものを安定化多項式として用いる可能性がある．**積型双共役勾配法**(**GPBiCG 法**[*33])は，このような考え方によって考案された BCG 法の改良版である．安定化多項式が，2 種類のパラメータ ω_k, θ_k を含む 3 項漸化式

$$\begin{aligned} &S_0(\lambda) = 1, \qquad S_1(\lambda) = (1 - \omega_0\lambda)S_0(\lambda), \\ &S_{k+1}(\lambda) = -\omega_k\lambda S_k(\lambda) + (1+\theta_k)S_k(\lambda) - \theta_k S_{k-1}(\lambda) \quad (k \geqq 1) \end{aligned} \tag{4.89}$$

で生成されるとすると，具体的な算法は以下で与えられる(導出は問題 4.13)．

積型双共役勾配法(GPBiCG 法)

初期ベクトル $\boldsymbol{x}_0$ をとる; $\boldsymbol{r}_0 := \boldsymbol{b} - A\boldsymbol{x}_0$;　$\boldsymbol{p}_0 := \boldsymbol{r}_0$;
$\boldsymbol{r}_0^\bullet$ を $\boldsymbol{r}_0$ と直交しない任意のベクトルとする;
$\boldsymbol{u}_{-1} := \boldsymbol{0}$;　$\boldsymbol{z}_{-1} := \boldsymbol{0}$;　$\boldsymbol{t}_{-1} := \boldsymbol{0}$;　$\boldsymbol{w}_{-1} := \boldsymbol{0}$;　$\beta_{-1} := 0$;
for $k := 0, 1, 2, \cdots$ **until** $\|\boldsymbol{r}_k\| \leqq \varepsilon\|\boldsymbol{b}\|$ **do**
　begin
　　$\alpha_k := \dfrac{\langle \boldsymbol{r}_0^\bullet, \boldsymbol{r}_k\rangle}{\langle \boldsymbol{r}_0^\bullet, A\boldsymbol{p}_k\rangle}$;
　　$\boldsymbol{y}_k := \boldsymbol{t}_{k-1} - \boldsymbol{r}_k - \alpha_k\boldsymbol{w}_{k-1} + \alpha_k A\boldsymbol{p}_k$;　$\boldsymbol{t}_k := \boldsymbol{r}_k - \alpha_k A\boldsymbol{p}_k$;
　　θ_k と ω_k を計算する;
　　$\boldsymbol{u}_k := \omega_k A\boldsymbol{p}_k + \theta_k(\boldsymbol{t}_{k-1} - \boldsymbol{r}_k + \beta_{k-1}\boldsymbol{u}_{k-1})$;
　　$\boldsymbol{z}_k := \omega_k\boldsymbol{r}_k + \theta_k\boldsymbol{z}_{k-1} - \alpha_k\boldsymbol{u}_k$;
　　$\boldsymbol{x}_{k+1} := \boldsymbol{x}_k + \alpha_k\boldsymbol{p}_k + \boldsymbol{z}_k$;　$\boldsymbol{r}_{k+1} := \boldsymbol{t}_k - \theta_k\boldsymbol{y}_k - \omega_k A\boldsymbol{t}_k$;
　　$\beta_k := \dfrac{\alpha_k}{\omega_k}\cdot\dfrac{\langle \boldsymbol{r}_0^\bullet, \boldsymbol{r}_{k+1}\rangle}{\langle \boldsymbol{r}_0^\bullet, \boldsymbol{r}_k\rangle}$;

---

*33　GPBiCG = Generalized Product BiConjugate Gradient.

$\boldsymbol{w}_k := A\boldsymbol{t}_k + \beta_k A\boldsymbol{p}_k; \quad \boldsymbol{p}_{k+1} := \boldsymbol{r}_{k+1} + \beta_k(\boldsymbol{p}_k - \boldsymbol{u}_k)$

end

パラメータ ω_k, θ_k の計算方法によって様々な解法が生じる．例えば，$\theta_k = 0$ と固定し，$\min_{\omega} \|\boldsymbol{t}_k - \omega A\boldsymbol{t}_k\|$ を達成する ω を ω_k に選んだものが，BiCGSTAB 法である．

4.2.9　BiCGSTAB(ℓ) 法*

本節では，BCG 法から BiCGSTAB 法への方向性をさらに発展させることによって，BiCGSTAB(ℓ) 法を導出する．

算法の着想

BiCGSTAB 法(第 4.2.8 節)では，安定化多項式 $S_k(\lambda)$ を式(4.87)：

$$S_k(\lambda) = (1 - \omega_{k-1}\lambda)(1 - \omega_{k-2}\lambda)\cdots(1 - \omega_0\lambda)$$

の形に選び，定数 ω_k を残差ノルム

$$\|\tilde{\boldsymbol{r}}_{k+1}\| = \|S_{k+1}(A)R_{k+1}(A)\boldsymbol{r}_0\| = \|(I - \omega_k A)S_k(A)R_{k+1}(A)\boldsymbol{r}_0\|$$

が最小になるように定めた．ただし，$R_{k+1}(\lambda)$ は BCG 法における残差多項式である．

ここでは，パラメータ ℓ (自然数)を導入して，上記の考え方を拡張しよう．なお，$\ell = 1$ とすると BiCGSTAB 法に一致する．

安定化多項式 $S_k(\lambda)$ を，k が ℓ の倍数 $k = m\ell$ $(m = 0, 1, 2, \cdots)$ のときだけ考えることにして，$S_k(\lambda) = S_{m\ell}(\lambda)$ を ℓ 次多項式の積の形

(4.90)
$$S_{m\ell}(\lambda) = \left(1 - \sum_{i=1}^{\ell} \omega_{m-1,i}\lambda^i\right)\left(1 - \sum_{i=1}^{\ell} \omega_{m-2,i}\lambda^i\right)\cdots\left(1 - \sum_{i=1}^{\ell} \omega_{0,i}\lambda^i\right)$$

に選び，漸化式

$$S_{(m+1)\ell}(\lambda) = \left(1 - \sum_{i=1}^{\ell} \omega_{m,i}\lambda^i\right)S_{m\ell}(\lambda) \tag{4.91}$$

に基づいて，各 m において，ℓ 個の定数 $\omega_{m,i}$ $(i=1,\cdots,\ell)$ を決定する．具体的には，$S_{m\ell}(\lambda)$ と $\boldsymbol{r}_{(m+1)\ell}$ が与えられたとき，

$$
\begin{aligned}
(4.92)\qquad &\|S_{(m+1)\ell}(A)R_{(m+1)\ell}(A)\boldsymbol{r}_0\| \\
&= \left\|(I-\sum_{i=1}^{\ell}\omega_{m,i}A^i)S_{m\ell}(A)R_{(m+1)\ell}(A)\boldsymbol{r}_0\right\| \\
&= \left\|S_{m\ell}(A)\boldsymbol{r}_{(m+1)\ell}-\sum_{i=1}^{\ell}\omega_{m,i}A^iS_{m\ell}(A)\boldsymbol{r}_{(m+1)\ell}\right\|
\end{aligned}
$$

が最小になるように $\omega_{m,i}$ $(i=1,\cdots,\ell)$ を定める．

近似解 $\boldsymbol{x}_k$ は，BiCGSTAB 法のときと同様に，$S_k(A)\boldsymbol{r}_k$ を残差にもつものとして構成される．しかし，$S_k(A)$ が $k=m\ell$ に対してだけ定義されていることに対応して，近似解 $\boldsymbol{x}_k$ も k が ℓ の倍数のときだけ与えられ，$\boldsymbol{x}_{m\ell}$ $(m=0,1,2,\cdots)$ となる．

安定化多項式を構成する際に，ℓ 段毎を 1 ブロックにまとめて最適化することにより，1 段毎に独立に最適化する BiCGSTAB 法よりも安定性や収束性が向上すると期待される．この着想を具体的な算法として実現したものが，**BiCGSTAB($\boldsymbol{\ell}$)** 法である．

算法の骨格は次のようになる．

BiCGSTAB($\boldsymbol{\ell}$) 法の骨格

$m=0,1,2,\cdots$ に対して，⟨1⟩，⟨2⟩ を繰り返す：

⟨1⟩　$S_{m\ell}(A)\boldsymbol{r}_{m\ell}$ から $A^iS_{m\ell}(A)\boldsymbol{r}_{(m+1)\ell}$ $(i=0,1,\cdots,\ell)$ を計算する．

⟨2⟩　式(4.92)を最小化する $\omega_{m,i}$ $(i=1,\cdots,\ell)$ を決定して，
　　$S_{(m+1)\ell}(A)\boldsymbol{r}_{(m+1)\ell}$ を計算する．

⟨1⟩ の具体的な計算式は，BCG 法の漸化式から導出される．次に，その準備をしよう．

BCG 法の変形版

まず，BCG 法の算法(第 4.2.6 節)を，$\boldsymbol{r}_k$ より先に $\boldsymbol{p}_k$ を計算する形に書き換えると，次のようになる．

BCG 法の変形版

初期ベクトル $\boldsymbol{x}_0$ をとる; $\boldsymbol{r}_0 := \boldsymbol{b} - A\boldsymbol{x}_0$; $\boldsymbol{r}_0^\bullet$ を適当にとる;

$\boldsymbol{p}_{-1,0} := \boldsymbol{0}$; $\boldsymbol{p}_{-1,0}^\bullet := \boldsymbol{0}$; $\rho_{-1} = 1$;

for $k := 0, 1, 2, \cdots$ **do**

begin

$\rho_k := \langle \boldsymbol{r}_k^\bullet, \boldsymbol{r}_k \rangle$; $\beta_{k-1} := \rho_k / \rho_{k-1}$;

$\boldsymbol{p}_{k,0} := \boldsymbol{r}_k + \beta_{k-1}\boldsymbol{p}_{k-1,0}$; $\boldsymbol{p}_{k,1} := A\boldsymbol{p}_{k,0}$;

$\boldsymbol{p}_{k,0}^\bullet := \boldsymbol{r}_k^\bullet + \beta_{k-1}\boldsymbol{p}_{k-1,0}^\bullet$; $\boldsymbol{p}_{k,1}^\bullet := A^\top \boldsymbol{p}_{k,0}^\bullet$;

$\gamma_k := \langle \boldsymbol{p}_{k,0}^\bullet, \boldsymbol{p}_{k,1} \rangle$; $\alpha_k := \rho_k / \gamma_k$;

$\boldsymbol{x}_{k+1} := \boldsymbol{x}_k + \alpha_k \boldsymbol{p}_{k,0}$;

$\boldsymbol{r}_{k+1} := \boldsymbol{r}_k - \alpha_k \boldsymbol{p}_{k,1}$; $\boldsymbol{r}_{k+1}^\bullet := \boldsymbol{r}_k^\bullet - \alpha_k \boldsymbol{p}_{k,1}^\bullet$

end

BiCGSTAB 法の導出(第 4.2.8 節)において，BCG 法をそれと等価な算法に書き換えた．これと同様に，上記の変形版についても $\boldsymbol{p}_{k,0}^\bullet$, $\boldsymbol{p}_{k,1}^\bullet$ を消した形の等価な算法を作ることができて，次のようになる[*34]．

BCG 法の変形版と等価な算法

初期ベクトル $\boldsymbol{x}_0$ をとる; $\boldsymbol{r}_0 := \boldsymbol{b} - A\boldsymbol{x}_0$; $\boldsymbol{r}_0^\bullet$ を適当にとる;

$\boldsymbol{p}_{-1,0} := \boldsymbol{0}$; $\rho_{-1} = 1$; $\alpha_{-1} = 0$; $\mathrm{lc}(S_{-1}) := 1$;

for $k := 0, 1, 2, \cdots$ **do**

begin

$\rho_k := \langle \boldsymbol{r}_0^\bullet, S_k(A)\boldsymbol{r}_k \rangle$; $\beta_{k-1} := -\dfrac{\alpha_{k-1} \cdot \mathrm{lc}(S_{k-1})}{\mathrm{lc}(S_k)} \cdot \dfrac{\rho_k}{\rho_{k-1}}$;

$\boldsymbol{p}_{k,0} := \boldsymbol{r}_k + \beta_{k-1}\boldsymbol{p}_{k-1,0}$; $\boldsymbol{p}_{k,1} := A\boldsymbol{p}_{k,0}$;

$\gamma_k := \langle \boldsymbol{r}_0^\bullet, S_k(A)\boldsymbol{p}_{k,1} \rangle$; $\alpha_k := \rho_k / \gamma_k$;

$\boldsymbol{x}_{k+1} := \boldsymbol{x}_k + \alpha_k \boldsymbol{p}_{k,0}$; $\boldsymbol{r}_{k+1} := \boldsymbol{r}_k - \alpha_k \boldsymbol{p}_{k,1}$

end

*34 初期設定中の "$\mathrm{lc}(S_{-1}) := 1$" は，$k = 0$ に対する β_{k-1} の計算のための便宜的なものである．多項式 S_{-1} それ自体を定義する必要はない．

計算式の導出

記号

$$\tilde{\boldsymbol{r}}_{k,i}^{(m)} = A^i S_{m\ell}(A)\boldsymbol{r}_k, \qquad \tilde{\boldsymbol{p}}_{k,i}^{(m)} = A^i S_{m\ell}(A)\boldsymbol{p}_k \tag{4.93}$$

を定義する．

「BiCGSTAB(ℓ)法の骨格」の〈1〉では $\tilde{\boldsymbol{r}}_{m\ell+\ell,i}^{(m)}$ $(i=0,1,\cdots,\ell)$ を求める必要があるが，「BCG 法の変形版と等価な算法」から得られる漸化式によって，$\tilde{\boldsymbol{r}}_{m\ell+j,i}^{(m)}$ $(0 \leqq i \leqq j \leqq \ell)$ を計算する．下の算法においては，漸化式の導出が理解しやすくなるように式(4.93)の右辺の形(すなわち $A^i S_{m\ell}(A)\boldsymbol{r}_{m\ell+j}$, $A^i S_{m\ell}(A)\boldsymbol{p}_{m\ell+j}$ など)を用いて記述するが，実際の計算では，[　]の部分に変数($\tilde{\boldsymbol{r}}_{m\ell+j,i}^{(m)}$, $\tilde{\boldsymbol{p}}_{m\ell+j,i}^{(m)}$ など)を割り当てることになる．

---

for $j := 0$ **to** $\ell - 1$ **do**

begin

$\rho_{m\ell+j} := \langle \boldsymbol{r}_0^\bullet, [A^j S_{m\ell}\boldsymbol{r}_{m\ell+j}] \rangle$;

$$\beta_{m\ell+j-1} := \begin{cases} -\dfrac{\alpha_{m\ell+j-1}\cdot \mathrm{lc}(\lambda^{j-1}S_{m\ell})}{\mathrm{lc}(\lambda^j S_{m\ell})}\cdot\dfrac{\rho_{m\ell+j}}{\rho_{m\ell+j-1}} & (j \neq 0), \\ -\dfrac{\alpha_{m\ell-1}\cdot \mathrm{lc}(\lambda^{\ell-1}S_{(m-1)\ell})}{\mathrm{lc}(S_{m\ell})}\cdot\dfrac{\rho_{m\ell}}{\rho_{m\ell-1}} & (j = 0); \end{cases}$$

$[A^i S_{m\ell}(A)\boldsymbol{p}_{m\ell+j}] := [A^i S_{m\ell}(A)\boldsymbol{r}_{m\ell+j}]$
$\qquad + \beta_{m\ell+j-1}[A^i S_{m\ell}(A)\boldsymbol{p}_{m\ell+j-1}] \quad (i=0,1,\cdots,j)$;

$[A^{j+1} S_{m\ell}(A)\boldsymbol{p}_{m\ell+j}] := A\cdot[A^j S_{m\ell}(A)\boldsymbol{p}_{m\ell+j}]$;

$\gamma_{m\ell+j} := \langle \boldsymbol{r}_0^\bullet, [A^{j+1} S_{m\ell}(A)\boldsymbol{p}_{m\ell+j}] \rangle$;

$\alpha_{m\ell+j} := \rho_{m\ell+j}/\gamma_{m\ell+j}$;

$[A^i S_{m\ell}(A)\boldsymbol{r}_{m\ell+j+1}] := [A^i S_{m\ell}(A)\boldsymbol{r}_{m\ell+j}]$
$\qquad - \alpha_{m\ell+j}[A^{i+1} S_{m\ell}(A)\boldsymbol{p}_{m\ell+j}] \quad (i=0,1,\cdots,j)$;

$[A^{j+1} S_{m\ell}(A)\boldsymbol{r}_{m\ell+j+1}] := A\cdot[A^j S_{m\ell}(A)\boldsymbol{r}_{m\ell+j+1}]$

end

上の $\beta_{m\ell+j-1}$ の計算に現れる $\mathrm{lc}(\cdot)/\mathrm{lc}(\cdot)$ の部分は以下のように簡単になる．$j \geqq 1$ のとき，明らかに，$\mathrm{lc}(\lambda^{j-1}S_{m\ell})/\mathrm{lc}(\lambda^j S_{m\ell}) = 1$ である．また，$j=0$ の

ときは，式(4.91)より

$$\frac{\mathrm{lc}(\lambda^{\ell-1}S_{(m-1)\ell})}{\mathrm{lc}(S_{m\ell})} = \frac{\mathrm{lc}(\lambda^{\ell-1}S_{(m-1)\ell})}{\mathrm{lc}((1-\sum_{i=1}^{\ell}\omega_{m-1,i}\lambda^i)S_{(m-1)\ell})} = -\frac{1}{\omega_{m-1,\ell}}$$

である．

次に，$\tilde{\boldsymbol{r}}^{(m)}_{m\ell+j,0}$ を残差にもつような近似解 $\tilde{\boldsymbol{x}}_{m\ell+j,0}$ について考える．定義により $\boldsymbol{b} - A\tilde{\boldsymbol{x}}_{m\ell+j,0} = \tilde{\boldsymbol{r}}^{(m)}_{m\ell+j,0} = S_{m\ell}(A)\boldsymbol{r}_{m\ell+j}$ であるから，漸化式

$$\tilde{\boldsymbol{x}}_{m\ell+j+1,0} = \tilde{\boldsymbol{x}}_{m\ell+j,0} + \alpha_{m\ell+j}[S_{m\ell}(A)\boldsymbol{p}_{m\ell+j}] = \tilde{\boldsymbol{x}}_{m\ell+j,0} + \alpha_{m\ell+j}\tilde{\boldsymbol{p}}^{(m)}_{m\ell+j,0}$$

が成り立つ*35.

「BiCGSTAB(ℓ) 法の骨格」の〈2〉の後半を考える．$S_{(m+1)\ell}(A)\boldsymbol{r}_{(m+1)\ell}$ ($= \tilde{\boldsymbol{r}}^{(m+1)}_{(m+1)\ell,0}$) を残差にもつような近似解を $\tilde{\boldsymbol{x}}_{(m+1)\ell}$ とする．式(4.91)より

$$[S_{(m+1)\ell}(A)\boldsymbol{r}_{(m+1)\ell}] = [S_{m\ell}(A)\boldsymbol{r}_{(m+1)\ell}] - \sum_{i=1}^{\ell}\omega_{m,i}[A^iS_{m\ell}(A)\boldsymbol{r}_{(m+1)\ell}],$$

$$[S_{(m+1)\ell}(A)\boldsymbol{p}_{(m+1)\ell-1}] = [S_{m\ell}(A)\boldsymbol{p}_{(m+1)\ell-1}] - \sum_{i=1}^{\ell}\omega_{m,i}[A^iS_{m\ell}(A)\boldsymbol{p}_{(m+1)\ell-1}]$$

となるので，

$$\tilde{\boldsymbol{r}}^{(m+1)}_{(m+1)\ell,0} = \tilde{\boldsymbol{r}}^{(m)}_{(m+1)\ell,0} - \sum_{i=1}^{\ell}\omega_{m,i}\tilde{\boldsymbol{r}}^{(m)}_{(m+1)\ell,i},$$

$$\tilde{\boldsymbol{p}}^{(m+1)}_{(m+1)\ell-1,0} = \tilde{\boldsymbol{p}}^{(m)}_{(m+1)\ell-1,0} - \sum_{i=1}^{\ell}\omega_{m,i}\tilde{\boldsymbol{p}}^{(m)}_{(m+1)\ell-1,i},$$

$$\tilde{\boldsymbol{x}}_{(m+1)\ell} = \tilde{\boldsymbol{x}}_{(m+1)\ell,0} + \sum_{i=1}^{\ell}\omega_{m,i}\tilde{\boldsymbol{r}}^{(m)}_{(m+1)\ell,i-1}$$

によって計算できる．

算法

以上の計算手順をまとめると，次の算法が得られる．ただし，算法中では，いままでの記号を

---

*35 もちろん $\tilde{\boldsymbol{r}}^{(m)}_{m\ell+j,i}$ ($i \geqq 1$) を残差にもつような近似解も考えられるが，これは必要ないので計算しない．注意 4.28 に述べたように，BCG 法系統の算法において，近似解は脇役である．

$$\tilde{\boldsymbol{r}}^{(m)}_{m\ell+j,i} \to \boldsymbol{r}_{m\ell+j,i}, \qquad \tilde{\boldsymbol{p}}^{(m)}_{m\ell+j,i} \to \boldsymbol{p}_{m\ell+j,i}, \qquad \tilde{\boldsymbol{x}}_{(m+1)\ell,0} \to \boldsymbol{x}_{(m+1)\ell,0},$$
$$\tilde{\boldsymbol{r}}^{(m+1)}_{(m+1)\ell,0} \to \boldsymbol{r}_{(m+1)\ell}, \quad \tilde{\boldsymbol{p}}^{(m+1)}_{(m+1)\ell-1,0} \to \boldsymbol{p}_{(m+1)\ell-1}, \qquad \tilde{\boldsymbol{x}}_{(m+1)\ell} \to \boldsymbol{x}_{(m+1)\ell}$$

のように簡略化した変数名を用いている．パラメータ ℓ をあまり大きくすると丸め誤差の影響を受けやすくなるので，通常は $\ell \leqq 5$ 程度とする．

BiCGSTAB(ℓ) 法

初期ベクトル $\boldsymbol{x}_0$ をとる; $\boldsymbol{r}_0 := \boldsymbol{b} - A\boldsymbol{x}_0$;　$\boldsymbol{r}_0^\bullet$ を適当にとる;

$\boldsymbol{p}_{-1} := \boldsymbol{0}$;　$\rho_{-1} = 1$;　$\alpha_{-1} = 0$;　$\omega_{-1,\ell} := 1$;

for $m := 0, 1, 2, \cdots$ **until** $\|\boldsymbol{r}_{m\ell}\| \leqq \varepsilon\|\boldsymbol{b}\|$ **do**

　begin

　　$\boldsymbol{p}_{m\ell-1,0} := \boldsymbol{p}_{m\ell-1}$;　$\boldsymbol{r}_{m\ell,0} := \boldsymbol{r}_{m\ell}$;　$\boldsymbol{x}_{m\ell,0} := \boldsymbol{x}_{m\ell}$;

　　for $j := 0$ **to** $\ell - 1$ **do**

　　　begin

　　　　$\rho_{m\ell+j} := \langle \boldsymbol{r}_0^\bullet, \boldsymbol{r}_{m\ell+j,j} \rangle$;

$$\beta_{m\ell+j-1} := \begin{cases} -\alpha_{m\ell+j-1}(\rho_{m\ell+j}/\rho_{m\ell+j-1}) & (j \neq 0) \\ (\alpha_{m\ell-1}/\omega_{m-1,\ell})(\rho_{m\ell}/\rho_{m\ell-1}) & (j = 0) \end{cases};$$

　　　　$\boldsymbol{p}_{m\ell+j,i} := \boldsymbol{r}_{m\ell+j,i} + \beta_{m\ell+j-1}\boldsymbol{p}_{m\ell+j-1,i}$　$(i = 0, 1, \cdots, j)$;

　　　　$\boldsymbol{p}_{m\ell+j,j+1} := A\boldsymbol{p}_{m\ell+j,j}$;

　　　　$\gamma_{m\ell+j} := \langle \boldsymbol{r}_0^\bullet, \boldsymbol{p}_{m\ell+j,j+1} \rangle$;　$\alpha_{m\ell+j} := \rho_{m\ell+j}/\gamma_{m\ell+j}$;

　　　　$\boldsymbol{r}_{m\ell+j+1,i} := \boldsymbol{r}_{m\ell+j,i} - \alpha_{m\ell+j}\boldsymbol{p}_{m\ell+j,i+1}$　$(i = 0, 1, \cdots, j)$;

　　　　$\boldsymbol{r}_{m\ell+j+1,j+1} := A\boldsymbol{r}_{m\ell+j+1,j}$;

　　　　$\boldsymbol{x}_{m\ell+j+1,0} := \boldsymbol{x}_{m\ell+j,0} + \alpha_{m\ell+j}\boldsymbol{p}_{m\ell+j,0}$

　　　end;

　　$\min\left\| \boldsymbol{r}_{(m+1)\ell,0} - \sum_{i=1}^{\ell} \omega_{m,i}\boldsymbol{r}_{(m+1)\ell,i} \right\|$ を達成する $\omega_{m,i}$

　　　$(i = 1, \cdots, \ell)$ を計算する;

　　$\boldsymbol{p}_{(m+1)\ell-1} := \boldsymbol{p}_{(m+1)\ell-1,0} - \sum_{i=1}^{\ell} \omega_{m,i}\boldsymbol{p}_{(m+1)\ell-1,i}$;

　　$\boldsymbol{r}_{(m+1)\ell} := \boldsymbol{r}_{(m+1)\ell,0} - \sum_{i=1}^{\ell} \omega_{m,i}\boldsymbol{r}_{(m+1)\ell,i}$;

$$\boldsymbol{x}_{(m+1)\ell} := \boldsymbol{x}_{(m+1)\ell,0} + \sum_{i=1}^{\ell} \omega_{m,i}\boldsymbol{r}_{(m+1)\ell,i-1}$$

end

なお，実際の算法では，最小化の計算は修正 Gram-Schmidt 直交化法を用いて実行する(詳細は[116]を参照されたい)．また，上の算法で $\ell=1$ としたものは，第 4.2.8 節に与えた BiCGSTAB 法の算法とは一見違って見えるが，それと等価である．

4.3 Krylov 部分空間法

これまで，共役方向を用いた逐次最小化法を出発点として共役勾配法系統の算法を説明してきた．ここでは Krylov 部分空間を軸として議論を整理する．

4.3.1 Krylov 部分空間

既に述べたように，一般に，ベクトル $\boldsymbol{y}$ に行列 A のべき乗を掛けて生成される列 $\boldsymbol{y}$, $A\boldsymbol{y}$, $A^2\boldsymbol{y}$, … を **Krylov 列**と呼び，その最初の k 個のベクトルの張る部分空間

$$\mathcal{K}_k(A,\boldsymbol{y}) = \mathrm{span}(\boldsymbol{y}, A\boldsymbol{y}, \cdots, A^{k-1}\boldsymbol{y}) \tag{4.94}$$

を k 次 **Krylov 部分空間**という．

Krylov 部分空間 $\mathcal{K}_k(A,\boldsymbol{y})$ の次元について，つぎの事実は基本的である．

補題 4.34 ベクトル $\boldsymbol{y}$ の行列 A に関する最小消去多項式の次数を $d=d(A,\boldsymbol{y})$ とするとき，$\dim \mathcal{K}_k(A,\boldsymbol{y}) = \min(k,d)$ であり，

$$\mathcal{K}_1(A,\boldsymbol{y}) \subset \cdots \subset \mathcal{K}_{d-1}(A,\boldsymbol{y}) \subset \mathcal{K}_d(A,\boldsymbol{y}) = \mathcal{K}_{d+1}(A,\boldsymbol{y}) = \cdots \tag{4.95}$$

が成り立つ． □

式(4.95)を満たす d に対して，$\mathcal{K}_d(A,\boldsymbol{y})$ は $\boldsymbol{y}$ を含む最小の A 不変部分空間である．したがって，上の事実は，Krylov 部分空間 $\mathcal{K}_k(A,\boldsymbol{y})$ は $\boldsymbol{y}$ を含む最小の A 不変部分空間に達するまで真に単調増加すると言い換えることがで

きる．

4.3.2　算法の導出原理

方程式 $A\boldsymbol{x}=\boldsymbol{b}$ を解くために，初期近似解 $\boldsymbol{x}_0$ を適当にとり，その残差 $\boldsymbol{r}_0=\boldsymbol{b}-A\boldsymbol{x}_0$ の定める Krylov 部分空間 $\mathcal{K}_k(A,\boldsymbol{r}_0)$ において(何らかの意味の)直交基底を漸化式で構成しながら

$$\boldsymbol{x}_k-\boldsymbol{x}_0\in\mathcal{K}_k(A,\boldsymbol{r}_0) \tag{4.96}$$

を満たす近似解 $\boldsymbol{x}_k$ の列を生成する方法を，**Krylov 部分空間法**と総称する．このとき，$\boldsymbol{x}_k$ の残差 $\boldsymbol{r}_k=\boldsymbol{b}-A\boldsymbol{x}_k=\boldsymbol{r}_0-A(\boldsymbol{x}_k-\boldsymbol{x}_0)$ は

$$\boldsymbol{r}_k\in\mathcal{K}_{k+1}(A,\boldsymbol{r}_0) \tag{4.97}$$

を満たす．

近似解 $\boldsymbol{x}_k$ の定め方にはいくつかの方式がある．直交条件

$$\boldsymbol{r}_k\perp\mathcal{K}_k(A,\boldsymbol{r}_0) \tag{4.98}$$

によって $\boldsymbol{x}_k$ を定める **Ritz-Galerkin 方式**と，残差ノルムの最小性

$$\|\boldsymbol{r}_k\|=\min\{\|\boldsymbol{b}-A\boldsymbol{x}\|\mid\boldsymbol{x}-\boldsymbol{x}_0\in\mathcal{K}_k(A,\boldsymbol{r}_0)\} \tag{4.99}$$

によって $\boldsymbol{x}_k$ を定める**最小残差方式**が基本的である．なお，残差の最小性は，$\boldsymbol{r}_k$ と $A\mathcal{K}_k(A,\boldsymbol{r}_0)$ $(=\mathcal{K}_k(A,A\boldsymbol{r}_0))$ の直交性

$$\boldsymbol{r}_k\perp A\mathcal{K}_k(A,\boldsymbol{r}_0) \tag{4.100}$$

と同等である．さらに，適当なベクトル $\boldsymbol{r}_0^\bullet$ と A の転置行列で生成される Krylov 部分空間 $\mathcal{K}_k(A^\top,\boldsymbol{r}_0^\bullet)$ を導入し，直交条件

$$\boldsymbol{r}_k\perp\mathcal{K}_k(A^\top,\boldsymbol{r}_0^\bullet) \tag{4.101}$$

を課す **Petrov-Galerkin 方式**も考えられる．以上のような観点から，既に述べた CG 法系統の諸算法を見直してみよう．

まず，対称行列に対する共役勾配法(CG 法)を考える．補題 4.4 の式

表 4.1 共役勾配法系算法の Krylov 部分空間法としての分類

算法	基底の直交性	近似解の決定方式
CG 法	直交	Ritz-Galerkin 方式
GMRES 法	直交	最小残差方式
GCR 法	$A^{\mathsf{T}}A$ 直交	最小残差方式
BCG 法	双直交	Petrov-Galerkin 方式
QMR 法	双直交	最小残差方式(擬似的)

(4.17)：$\mathrm{span}(\boldsymbol{p}_0, \boldsymbol{p}_1, \cdots, \boldsymbol{p}_{k-1}) = \mathrm{span}(\boldsymbol{r}_0, \boldsymbol{r}_1, \cdots, \boldsymbol{r}_{k-1}) = \mathcal{K}_k(A, \boldsymbol{r}_0)$ より，基本要件(4.96)は満たされており，式(4.24)に示したように，残差 $\boldsymbol{r}_j$ は Krylov 部分空間の直交基底となっている[36]．さらに，定理 4.1(4)の $(\boldsymbol{r}_k, \boldsymbol{p}_j) = 0$ $(j = 0, 1, \cdots, k-1)$ より，直交条件(4.98)が成り立っている．したがって，CG 法は Ritz-Galerkin 方式による Krylov 部分空間法である．

GCR 法と GMRES 法は，ともに，Krylov 部分空間上で残差を最小化することから導出された．すなわち，最小残差方式に従った Krylov 部分空間法である．GCR 法が $A^{\mathsf{T}}A$ に関する直交基底を用いる(→式(4.48))のに対し，GMRES 法は Arnoldi 算法によって(通常の意味の)直交基底を生成する．

双共役勾配法(BCG 法)は，式(4.69)の双直交系を生成するが，このとき $\boldsymbol{r}_k$ が近似解 $\boldsymbol{x}_k$ の残差になっているから，直交条件(4.101)が成り立つ．したがって，BCG 法は Petrov-Galerkin 方式による Krylov 部分空間法である．

擬似最小残差法(QMR 法)は，BCG 法と同様に双直交系を利用するが，Krylov 部分空間上で残差を擬似的に最小化することから導出された．したがって，最小残差方式に従った Krylov 部分空間法の変種と見ることができる．

以上をまとめると，表 4.1 のようになる．この表は，それぞれの算法に対してその特徴を整理したものであるが，逆に，基底の取り方と近似解の決定方式から，それに対応する算法が定まることが知られている．

例えば，共役勾配法(CG 法)は，以下のように，残差の直交性と Ritz-Galerkin 方式から決まる．式(4.96)より，$\boldsymbol{x}_k$ は $(k-1)$ 次以下の実係数多項式 $Q_{k-1}(\lambda)$ によって $\boldsymbol{x}_k = \boldsymbol{x}_0 + Q_{k-1}(A)\boldsymbol{r}_0$ と表現される．ここで $R_k(\lambda) = 1 - \lambda Q_{k-1}(\lambda)$ とおくと，$R_k(\lambda)$ は $R_k(0) = 1$ を満たす k 次多項式であり，

*36 $\boldsymbol{p}_j$ は Krylov 部分空間の A 直交基底である(式(4.10)参照)．

$\boldsymbol{r}_k = \boldsymbol{r}_0 - AQ_{k-1}(A)\boldsymbol{r}_0 = (I - AQ_{k-1}(A))\boldsymbol{r}_0 = R_k(A)\boldsymbol{r}_0$ となる．このことから，第 4.1.4 節における議論により，残差の直交性から共役勾配法が導出される．なお，残差の直交性(1 次独立性)と式(4.97)より $\mathcal{K}_k(A, \boldsymbol{r}_0) = \mathrm{span}(\boldsymbol{r}_0, \boldsymbol{r}_1, \cdots, \boldsymbol{r}_{k-1})$ が成り立つので，Ritz-Galerkin 方式の条件(4.98)は残差の直交性から導かれることにも注意されたい．

4.4　自己随伴行列に対する共役勾配法*

共役勾配法の導出(第 4.1 節)において，係数行列 A は正定値対称行列であるとして議論したが，共役勾配法は，行列 A が一般の計量に関する正定値の自己随伴行列の場合にそのまま拡張される．単位計量に関する自己随伴行列が対称行列に他ならない．このような一般的な枠組みで共役勾配法を論じることにより，算法のもつテンソル幾何学的な不変性が明確となり，さらに前処理の幾何学的な位置づけも明らかになる．

4.4.1　自己随伴行列

正定値対称行列 G が与えられたとき，ベクトル $\boldsymbol{x}$, $\boldsymbol{y}$ に対して

$$(\boldsymbol{x}, \boldsymbol{y})_G = \langle \boldsymbol{x}, G\boldsymbol{y} \rangle = \boldsymbol{x}^\top G\boldsymbol{y} \tag{4.102}$$

と定義すると，これは内積の性質をもつ(→問題 4.14(ｉ))．これを G を計量とする内積(あるいは **G 内積**)と呼ぶ．実行列 A に対して，

$$(\boldsymbol{x}, A^\sharp \boldsymbol{y})_G = (A\boldsymbol{x}, \boldsymbol{y})_G \qquad (\forall \boldsymbol{x}, \boldsymbol{y}) \tag{4.103}$$

を満たす行列 $A^\sharp$ を，G に関する**随伴行列**(あるいは，**G 随伴行列**)と呼ぶ．これは

$$A^\sharp = G^{-1} A^\top G \tag{4.104}$$

で与えられる．

行列 A が G に関して**自己随伴**(あるいは，**G 自己随伴**)であるとは，$A^\sharp = A$ であること，すなわち，任意の $\boldsymbol{x}$, $\boldsymbol{y}$ に対して

$$(4.105)\qquad (\boldsymbol{x}, A\boldsymbol{y})_G = (A\boldsymbol{x}, \boldsymbol{y})_G$$

が成り立つことをいう．式(4.104)より

$$A \text{ が } G \text{ 自己随伴} \iff GA \text{ が対称行列}$$

が成り立つ．行列 A が G 自己随伴のとき，A の固有値はすべて実数であり，相異なる固有値に対応する固有ベクトルは内積 $(\cdot,\cdot)_G$ に関して直交する．すなわち，$A\boldsymbol{z} = \lambda\boldsymbol{z}$ $(\boldsymbol{z} \neq \boldsymbol{0})$ ならば λ は実数であり，$A\boldsymbol{z}_1 = \lambda_1\boldsymbol{z}_1$，$A\boldsymbol{z}_2 = \lambda_2\boldsymbol{z}_2$ で $\lambda_1 \neq \lambda_2$ ならば $(\boldsymbol{z}_1, \boldsymbol{z}_2)_G = 0$ である(→問題 4.14(ii))．行列 A が G 自己随伴のとき GA は対称行列であるが，GA が正定値であることと，A の固有値がすべて正であることは等価である(→問題 4.14(iii))．

4.4.2　算　法

正定値対称な計量 G に関する自己随伴行列 A を係数とする方程式 $A\boldsymbol{x} = \boldsymbol{b}$ を考える．第 4.1.1 節，第 4.1.2 節において内積 $(\cdot,\cdot)$ を $(\cdot,\cdot)_G$ に置き換えることによって，共役勾配法がこの場合に拡張されることを示そう．

式(4.1)の目的関数 $\phi(\boldsymbol{x})$ を，G に関する内積を用いて，

$$(4.106)\qquad \phi(\boldsymbol{x}) = \frac{1}{2}(\boldsymbol{x} - \boldsymbol{x}^*, A(\boldsymbol{x} - \boldsymbol{x}^*))_G$$

と定義し直す．行列 GA が正定値ならば，真の解 $\boldsymbol{x}^* = A^{-1}\boldsymbol{b}$ は関数 $\phi(\boldsymbol{x})$ の最小点として特徴付けられる．このとき，式(4.3)は

$$(4.107)\qquad \nabla\phi(\boldsymbol{x}) = G(A\boldsymbol{x} - \boldsymbol{b}) = -G\boldsymbol{r}$$

に，式(4.7)は

$$(4.108)\qquad \boldsymbol{s}_k = -G^{-1}\nabla\phi(\boldsymbol{x}_k) = \boldsymbol{r}_k$$

に変更される(→問題 4.16)．

このような一般的な枠組みにおいても定理 4.1 に相当する定理が成り立ち，探索方向が G 内積に関する **$\boldsymbol{A}$ 共役性**(4.109)をもつならば，逐次最小化法による近似解 $\boldsymbol{x}_k$ が k 次元アフィン部分空間 $S_k = \boldsymbol{x}_0 + \mathrm{span}(\boldsymbol{p}_0, \boldsymbol{p}_1, \cdots, \boldsymbol{p}_{k-1})$

の上で $\phi(\boldsymbol{x})$ を最小化する．

定理 4.35　行列 A は G 自己随伴，GA は正定値として，逐次最小化法の第 $k-1$ 段の終了時点を考える．$\boldsymbol{p}_j \neq \boldsymbol{0}$ $(j=0,1,\cdots,k-1)$ かつ

$$(\boldsymbol{p}_i, A\boldsymbol{p}_j)_G = 0 \qquad (0 \leqq i < j \leqq k-1) \tag{4.109}$$

ならば，定理4.1の(1)〜(4)において内積 $(\cdot,\cdot)$ を $(\cdot,\cdot)_G$ に置き換えたものが成り立つ．とくに，式(4.12)，式(4.14)は

$$\psi(\boldsymbol{p}) = \frac{1}{2}(\boldsymbol{p}, A\boldsymbol{p})_G - (\boldsymbol{r}_0, \boldsymbol{p})_G, \tag{4.110}$$

$$(\boldsymbol{r}_k, \boldsymbol{p}_j)_G = 0 \qquad (j=0,1,\cdots,k-1) \tag{4.111}$$

となる．□

［証明］　定理4.1の証明において，内積 $(\cdot,\cdot)$ を $(\cdot,\cdot)_G$ に置き換えればよい．その際，(4)の証明中にある $\nabla\phi(\boldsymbol{x}_k)$ と $S_k - \boldsymbol{x}_0$ の直交性は G と無関係であることに注意する．■

探索方向ベクトルを，式(4.15)と同様に

$$\boldsymbol{p}_k = \boldsymbol{r}_k - \sum_{j=0}^{k-1} \frac{(\boldsymbol{r}_k, A\boldsymbol{p}_j)_G}{(\boldsymbol{p}_j, A\boldsymbol{p}_j)_G} \boldsymbol{p}_j \tag{4.112}$$

(ただし $\boldsymbol{p}_0 = \boldsymbol{r}_0$)によって定めると，$G$ 内積に関する A 共役性(4.109)をもつ．さらに，式(4.112)において，右辺の和 $\sum_{j=0}^{k-1}$ の中で $j \neq k-1$ の項は消える(証明は補題4.4の式(4.18)と同様)．

これにより，A が G 自己随伴の場合の共役勾配法が得られる．

G 自己随伴行列に対する共役勾配法

初期ベクトル $\boldsymbol{x}_0$ をとる; $\boldsymbol{r}_0 := \boldsymbol{b} - A\boldsymbol{x}_0$;　$\boldsymbol{p}_0 := \boldsymbol{r}_0$;

for $k := 0,1,2,\cdots$ **until** $\|\boldsymbol{r}_k\|_G \leqq \varepsilon \|\boldsymbol{b}\|_G$ **do**

　begin

　　$\alpha_k := \dfrac{(\boldsymbol{r}_k, \boldsymbol{p}_k)_G}{(\boldsymbol{p}_k, A\boldsymbol{p}_k)_G}$;

　　$\boldsymbol{x}_{k+1} := \boldsymbol{x}_k + \alpha_k \boldsymbol{p}_k$;　$\boldsymbol{r}_{k+1} := \boldsymbol{r}_k - \alpha_k A\boldsymbol{p}_k$;

　　$\beta_k := -\dfrac{(\boldsymbol{r}_{k+1}, A\boldsymbol{p}_k)_G}{(\boldsymbol{p}_k, A\boldsymbol{p}_k)_G}$;

$\boldsymbol{p}_{k+1} := \boldsymbol{r}_{k+1} + \beta_k \boldsymbol{p}_k$

end

注意 4.36　正定値対称行列 A に対する CR 法(→注意 4.18)は，上の算法で $G=A$ の場合に相当する(→問題 4.17).

注意 4.37　行列 A が与えられたとき，A が G 自己随伴で GA が正定値になるような正定値対称行列 G を見つけることができれば，上に示した形の共役勾配法を適用できる．このような G が存在するための必要十分条件は，A が対角化可能で固有値がすべて正の実数であることである(問題 4.14，4.15)．ただし，このような G が容易に計算できることが実際には重要である.

注意 4.38「正定値対称な計量 G に関する自己随伴行列 A」という状況設定の本質は，G を対称な 2 階**共変テンソル** $G_{\mu\kappa}$ $(=G_{\kappa\mu})$，A を共変 1 階反変 1 階の**混合テンソル** $A^{\kappa}{}_{\mu}$ と見ることによって捉えやすくなる．このとき，A の G 自己随伴性とは，$A^{\kappa}{}_{\mu}$ の添え字を計量 $G_{\mu\kappa}$ によって下げて得られる 2 階の共変テンソル $A_{\mu\kappa}=G_{\mu\nu}A^{\nu}{}_{\kappa}$ の対称性 $A_{\mu\kappa}=A_{\kappa\mu}$ であり，行列 GA の正定値性とは，$A_{\mu\kappa}$ の定める 2 次形式の正定値性である．ベクトル $\boldsymbol{x}$，$\boldsymbol{p}$，$\boldsymbol{r}$ はすべて**反変ベクトル** x^{κ}，p^{κ}，r^{κ} と見なされ，目的関数 $\phi(\boldsymbol{x})$ はテンソル解析の意味でのスカラー量になる．また，α_k，β_k もスカラー量になる.

4.4.3　収束性

共役勾配法の終了性，収束性に関する議論は以下のように一般化される．GA が正定値のとき，A の固有値 λ_i はすべて正の実数であるが，相異なる固有値の個数を n^* とする．初期誤差ベクトル $\boldsymbol{x}_0-\boldsymbol{x}^*$ を A の固有ベクトル $\boldsymbol{z}_i$ を用いて

$$\boldsymbol{x}_0-\boldsymbol{x}^* = \sum_{i=1}^{n^*} c_i \boldsymbol{z}_i \tag{4.113}$$

と展開する．ここで，$A\boldsymbol{z}_i=\lambda_i\boldsymbol{z}_i$，$(\boldsymbol{z}_i,\boldsymbol{z}_i)_G=1$ とする[*37]．このとき，$i\neq j$ に対して $(\boldsymbol{z}_i,\boldsymbol{z}_j)_G=0$ が成り立っているので，$c_i\boldsymbol{z}_i$ は $\boldsymbol{x}_0-\boldsymbol{x}^*$ を λ_i に対応する固有空間に G 直交射影したものに一致する．式(4.113)の展開係数 c_i の

---

*37　$GA\boldsymbol{z}_i=\lambda_i\boldsymbol{z}_i$ でないことに注意．テンソル解析の観点から見ると，混合テンソル $A^{\kappa}{}_{\mu}$ の固有値 λ は，$A^{\kappa}{}_{\mu}x^{\mu}=\lambda x^{\kappa}$ により，スカラー量としての意味をもつが，共変テンソル $A_{\mu\kappa}$ の固有値は定義されない.

うち0でないものの個数を$\overline{n}$とする．

定理4.7，定理4.8に対応して次の定理が成り立つ．

定理4.39　行列AはG自己随伴，GAは正定値とするとき，共役勾配法の算法は$k=\overline{n}$で終了し，$\boldsymbol{x}_{\overline{n}}=\boldsymbol{x}^*$である．　□

定理4.40　行列AはG自己随伴，GAは正定値とするとき，$\phi(\boldsymbol{x}_k)$の評価式(4.22)が成り立つ．ただし，Aの最大，最小固有値を$\lambda_{\max}$，$\lambda_{\min}$として$\kappa=\lambda_{\max}/\lambda_{\min}$とする．　□

注意4.41　行列AがG自己随伴のとき，GAは対称(I自己随伴)であるが，$A\boldsymbol{x}=\boldsymbol{b}$に対する$G$を計量とするCG法と，$GA\boldsymbol{x}=G\boldsymbol{b}$に対する$I$を計量とするCG法とは同じでない．目的関数$\phi(\boldsymbol{x})$は両者とも同じであるが，近似解$\boldsymbol{x}_k$を探す$k$次元アフィン部分空間$S_k$が，前者では$S_k=\boldsymbol{x}_0+\mathcal{K}_k(A,\boldsymbol{r}_0)$となるのに対し，後者では$S_k=\boldsymbol{x}_0+\mathcal{K}_k(GA,G\boldsymbol{r}_0)$となる．実際，$\boldsymbol{x}_k$の残差を$\boldsymbol{r}_k$とするとき，前者では

$$\beta_k=-\frac{(\boldsymbol{r}_{k+1},A\boldsymbol{p}_k)_G}{(\boldsymbol{p}_k,A\boldsymbol{p}_k)_G},\qquad \boldsymbol{p}_{k+1}=\boldsymbol{r}_{k+1}+\beta_k\boldsymbol{p}_k$$

となるのに対し，後者では

$$\beta_k=-\frac{(G\boldsymbol{r}_{k+1},A\boldsymbol{p}_k)_G}{(\boldsymbol{p}_k,A\boldsymbol{p}_k)_G},\qquad \boldsymbol{p}_{k+1}=G\boldsymbol{r}_{k+1}+\beta_k\boldsymbol{p}_k$$

となる．また，前者の収束性はAの固有値（$A\boldsymbol{z}_i=\lambda_i\boldsymbol{z}_i$を満たす$\lambda_i$)の分布で支配されるのに対し，後者の収束性は$GA$の固有値($GA\boldsymbol{z}_i=\lambda_i\boldsymbol{z}_i$を満たす$\lambda_i$)の分布で支配される．

4.4.4　残差多項式とLanczos原理

自己随伴行列に対する共役勾配法においても，残差$\boldsymbol{r}_k=\boldsymbol{b}-A\boldsymbol{x}_k$は，$R_k(0)=1$を満たす$k$次多項式(残差多項式) $R_k(\lambda)$によって$\boldsymbol{r}_k=R_k(A)\boldsymbol{r}_0$と表され，式(4.31)と同じ形の3項漸化式

$$R_{k+1}(\lambda)=\xi_k\lambda R_k(\lambda)+(1-\zeta_k)R_k(\lambda)+\zeta_kR_{k-1}(\lambda)\qquad(k=0,1,2,\cdots)$$

が成り立つ．このことから，残差$\boldsymbol{r}_k$と探索方向ベクトル$\boldsymbol{p}_k$が3項漸化式(4.37)，(4.39)を満たすことも導かれる(→注意4.12)．

3項漸化式の基礎には，次に述べる**自己随伴行列に対するLanczos原理**がある．これは対称行列に対するLanczos原理(定理4.11)の自然な拡張であ

る．

定理 4.42　G を正定値対称行列，A を G 自己随伴行列，$\hat{k}$ を自然数，$U_k(\lambda)$ を k 次多項式($k=0,1,\cdots,\hat{k}$)，$\boldsymbol{u}_0$ をベクトルとする．$\boldsymbol{u}_k = U_k(A)\boldsymbol{u}_0$ ($k=0,1,\cdots,\hat{k}$)が直交条件

$$(\boldsymbol{u}_i, \boldsymbol{u}_j)_G = 0 \qquad (0 \leqq i < j \leqq \hat{k})$$

を満たし，かつ $\boldsymbol{u}_k \neq \boldsymbol{0}$ ($k=0,1,\cdots,\hat{k}-1$)*38ならば，ある実数 $\xi_k \neq 0, \eta_k, \zeta_k$ が存在して，3 項漸化式

$$U_{k+1}(\lambda) = \xi_k \lambda U_k(\lambda) + \eta_k U_k(\lambda) + \zeta_k U_{k-1}(\lambda) \qquad (k=0,1,\cdots,\hat{k}-1)$$

が成り立つ．ただし $U_0(\lambda)=1$, $U_{-1}(\lambda)=0$ とする．　□

［証明］　定理 4.11 の証明と同様である．とくに，A の G 自己随伴性により，式(4.30)に対応する式

$$(U_j(A)\boldsymbol{u}_0, AU_k(A)\boldsymbol{u}_0)_G = (AU_j(A)\boldsymbol{u}_0, U_k(A)\boldsymbol{u}_0)_G$$

が成り立つことに注意されたい．　■

4.4.5　前処理

係数行列 A が G 自己随伴のときにも，第 4.1.3 節と同様の前処理によって CG 法の収束特性を向上させることができる．この場合に特徴的なことは，計量変更の可能性を含めた前処理が考えられることである*39．

正則行列 P, Q を用いて $A\boldsymbol{x}=\boldsymbol{b}$ を

$$(P^{-1}AQ^{-\top})(Q^{\top}\boldsymbol{x}) = (P^{-1}\boldsymbol{b})$$

と変形する．この係数行列 $\tilde{A} = P^{-1}AQ^{-\top}$ がある計量 $\tilde{G}$ に関して $\tilde{G}$ 自己随伴になっていれば，変換後の問題 $\tilde{A}\tilde{\boldsymbol{x}} = \tilde{\boldsymbol{b}}$ (ただし $\tilde{\boldsymbol{x}} = Q^{\top}\boldsymbol{x}$, $\tilde{\boldsymbol{b}} = P^{-1}\boldsymbol{b}$)に $\tilde{G}$

*38　$\boldsymbol{u}_{\hat{k}} = \boldsymbol{0}$ の可能性は許す．

*39　いくつかの文献において前処理の自由度が論じられ，共役勾配法系統の解法の分類・整理が行われているが，このような議論も，本節のような幾何学的立場から眺める方が見通しのよいところがある．

を計量とする CG 法を適用することができる.

変換後の係数行列 $\tilde{A}$ が $\tilde{G}$ 自己随伴になるための条件 $\tilde{G}\tilde{A} = (\tilde{G}\tilde{A})^{\mathsf{T}}$ は

$$(G^{-1}Q\tilde{G}P^{-1})A = A(G^{-1}P^{-\mathsf{T}}\tilde{G}Q^{\mathsf{T}}) \tag{4.114}$$

と書き直せる($A^{\mathsf{T}} = GAG^{-1}$ に注意). 式(4.114)が成り立つための十分条件として

$$G^{-1}Q\tilde{G}P^{-1} = I = G^{-1}P^{-\mathsf{T}}\tilde{G}Q^{\mathsf{T}}$$

を考えると, これは

$$\tilde{G} = Q^{-1}GP, \qquad G(PQ^{\mathsf{T}}) = (PQ^{\mathsf{T}})^{\mathsf{T}}G \tag{4.115}$$

と同値である. 第 2 の条件は, PQ^{T} の G 自己随伴性であり, この下で $\tilde{G} = Q^{-1}GP$ は対称行列になる.

前処理によって収束性を高めるには $A \approx PQ^{\mathsf{T}}$ と近似すればよい. この近似条件と(4.115)の第 2 式とを満たす P, Q を与えると, 新しい計量が $\tilde{G} = Q^{-1}GP$ によって定まり, $\tilde{A} = P^{-1}AQ^{-\mathsf{T}}$ が $\tilde{G}$ に関して自己随伴となる.

正定値性について考察しておこう. GA が正定値ならば, $\tilde{G}\tilde{A} = Q^{-1}(GA)Q^{-\mathsf{T}}$ は正定値である. 式(4.115)から決まる $\tilde{G}$ は必ずしも正定値とは限らない(例えば $P = -I$, $Q = I$ の場合). しかし, GA が正定値ならば, GPQ^{T} ($\approx GA$) は正定値であるとしてよいであろう. このとき, $\tilde{G} = Q^{-1}(GPQ^{\mathsf{T}})Q^{-\mathsf{T}}$ も正定値となる.

変換後の問題 $\tilde{A}\tilde{\boldsymbol{x}} = \tilde{\boldsymbol{b}}$ に $\tilde{G}$ を計量とする CG 法を適用したものを ˜ のない世界(計量は G)に引き戻すと次の算法になる[*40].

G 自己随伴行列に対する PCG 法

PQ^{T} が G 自己随伴でかつ $A \approx PQ^{\mathsf{T}}$ である行列 P, Q をとる;
初期ベクトル $\boldsymbol{x}_0$ をとる; $\boldsymbol{r}_0 := \boldsymbol{b} - A\boldsymbol{x}_0$;　$\boldsymbol{p}_0 := (PQ^{\mathsf{T}})^{-1}\boldsymbol{r}_0$;
for $k := 0, 1, 2, \cdots$ **until** $\|\boldsymbol{r}_k\|_G \leqq \varepsilon\|\boldsymbol{b}\|_G$ **do**

*40　停止条件は $\sqrt{((PQ^{\mathsf{T}})^{-1}\boldsymbol{r}_k, \boldsymbol{r}_k)_G} \leqq \varepsilon\sqrt{((PQ^{\mathsf{T}})^{-1}\boldsymbol{b}, \boldsymbol{b})_G}$ とすべきであるが, 通例に従って $\|\boldsymbol{r}_k\|_G \leqq \varepsilon\|\boldsymbol{b}\|_G$ とした.

begin

$\alpha_k := \dfrac{(\boldsymbol{r}_k, \boldsymbol{p}_k)_G}{(\boldsymbol{p}_k, A\boldsymbol{p}_k)_G};$

$\boldsymbol{x}_{k+1} := \boldsymbol{x}_k + \alpha_k \boldsymbol{p}_k; \quad \boldsymbol{r}_{k+1} := \boldsymbol{r}_k - \alpha_k A\boldsymbol{p}_k;$

$\beta_k := -\dfrac{((PQ^\top)^{-1}\boldsymbol{r}_{k+1}, A\boldsymbol{p}_k)_G}{(\boldsymbol{p}_k, A\boldsymbol{p}_k)_G};$

$\boldsymbol{p}_{k+1} := (PQ^\top)^{-1}\boldsymbol{r}_{k+1} + \beta_k \boldsymbol{p}_k$

end

上の算法において，つぎのことを注意しておく．

- 前処理行列 P, Q は $PQ^\top$ の形で現れる．したがって，P, Q が異なっても $M = PQ^\top$ が同じである限り，上の算法の生成する近似解 $\boldsymbol{x}_k$ は同じである．ただし，$\boldsymbol{v} = (PQ^\top)^{-1}\boldsymbol{r}_{k+1}$ などの計算は，行列 $M = PQ^\top$ を作るのではなく，方程式 $P\boldsymbol{u} = \boldsymbol{r}_{k+1}$ を解いて $\boldsymbol{u}$ を定め，引き続いて方程式 $Q^\top\boldsymbol{v} = \boldsymbol{u}$ を解いて $\boldsymbol{v}$ を定めるので，上の算法の計算手順の詳細は，M だけでなく P と Q に依存することになる．
- 前処理行列 P, Q の効果は $M = PQ^\top$ に集約され，その際，計量は $\tilde{G} = Q^{-1}GP$ に変更されるが，逆に，M が指定されたとき，M を実現する P, Q の中から計量を変更しないものを選ぶことができる．なぜなら，GM が正定値対称であるような行列 M(このとき M は G 自己随伴である)に対して，$M = PQ^\top$ かつ $G = Q^{-1}GP$ を満たす正則行列 P, Q が存在する(Cholesky 分解と同様にして，$GM = GP{\cdot}G^{-1}{\cdot}P^\top G$ を満たすような P を構成することができる)からである．このことは，(正定値性を前提とする限り)計量変更の可能性を除外しても本質的制約にはならないことを示している．

上の議論を踏まえて，A が対称行列($G = I$)の場合の前処理を振り返ってみよう．要点は，次の 3 つである：

- 前処理は係数行列の対称性を保つ必要はなく，自己随伴性を保つ限りにおいて，計量を変更することができる．具体的には，$PQ^\top$ が正定値対称

行列となるような P, Q を選んで $\tilde{A}=P^{-1}AQ^{-\top}$ と変形してよい．$\tilde{A}$ は $\tilde{G}=Q^{-1}P$ に関する自己随伴行列になる．

- A に対する I を計量とする CG 法と，$\tilde{A}$ に対する $\tilde{G}$ を計量とする CG 法とは異なる．
- $\tilde{A}$ に対する $\tilde{G}$ を計量とする CG 法の収束性は $\tilde{A}$ の固有値($\tilde{G}\tilde{A}$ の固有値ではない)の配置できまり，これが縮重している方が都合がよい(定理 4.40 参照)．

対称行列 A に対して $A \approx CC^{\top}$ とする PCG 法(第 4.1.3 節)は，$P=Q=C$, $\tilde{G}=I$ と選んでいることになる．一方，A に近い正定値対称行列 M を用いて，$P=M$, $Q=I$ としたり，$P=I$, $Q=M$ としたりすることもできる．前者は，$(M^{-1}A)\boldsymbol{x}=(M^{-1}\boldsymbol{b})$ と変形して $\tilde{G}=M$ とすることに相当し，後者は，$(AM^{-1})(M\boldsymbol{x})=\boldsymbol{b}$ と変形して $\tilde{G}=M^{-1}$ とすることに相当する．

最後に不変性に関する考察を述べる．ベクトル $\boldsymbol{x}$, $\boldsymbol{b}$ の属する空間には計量 G が定義されているので，許容変換としては G に関するユニタリ行列 U による変換*41を考えるのが幾何学的には自然であるが，一方，P が G ユニタリ行列のときには $Q^{-\top}=P$ となって CG 法の振舞いのすべて(反復停止条件も含めて)が不変に保たれるので，前処理の効果は全くないことになる．結局のところ，前処理という操作は，幾何学的不変性を破ることによって CG 法の効率化を図っていることになる．一般に，現象の数学モデルを作る際には，座標変換に関する不変性が必須要件である．しかし，数学モデルの不変性と，ここで議論したような計算プロセスの不変性とは区別して考える必要がある．

4.5　短い漸化式による解法*

本節では，誤差ノルム最小化の意味での最適性をもち，しかも，それを短い漸化式で実現する算法は存在するか，という基本的な問題を考察する．あるクラスの非対称行列(正規行列のサブクラス)に対してこれが可能であることを示すと同時に，そのようなうまい算法は一般には存在しないことを示す

---

*41　$U^{\top}GU=G$ を満たす U を G に関するユニタリ行列(G ユニタリ行列)という．

Faber–Manteuffel の定理を紹介する．

4.5.1 漸化式の長さと近似解の最適性

共役勾配法は，正定値対称行列 A に対する方程式 $A\boldsymbol{x} = \boldsymbol{b}$ の解 $\boldsymbol{x}^* = A^{-1}\boldsymbol{b}$ の近似値 $\boldsymbol{x}_k$ を

$$\boldsymbol{x}_{k+1} = \boldsymbol{x}_k + \alpha_k \boldsymbol{p}_k \tag{4.116}$$

の形の漸化式によって求める方法であるが，この探索方向ベクトル $\boldsymbol{p}_k$ は，初期残差 $\boldsymbol{r}_0 = \boldsymbol{b} - A\boldsymbol{x}_0$ を用いて $\boldsymbol{p}_0 = \boldsymbol{r}_0$，$\boldsymbol{p}_{-1} = \boldsymbol{0}$ と設定した上で，3 項漸化式

$$\boldsymbol{p}_{k+1} = -\alpha_k A\boldsymbol{p}_k + (1 + \beta_k)\boldsymbol{p}_k - \beta_{k-1}\boldsymbol{p}_{k-1} \tag{4.117}$$

によって生成することができた(→注意 4.12)．このとき，

$$\mathrm{span}(\boldsymbol{p}_0, \boldsymbol{p}_1, \cdots, \boldsymbol{p}_{k-1}) = \mathrm{span}(\boldsymbol{r}_0, \boldsymbol{r}_1, \cdots, \boldsymbol{r}_{k-1}) = \mathcal{K}_k(A, \boldsymbol{r}_0) \tag{4.118}$$

が成り立つ．さらに，近似解 $\boldsymbol{x} = \boldsymbol{x}_k$ は，Krylov 部分空間 $\mathcal{K}_k(A, \boldsymbol{r}_0)$ を平行移動したアフィン部分空間 $\boldsymbol{x}_0 + \mathcal{K}_k(A, \boldsymbol{r}_0)$ の上で誤差の A ノルム(の 2 乗) $(\boldsymbol{x} - \boldsymbol{x}^*, A(\boldsymbol{x} - \boldsymbol{x}^*))$ を最小化するという意味での最適性をもっていた．

このように，共役勾配法には，3 項漸化式による計算で近似解の最適性を達成するという著しい特徴がある．計算の量と近似解の質の両面において最も望ましい状況が実現されていると言える．係数行列 A が正定値対称でない場合に対しても，算法を工夫することでこのような望ましい状況が実現できるであろうか．これが，共役勾配法の一般化における基本的な課題である．

「3 項漸化式による計算」と「近似解の最適性」という二つの特徴は，一般の計量 G に対する G 自己随伴行列 A の場合にも受け継がれている(→第 4.4 節参照)．この場合の最適性は，計量 G に関する誤差の A ノルム(の 2 乗) $(\boldsymbol{x} - \boldsymbol{x}^*, A(\boldsymbol{x} - \boldsymbol{x}^*))_G$ のアフィン部分空間 $\boldsymbol{x}_0 + \mathcal{K}_k(A, \boldsymbol{r}_0)$ における最小化を意味している．

一方，非対称行列 A に対する GCR 法や GMRES 法においては，残差ノルム $\|\boldsymbol{b} - A\boldsymbol{x}\|$ をアフィン部分空間 $\boldsymbol{x}_0 + \mathcal{K}_k(A, \boldsymbol{r}_0)$ 上で最小化するという意味

の最適性がある(定理4.13)が，これを3項漸化式で実現することはできていない．GCR法やGMRES法の変種であるOrthomin(m)法やGMRES(m)法は，近似解の最適性と漸化式の長さのバランスの上に設計されている．

計算量の観点からは，漸化式が3項であることは必ずしも必要ではなく，**短い漸化式**で計算できれば十分である．すなわち，ある一定の(小さな)自然数sに対して，

$$\boldsymbol{p}_{k+1} = A\boldsymbol{p}_k + \sum_{j=1}^{s-1} \beta_{kj}\boldsymbol{p}_{k+1-j} \qquad (k=0,1,2,\cdots) \tag{4.119}$$

のような形のs項漸化式であればよい[*42]．ただし，$\boldsymbol{p}_0 = \boldsymbol{r}_0 = \boldsymbol{b} - A\boldsymbol{x}_0$と選ぶこととし，$j<0$のとき$\boldsymbol{p}_j = \boldsymbol{0}$と約束する．このとき，式(4.118)の関係が成立し，式(4.116)の形で定められる近似解$\boldsymbol{x}_k$は$\boldsymbol{x}_0 + \mathcal{K}_k(A, \boldsymbol{r}_0)$の上にある．

さて，このような形の算法を考えたとき，係数α_k，$\beta_{k1}, \cdots, \beta_{k,s-1}$を上手く定めることによって$\boldsymbol{x}_0 + \mathcal{K}_k(A, \boldsymbol{r}_0)$における最適性が達成できるであろうか．最適性の評価規準には自由度があるが，何らかの計量Gから定まる誤差ノルムの最小化という形の規準に限定して考えることにする[*43]．すなわち，ここで考えるのは，漸化式の項数sと計量Gを固定するとき，近似解$\boldsymbol{x}_1, \boldsymbol{x}_2, \cdots$が各$k$に対して

(4.120)
$$(\boldsymbol{x}_k - \boldsymbol{x}^*, \boldsymbol{x}_k - \boldsymbol{x}^*)_G = \min\{(\boldsymbol{x} - \boldsymbol{x}^*, \boldsymbol{x} - \boldsymbol{x}^*)_G \mid \boldsymbol{x} \in \boldsymbol{x}_0 + \mathcal{K}_k(A, \boldsymbol{r}_0)\}$$

を満たすような算法である．本節では，このような算法を「最適性をもつ(s, G)共役勾配法」と呼ぶことにする．

どのような行列Aに対して「最適性をもつ(s, G)共役勾配法」が存在するのかが最も基本的な問題である[*44]．例えば，通常の共役勾配法は，正定値対称行列Aに対する「最適性をもつ$(3, A)$共役勾配法」である．さらに，一般

*42　式(4.117)には係数$-\alpha_k$が含まれているが，$\boldsymbol{p}_k$のスケーリングにより，式(4.119)の形($s=3$)に帰着される．
*43　例えば，最大値ノルム$\|\cdot\|_\infty$の最小化という評価規準はこの範疇外である．
*44　より正確に言えば，任意の$\boldsymbol{b}$と$\boldsymbol{x}_0$に対して式(4.120)が成り立つことを要請する．

の計量 G に対しても，G 自己随伴行列 A に対しては(GA が正定値のとき)「最適性をもつ $(3, GA)$ 共役勾配法」が作れることを第 4.4 節で示した．

4.5.2　一般的考察

近似解 $\boldsymbol{x}_k$ の誤差を $\boldsymbol{e}_k = \boldsymbol{x}^* - \boldsymbol{x}_k$ と定義するとき[*45]，$\boldsymbol{x} = \boldsymbol{x}_k$ が制約条件 $\boldsymbol{x} - \boldsymbol{x}_0 \in \mathcal{K}_k(A, \boldsymbol{r}_0) = \mathrm{span}(\boldsymbol{p}_0, \boldsymbol{p}_1, \cdots, \boldsymbol{p}_{k-1})$ の下で $(\boldsymbol{e}_k, \boldsymbol{e}_k)_G$ を最小化するための必要十分条件は

$$(\boldsymbol{e}_k, \boldsymbol{p}_j)_G = 0 \qquad (0 \leqq j \leqq k-1) \tag{4.121}$$

で与えられる．

式(4.116)より $\boldsymbol{e}_{k+1} = \boldsymbol{e}_k - \alpha_k \boldsymbol{p}_k$ となるが，これと $\boldsymbol{p}_k$ の内積を作ると，直交性(4.121)より

$$\alpha_k (\boldsymbol{p}_k, \boldsymbol{p}_k)_G = (\boldsymbol{e}_k, \boldsymbol{p}_k)_G$$

となる．ここで $(\boldsymbol{p}_k, \boldsymbol{p}_k)_G = 0$ とすると，$\mathcal{K}_k(A, \boldsymbol{r}_0) = \mathcal{K}_{k+1}(A, \boldsymbol{r}_0)$ が導かれ，したがって $\boldsymbol{x}_k = \boldsymbol{x}^*$ である[*46]．そこで，$(\boldsymbol{p}_k, \boldsymbol{p}_k)_G \neq 0$ と仮定して，

$$\alpha_k = \frac{(\boldsymbol{e}_k, \boldsymbol{p}_k)_G}{(\boldsymbol{p}_k, \boldsymbol{p}_k)_G} \tag{4.122}$$

となる[*47]．なお，初期値が特殊なものでなければ，$\alpha_k \neq 0$ である．

次に，$\boldsymbol{e}_{k+1} = \boldsymbol{e}_k - \alpha_k \boldsymbol{p}_k$ と $\boldsymbol{p}_j$ (ただし $0 \leqq j \leqq k-1$)の内積を作ると，直交性(4.121)より $\alpha_k (\boldsymbol{p}_k, \boldsymbol{p}_j)_G = 0$ となるが，ここで $\alpha_k \neq 0$ として，

$$(\boldsymbol{p}_k, \boldsymbol{p}_j)_G = 0 \qquad (0 \leqq j \leqq k-1) \tag{4.123}$$

が導かれる．一方，式(4.119)と $\boldsymbol{p}_{k+1-j}$ の内積を作ると，直交性(4.123)より

---

*45　本書では $\boldsymbol{x}_k - \boldsymbol{x}^*$ を誤差と呼ぶことにした(→第 2.2 節)が，ここでは共役勾配法の文献の流儀に合わせて，符号を反転させることとする．

*46　この状況は $k = d(A, \boldsymbol{p}_0)$ において生じる($d(A, \boldsymbol{p}_0)$ は $\boldsymbol{p}_0$ の A に関する最小消去多項式の次数；補題 4.34 参照)．A の最小多項式の次数を $d(A)$ とすると，任意の $\boldsymbol{p}_0$ に対して $d(A, \boldsymbol{p}_0) \leqq d(A)$ であり，ほとんどすべての $\boldsymbol{p}_0$ に対して $d(A, \boldsymbol{p}_0) = d(A)$ である．

*47　式(4.122)の右辺は未知量 $\boldsymbol{e}_k$ を含むので，一般には計算が実行できない．しかし，共役勾配法では $G = A$ なので $(\boldsymbol{e}_k, \boldsymbol{p}_k)_G = (\boldsymbol{r}_k, \boldsymbol{p}_k)$ となって計算できる形になっている．

$$\beta_{kj} = -\frac{(\boldsymbol{p}_{k+1-j}, A\boldsymbol{p}_k)_G}{(\boldsymbol{p}_{k+1-j}, \boldsymbol{p}_{k+1-j})_G} \qquad (1 \leqq j \leqq s-1) \tag{4.124}$$

が導かれる．したがって，「最適性をもつ (s, G) 共役勾配法」を実現するには，係数 $\alpha_k, \beta_{k1}, \cdots, \beta_{k,s-1}$ を式(4.122)，(4.124)で定める必要がある．逆に，このような $\alpha_k, \beta_{k1}, \cdots, \beta_{k,s-1}$ を用いて式(4.119)によって $\boldsymbol{p}_k$ を生成したときに直交性(4.123)が成立しているとすると，最適性の条件(4.121)が導かれるので，G ノルムに関する近似解の最適性が達成されることになる．

以上の考察から，行列 A に対して「最適性をもつ (s, G) 共役勾配法」が存在するための必要十分条件が，任意の $\boldsymbol{p}_0$ から出発して式(4.122)，(4.124)の係数 $\alpha_k, \beta_{k1}, \cdots, \beta_{k,s-1}$ を用いて生成したベクトル列 $\boldsymbol{p}_k$ が直交性(4.123)をもつことであることが分かった．そこで，係数行列 A のクラス $\mathrm{CG}(s, G)$ を次のように定義する：

（i）$d(A) \leqq s$，あるいは

（ii）ほとんどすべての初期ベクトル $\boldsymbol{p}_0$ に対して，式(4.119)の形の s 項漸化式によって生成される $\boldsymbol{p}_k$ が直交条件(4.123)を満たす，

のいずれかの条件を満たすとき，行列 A は $\mathrm{CG}(s, G)$ に属する．なお，既に述べたように，（i）は s 段以内に真の解に達して終了する場合である．

例えば，通常の共役勾配法は $s=3$, $G=A$ の場合にあたるから，任意の正定値対称行列 A に対して $A \in \mathrm{CG}(3, A)$ となる．さらに，一般の計量 G に関する自己随伴行列に対する共役勾配法(第4.4節)の存在により，G 自己随伴行列 A に対して，GA が正定値ならば $A \in \mathrm{CG}(3, GA)$ である．

4.5.3　正規行列に対する共役勾配法

本節では，正規行列に対する共役勾配法を考察し，正規次数が漸化式の長さに対応することを示す．

準備として，正規行列の性質を述べる[*48]．複素行列 A が条件

$$A^{\mathsf{H}} A = A A^{\mathsf{H}} \tag{4.125}$$

*48　基本的性質については[1]の第10節を，計量のある場合は[5]の第5章を参照されたい．

を満たすとき，**正規行列**という(A^{H} は共役転置 $\overline{A}^{\mathsf{T}}$ を表す)．n 次行列 A が正規行列であることは，適当なユニタリ行列 U によって $U^{\mathsf{H}}AU = \mathrm{diag}\,(\lambda_1, \cdots, \lambda_n)$ と対角化できることと同値である．このとき，

$$q(\lambda_i) = \overline{\lambda_i} \qquad (i = 1, \cdots, n) \tag{4.126}$$

を満たす多項式 q が存在するが*49，このような q に対して $A^{\mathsf{H}} = q(A)$ が成り立つ．逆に，ある多項式 q に対して $A^{\mathsf{H}} = q(A)$ ならば，式(4.125)が成り立つ．したがって，A が正規行列であることと，ある多項式 q によって $A^{\mathsf{H}} = q(A)$ と表現できることは同値である．このような多項式 q の次数の最小値を，正規行列 A の**正規次数**と呼び，$\nu(A)$ と表す．条件(4.126)は n 個の点における補間条件の形であるから，$\nu(A) \leqq n-1$ が成り立ち，次数が $\nu(A)$ に等しい q は一意に定まる．Hermite 行列や実対称行列は，正規次数が 1 の正規行列である．A が実行列の場合には，$A^{\mathsf{T}} = q(A)$ を満たす $\nu(A)$ 次の実係数多項式 q が存在する(→問題 4.19)．

正規行列の概念は，一般の計量 G に関しても定義される．以下，実行列の場合に限ってこれを扱う．

まず，行列 A の G 随伴行列 $A^{\sharp}$ の定義と，その表式 $A^{\sharp} = G^{-1}A^{\mathsf{T}}G$ を思い出そう(→第 4.4.1 節)．行列 A が $\boldsymbol{G}$ **正規行列**であるとは，条件

$$A^{\sharp}A = AA^{\sharp} \tag{4.127}$$

を満たすことと定義される*50．これは A が G 直交する n 個の固有ベクトルをもつことと同値である．A の固有値を $\lambda_1, \cdots, \lambda_n$ とすると，条件(4.126)を満たす多項式 q に対して $A^{\sharp} = q(A)$ が成り立つ．逆に，$A^{\sharp} = q(A)$ から式(4.127)が導かれることは明らかである．これを定理として述べておく．

定理 4.43 実行列 A が G 正規行列であるためには，ある実係数多項式 q に対して $A^{\sharp} = q(A)$ となることが必要かつ十分である． □

上の定理における多項式 q の次数の最小値を，G 正規行列 A の $\boldsymbol{G}$ **正規次数**

---

*49 補間多項式である．[30]の第 9 章などを参照のこと．

*50 A の G 正規性は $\tilde{A} = G^{1/2}AG^{-1/2}$ の正規性と等価である．したがって，すべての議論は $G = I$ (単位計量)の場合に帰着できるが，計量 G を陽に扱う方が見通しがよい．

と呼び，$\nu_G(A)$ と表す．$\nu_G(A) \leqq n-1$ である．なお，多項式 q に対する条件(4.126)が(G には陽に依存せず)A の固有値だけで決まること，および，次数が $\nu_G(A)$ に等しい q は一意に定まることに注意されたい．

以上の準備の下で，G 正規行列に対する共役勾配法を考える．実行列 A を G 正規とし，その G 正規次数を $\nu = \nu_G(A)$ とする．このとき，$A^\sharp = q(A)$ を満たす実係数 ν 次多項式 q が存在する．

式(4.119)において $s \geqq \nu + 2$ とし，係数 α_k，$\beta_{k1}, \cdots, \beta_{k,s-1}$ を式(4.122)，(4.124)で定めるものとする．このとき，$\boldsymbol{p}_0, \boldsymbol{p}_1, \boldsymbol{p}_2, \cdots$ が直交性(4.123)をもつことを k に関する帰納法によって示そう．ある k に対して式(4.123)が成り立つと仮定して $(\boldsymbol{p}_i, \boldsymbol{p}_{k+1})_G = 0\ (0 \leqq i \leqq k)$ を示せばよい．式(4.119)より

$$(\boldsymbol{p}_i, \boldsymbol{p}_{k+1})_G = (\boldsymbol{p}_i, A\boldsymbol{p}_k)_G + \sum_{j=1}^{s-1} \beta_{kj} (\boldsymbol{p}_i, \boldsymbol{p}_{k+1-j})_G$$

である．まず，帰納法の仮定により，$k+1-j \neq i$ ならば $(\boldsymbol{p}_i, \boldsymbol{p}_{k+1-j})_G = 0$ に注意する．$k-s+2 \leqq i \leqq k$ のとき，β_{kj} の定め方より上式の右辺は 0 に等しい．一方，$0 \leqq i \leqq k-s+1$ のとき，$\sum_{j=1}^{s-1}$ の各項は 0 であり，さらに

$$(\boldsymbol{p}_i, A\boldsymbol{p}_k)_G = (A^\sharp \boldsymbol{p}_i, \boldsymbol{p}_k)_G = (q(A)\boldsymbol{p}_i, \boldsymbol{p}_k)_G$$

において $q(A)\boldsymbol{p}_i \in \mathrm{span}(\boldsymbol{p}_0, \boldsymbol{p}_1, \cdots, \boldsymbol{p}_{k-1})$ であるから，帰納法の仮定により，この値は 0 である．ゆえに，$(\boldsymbol{p}_i, \boldsymbol{p}_{k+1})_G = 0\ (0 \leqq i \leqq k)$ が成り立つ．なお，この議論は Lanczos 原理の G 正規行列への一般化として理解できる．

上の議論から，G 正規行列 A に対しては，$s \geqq \nu_G(A) + 2$ に対して「最適性をもつ (s, G) 共役勾配法」が存在する．すなわち，次の定理が成り立つ．

定理 4.44　G 正規行列 A に対して，$s \geqq \nu_G(A) + 2$ として $A \in \mathrm{CG}(s, G)$ が成り立つ．□

G 正規行列に対する共役勾配法の算法は次のようになる．ただし，すでに式(4.122)において注意したように，α_k の分子 $(A^{-1}\boldsymbol{r}_k, \boldsymbol{p}_k)_G$ が効率よく計算できるとは限らないので，この算法は一般的な枠組みを示していると理解されたい．

G 正規行列に対する共役勾配法

$\nu := \nu_G(A)$ (= A の G 正規次数);

初期ベクトル $\boldsymbol{x}_0$ をとる; $\boldsymbol{r}_0 := \boldsymbol{b} - A\boldsymbol{x}_0$;　$\boldsymbol{p}_0 := \boldsymbol{r}_0$;

for $k := 0, 1, 2, \cdots$ **until** $\|\boldsymbol{r}_k\|_G \leqq \varepsilon \|\boldsymbol{b}\|_G$ **do**

　begin

　　$\alpha_k := \dfrac{(A^{-1}\boldsymbol{r}_k, \boldsymbol{p}_k)_G}{(\boldsymbol{p}_k, \boldsymbol{p}_k)_G}$;

　　$\boldsymbol{x}_{k+1} := \boldsymbol{x}_k + \alpha_k \boldsymbol{p}_k$;　$\boldsymbol{r}_{k+1} := \boldsymbol{r}_k - \alpha_k A\boldsymbol{p}_k$;

　　$\boldsymbol{p}_{k+1} := A\boldsymbol{p}_k$;

　　for $j := 1$ **to** $\min(k+1, \nu+1)$ **do**

　　　begin

　　　　$\beta_{kj} := -\dfrac{(\boldsymbol{p}_{k+1-j}, A\boldsymbol{p}_k)_G}{(\boldsymbol{p}_{k+1-j}, \boldsymbol{p}_{k+1-j})_G}$;　$\boldsymbol{p}_{k+1} := \boldsymbol{p}_{k+1} + \beta_{kj}\boldsymbol{p}_{k+1-j}$

　　　end

　end

4.5.4　Faber-Manteuffel の定理

第 4.5.2 節において，短い漸化式と近似解の最適性が両立する行列のクラスとして，CG(s, G) を定義し，第 4.5.3 節の定理 4.44 において，G 正規行列 A は $s \geqq \nu_G(A) + 2$ に対して CG(s, G) に属することを示した．

次の定理は，CG(s, G) に属する行列がこの形だけであることを述べたものである．その後に述べる二つの定理を併せると，短い漸化式と近似解の最適性を同時に満たすものは，G 自己随伴行列に対する共役勾配法で本質的に尽きるという結論が得られる．

定理 4.45 (Faber-Manteuffel の定理)　G を正定値対称行列とする．$A \in$ CG(s, G) であるためには，次の(i)あるいは(ii)が成り立つことが必要かつ十分である：

(i)　最小多項式の次数 $d(A) \leqq s$,

(ii)　G 正規次数 $\nu_G(A) \leqq s - 2$.　□

[証明]　十分性は定理 4.44 による．必要性の証明は面倒な議論が必要であ

る．[84]の原証明，あるいは[83]の別証を参照されたい．　■

上の定理の第2の条件の意味するところを考察しよう．

定理 4.46　G 正規実行列 A に対して，$\nu_G(A) > 1$ ならば $d(A) \leqq \nu_G(A)^2$ である．　□

[証明]　式(4.126)の $q(\lambda_i) = \overline{\lambda_i}$ $(i = 1, \cdots, n)$ を満たす $\nu_G(A)$ 次実係数多項式 q をとる(定理4.43参照)．このとき，$q(q(\lambda_i)) - \lambda_i = 0$ が相異なるすべての固有値 λ_i(その個数は $d(A)$ に等しい)に対して成り立つ．一方，$\nu_G(A) > 1$ ならば $q(q(\lambda)) - \lambda$ の次数は $\nu_G(A)^2$ である．したがって，$\nu_G(A)^2 \geqq d(A)$．　■

最小多項式の次数 $d(A) < n$ となるのは，固有値に重複のある場合であり，これはある意味で退化した例外的な状況と解釈できる．したがって，定理4.45の(ｉ)の場合になるのは例外的に運の良い行列に限られる．一方，定理4.46より，$1 < \nu_G(A) < \sqrt{n}$ ならば $d(A) < n$ となるので，これも例外的な場合と考えられる．したがって，短い漸化式のCG法が存在するような行列で一般性をもつものは，定理4.45の(ii)の場合のうち，正規次数 $\nu_G(A) \leqq 1$ のものに限られることになる．ところが，このような行列は，次の定理に示す形に限定される．

定理 4.47　実行列 A が G 正規で $\nu_G(A) \leqq 1$ ならば，次の(ｉ)，(ii)のいずれかが成り立つ：

(ｉ) $A^\sharp = A$ (すなわち A は G 自己随伴)，

(ii) $A = bI + S$．ただし，b は実数で，$S^\sharp = -S$ である．　□

[証明]　$\nu_G(A) \leqq 1$ と定理4.43より，$A^\sharp = aA + 2bI$ (a, b は実数)とおくことができる．この式とその随伴 $A = aA^\sharp + 2bI$ を使って $A^\sharp$ を消去すると，

$$(a^2 - 1)A = -2(a+1)bI$$

となる．まず，$a = 1$ ならば，$b = 0$ で $A^\sharp = A$ が成り立つ．次に，$a = -1$ ならば，$A^\sharp = -A + 2bI$，すなわち $(A - bI)^\sharp = -(A - bI)$ である．したがって，$S = A - bI$ とおけば，$S^\sharp = -S$，$A = bI + S$ となる．最後に，$a^2 \neq 1$ ならば $A = (-2b/(a-1))I$ であるが，これは(ｉ)あるいは(ii)の特別な場合である．　■

上の議論では計量 G は指定されたものとしているが，実際の場面では，与えられた実行列 A に対して都合のよい計量 G を選んでよい．とくに，ある G に対して $\nu_G(A) \leqq 1$ となるためには，A は対角化可能で，固有値がすべて実数であるか，あるいは，複素平面上の虚軸に平行な一つの直線上にあることが必要十分である(定理 4.47，問題 4.15 参照)．しかし，このような G を実際に計算して求めることは困難である．

注意 4.48　定理 4.45 は，1984 年に Faber-Manteuffel[84]よって示された著名な定理である([54]の第 7 節や[63]の第 6.10 節にも簡単な記述があり，半ばサーベイ的な論文として Ashby-Manteuffel-Saylor[73]がある)．Faber-Manteuffel[85]は，残差の直交性を最適性の規準に採用した場合について，同様の定理を示している．第 4.5.2 節の議論から明らかなように，短い漸化式によって最適性をもつ近似解を実現できることと，Arnoldi 算法によって帯幅の狭い Hessenberg 行列が得られることは，本質的に等価である．この観点からの詳細な議論が Liesen-Saylor[106]によってなされている．Faber-Manteuffel の定理における必要性の証明は煩雑で本書でも割愛せざるを得なかったが，見通しのよい証明を得るための努力が続けられている(Liesen-Strakoš[107]，Faber-Liesen-Tichý[83])．

第 4 章ノート▶ここでは，共役勾配法系の解法の基本である CG 法を二つの異なった観点—2 次関数最小化と残差直交性—から導き，それを一般化する形で種々の算法を導いた．2 次関数最小化による CG 法の導出は，Hestenes-Stiefel[102]に基づくが，本書の方が理解し易いと思う．Hackbusch[56]にも同様の記述がある．残差直交性による導出は Lanczos[105]に起源をもつ．より正確には，下に述べる Lanczos[105]に基づく BCG 法の導出を CG 法の場合に書き換えたものである．ここで用いた「Lanczos 原理」という言葉は，高橋[122]による．国際的に通用する名前ではないが，有用な原理なので本書では積極的に用いた．なお，最近の線形計算の教科書において，CG 法を，係数行列 A の 3 重対角化とその 3 重対角行列の LU 分解という形で導出することが行われているが，これについては Saad[63]を参照されたい．

第 4.1.1 節の始めに言及した最急降下法の収束性(Stiefel の鳥かご)の話は Forsythe-Motzkin[88]と Stiefel[120]に遡る．問題 4.2 に与えた証明は赤池[72]による．問題を確率分布の変換に置き換えて議論するもので興味深く，また，教科書で証明を与えたものがないので，演習問題の形ではあるが詳しく扱った．CG 法の収束性に関しては，1 次収束性のみを証明したが，実際には CG 法は超 1 次収束する．この現象を説明する理論が van der Vorst[67]や Beckermann-Kuijlaars

[75]に与えられている([75]はポテンシャル論を用いるもので，[67]のものとは全く異なる)．

GCR法の誤差評価(定理4.14)で用いられた楕円領域上の多項式に関するmini-max評価(問題4.9(iii))において，等号がChebyshev多項式の場合に成立するとされてきたが，実は，これは誤りで，$n \leqq 4$なら正しいが，$n \geqq 5$では成り立たない場合のあることが1991年に指摘された(Fischer-Freund[86])．いまでも間違った記述の教科書があるので注意を要する．

GMRES法の収束性に関してはGreenbaum[54]の第3.2節において詳しく議論されており，本書で扱わなかった係数行列の**値集合** (field of values)や**擬スペクトル**(pseudospectrum)を用いた評価も与えられている．この議論から，GCR法の収束性についても(破綻が起こらないという前提の下で)同じ評価が得られる．

残差直交性をもつ解法として，本書では，素朴に残差多項式を作る方法とOrthores法を紹介したが，他に，GMRES法と同じように，Arnoldi算法によってKrylov部分空間の正規直交基底を生成して解を計算する**完全直交化法**(**FOM**[*51])と呼ばれる方法もある[63], [114].

BCG法の起源はFletcher[87]とされるが，補助的な方程式を考え，残差の双直交列を生成することによって方程式の解を求めるという考え方はLanczos[105]に遡る．ただし，残差多項式$R_k(\lambda)$の最高次係数$=1$という形で議論しているため，解を表現する式がBCG法と異なる．$R_k(0)=1$として，[105]に従えば，自然と現在のBCG法の算法が得られる．これを実際に行ったのが本書のBCG法の導出部分である．BCG法(およびそれと同値な算法)の破綻に関する議論や，破綻を回避する手法である先読み(look-ahead)に関しては，Parlett-Taylor-Liu[113], Freund-Gutknecht-Nachtigal[89], Freund-Nachtigal[91], Joubert[103], Gutknecht[98], Gutknecht[100]を参照されたい．BCG法の収束性に関して理論的保証はほとんどないと記したが，有限要素法(Petrov-Galerkin法)の誤差解析で用いられる手法(inf-sup条件を仮定して誤差を解析する方法)を用いた収束性解析がBank-Chan[74]にある．BCG法(およびそれと同値な算法)は，Padé近似，直交多項式，線形システム理論などの多くの分野とも関係をもつ．これらについては，[98], [100]およびBultheel-Van Barel[50]を参照せよ．

BCG法において，方程式$A\boldsymbol{x}=\boldsymbol{b}$を解くのに$A^{\mathrm{T}}$とベクトルとの積も計算しなければならないのはいかにも無駄であり，A^{T}とベクトルの積の計算を解の更新に直接結び付けるような算法が望まれる．これを最初に実現したのがSonneveld[118]による**CGS法**[*52]である．BCG法の第k段における残差多項式をR_kとするとき，CGS法の第k段では，残差が$(R_k(A))^2\boldsymbol{r}_0$となるような近似解を生

*51　FOM = Full Orthogonalization Method.
*52　CGS = Conjugate Gradient Squared.

成する．したがって，丸め誤差の影響がない状況では，BCG 法の残差が小さければ，CGS 法の残差は非常に小さくなると期待される．しかしながら，BCG 法のもつ不安定性が拡大し，必ずしも期待したほどの収束性は得られない．これに対して，van der Vorst[124]は BiCGSTAB 法を考え，本文にあるように残差 $S_k(A)R_k(A)\boldsymbol{r}_0$（ただし S_k は 1 次式の積）を生成する算法を考え，かつ，$S_k(A)$ を残差の安定化に用いた．その後，安定化多項式の次数を上げる工夫がなされ，Gutknecht[99]によって **BiCGSTAB2 法**が，Sleijpen-Fokkema[116]によって BiCGSTAB(ℓ) 法（第 4. 2. 9 節）が提案された．一方，Zhang（張）[130]は，安定化多項式を 3 項漸化式で生成することを考え，GPBiCG 法に到達した（注意 4. 33）．GPBiCG 法はパラメータを二つもち，それを特殊化することにより CGS 法，BiCGSTAB 法，BiCGSTAB2 法も表現できる広い枠組みである．

BCG 法は，残差が影の残差（注意 4. 28）と直交するように定めた算法である．最近，影の残差を多次元化して，それと残差が直交するように解を生成する算法が提案され，さらには，A^{T} とベクトルの積の計算を解の更新に直接結び付けるように工夫した算法も開発されている（Yeung-Chan[128]の **ML($\boldsymbol{k}$)BiCGSTAB 法**，Sonneveld-van Gijzen[119]の **IDR($\boldsymbol{s}$) 法**[*53]，および Sleijpen-van Gijzen[117]，谷尾-杉原[123]による IDR(s) 法の一般化など）．多くの数値例において，収束性が良いことが確かめられている．

本書では，共役勾配法系統の算法をその起源に遡って導出することを行ったが，Krylov 部分空間を用いて統一的に導出する教科書も多い（藤野-張[53]，Saad[63]，van der Vorst[67]）．理論的にすっきりした記述が可能であるが，Krylov 部分空間を考える理由が明確とは言い難い．素朴には，係数行列とベクトルとの積のみが許される状況（例えば，係数行列が超大規模で，その変形は不可能で，ベクトルとの積ぐらいしか考えられない状況）で利用可能なものが Krylov 部分空間であり，それを操作して得られるものが Krylov 部分空間法であるという言い方はできる．この辺りのことを正確に定式化して，Krylov 部分空間のもつ意味を明確にした論文として，Nemirovsky[111, 112]がある．

本書の第 4. 4 節の内容は室田[109]による．CG 法を一般の計量を意識して議論した論文には Hestenes[101]もあるが，本書のように，前処理まで含めてその自由度を議論したものは他にないと思う．

非対称行列に対して，どのような場合に短い漸化式で解が得られるかを明確にした Faber-Manteuffel の定理は有名ではあるが，これまで，教科書で本格的に扱われてこなかった．そこで，完全な証明を与えることを目指したが，結局，紙数の都合で，必要性については断念せざるを得なかった．原論文[84]を参照されたい．

共役勾配法系統の算法の振舞いに関しては，係数行列が非対称の場合には，ほ

---

*53　IDR = <u>I</u>nduced <u>D</u>imension <u>R</u>eduction.

表 4.2　共役勾配法の歴史.

年	算法の略称	提案者
1952	CD	Hestenes-Stiefel[102]
1952	CG	Hestenes-Stiefel[102]
1952	CGNR	Hestenes-Stiefel[102]
1955	CGNE	Craig[79]
1955	CR	Stiefel[121]
1976	BCG	Fletcher[87]
1976	Orthomin(m)	Vinsome[125]
1980	Orthores	Young-Jea[129]
1983	GCR	Eisenstat-Elman-Schultz[81]
1983	GCR(m)	Eisenstat-Elman-Schultz[81]
1986	GMRES	Saad-Schultz[115]
1989	CGS	Sonneveld[118]
1991	QMR	Freund-Nachtigal[90]
1992	BiCGSTAB	van der Vorst[124]
1993	BiCGSTAB2	Gutknecht[99]
1993	BiCGSTAB(ℓ)	Sleijpen-Fokkema[116]
1997	GPBiCG	Zhang[130]
1999	ML(k)BiCGSTAB	Yeung-Chan[128]
2008	IDR(s)	Sonneveld-van Gijzen[119]

とんど分かっていない(Nachtigal-Reddy-Trefethen[110]). 一方, 対称行列の場合は, その振舞いをある程度説明する理論ができている. Fischer[52]などを参照されたい. 共役勾配法系統の算法は, 丸め誤差の影響を強く受けやすく, 必ずしも理論通りの挙動とならないことにも注意する必要がある. 詳しくは Greenbaum [54], van der Vorst[67], Greenbaum[95], Greenbaum-Strakoš[96]を参照されたい.

前処理に関しては, 不完全 Cholesky 分解以外, 扱わなかったが, 実際に共役勾配法系統の算法を使う場合, 算法の選択にも増して前処理の選択が重要であると言われている. しかし, どのような前処理を用いたら良いかについてはほとんど分かっていないのが現実であり, 現在, 多くの数値実験を通してデータの蓄積が進められている. ただし, 特殊な形の行列(例えば, Toeplitz 行列)に対しては, その行列に適した前処理が提案されて状況が解明されつつある(Chan-Jin[51]).

共役勾配法系統の算法は, かなり多数あり, 混乱を来たすことも多い. 表 4.2 に, 本書で言及した算法の略称, 提案年, 提案者を整理しておく. Golub-O'Leary [94]は, 1948 年から 1976 年までの CG 法関連の論文をサーベイした論文であり, CG 法が発明されてからしばらくの間の雰囲気が読み取れる. また, 戸川[65]は, 共役勾配法を日本に広めた本で, その内容はいま読んでみても価値がある．ただ，そこで「高橋版」と読んでいる CG 法の変種の算法は，Hestenes-Stiefel の CG 法の原論文[102]に既に記されているものであり，注意を要する．

第 4 章問題

4.1　最急降下法に関する評価式(4.8)を，次の(ｉ)，(ii)を示すことにより，証明せよ．

(ｉ) $\phi(\boldsymbol{x}_k) = \dfrac{1}{2}(\boldsymbol{r}_k, A^{-1}\boldsymbol{r}_k), \quad \phi(\boldsymbol{x}_k) - \phi(\boldsymbol{x}_{k+1}) = \dfrac{1}{2}\dfrac{(\boldsymbol{r}_k, \boldsymbol{r}_k)^2}{(\boldsymbol{r}_k, A\boldsymbol{r}_k)}.$

(ii) ［**Kantorovich の不等式**］一般に，行列 A が正定値対称のとき，A の条件数を κ として，

$$(\boldsymbol{r}, A\boldsymbol{r})\cdot(\boldsymbol{r}, A^{-1}\boldsymbol{r}) \leqq \frac{(\kappa+1)^2}{4\kappa}\cdot(\boldsymbol{r}, \boldsymbol{r})^2.$$

4.2　$\lambda_1 > \cdots > \lambda_n$ とし，n 次元確率ベクトル[*54]の全体を Π と表す．$\boldsymbol{\pi} \in \Pi$ に対して

$$\mu(\boldsymbol{\pi}) = \sum_{i=1}^{n} \pi_i \lambda_i, \qquad m_l(\boldsymbol{\pi}) = \sum_{i=1}^{n} \pi_i (\lambda_i - \mu(\boldsymbol{\pi}))^l \qquad (l = 0, 1, 2, \cdots)$$

と定義する($\mu(\boldsymbol{\pi})$ は平均，$m_2(\boldsymbol{\pi})$ は分散を表し，$m_0(\boldsymbol{\pi}) = 1$，$m_1(\boldsymbol{\pi}) = 0$ である)．$m_2(\boldsymbol{\pi}) > 0$ である $\boldsymbol{\pi} \in \Pi$ の全体を Π° と表し，$\boldsymbol{\pi} \in \Pi^\circ$ に対して，変換 T を

$$(T\boldsymbol{\pi})_i = \pi_i(\lambda_i - \mu(\boldsymbol{\pi}))^2 / m_2(\boldsymbol{\pi}) \qquad (i = 1, \cdots, n)$$

と定義する．以下の(ｉ)〜(viii)を示せ．

(ｉ) $\mu(T\boldsymbol{\pi}) = \mu(\boldsymbol{\pi}) + m_3(\boldsymbol{\pi})/m_2(\boldsymbol{\pi})$.

(ii) $m_2(T\boldsymbol{\pi}) = m_2(\boldsymbol{\pi}) + \dfrac{1}{m_2(\boldsymbol{\pi})^2} \det \begin{bmatrix} m_0(\boldsymbol{\pi}) & m_1(\boldsymbol{\pi}) & m_2(\boldsymbol{\pi}) \\ m_1(\boldsymbol{\pi}) & m_2(\boldsymbol{\pi}) & m_3(\boldsymbol{\pi}) \\ m_2(\boldsymbol{\pi}) & m_3(\boldsymbol{\pi}) & m_4(\boldsymbol{\pi}) \end{bmatrix}$.

(iii) $m_2(T\boldsymbol{\pi}) \geqq m_2(\boldsymbol{\pi})$．とくに，$T\boldsymbol{\pi} \in \Pi^\circ$.

(iv) $m_2(T\boldsymbol{\pi}) = m_2(\boldsymbol{\pi}) \Leftrightarrow \boldsymbol{\pi} \in \Pi^*$．ただし，$\Pi^*$ は，ある $s < t$ と $0 < p < 1$ に対して $\pi_s = p$, $\pi_t = 1 - p$, $\pi_i = 0$ $(i \neq s, t)$ となる $\boldsymbol{\pi} \in \Pi^\circ$ の全体を表す．

(ｖ) $\boldsymbol{\pi} \in \Pi^*$ のとき，$\pi_s = p$, $\pi_t = 1 - p$ $(0 < p < 1)$ とおくと，$(T\boldsymbol{\pi})_s = 1 - p$, $(T\boldsymbol{\pi})_t = p$ であって $T\boldsymbol{\pi} \in \Pi^*$.

(vi) 点列 $\{T^k\boldsymbol{\pi} \mid k = 0, 1, 2, \cdots\}$ の任意の集積点は Π^* に属する．

(vii) ある $\boldsymbol{\pi}^* \in \Pi^*$ が存在して，$\displaystyle\lim_{k\to\infty} T^{2k}\boldsymbol{\pi} = \boldsymbol{\pi}^*$，$\displaystyle\lim_{k\to\infty} T^{2k+1}\boldsymbol{\pi} = T\boldsymbol{\pi}^*$.

(viii) $\pi_1 > 0$, $\pi_n > 0$ のとき，(vii)の $\boldsymbol{\pi}^*$ について $\pi_1^* > 0$, $\pi_n^* > 0$.

上記の事実を利用して，最急降下法の振舞いが解析できる．2 次関数 $\phi(\boldsymbol{x})$(→

*54　各要素が非負で，要素の和が 1 であるベクトルを**確率ベクトル**という．

式(4.1))を定める正定値対称行列 A は相異なる固有値 $\lambda_1 > \cdots > \lambda_n$ をもつとし，対応する単位固有ベクトルを $\boldsymbol{z}_1, \cdots, \boldsymbol{z}_n$ とする*55．最急降下法における近似解 $\boldsymbol{x}_k$ を $\boldsymbol{x}_k = \boldsymbol{x}^* + \sum_{i=1}^{n} (c_{ki}/\lambda_i)\boldsymbol{z}_i$ の形に展開したときの係数 c_{ki} から，$\pi_i^{(k)} = c_{ki}{}^2 / \sum_{j=1}^{n} c_{kj}{}^2$ を要素とするベクトル $\boldsymbol{\pi}^{(k)} = (\pi_1^{(k)}, \cdots, \pi_n^{(k)})$ を定義すると，近似解列 $\{\boldsymbol{x}_k \mid k = 0, 1, 2, \cdots\}$ の振舞いは確率ベクトルの列 $\{\boldsymbol{\pi}^{(k)} \mid k = 0, 1, 2, \cdots\}$ によって表現される．次の(ix)，(x)を示せ．

(ix) $\boldsymbol{\pi}^{(k)} \in \Pi^\circ$ ならば $\boldsymbol{\pi}^{(k+1)} = T\boldsymbol{\pi}^{(k)}$．したがって，$\boldsymbol{\pi}^{(0)} \in \Pi^\circ$ ならば $\boldsymbol{\pi}^{(k)} = T^k \boldsymbol{\pi}^{(0)}$．

(x) $c_{01} > 0$, $c_{0n} > 0$ ならば，誤差 $\boldsymbol{x}_k - \boldsymbol{x}^*$ は $\boldsymbol{z}_1$, $\boldsymbol{z}_n$ の張る2次元部分空間に漸近する．

4.3　定理4.1において，$\boldsymbol{x} \in S_{k+1}$ を $\boldsymbol{x} = \boldsymbol{x}_0 + \sum_{j=0}^{k} \gamma_j \boldsymbol{p}_j$ と展開するとき，

$$\phi(\boldsymbol{x}) = \phi(\boldsymbol{x}_0) + \sum_{j=0}^{k} \psi(\gamma_j \boldsymbol{p}_j)$$

と書けることを示せ．さらに，共役方向法において $\alpha_k = (\boldsymbol{r}_0, \boldsymbol{p}_k)/(\boldsymbol{p}_k, A\boldsymbol{p}_k)$ であることを導け．

4.4　正定値対称行列に対する共役勾配法に関して，次のことを示せ．

(i) $\alpha_k = \dfrac{(\boldsymbol{r}_k, \boldsymbol{p}_k)}{(\boldsymbol{p}_k, A\boldsymbol{p}_k)}$ と定義するとき，$\alpha_k = \dfrac{(\boldsymbol{r}_k, \boldsymbol{r}_k)}{(\boldsymbol{p}_k, A\boldsymbol{p}_k)}$．
したがって，$\boldsymbol{r}_k \neq \boldsymbol{0}$ ならば $\alpha_k > 0$．

(ii) $(\boldsymbol{r}_k, \boldsymbol{r}_j) = 0 \quad (k > j)$．

(iii) $\beta_k = -\dfrac{(\boldsymbol{r}_{k+1}, A\boldsymbol{p}_k)}{(\boldsymbol{p}_k, A\boldsymbol{p}_k)}$ と定義するとき，$\beta_k = \dfrac{(\boldsymbol{r}_{k+1}, \boldsymbol{r}_{k+1})}{(\boldsymbol{r}_k, \boldsymbol{r}_k)}$．
したがって，$\boldsymbol{r}_{k+1} \neq \boldsymbol{0}$ ならば $\beta_k > 0$．

(iv) $\dfrac{\boldsymbol{p}_k}{(\boldsymbol{r}_k, \boldsymbol{r}_k)} = \sum_{j=0}^{k} \dfrac{\boldsymbol{r}_j}{(\boldsymbol{r}_j, \boldsymbol{r}_j)}$．

(v) $(\boldsymbol{p}_k, \boldsymbol{p}_j) = (\boldsymbol{r}_k, \boldsymbol{r}_k)(\boldsymbol{r}_j, \boldsymbol{r}_j) \sum_{i=0}^{\min(k,j)} \dfrac{1}{(\boldsymbol{r}_i, \boldsymbol{r}_i)} \geqq 0$.

4.5　正定値対称行列に対する共役勾配法において，誤差のノルム $\|\boldsymbol{x}_k - \boldsymbol{x}^*\|$ が単調に減少することを示せ．（ヒント：$\boldsymbol{x}_{\overline{n}} = \boldsymbol{x}^*$ とすると，$k \leqq \overline{n} - 1$ に対して，$\boldsymbol{x}^* - \boldsymbol{x}_k = \boldsymbol{x}^* - \boldsymbol{x}_{k+1} + \alpha_k \boldsymbol{p}_k, \boldsymbol{x}^* - \boldsymbol{x}_{k+1} = \sum_{j=k+1}^{\overline{n}-1} \alpha_j \boldsymbol{p}_j$ と書けることに着目せよ．）

4.6　不完全 Cholesky 分解（注意4.10参照）について，次のことを示せ．

(i) 正定値対称行列 $A = \begin{bmatrix} 4 & 2 & 3 \\ 2 & 4 & 3 \\ 3 & 3 & 4 \end{bmatrix}$ は，$Z = \{(2,1)\}$ に対して分解不能で

*55　重複固有値がある場合への拡張は容易である．

ある．

（ii）対角要素が正である対称 H 行列は，任意の Z に対して分解可能である．

4.7　A を正定値対称行列とする．残差直交系の生成手順(第 4.1.4 節)において，ある $\hat{k}$ に対して $\boldsymbol{v}_k \neq \boldsymbol{0}$ $(k=0,1,\cdots,\hat{k}-1)$ とする．以下のことを示せ．

（i）Lanczos 原理(定理 4.11)より，$V_k(\lambda) \neq 0$ $(k=0,1,\cdots,\hat{k})$ は 3 項漸化式

$$V_{k+1}(\lambda) = \lambda V_k(\lambda) - \frac{(\boldsymbol{v}_k, A\boldsymbol{v}_k)}{(\boldsymbol{v}_k, \boldsymbol{v}_k)} V_k(\lambda) - \frac{(\boldsymbol{v}_k, \boldsymbol{v}_k)}{(\boldsymbol{v}_{k-1}, \boldsymbol{v}_{k-1})} V_{k-1}(\lambda)$$

(ただし $V_{-1}(\lambda)=0$, $V_0(\lambda)=1$)を満たす．

（ii）A の正定値性より，$V_{\hat{k}}(0) \neq 0$ である．

4.8　ベクトル $\boldsymbol{y}$ が，行列 A の固有ベクトル $\boldsymbol{z}_1, \cdots, \boldsymbol{z}_{\overline{n}}$ を用いて $\boldsymbol{y} = \sum_{i=1}^{\overline{n}} c_i \boldsymbol{z}_i$ と展開できるとする．ただし，対応する固有値はすべて異なり，$c_i \neq 0$ $(i=1,\cdots,\overline{n})$ とする．このとき，$\overline{n}$ は最小消去多項式の次数 $d(A, \boldsymbol{y})$ に等しいことを示せ．

4.9　$\rho > 1$ に対して $\tilde{\mathcal{E}}(\rho) = \{z \in \mathbb{C} \mid |z+1| + |z-1| \leqq \rho + \rho^{-1}\}$(楕円領域)とし，$T_k$ を k 次 Chebyshev 多項式とする．以下のことを示せ．

（i）長軸の長さは $\rho + \rho^{-1}$, 短軸の長さは $\rho - \rho^{-1}$, 焦点の位置は -1, 1.

（ii）$\tilde{\mathcal{E}}(\rho) = \{z = (w + w^{-1})/2 \mid 1 \leqq |w| \leqq \rho\}$.

（iii）$\chi \in \mathbb{R}$, $\chi \notin \tilde{\mathcal{E}}(\rho)$ のとき，

$$\min_{P \in \mathcal{P}_k,\, P(\chi)=1} \max_{z \in \tilde{\mathcal{E}}(\rho)} |P(z)| \leqq \frac{T_k\left(\frac{1}{2}(\rho + \rho^{-1})\right)}{|T_k(\chi)|} = \frac{\frac{1}{2}(\rho^k + \rho^{-k})}{|T_k(\chi)|}.$$

（iv）$\chi \in \mathbb{R}$, $c \in \mathbb{R}$, $f > 0$, $(\chi - c)/f \notin \tilde{\mathcal{E}}(\rho)$ のとき，

$$\min_{P \in \mathcal{P}_k,\, P(\chi)=1} \max_{(z-c)/f \in \tilde{\mathcal{E}}(\rho)} |P(z)| \leqq \frac{T_k\left(\frac{1}{2}(\rho + \rho^{-1})\right)}{\left|T_k\left(\frac{\chi - c}{f}\right)\right|} = \frac{\frac{1}{2}(\rho^k + \rho^{-k})}{\left|T_k\left(\frac{\chi - c}{f}\right)\right|}.$$

（v）$x \in \mathbb{R}$, $|x| \geqq 1$ のとき，

$$|T_k(x)| = \frac{1}{2}[(|x| + \sqrt{x^2 - 1})^k + (|x| + \sqrt{x^2 - 1})^{-k}].$$

（vi）$\chi \in \mathbb{R}$, $c \in \mathbb{R}$, $f > 0$, $(\chi - c)/(\mathrm{i}f) \notin \tilde{\mathcal{E}}(\rho)$ のとき，

$$\min_{P \in \mathcal{P}_k,\, P(\chi)=1} \max_{(z-c)/(\mathrm{i}f) \in \tilde{\mathcal{E}}(\rho)} |P(z)| \leqq \frac{T_k\left(\frac{1}{2}(\rho + \rho^{-1})\right)}{\left|T_k\left(\frac{\chi - c}{\mathrm{i}f}\right)\right|} = \frac{\frac{1}{2}(\rho^k + \rho^{-k})}{\left|T_k\left(\frac{\chi - c}{\mathrm{i}f}\right)\right|}.$$

（vii）$y \in \mathbb{R}$ のとき，$|T_k(y/\mathrm{i})| = \dfrac{1}{2}[(|y| + \sqrt{y^2+1})^k + (-|y| - \sqrt{y^2+1})^{-k}]$.

（viii）上の(iv)と定理 3.17 の関係を考察せよ．

4.10　GCR(m) 法においても，定理 4.20 と同じ性質が成り立つことを示せ．

4.11　二つのベクトル列 $\boldsymbol{a}_0, \boldsymbol{a}_1, \cdots, \boldsymbol{a}_m$; $\boldsymbol{a}_0^\bullet, \boldsymbol{a}_1^\bullet, \cdots, \boldsymbol{a}_m^\bullet$ に対して

$$\boldsymbol{q}_k = \boldsymbol{a}_k - \sum_{j=0}^{k-1} \frac{\langle \boldsymbol{q}_j^\bullet, \boldsymbol{a}_k \rangle}{\langle \boldsymbol{q}_j^\bullet, \boldsymbol{q}_j \rangle} \boldsymbol{q}_j, \quad \boldsymbol{q}_k^\bullet = \boldsymbol{a}_k^\bullet - \sum_{j=0}^{k-1} \frac{\langle \boldsymbol{a}_k^\bullet, \boldsymbol{q}_j \rangle}{\langle \boldsymbol{q}_j^\bullet, \boldsymbol{q}_j \rangle} \boldsymbol{q}_j^\bullet$$

によって双直交系 $\boldsymbol{q}_0, \boldsymbol{q}_1, \cdots, \boldsymbol{q}_m$; $\boldsymbol{q}_0^\bullet, \boldsymbol{q}_1^\bullet, \cdots, \boldsymbol{q}_m^\bullet$ が得られることを示せ．ただし，$k = 1, \cdots, m+1$ に対して，k 次行列 $(\langle \boldsymbol{a}_i^\bullet, \boldsymbol{a}_j \rangle)_{i,j=0}^{k-1}$ は正則とする．

4.12　BCG 法に関して，次のことを示せ．

(i) $\langle \boldsymbol{p}_i^\bullet, A\boldsymbol{p}_j \rangle = 0 \quad (i \neq j)$.

(ii) $\langle \boldsymbol{r}_i^\bullet, A\boldsymbol{p}_j \rangle = 0 \quad (i < j)$.

(iii) $\langle \boldsymbol{r}_k^\bullet, \boldsymbol{p}_j \rangle = 0 \quad (k > j)$.

(iv) $\alpha_k = \dfrac{\langle \boldsymbol{r}_k^\bullet, \boldsymbol{p}_k \rangle}{\langle A^\top \boldsymbol{p}_k^\bullet, \boldsymbol{p}_k \rangle}$ と定義するとき，$\alpha_k = \dfrac{\langle \boldsymbol{r}_k^\bullet, \boldsymbol{r}_k \rangle}{\langle \boldsymbol{p}_k^\bullet, A\boldsymbol{p}_k \rangle}$.

(v) $\beta_k = -\dfrac{\langle \boldsymbol{r}_{k+1}^\bullet, A\boldsymbol{p}_k \rangle}{\langle \boldsymbol{p}_k^\bullet, A\boldsymbol{p}_k \rangle}$ と定義するとき，$\beta_k = \dfrac{\langle \boldsymbol{r}_{k+1}^\bullet, \boldsymbol{r}_{k+1} \rangle}{\langle \boldsymbol{r}_k^\bullet, \boldsymbol{r}_k \rangle}$.

4.13　以下のことを示すことによって GPBiCG 法の算法を導け．

(i) $Q_k(\lambda) = [S_k(\lambda) - S_{k+1}(\lambda)]/\lambda$ とおくと，式(4.89)の3項漸化式は連立2項漸化式

$$Q_k(\lambda) = \omega_k S_k(\lambda) + \theta_k Q_{k-1}(\lambda), \ S_{k+1}(\lambda) = S_k(\lambda) - \lambda Q_k(\lambda) \quad (k \geqq 1)$$

(ただし $Q_0(\lambda) = \omega_0$, $S_0(\lambda) = 1$)に書き換えられる．

(ii) α_k，β_k，$\boldsymbol{r}_k$，$\boldsymbol{p}_k$ を BCG 法における変数として，$\tilde{\boldsymbol{r}}_k = S_k(A)\boldsymbol{r}_k$，$\tilde{\boldsymbol{p}}_k = S_k(A)\boldsymbol{p}_k$，$\boldsymbol{t}_k = S_k(A)\boldsymbol{r}_{k+1}$，$\boldsymbol{y}_k = AQ_{k-1}(A)\boldsymbol{r}_{k+1}$，$\boldsymbol{w}_k = AS_k(A)\boldsymbol{p}_{k+1}$，$\boldsymbol{u}_k = AQ_k(A)\boldsymbol{p}_k$, $\boldsymbol{z}_k = Q_k(A)\boldsymbol{r}_{k+1}$ とおくと，

$$\alpha_k = \frac{\langle \boldsymbol{r}_0^\bullet, \tilde{\boldsymbol{r}}_k \rangle}{\langle \boldsymbol{r}_0^\bullet, A\tilde{\boldsymbol{p}}_k \rangle}, \quad \beta_k = \frac{\alpha_k}{\omega_k} \cdot \frac{\langle \boldsymbol{r}_0^\bullet, \boldsymbol{r}_{k+1} \rangle}{\langle \boldsymbol{r}_0^\bullet, \boldsymbol{r}_k \rangle},$$

$$\begin{aligned}
\tilde{\boldsymbol{r}}_{k+1} &= \boldsymbol{t}_k - \theta_k \boldsymbol{y}_k - \omega_k A\boldsymbol{t}_k = \tilde{\boldsymbol{r}}_k - A(\alpha_k \tilde{\boldsymbol{p}}_k + \boldsymbol{z}_k), \\
\boldsymbol{t}_k &= \tilde{\boldsymbol{r}}_k - \alpha_k A\tilde{\boldsymbol{p}}_k, \\
\boldsymbol{y}_k &= \boldsymbol{t}_{k-1} - \tilde{\boldsymbol{r}}_k - \alpha_k \boldsymbol{w}_{k-1} + \alpha_k A\tilde{\boldsymbol{p}}_k, \\
\tilde{\boldsymbol{p}}_{k+1} &= \tilde{\boldsymbol{r}}_{k+1} + \beta_k(\tilde{\boldsymbol{p}}_k - \boldsymbol{u}_k), \\
\boldsymbol{w}_k &= A\boldsymbol{t}_k + \beta_k A\tilde{\boldsymbol{p}}_k, \\
\boldsymbol{u}_k &= \omega_k A\tilde{\boldsymbol{p}}_k + \theta_k(\boldsymbol{t}_{k-1} - \tilde{\boldsymbol{r}}_k + \beta_{k-1}\boldsymbol{u}_{k-1}), \\
\boldsymbol{z}_k &= \omega_k \tilde{\boldsymbol{r}}_k + \theta_k \boldsymbol{z}_{k-1} - \alpha_k \boldsymbol{u}_k.
\end{aligned}$$

(iii) $\tilde{\boldsymbol{r}}_k$ を残差にもつ近似解を $\tilde{\boldsymbol{x}}_k$ とすると，$\tilde{\boldsymbol{x}}_{k+1} = \tilde{\boldsymbol{x}}_k + \alpha_k \tilde{\boldsymbol{p}}_k + \boldsymbol{z}_k$.

4.14*　G を正定値対称行列とするとき，以下のことを示せ．

(i) 式(4.102)の $(\boldsymbol{x}, \boldsymbol{y})_G$ は内積の性質をもつ．

（ii）A が G 自己随伴のとき，A の固有値はすべて実数であり，相異なる固有値に対応する固有ベクトルは内積 $(\cdot,\cdot)_G$ に関して直交する．

（iii）A が G 自己随伴のとき，A の固有値がすべて正であることは GA の正定値性と同値である．

4.15* 実行列 A がある正定値対称行列 G に対して G 自己随伴となるためには，A が対角化可能で固有値がすべて実数であることが必要十分であることを示せ．

4.16* 正定値対称行列 G による内積 $(\cdot,\cdot)_G$ をもつ線形空間の上で定義された滑らかな実数値関数 $\phi(\boldsymbol{x})$ を考える．$\phi(\boldsymbol{x})$ が $\phi(\boldsymbol{x}+\boldsymbol{s}) = \phi(\boldsymbol{x}) + \langle \nabla\phi(\boldsymbol{x}), \boldsymbol{s}\rangle + \cdots$ と展開できることを考慮して，

$$\min_{\boldsymbol{s}} \frac{\langle \nabla\phi(\boldsymbol{x}), \boldsymbol{s}\rangle}{\sqrt{(\boldsymbol{s},\boldsymbol{s})_G}}$$

を達成する $\boldsymbol{s}$ を $\phi(\boldsymbol{x})$ の**最急降下方向**と定義する．$\boldsymbol{s} = -G^{-1}\nabla\phi(\boldsymbol{x})$ が最急降下方向であることを示せ．

4.17* 行列 A が正定値対称の場合，A を A 自己随伴行列と見たときの共役勾配法（第 4.4.2 節）は

$$\alpha_k := \frac{(\boldsymbol{r}_k, A\boldsymbol{p}_k)}{(A\boldsymbol{p}_k, A\boldsymbol{p}_k)};\quad \boldsymbol{x}_{k+1} := \boldsymbol{x}_k + \alpha_k \boldsymbol{p}_k;\quad \boldsymbol{r}_{k+1} := \boldsymbol{r}_k - \alpha_k A\boldsymbol{p}_k;$$
$$\boldsymbol{p}_{k+1} := \boldsymbol{r}_{k+1} - \frac{(A\boldsymbol{r}_{k+1}, A\boldsymbol{p}_k)}{(A\boldsymbol{p}_k, A\boldsymbol{p}_k)}\boldsymbol{p}_k$$

のようになることを示せ．これは **CR 法**と呼ばれる（→注意 4.18）．

4.18* 式(4.40)において内積 $(\cdot,\cdot)$ を正定値対称行列 G に関する内積 $(\cdot,\cdot)_G$ に置き換えて，GCR 法と Orthomin(m) 法を拡張せよ（内積 $\langle\cdot,\cdot\rangle$ は G と無関係であることに注意）．このとき，定理 4.15 の評価式(4.54)，定理 4.20 の評価式(4.57)が

$$\frac{\|\boldsymbol{r}_{k+1}\|_G^2}{\|\boldsymbol{r}_k\|_G^2} \leqq 1 - \frac{\min(|\lambda_{\max}(M,G)|^2, |\lambda_{\min}(M,G)|^2)}{\lambda_{\max}(A^\top GA, G)}$$

（ただし $M = (GA + A^\top G)/2$）と修正されることを示せ．ここで $\lambda_{\max}(M,G)$，$\lambda_{\min}(M,G)$ は (M,G) に関する最大，最小固有値（→式(7.3)）を表す．

4.19* 正規行列 A の正規次数を ν とする．A が実行列ならば，$A^\top = \hat{q}(A)$ を満たす ν 次の実係数多項式 $\hat{q}$ が存在することを示せ．

4.20* 複素行列 A が正規次数 $\nu(A) \leqq 1$ の正規行列であるためには，$A = \mathrm{e}^{\mathrm{i}\theta}(rI + S)$ ($r \in \mathbb{R}$, $\theta \in \mathbb{R}$, $S^\mathsf{H} = -S$)の形に書けることが必要十分であることを示せ（$\mathrm{i} = \sqrt{-1}$）．（ここで $r = 0$, $\mathrm{e}^{\mathrm{i}\theta} = \pm\mathrm{i}$ のときが Hermite 行列 A に対応する．）

5 最小2乗問題

統計データの解析などに現れる最小2乗問題は，理論的には正規方程式に帰着されるが，その数値的取扱いにおいて正規方程式を作ってしまうのは得策でない．基本直交変換を有効に利用した数値解法が知られている．

5.1 概　説

$n \times m$ 行列 A，n 次元ベクトル $\boldsymbol{b}$，$n \times n$ 正定値対称行列 G が与えられたときに，

$$(5.1) \qquad \phi(\boldsymbol{x}) = \frac{1}{2}(A\boldsymbol{x} - \boldsymbol{b}, A\boldsymbol{x} - \boldsymbol{b})_G = \frac{1}{2}(A\boldsymbol{x} - \boldsymbol{b})^\top G(A\boldsymbol{x} - \boldsymbol{b})$$

を最小にする m 次元ベクトル $\boldsymbol{x}$ を求める問題を**最小2乗問題**と呼ぶ．この形の問題の典型例として統計データ解析の最小2乗法があるが，その場合には，重み行列 G は分散・共分散行列の逆行列に相当する．

ここでは，最小2乗問題の数値解法を，$G = I_n$（n 次単位行列）の場合に限って述べる．また，$n \geqq m$ と仮定し，$\mathrm{rank}\, A = r$ とおく（ただし，$r = m$ は仮定しない）．

式(5.1)より $\nabla\phi(\boldsymbol{x}) = A^\top A\boldsymbol{x} - A^\top\boldsymbol{b}$ であり，さらに $\nabla^2\phi(\boldsymbol{x}) = A^\top A$ は非負定値だから，最小2乗問題は基本的には**正規方程式**

$$(5.2) \qquad A^\top A\boldsymbol{x} = A^\top\boldsymbol{b}$$

を解くことに帰着される．行列 A の列ベクトルが1次従属（すなわち $r < m$）のときには係数行列 $A^\top A$ は特異になるが，それでも，正規方程式は任意の $\boldsymbol{b}$

に対して解 $\boldsymbol{x}$ をもつことに注意されたい.

5.2　解　法

最小 2 乗問題の数値解法には，正規方程式をつくる方法，QR 分解による方法，特異値分解による方法の 3 種類がある．それぞれの概略を述べよう.

5.2.1　正規方程式をつくる方法

行列 $A^{\mathsf{T}}A$ とベクトル $A^{\mathsf{T}}\boldsymbol{b}$ の要素を計算して，方程式(5.2)を Gauss 消去法の系統の算法(Cholesky 分解，LDL^{T} 分解など，→第 2.2.3 節)によって解く．必要な演算量は，乗算と加減算がそれぞれ $nm^2/2+m^3/6$ 回程度であり，以下に述べる他の方法よりも効率がよい．ただし，$A^{\mathsf{T}}A$ や $A^{\mathsf{T}}\boldsymbol{b}$ の計算で丸め誤差が入りやすく，$A^{\mathsf{T}}A$ の条件数(→式(1.22))は A の条件数の 2 乗程度に大きくなるので，得られる解の精度が悪くなる可能性が大きい．$A^{\mathsf{T}}A$ が特異である(可能性のある)場合には，枢軸選択付きの Gauss 消去法を用いる必要がある.

5.2.2　QR 分解による方法

行列 A の QR 分解を用いて，正規方程式を同値な方程式に式変形してから数値的に解く方法が，現在，最もよく用いられている解法である.

一般に，階数が r の $n\times m$ 行列 A に対して，

$$A=QR \tag{5.3}$$

の形に表すことを **QR 分解**という．ここで，Q は $Q^{\mathsf{T}}Q=I_r$ を満たす $n\times r$ 行列であり，$R=(r_{ij})$ は $r_{ij}=0\ (i>j)$ であるような $r\times m$ 行列である．A の第 1 列～第 r 列ベクトルが 1 次独立ならばこのような分解が存在する．以下では，A の列ベクトルがそのように並べられていると仮定する.

式(5.3)を正規方程式(5.2)に代入して $Q^{\mathsf{T}}Q=I_r$ を用いて計算すると，$R^{\mathsf{T}}(R\boldsymbol{x}-Q^{\mathsf{T}}\boldsymbol{b})=\boldsymbol{0}$ となるが，R^{T} の列ベクトルは 1 次独立なので，これは

$$Rx = Q^{\mathsf{T}}\boldsymbol{b} \tag{5.4}$$

と同値である．この方程式(5.4)を数値的に解くことによって，最小2乗問題の解 $\boldsymbol{x}$ が求められる．

方程式(5.4)において

$$R = \begin{bmatrix} R_1 & R_2 \end{bmatrix}, \qquad \boldsymbol{x} = \begin{bmatrix} \boldsymbol{x}_1 \\ \boldsymbol{x}_2 \end{bmatrix}$$

($\boldsymbol{x}_1 \in \mathbb{R}^r$, $\boldsymbol{x}_2 \in \mathbb{R}^{m-r}$, R_1 は $r \times r$ 行列，R_2 は $r \times (m-r)$ 行列)と分割すると，方程式(5.4)の解の全体(＝最小2乗問題の解の全体)が

$$\left\{ \boldsymbol{x} = \begin{bmatrix} \boldsymbol{x}_1 \\ \boldsymbol{x}_2 \end{bmatrix} \middle| \ \boldsymbol{x}_1 = {R_1}^{-1}(Q^{\mathsf{T}}\boldsymbol{b} - R_2\boldsymbol{x}_2),\ \boldsymbol{x}_2 \text{ は任意} \right\} \tag{5.5}$$

と表されることが分かる．

行列 R_1 が三角行列であることと，その条件数が A の条件数にほぼ等しいことがこの方法の数値計算上の利点である．通常，QR 分解は Householder 変換によって求める[*1]．このようにして正規方程式を解くために必要な演算量は，乗算と加減算がそれぞれ $nm^2 - m^3/3$ 回程度であり，第5.2.1節の方法に比べて $m^2(n-m)/2$ 回程度多い．

5.2.3 特異値分解による方法

行列 A の特異値分解を利用しても，正規方程式を解くことができる．この方法は，A の列ベクトルが1次従属である可能性のある場合に，数値計算精度の観点から最も信頼性のある計算法であり，また，正規方程式(5.2)の解 $\boldsymbol{x}$ の中で2ノルム $\|\boldsymbol{x}\|_2$ が最小であるもの(**最小ノルム解**)を与える．

特異値分解 $A = U\Sigma V^{\mathsf{T}}$ (式(1.14)参照)を用いて正規方程式(5.2)を書き換えると，

---

*1 第6.2節の算法を少し変形して，A の列の並べ換えを許すようにする．

$$\Sigma^\top \Sigma V^\top \boldsymbol{x} = \Sigma^\top U^\top \boldsymbol{b} \tag{5.6}$$

となる．$\boldsymbol{c} = U^\top \boldsymbol{b}$とおくと，方程式(5.6)の解の全体は，

$$\left\{ \boldsymbol{x} = V\boldsymbol{y} \mid y_i = c_i/\sigma_i \ (1 \leqq i \leqq r),\ y_i \ (r < i \leqq m) \text{ は任意 } \right\} \tag{5.7}$$

と表される．とくに，$y_i = 0 \ (r < i \leqq m)$ と選んで得られる解

$$\boldsymbol{x} = V \Sigma^+ U^\top \boldsymbol{b}, \tag{5.8}$$

ただし

$$\Sigma^+ = \begin{bmatrix} D^{-1} & O_{r,n-r} \\ O_{m-r,r} & O_{m-r,n-r} \end{bmatrix}, \quad D = \mathrm{diag}\,(\sigma_1, \cdots, \sigma_r)$$

が最小ノルム解である(→問題 5.2)．以上が数学的な筋道であるが，これを数値的に実行するには，解の精度と計算量の 2 点を考察する必要がある．

行列 A の階数 r が予め分かっていない場合に，これを数値的に定めるのは丸め誤差のために実際上不可能である．また，あまり小さな特異値 σ_i による除算は，丸め誤差の影響を拡大するので好ましくない．そこで，実際の計算では，最大特異値 σ_1 に比べて非常に小さい特異値 σ_i は 0 と見なすことによって r を定め，式(5.8)に従って解を計算するのが普通である．

計算量は，第 5.2.1 節，第 5.2.2 節の方法に比べて多く，不利である．特異値分解は，一般には，有限回の四則や開平演算では求められないので，反復計算により近似値を求めることになる(→第 9 章)．実際上の目安として，その計算量は $2m^2(n-m/3)$ 程度と考えてよい．特異値分解が与えられれば，式(5.8)で $\boldsymbol{x}$ を計算する手間は $\mathrm{O}(mn)$ である．

注意 5.1　最小ノルム解の各要素は，A, $\boldsymbol{b}$ の要素の有理式として表現することができる[*2]ので，原理的には，最小ノルム解を有限回の四則演算で求めることが可能である．これに対し，特異値分解を経由して最小ノルム解を求める方法は，反復計算(無限回の演算)を必要とするが，数値的安定性の面で優れており，実際上はこちらが有利である．

---

*2　正規方程式(5.2)を制約条件として $\|\boldsymbol{x}\|^2$ を最小化する問題を Lagrange 乗数法で解くとき，$\boldsymbol{x}$ と Lagrange 乗数の満たすべき式は線形方程式で，その係数は A, $\boldsymbol{b}$ の要素の多項式となるからである．文献 [3]の注意 6.5.2 (あるいは[4]の注意 7.5.2)も参照されたい．

第 5 章ノート▶本章では，最小 2 乗問題の解法のうち直接法的なものを簡単に紹介したが，線形方程式に対する直接法の場合と同様に，その丸め誤差，反復改良，スパース技法等についても詳細な研究が行われている．また，反復法としては共役勾配法系統の解法があり，そのための前処理(**不完全 QR 分解**と呼ばれる方法等)も種々提案されている．行列 A の階数を特異値を用いて推定する方法について述べたが，特異値分解に比べて少ない計算量で階数を推定する **rank revealing QR 分解**と呼ばれる方法もある(Chan [135])．

最小 2 乗法全般については，Björck [131, 134], Lawson-Hanson [132]，中川-小柳 [133]を参照されたい．Lawson-Hanson [132]は線形最小 2 乗法の古典であり，プログラムも掲載されている．なお，1995 年に SIAM から再販された折，1974 年からその時点までのこの分野の発展に関する記述が追加されている．中川-小柳 [133]は最小 2 乗法による実験データ解析用プログラム SALS の解説書であるが，最小 2 乗法の基本算法に関して基礎的なことが記されている．Björck [131, 134]は線形最小 2 乗法の本格的な研究書およびサーベイ論文である．

第 5 章問題

5.1　重み行列 G が一般の正定値対称行列の場合に，式(5.2)の正規方程式が $A^{\top}GA\boldsymbol{x} = A^{\top}G\boldsymbol{b}$ となることを確かめよ．

5.2　式(5.8)が正規方程式(5.2)の最小ノルム解であることを示せ．

6 直交行列による基本変換

連立1次方程式の諸解法を通じて見たように，線形計算においては，与えられた行列を適当な操作によって扱い易い特殊な形に変換すると便利なことが多い．固有値問題，特異値問題などにおいては，有限回演算による直交変換によって与えられた行列を三角行列あるいはそれに近い形の中間形に変換する操作が重要である．直交変換を利用するのは，その逆行列が転置によって直ちに求められることと，直交変換が数値的に安定に実行できることによる．本章に述べるHouseholder変換とGivens変換はまさに「基本直交変換」と呼ぶにふさわしい基本的な道具であり，線形計算のいろいろな場面で利用される．

6.1 基本直交変換

Householder変換とGivens変換は線形計算における最も基本的な**直交変換**であり，固有値問題や最小2乗法において重要な役割を演ずる．本章ではとくに断わらない限り，A は実数を要素とする $n\times m$ 行列とする．

6.1.1 Householder変換

一般に，$\|\boldsymbol{x}\|=\|\boldsymbol{y}\|$ である n 次元実ベクトル $\boldsymbol{x}=(x_1,\cdots,x_n)^{\mathsf{T}}$, $\boldsymbol{y}=(y_1,\cdots,y_n)^{\mathsf{T}}\in\mathbb{R}^n$ に対して[*1]，$\boldsymbol{u}=\boldsymbol{x}-\boldsymbol{y}$ から定まる n 次行列

$$H=H(\boldsymbol{u})=I_n-2\boldsymbol{u}\boldsymbol{u}^{\mathsf{T}}/\|\boldsymbol{u}\|^2 \tag{6.1}$$

*1 $\|\boldsymbol{x}\|=\|\boldsymbol{x}\|_2=\left(|x_1|^2+\cdots+|x_n|^2\right)^{1/2}$ である．

は対称な直交行列であって，$\boldsymbol{x}$ を $\boldsymbol{y}$ に移す．すなわち

$$H = H^{\top}, \quad H^{\top}H = I_n, \quad H\boldsymbol{x} = \boldsymbol{y}$$

である．これを **Householder 変換**あるいは**鏡映変換**と呼ぶ．

ベクトル $\boldsymbol{z}$ との積 $\boldsymbol{w} = H\boldsymbol{z}$ を実際に計算するには，H を行列の形で記憶するのではなく，ベクトル $\boldsymbol{u} = (u_1, \cdots, u_n)^{\top} \in \mathbb{R}^n$ だけを記憶して，まず $\alpha = 2/\|\boldsymbol{u}\|^2$ を計算する．そして，$\boldsymbol{z}$ が与えられる毎に

$$\beta = \alpha(\boldsymbol{u}^{\top}\boldsymbol{z}), \quad \boldsymbol{w} = \boldsymbol{z} - \beta\boldsymbol{u} \tag{6.2}$$

の形で $\boldsymbol{w} = H\boldsymbol{z}$ を計算する．一つの $\boldsymbol{z}$ に対する $H\boldsymbol{z}$ の計算は $2n+1$ 回の乗算と $2n-1$ 回の加減算で実行できる．

後に述べる QR 分解などへの応用においては，与えられたベクトル $\boldsymbol{x} = (x_1, x_2, \cdots, x_n)^{\top}$ を $\boldsymbol{y} = (\eta, 0, \cdots, 0)^{\top}$ の形(ただし $|\eta| = \|\boldsymbol{x}\|$)に変換する場合が多い．このとき，$u_i = x_i$ $(i = 2, \cdots, n)$ である．なお，η を x_1 と同符号にとって $\eta = \mathrm{sgn}\,(x_1)\|\boldsymbol{x}\|$ としたときには，$u_1 = x_1 - \eta$ の計算で桁落ち[*2]を回避するために

$$\xi = \frac{|x_2|^2 + \cdots + |x_n|^2}{|x_1| + \|\boldsymbol{x}\|}, \quad \zeta = -\mathrm{sgn}\,(x_1)\cdot\xi, \quad u_1 = \zeta \tag{6.3}$$

の形で計算する[*3]．この計算は n 回の乗算，1 回の除算，n 回の加減算，1 回の開平でできる．このとき，$\|\boldsymbol{u}\|^2 = 2\xi\|\boldsymbol{x}\|$, $\alpha = 1/(\xi\|\boldsymbol{x}\|)$ である．

n 次正方行列 A に対する Householder 変換による**直交相似変換**

$$\tilde{A} = H(\boldsymbol{u})^{\top} A\, H(\boldsymbol{u}) \tag{6.4}$$

は，式(6.2)を繰り返し用いて計算できる(A の列ベクトルを式(6.2)における $\boldsymbol{z}$ として $\overline{A} = H(\boldsymbol{u})^{\top}A = H(\boldsymbol{u})A$ の列ベクトルを計算し，次に，$\overline{A}^{\top}$ の列ベクトルを $\boldsymbol{z}$ として $\tilde{A}^{\top}$ の列ベクトルを計算する)．その計算の手間は，$4n^2$ 回程度の乗算と $4n^2$ 回程度の加減算(と 1 回の除算)である．あるいは，

---

*2　ほぼ等しい 2 数の減算において計算結果の相対精度が著しく低下する現象を**桁落ち**という．

*3　$\mathrm{sgn}\,(a) = \begin{cases} 1 & (a \geqq 0) \\ -1 & (a < 0) \end{cases}$ である．

$$\text{(6.5)} \qquad \begin{aligned} &\alpha = 2/(\boldsymbol{u}^\top \boldsymbol{u}), \quad \boldsymbol{p}^\top = \boldsymbol{u}^\top A, \quad \boldsymbol{q} = A\boldsymbol{u}, \quad \boldsymbol{v} = \alpha \boldsymbol{u}, \\ &\beta = \boldsymbol{p}^\top \boldsymbol{v}, \quad \tilde{A} = A - \boldsymbol{v}\boldsymbol{p}^\top - (\boldsymbol{q} - \beta \boldsymbol{u})\boldsymbol{v}^\top \end{aligned}$$

としても計算できる．これに必要な演算も，$4n^2$ 回程度の乗算と $4n^2$ 回程度の加減算(と 1 回の除算)である．A が対称行列のときには，式(6.5)をさらに変形して，

$$\text{(6.6)} \qquad \begin{aligned} &\alpha = 2/(\boldsymbol{u}^\top \boldsymbol{u}), \quad \boldsymbol{p} = \alpha(A\boldsymbol{u}), \quad \beta = (\alpha/2)\cdot(\boldsymbol{u}^\top \boldsymbol{p}), \\ &\boldsymbol{q} = \boldsymbol{p} - \beta \boldsymbol{u}, \quad \tilde{A} = A - \boldsymbol{u}\boldsymbol{q}^\top - \boldsymbol{q}\boldsymbol{u}^\top \end{aligned}$$

のように計算できる．これに必要な演算は，$A=(a_{ij})$ や $\tilde{A}=(\tilde{a}_{ij})$ の $i \geqq j$ の要素だけを扱うことにすれば，$2n^2$ 回程度の乗算と $2n^2$ 回程度の加減算(と 2 回の除算)である．式(6.2)を繰り返し用いた形の算法は対称性を活用できないことに注意されたい．

6.1.2　Givens 変換

$1 \leqq p \leqq n$, $1 \leqq q \leqq n$, $p \neq q$ とするとき，n 次行列 $G(p,q) = G(p,q,\theta) = (g_{ij})$ を

$$\text{(6.7)} \qquad g_{ij} = \begin{cases} \cos\theta & (i = j \in \{p,q\}) \\ \sin\theta & (i = p,\ j = q) \\ -\sin\theta & (i = q,\ j = p) \\ 1 & (i = j \notin \{p,q\}) \\ 0 & (\text{その他}) \end{cases}$$

と定義する．これは (p,q) 座標平面内の**平面回転**を表す直交行列である．この形の行列による変換は **Givens 変換**と呼ばれる．変換

$$\tilde{A} = G(p,q,\theta)^\top A$$

において，p 行と q 行だけが変更を受け，その要素は

$$\tilde{a}_{pj} = a_{pj}\cos\theta - a_{qj}\sin\theta \quad (j = 1, \cdots, m),$$
$$\tilde{a}_{qj} = a_{pj}\sin\theta + a_{qj}\cos\theta \quad (j = 1, \cdots, m) \tag{6.8}$$

となる．ここで，θ を

$$\cos\theta = \frac{a_{qr}}{\sqrt{{a_{pr}}^2 + {a_{qr}}^2}}, \quad \sin\theta = \frac{a_{pr}}{\sqrt{{a_{pr}}^2 + {a_{qr}}^2}} \tag{6.9}$$

と選ぶことによって，$\tilde{a}_{pr} = 0$ とすることができる．なお，θ そのものは計算しないことに注意されたい．

n 次正方行列 A に対する Givens 変換による**直交相似変換**

$$\tilde{A} = G(p, q, \theta)^{\mathsf{T}} A\, G(p, q, \theta) \tag{6.10}$$

を考える．このとき，変更を受けるのは行番号あるいは列番号が p または q に等しい要素だけ(すなわち $\{i, j\} \cap \{p, q\} = \emptyset$ ならば $\tilde{a}_{ij} = a_{ij}$)であり，

$$\begin{aligned}
\tilde{a}_{pp} &= a_{pp}\cos^2\theta - (a_{pq} + a_{qp})\cos\theta\sin\theta + a_{qq}\sin^2\theta,\\
\tilde{a}_{qq} &= a_{pp}\sin^2\theta + (a_{pq} + a_{qp})\cos\theta\sin\theta + a_{qq}\cos^2\theta,\\
\tilde{a}_{pq} &= (a_{pp} - a_{qq})\cos\theta\sin\theta + a_{pq}\cos^2\theta - a_{qp}\sin^2\theta,\\
\tilde{a}_{qp} &= (a_{pp} - a_{qq})\cos\theta\sin\theta - a_{pq}\sin^2\theta + a_{qp}\cos^2\theta,\\
\tilde{a}_{pj} &= a_{pj}\cos\theta - a_{qj}\sin\theta \qquad (j \neq p, q),\\
\tilde{a}_{ip} &= a_{ip}\cos\theta - a_{iq}\sin\theta \qquad (i \neq p, q),\\
\tilde{a}_{qj} &= a_{pj}\sin\theta + a_{qj}\cos\theta \qquad (j \neq p, q),\\
\tilde{a}_{iq} &= a_{ip}\sin\theta + a_{iq}\cos\theta \qquad (i \neq p, q)
\end{aligned} \tag{6.11}$$

となる．

6.2　三角化(QR 分解)

$n \times m$ 実行列 A の列ベクトルは線形独立とする($n \geqq m$)．行列 A の **QR 分解**とは，$A = QR$ の形の分解をいう．ここで，Q は列ベクトルが互いに直交する単位ベクトルであるような $n \times m$ 行列(すなわち $Q^{\mathsf{T}} Q = I_m$)であり，R

は m 次上三角行列(すなわち $r_{ij}=0\ \ (i>j)$)である．QR 分解は，直交行列 $Q^{\top}$ による行演算を施して A を上三角化すること($Q^{\top}A=R$)と等価である．QR 分解の主な算法には，Gram-Schmidt の直交化法，Householder 変換による方法，Givens 変換による方法の 3 種類がある．

6.2.1　Gram-Schmidt の直交化

Gram-Schmidt の直交化法として線形代数学の教科書などに書かれている方法は，n 次元実ベクトル列 $\boldsymbol{a}_1,\cdots,\boldsymbol{a}_m$ に対して

---

for $k:=1$ **to** m **do**
  begin
    $\boldsymbol{b}_k:=\boldsymbol{a}_k;$
    for $j:=1$ **to** $k-1$ **do**
      begin
        $r_{jk}:=\boldsymbol{q}_j{}^{\top}\boldsymbol{a}_k;\quad \boldsymbol{b}_k:=\boldsymbol{b}_k-\boldsymbol{q}_j r_{jk}$
      end;
    $r_{kk}:=\|\boldsymbol{b}_k\|;\quad \boldsymbol{q}_k:=\boldsymbol{b}_k/r_{kk}$
  end

として n 次元実ベクトル $\boldsymbol{q}_1,\cdots,\boldsymbol{q}_m$ を求めるものである．$A=[\boldsymbol{a}_1,\cdots,\boldsymbol{a}_m]$, $Q=[\boldsymbol{q}_1,\cdots,\boldsymbol{q}_m]$, $R=(r_{ij})\ (r_{ij}=0\ \ (i>j))$とすると，数学的には，$A$ の列ベクトルが線形独立ならば $Q^{\top}Q=I_m$, $A=QR$ となるはずであるが，この算法は丸め誤差のため使い物にならない [9],[17],[136].

実用には，次の**修正 Gram-Schmidt 法**を用いる．

---

for $j:=1$ **to** m **do**
  begin
    $r_{jj}:=\|\boldsymbol{a}_j\|;\quad \boldsymbol{q}_j:=\boldsymbol{a}_j/r_{jj};$
    for $k:=j+1$ **to** m **do**
      begin

$$r_{jk} := \boldsymbol{q}_j{}^{\mathsf{T}}\boldsymbol{a}_k; \quad \boldsymbol{a}_k := \boldsymbol{a}_k - \boldsymbol{q}_j r_{jk}$$

end

end

さらに，$\boldsymbol{a}_1, \cdots, \boldsymbol{a}_m$ の並べ方を変えてよい場合，すなわち，置換行列 P を用いて $AP = QR$ と分解する場合には，各段毎に $\|\boldsymbol{a}_j\|$ の大きいものを選ぶように P を定める．この計算は，m^2n 回の乗算，m^2n 回の加減算，m 回の開平，m 回の除算でできる．

6.2.2　Householder 変換による方法

Householder 変換(6.1)を繰り返して $A = [\boldsymbol{a}_1, \cdots, \boldsymbol{a}_m]$ の QR 分解を求めるには，以下のようにする(第 6.1.1 節の記号 $\boldsymbol{x}$, $\boldsymbol{y}$, $\boldsymbol{u}$, $H(\boldsymbol{u})$ を用いる)．

まず $\boldsymbol{a}_1 = \boldsymbol{x}$ を単位ベクトル $(1, 0, \cdots, 0)^{\mathsf{T}}$ の定数倍 $\boldsymbol{y} = (\eta^{(1)}, 0, \cdots, 0)^{\mathsf{T}}$ に移す Householder 変換 H_1 を考える．これを $A^{(0)} = A$ に施して $A^{(1)} = H_1{}^{\mathsf{T}}A^{(0)}$ を作ると，$a_{i1}^{(1)} = 0$ $(i \geqq 2)$ となる(図 6.1 参照)．ここで

$$H_1 = H(\boldsymbol{u}^{(1)}), \quad \boldsymbol{u}^{(1)} = (\zeta^{(1)}, a_{21}^{(0)}, \cdots, a_{n1}^{(0)})^{\mathsf{T}}$$

である．

次に，$A^{(1)}$ の第 2 列ベクトル $\boldsymbol{a}_2^{(1)} = \boldsymbol{x}$ を $\boldsymbol{y} = (a_{12}^{(1)}, \eta^{(2)}, 0, \cdots, 0)^{\mathsf{T}}$ に移す Householder 変換 H_2 を考える．これを用いて$A^{(2)} = H_2{}^{\mathsf{T}}A^{(1)}$を作ると，$a_{i1}^{(2)} = 0$ $(i \geqq 2)$, $a_{i2}^{(2)} = 0$ $(i \geqq 3)$となる．ここで

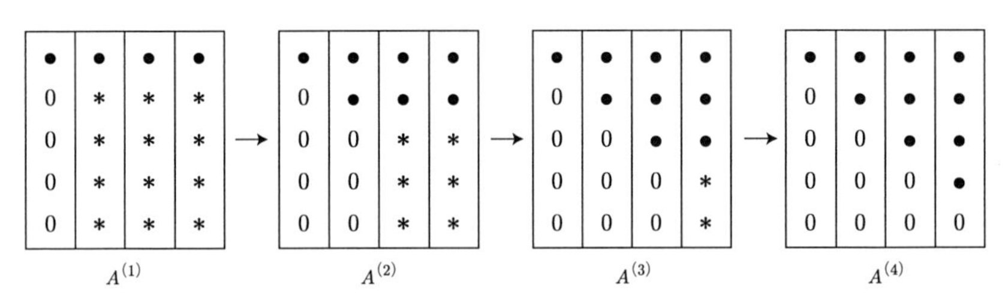

図 6.1　Householder 変換による QR 分解．
(● は値が確定した要素)

$$H_2 = H(\boldsymbol{u}^{(2)}), \quad \boldsymbol{u}^{(2)} = (0, \zeta^{(2)}, a_{32}^{(1)}, \cdots, a_{n2}^{(1)})^\top$$

である．

一般に，

$$\zeta^{(r)} = -\mathrm{sgn}\,(a_{rr}^{(r-1)}) \cdot \xi^{(r)}, \qquad \xi^{(r)} = \frac{\sum_{i=r+1}^{n} |a_{ir}^{(r-1)}|^2}{|a_{rr}^{(r-1)}| + \left(\sum_{i=r}^{n} |a_{ir}^{(r-1)}|^2 \right)^{1/2}}$$

(→式(6.3))として

$$\boldsymbol{u}^{(r)} = (0, \cdots, 0, \zeta^{(r)}, a_{r+1,r}^{(r-1)}, \cdots, a_{nr}^{(r-1)})^\top$$

による Householder 変換 $H_r = H(\boldsymbol{u}^{(r)})$ を用いて

$$A^{(r)} = {H_r}^\top A^{(r-1)} \qquad (r = 1, 2, \cdots, \overline{m}) \tag{6.12}$$

(ただし，$\overline{m} = \min(m, n-1)$; $n \geqq m$ に注意)とすると，$A^{(\overline{m})} = \begin{bmatrix} R \\ O \end{bmatrix}$ の形になる．ここで，R は m 次上三角行列，O は $(n-m) \times m$ 零行列である．行列積 $H_1 H_2 \cdots H_{\overline{m}}$ の第 1 列〜第 m 列から成る $n \times m$ 部分行列を Q とすれば，$A = QR$ が QR 分解を与えている．通常は行列 Q そのものが必要となることはないので，ベクトル $\boldsymbol{u}_1, \cdots, \boldsymbol{u}_{\overline{m}}$ を記憶しておけばよい．

第 r 段 $A^{(r)} = {H_r}^\top A^{(r-1)}$ の計算に必要な演算の主なものは，乗算と加減算がそれぞれ $2(n-r+1)(m-r)$ 回程度であるから，全体では，乗算と加減算がそれぞれ $\sum_{r=1}^{\overline{m}} 2(n-r+1)(m-r) \approx m^2 n - m^3/3$ 回程度になる．行列 A が n 次 Hessenberg 形のときには，上記の方法は 2 次元空間内の鏡映の繰り返しで

$$\boldsymbol{u}^{(r)} = (0, \cdots, 0, \zeta^{(r)}, a_{r+1,r}^{(0)}, 0, \cdots, 0)^\top$$

の形となるので，$\mathrm{O}(n^2)$ 回の乗算と加減算(および $\mathrm{O}(n)$ 回の除算と開平)で済む(→問題 6.1)．

6.2.3　Givens 変換による方法

Givens 変換(6.7)を繰り返して QR 分解を求めるには，以下のようにする．

まず，式(6.9)で $p=2,\ q=r=1$ として定まる θ を用いて $G(2,1,\theta)^{\top}A$ を作ると，その $(2,1)$ 要素が 0 になる．

続いて，

$$G(3,1)^{\top}, G(4,1)^{\top}, \cdots, G(n,1)^{\top}; G(3,2)^{\top}, G(4,2)^{\top}, \cdots, G(n,2)^{\top}; \cdots G(n,\overline{m})^{\top}$$

(ただし，$\overline{m}=\min(m,n-1)$)の順に行列の左側から Givens 変換を適用して，$(3,1)$, $(4,1)$, $\cdots$, $(n,1)$; $(3,2)$, $(4,2)$, $\cdots$, $(n,2)$; $\cdots$ $(n,\overline{m})$ 要素を 0 にしていけばよい．$G(p,q)=G(p,q,\theta)$ における θ は，式(6.9)で $r=q$ として定める．

最終的に $\begin{bmatrix} R \\ O \end{bmatrix}$ (R は m 次上三角行列，O は $(n-m)\times m$ 零行列)の形の行列が得られ，

$$G(2,1)G(3,1)\cdots G(n,1)\cdot G(3,2)G(4,2)\cdots G(n,2)\cdots G(n,\overline{m}) \tag{6.13}$$

の第 1 列〜第 m 列から成る $n\times m$ 部分行列を Q とすれば，$A=QR$ が QR 分解を与えている．行列 Q の陽な形が必要となることは稀である．

行列 R を求めるための計算量は次のように見積れる．各 (p,q) $(q=1,\cdots,\overline{m};\ p=q+1,\cdots,n)$ に対して，$G(p,q)^{\top}$ による行変換が乗算 $4(m-q+1)$ 回，加減算 $2(m-q+1)$ 回程度でできるので，全体で，乗算が $2m^2n-(2/3)m^3$ 回，加減算が $m^2n-m^3/3$ 回(および除算が $m(n-m/2)$ 回，開平が $m(n-m/2)$ 回)程度である．ここで，開平を m 回程度に減らす工夫も知られている([141] (SIAM 版の 108 頁)，[7](第 3 版の 218 頁)を参照のこと)．行列 A が n 次 Hessenberg 形の場合には Givens 変換を $n-1$ 回適用すればよく，乗算 $2n^2$ 回(除算は $n-1$ 回)，加減算 n^2 回，および開平 $n-1$ 回程度で済む．さらに，Givens 変換による方法は，一般の疎行列に対してもその疎性をある程度保存できるという利点がある．

6.3 Hessenberg 化・3 重対角化

行列 $\hat{A}=(\hat{a}_{ij})$ で $\hat{a}_{ij}=0$ $(i \geqq j+2)$ を満たすものを **Hessenberg 行列**という(本節では正方行列を扱う). 対称な Hessenberg 行列は $\hat{a}_{ij}=0$ $(|i-j| \geqq 2)$ となり, **3 重対角行列**である. 図 1.2 も参照のこと.

Hessenberg 行列は数値計算上多くの利点をもっている. 例えば, $\hat{A}$ が n 次 Hessenberg 行列のとき, $\hat{A}$ を係数とする連立 1 次方程式は $\mathrm{O}(n^2)$ 回の演算で解くことができる. また, $\hat{A}=LU$ と LU 分解するとき, $L=(l_{ij})$ は**下 2 重対角行列**(すなわち $j=i,i-1$ を除き $l_{ij}=0$)であり, $\overline{A}=UL=L^{-1}\hat{A}L$ は Hessenberg 行列である. さらに, $\hat{A}=QR$ と QR 分解するとき, Q は Hessenberg 行列であり, $\overline{A}=RQ=Q^{\top}\hat{A}Q$ も Hessenberg 行列である. 以下に示すように, 任意の n 次行列 A が $\mathrm{O}(n^3)$ 回の四則と開平演算による直交相似変換で Hessenberg 形 $\hat{A}$ にできることもあり, Hessenberg 形は固有値問題などにおける中間形として多用される.

本節では, 与えられた n 次正方行列 A を**直交相似変換**

$$\hat{A}=Q^{\top}AQ \tag{6.14}$$

(Q は n 次直交行列)によって Hessenberg 形にする算法を述べる.

6.3.1 Householder 変換による方法

Householder 変換(6.1)による直交相似変換を繰り返すことによって正方行列 $A=[\boldsymbol{a}_1,\cdots,\boldsymbol{a}_n]$ を Hessenberg 形にするには次のようにする(第 6.1.1 節の記号 $\boldsymbol{x}$, $\boldsymbol{y}$, $\boldsymbol{u}$, $H(\boldsymbol{u})$ を用いる).

まず, $\boldsymbol{a}_1=\boldsymbol{x}$ を $\boldsymbol{y}=(a_{11},\eta^{(1)},0,\cdots,0)^{\top}$ の形に移す Householder 変換 H_1 を考える($\eta^{(1)}$ は適当に定める). これを $A^{(0)}=A$ に施して $A^{(1)}={H_1}^{\top}A^{(0)}H_1$ を作ると, $a_{i1}^{(1)}=0$ $(i \geqq 3)$ となる. ここで

$$H_1=H(\boldsymbol{u}^{(1)}), \quad \boldsymbol{u}^{(1)}=(0,\zeta^{(1)},a_{31}^{(0)},\cdots,a_{n1}^{(0)})^{\top}$$

である. このとき, ${H_1}^{\top}A^{(0)}$ の第 1 列ベクトルは $\boldsymbol{y}$ に等しく第 3 要素以下が

0になっているが，さらに，この部分が H_1 による列変換で影響を受けない($\boldsymbol{u}^{(1)}$ の第1要素が0であることによる)ので，$A^{(1)} = {H_1}^{\mathsf{T}} A^{(0)} H_1$ の第1列の第3要素以下が0に保たれるのである(図6.2参照)．

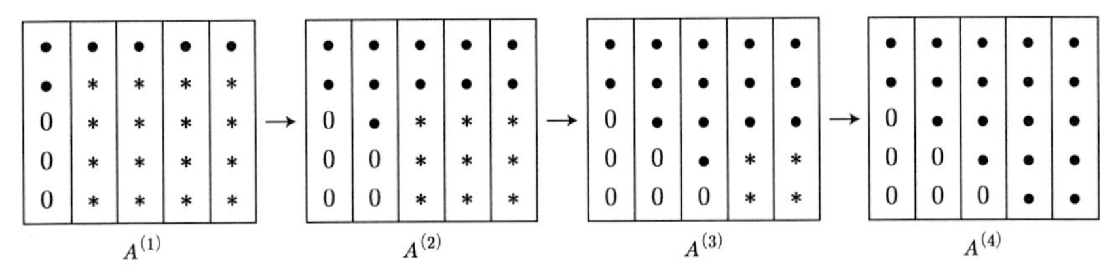

図 6.2　Householder 変換による Hessenberg 化.
(● は値が確定した要素)

次に，$A^{(1)}$ の第2列ベクトル $\boldsymbol{a}_2^{(1)} = \boldsymbol{x}$ を $\boldsymbol{y} = (a_{12}^{(1)}, a_{22}^{(1)}, \eta^{(2)}, 0, \cdots, 0)^{\mathsf{T}}$ に移す Householder 変換 H_2 を考える．これを用いて $A^{(2)} = {H_2}^{\mathsf{T}} A^{(1)} H_2$ を作ると，$a_{i1}^{(2)} = 0\ (i \geqq 3)$, $a_{i2}^{(2)} = 0\ (i \geqq 4)$ となる．ここで

$$H_2 = H(\boldsymbol{u}^{(2)}), \quad \boldsymbol{u}^{(2)} = (0, 0, \zeta^{(2)}, a_{42}^{(1)}, \cdots, a_{n2}^{(1)})^{\mathsf{T}}$$

である．

一般に，

$$\zeta^{(r)} = -\mathrm{sgn}\,(a_{r+1,r}^{(r-1)}) \cdot \xi^{(r)}, \qquad \xi^{(r)} = \frac{\displaystyle\sum_{i=r+2}^{n} |a_{ir}^{(r-1)}|^2}{|a_{r+1,r}^{(r-1)}| + \left(\displaystyle\sum_{i=r+1}^{n} |a_{ir}^{(r-1)}|^2\right)^{1/2}}$$

(→式(6.3))として

$$\boldsymbol{u}^{(r)} = (0, \cdots, 0, \zeta^{(r)}, a_{r+2,r}^{(r-1)}, \cdots, a_{nr}^{(r-1)})^{\mathsf{T}}$$

による Householder 変換 $H_r = H(\boldsymbol{u}^{(r)})$ を考え，これを用いて

$$A^{(r)} = {H_r}^{\mathsf{T}} A^{(r-1)} H_r \qquad (r = 1, 2, \cdots, n-2) \tag{6.15}$$

とすると，$A^{(n-2)}$ が Hessenberg 形になる．A が対称行列ならば，$A^{(r)}$ も対称で，$A^{(n-2)}$ は3重対角形である．なお，変換行列は

$$Q = H_1 H_2 \cdots H_{n-2}$$

であるが，通常は行列 Q の形が必要となることはないので，ベクトル $\boldsymbol{u}_1, \cdots, \boldsymbol{u}_{n-2}$ を記憶する．

式(6.15)の計算は，第 6.1.1 節に述べたように，式(6.2)を繰り返し用いるか，あるいは式(6.5)のようにする．これにより，$(5/3)n^3$ 回程度の乗算と加減算(および n 回程度の開平と $2n$ 回程度の除算)で Hessenberg 形が求められる．対称行列 A の 3 重対角化についても，式(6.6)を利用して同様に計算することにより，乗算と加減算が $(2/3)n^3$ 回程度になる(→問題 6.2, 6.3)．

6.3.2 Givens 変換による方法

Givens 変換(6.7)による直交相似変換 $G(p,q,\theta)^{\top} A\, G(p,q,\theta)$ を繰り返して n 次正方行列 A を Hessenberg 化するには以下のようにする．

まず，$G(3,2,\theta)^{\top} A$ の $(3,1)$ 要素が 0 となるように(式(6.9)で $p=3$, $q=2$, $r=1$ として) θ を定めて，A を $G(3,2,\theta)^{\top} A\, G(3,2,\theta)$ に更新すると，その $(3,1)$ 要素も 0 になる．なぜなら，$G(3,2)$ による列変換は第 2 列と第 3 列だけに影響を及ぼし，$(3,1)$ 要素を不変に保つからである(式(6.11)も参照)．

続いて，同様の相似変換 $G(p,q)^{\top} A\, G(p,q)$ を $G(p,q) = G(4,2), G(5,2), \cdots, G(n,2)$; $G(4,3)$, $G(5,3)$, $\cdots$, $G(n,3)$; $\cdots$; $G(n,n-1)$ の順に行って，$(4,1)$, $(5,1)$, $\cdots$, $(n,1)$; $(4,2)$, $(5,2)$, $\cdots$, $(n,2)$; $\cdots$; $(n,n-2)$ 要素を 0 にしていけばよい．$G(p,q) = G(p,q,\theta)$ における θ は，式(6.9)で $r = q-1$ として定める．

最終的に Hessenberg 形 $\hat{A}$ が得られ，変換行列は

$$Q = G(3,2)G(4,2)\cdots G(n,2)\cdot G(4,3)\cdots G(n,n-1) \tag{6.16}$$

で与えられる．

Hessenberg 形を求めるのに必要な計算量は次のように見積れる．各 (p,q) $(q = 2,\cdots,n-1;\ p = q+1,\cdots,n)$ に対して，$G(p,q)$ による A の更新が乗算 $4(2n-q)$ 回，加減算 $2(2n-q)$ 回程度でできる(行変換 $\overline{A} = G(p,q)^{\top} A$ に乗算 $4(n-q)$ 回，加減算 $2(n-q)$ 回であり，列変換 $\overline{A}G(p,q)$ に乗算 $4n$ 回，加減算 $2n$ 回である)．したがって，全体で乗算が $(10/3)n^3$ 回，加減算が $(5/3)n^3$

回程度となる．A が対称行列のときに 3 重対角形を求める手間は，各 (p,q) に対して，A の更新が乗算 $4(n-q)$ 回，加減算 $2(n-q)$ 回程度でできるので，全体で，乗算 $(4/3)n^3$ 回，加減算 $(2/3)n^3$ 回程度である．

(p,q,r) の動かし方には多くの自由度があり，与えられた行列 A の構造に応じた工夫が可能である．例えば，A が対称な帯行列で $a_{ij}=0$ $(|i-j|>w)$ ならば，$(w+1)n$ 語程度の記憶領域を用いて $4wn^2$ 回の乗算と $2wn^2$ 回の加減算で 3 重対角化することができる(**チェイシング**(chasing)と呼ばれる手法[141]による)．

6.4　上 2 重対角化

行列 $\hat{A}=(\hat{a}_{ij})$ で $\hat{a}_{ij}=0$ $(j\notin\{i,i+1\})$ を満たすものを**上 2 重対角行列**という(図 1.2 参照)．上 2 重対角形は特異値分解(1.14)の中間形として利用される(第 9.1 節)．

本節では，与えられた $n\times m$ 行列 A を**直交同値変換**

$$\hat{A}=Q_{\mathrm{R}}AQ_{\mathrm{C}} \tag{6.17}$$

(Q_{R} は n 次直交行列，Q_{C} は m 次直交行列）によって上 2 重対角形にする方法を述べる．以下，$n\geqq m$ と仮定するが，$n<m$ の場合にも本質的な違いはない．

6.4.1　Householder 変換による方法

QR 分解の場合(第 6.2.2 節)と同様の行変換と列変換を交互に繰り返す．

まず，$A^{(0)}=A$ の第 1 列ベクトルを単位ベクトル $(1,0,\cdots,0)^{\top}$ の定数倍 $(\eta^{(1)},0,\cdots,0)^{\top}$ に移す Householder 変換 $H_1=H(\boldsymbol{u}^{(1)})$ を考える．これを $A^{(0)}$ に左から掛けて $A^{(1)}={H_1}^{\top}A^{(0)}$ を作ると，$a_{i1}^{(1)}=0$ $(i\geqq 2)$ となる．

次に，$A^{(1)}$ の第 1 行ベクトルを $(a_{11}^{(1)},\eta^{(2)},0,\cdots,0)$ に移す Householder 変換 $H_2=H(\boldsymbol{u}^{(2)})$ を考える*4．これを $A^{(1)}$ に右から掛けて $A^{(2)}=A^{(1)}H_2$ を作る

*4　厳密に言うと，H_2 は ${A^{(1)}}^{\top}$ の第 1 列ベクトルを $(a_{11}^{(1)},\eta^{(2)},0,\cdots,0)^{\top}$ に移す Householder 変換である．

と，$a_{i1}^{(2)} = 0\ (i \geqq 2)$, $a_{1j}^{(2)} = 0\ (j \geqq 3)$となる．このとき，$\boldsymbol{u}^{(2)}$の第 1 要素が 0 なので，$A^{(1)}$ の第 1 列ベクトルが H_2 による列変換で影響を受けないことがわかる(Householder 変換による Hessenberg 化の場合(第 6.3.1 節)と同じ理由).

このように，行変換と列変換を交互に $m-2$ 回ずつ施し，その後に，もう一度行変換を施して第 $m-1$ 列の第 m 行以下を 0 にし，$n > m$ のときはさらにもう一度行変換を施して第 m 列の第 $m+1$ 行以下を 0 にすれば，最後に上 2 重対角形が得られる．上 2 重対角形だけを求めるのに必要な乗算と加減算はそれぞれ $2m^2(n-m/3)$ 回程度である．

n が m に比べて十分大きい場合には，Householder 変換による行変換の繰り返しによって A をまず $\begin{bmatrix} R \\ O \end{bmatrix}$ の形(R は m 次上三角行列，O は $(n-m) \times m$ 零行列)に変換し，その後に，R を上のようにして上 2 重対角化する方が計算量が少ない．実際，乗算と加減算の回数は，それぞれ，QR 分解に $m^2n - m^3/3$ 回程度(第 6.2.2 節参照)，R の上 2 重対角化に $(4/3)m^3$ 回程度なので，全体では $m^2(n+m)$ 程度になる．これは $n > (5/3)m$ のとき，上述の方法の演算回数より少ない．

6.4.2　Givens 変換による方法

QR 分解の場合(第 6.2.3 節)と同様に，まず $G(n,1)^{\mathsf{T}} \cdots G(3,1)^{\mathsf{T}} G(2,1)^{\mathsf{T}} A$ によって第 1 列の第 2 行以下を 0 にする．次に，$G(3,2)$, $G(4,2)$, …, $G(m,2)$ を順次右から掛けて，第 1 行の第 3 列以下を 0 にする．このような変換を第 2 行第 2 列以下に対して繰り返すと，最終的に上 2 重対角形が得られる．必要な乗算と加減算はそれぞれ $4m^2(n-m/3)$ 回，$2m^2(n-m/3)$ 回程度である．

第 6 章ノート ▶ この章の内容は標準的なものであり，多くの線形計算の教科書にある．算法の丸め誤差解析に関しては，Wilkinson [14], Higham [17]を参照されたい．

第 6 章問題

6.1　A を階数 m の $n \times m$ 行列とするとき，O_m を m 次零行列として，$(m+n) \times m$ 行列 $\tilde{A} = \begin{bmatrix} O_m \\ A \end{bmatrix}$ を定義する．$\tilde{A}$ に対する Householder 変換による QR 分解が，A に対する修正 Gram–Schmidt 法と本質的に同等であることを以下の手順で示せ．ただし，$\tilde{A} = \tilde{A}^{(0)}$ に Householder 変換を r 回施したものを $\tilde{A}^{(r)} = \begin{bmatrix} B^{(r)} \\ A^{(r)} \end{bmatrix}$ とし，$\tilde{A}^{(r)} = [\tilde{\boldsymbol{a}}_1^{(r)}, \cdots, \tilde{\boldsymbol{a}}_m^{(r)}]$，$A^{(r)} = [\boldsymbol{a}_1^{(r)}, \cdots, \boldsymbol{a}_m^{(r)}]$ とおく．また，第 r 段の Householder 変換（→式(6.12)）を $H(\tilde{\boldsymbol{u}}^{(r)})$ として，$\tilde{\boldsymbol{u}}^{(r)} = \begin{bmatrix} \boldsymbol{w}^{(r)} \\ \boldsymbol{v}^{(r)} \end{bmatrix}$ とする．

（i）$b_{ij}^{(r)} = 0 \quad (\min(j+1, r+1) \leqq i \leqq m,\ 1 \leqq j \leqq m)$.

（ii）$w_i^{(r)} = 0\ (i \neq r)$, $|w_r^{(r)}| = \|\boldsymbol{a}_r^{(r-1)}\|$，かつ $\boldsymbol{v}^{(r)} = \boldsymbol{a}_r^{(r-1)}$.

（iii）$\|\tilde{\boldsymbol{u}}^{(r)}\|^2 = 2\|\boldsymbol{a}_r^{(r-1)}\|^2$.

（iv）$(\tilde{\boldsymbol{u}}^{(r)})^\top \tilde{\boldsymbol{a}}_j^{(r-1)} = (\boldsymbol{a}_r^{(r-1)})^\top \boldsymbol{a}_j^{(r-1)} \quad (r+1 \leqq j \leqq m)$.

（v）$\boldsymbol{a}_j^{(r)} = \boldsymbol{a}_j^{(r-1)} - \dfrac{(\boldsymbol{a}_r^{(r-1)})^\top \boldsymbol{a}_j^{(r-1)}}{\|\boldsymbol{a}_r^{(r-1)}\|^2}\, \boldsymbol{a}_r^{(r-1)} \quad (r+1 \leqq j \leqq m)$.

6.2　Householder 変換に関する式(6.4)において $u_i = 0\ (1 \leqq i \leqq r)$，$a_{ij} = 0\ (1 \leqq j \leqq \min(i-2, r-1))$ のとき，次のことを示せ．

（i）式(6.2)を繰り返し用いて式(6.4)を計算するときの乗算回数は $(n-r) + (2n-r+1)(2n-2r+1)$ である．

（ii）式(6.5)の乗算回数は $2(n-r)(2n-r+3)$ である．

（iii）A が対称行列のとき，式(6.6)の乗算回数は $2[(n-r)^2 + 3(n-r) + 1]$ である（$\tilde{a}_{ij} = \tilde{a}_{ji}$ に注意）．

6.3　問題 6.2 の結果を用いて，Householder 変換による Hessenberg 化の計算量が第 6.3.1 節に述べたようになることを確かめよ．

6.4　Givens 変換による QR 分解，Hessenberg 化において，変換行列 Q（→式(6.13)，(6.16)）を陽に計算するために余分に必要な演算量が大略次のようになることを示せ．

	QR 分解（6.13）	Hessenberg 化（6.16）
乗算	$2m(n^2 - m^2/3)$	$(4/3)n^3$
加減算	$m(n^2 - m^2/3)$	$(2/3)n^3$

7 固有値問題 I：一般行列

線形代数学における Jordan 標準形にまつわる理論により，固有値と固有ベクトルの数学的な性質は十分明らかになっている．例えば，固有値 λ は，特性多項式の零点として特徴付けられる．しかし，固有値を数値的に求める場合には，通常の線形代数学とは異なり，計算量や丸め誤差に関する考慮が必要である．例えば，与えられた行列から特性方程式の係数を求め，その後に代数方程式の数値解法を利用して固有値を求めるというやり方は，典型的な誤りである．固有値問題の数値解法の主流は，ユニタリ変換の反復による Schur 分解の実現である．

7.1 概　説

行列の固有値問題は，正則行列による相似変換で対角行列(あるいはそれに近い形)に変換する問題であるが，数値解法を論じる際には，ユニタリ相似変換によって上 3 角行列に変換する問題と捉える方がよい．ここでは，数値解法の考え方の大枠を述べる．

7.1.1 固有値問題

与えられた n 次複素行列 $A=(a_{ij})$ に対して，

$$Az=\lambda z \tag{7.1}$$

を満たす複素数 λ と複素ベクトル $z\neq 0$ の組を(全部あるいはいくつか)求める問題を**固有値問題**といい，λ を**固有値**，z を**固有ベクトル**と呼ぶ．Hermite

行列[*1]の固有値は実数である．とくに，実対称行列の固有値は実数である．

固有値の存在範囲を a_{ij} の簡単な式で表す定理がある．数値計算にも利用される便利なものなので，まず，これについて述べる．各 $i=1,\cdots,n$ に対して，対角要素 a_{ii} を中心とし，その行の非対角要素の絶対値和 $\sum_{j\neq i}|a_{ij}|$ を半径とする円板(複素数の集合)

$$C_i=\left\{\lambda\in\mathbb{C}\;\middle|\;|\lambda-a_{ii}|\leqq\sum_{j\neq i}|a_{ij}|\right\} \tag{7.2}$$

を考える．すると，すべての固有値は，その合併集合に含まれる．

定理 7.1(**Gershgorin の定理**)　一般の n 次複素行列 $A=(a_{ij})$ のすべての固有値は，(7.2)で定義される n 個の円板 $C_1,\cdots,C_n$ の合併集合 $\bigcup_{i=1}^{n}C_i$ に含まれる．より詳しく，$\bigcup_{i=1}^{n}C_i$ の各連結成分は，それを構成する円板の個数と同数の固有値を含む． □

[証明]　λ を A の固有値とすると，$A-\lambda I$ は正則でない．「狭義優対角行列は正則である」という命題(→定理 2.1)の対偶を $A-\lambda I$ に適用すると，ある i に対して $|\lambda-a_{ii}|\leqq\sum_{j\neq i}|a_{ij}|$ が成り立つことが分かる．後半は，$D=\mathrm{diag}(a_{11},\cdots,a_{nn})$，$A(t)=D+t(A-D)$ とおいて，実数値パラメータ t を 0 から 1 まで連続的に変化させるとき，$A(t)$ の固有値は t に連続的に依存し，$A(t)$ から定まる円板は単調に増大することに着目する． ■

応用に現れる固有値問題は(7.1)のような標準的な形をしていない場合がむしろ多く，正方行列の組 (A,B) によって定義される**一般化固有値問題**

$$A\boldsymbol{z}=\lambda B\boldsymbol{z} \tag{7.3}$$

の形をしている．λ を (A,B) に関する**一般化固有値**，$\boldsymbol{z}$ $(\neq\boldsymbol{0})$ を**一般化固有ベクトル**と呼ぶ．これに対し，(7.1)を**標準固有値問題**と呼んで区別する．B が正則ならば，$B^{-1}A\boldsymbol{z}=\lambda\boldsymbol{z}$ という標準形に(原理的には)帰着される(→問題 7.1)．A が実対称行列で，B が正定値実対称行列のときには，対称行列に対する標準形の問題に帰着することができる(→問題 7.2)．本書では専ら標準形

---

*1　$A=A^{\mathsf{H}}$ を満たす(すなわち，すべての (i,j) について $a_{ij}=\overline{a_{ji}}$ である)複素行列 $A=(a_{ij})$ を **Hermite** 行列という．なお，記号 ^{H} は共役転置である．

の問題に対する解法を扱うが，それらは一般化固有値問題に対しても拡張される．

応用上は $(\lambda, \boldsymbol{z})$ のいくつかの組だけが興味の対象であることが多い．例えば，構造物の振動解析は，A, B がともに正定値実対称行列の一般化固有値問題になるが，小さい方からいくつかの固有値とそれらに対応する固有ベクトルに関心がある．あるいは，動的システムの安定性解析は非対称行列の問題になるが，実部の最も大きい(あるいは小さい)固有値が重要である．行列が大規模で全部の固有値を計算することが実際上不可能な場合に，一部の固有値を選択的に計算する方法が開発されている(→第 7.6 節)．

7.1.2 解法の概観

固有値は特性多項式の零点として特徴付けられる．しかし，固有値を数値的に求める場合には，計算量や丸め誤差に関する考慮が必要であり，特性方程式の係数を求めてから代数方程式の数値解法を利用して固有値を求めるというやり方はしない．固有値問題の数値解法としては，小・中規模の行列に対しては，行列にユニタリ変換を反復適用して上三角行列(Hermite 行列の場合は対角行列)に変形する方法が主流であり，大規模疎行列に対しては Krylov 部分空間を利用した反復法などが用いられる．

現在主流となっている解法では，反復計算を始める前に，有限回の演算で実現できる**ユニタリ変換**によって Hessenberg 形などの中間形 $\hat{A}$ に変換する．これはその後の 1 反復あたりの計算量を減らすためである．すなわち，解法の大枠は

	有限回演算の ユニタリ相似変換		収束まで 反復計算	
行列 A	$\Longrightarrow$	中間形 $\hat{A}$	$\Longrightarrow$	固有値

という 2 段階になっている．

中間形 $\hat{A}$ としては，第 6.3 節で述べた Hessenberg 形を用いるのが普通である．これは，A から有限回($\mathrm{O}(n^3)$ 回)の四則と開平演算によるユニタリ相似変換 $\hat{A}=U^{\mathsf{H}}AU$ (A が実行列のときは直交相似変換 $\hat{A}=Q^{\mathsf{T}}AQ$)によって

計算される[*2]．とくに，A が Hermite 行列(実対称行列)ならば $\hat{A}$ は 3 重対角 Hermite 行列(実対称行列)になる．

第 2 段の反復計算には様々な方法があるが，最も重要な QR 法(第 7.4 節)の系統のものは，反復計算によって上三角行列に収束させる．反復計算の過程で固有値と固有ベクトルが同時に求められるような算法も多いが，固有値 λ さえ分かってしまえば，固有ベクトル $\boldsymbol{z}$ は $(A-\lambda I)\boldsymbol{z}=\boldsymbol{0}$ を解いて求められる(→第 7.2.2 節の「逆反復」参照)．いずれにしても，第 2 段の反復計算の部分は，随分と凝った様々な工夫の複雑な組合せから成り立っているので，信頼できる数学ソフトウェアを利用するのがよい．固有値計算のソフトウェアには，LAPACK [25]，ScaLAPACK [26]，ARPACK [28]などのライブラリーがある．また，理論，アルゴリズム，ソフトウェアに関する総合的な案内もある[137]．

7.1.3　Schur 分解

固有値問題の数値解法では，ユニタリ相似変換を反復適用して上三角行列に収束させることが多いが，その基礎には次の数学的事実がある([3], [4]などを参照)．

任意の複素行列 A は，ユニタリ行列 U と上三角行列 S を用いて，

$$A = U\,S\,U^{\mathsf{H}} \tag{7.4}$$

と分解できる(分解は一意でない)．これを **Schur 分解**といい，$U=[\boldsymbol{u}_1,\cdots,\boldsymbol{u}_n]$ の列ベクトル $\boldsymbol{u}_j$ を **Schur ベクトル**と呼ぶ．S の対角要素が A の固有値であり，各 $m=1,\cdots,n$ に対して $\{\boldsymbol{u}_j \mid j=1,\cdots,m\}$ の張る部分空間は A の不変部分空間である．A が Hermite 行列ならば，対称性より $S=U^{\mathsf{H}}AU$ は対角行列になり，$\boldsymbol{u}_j$ $(j=1,\cdots,n)$ は A の固有ベクトルである．

実行列については，Schur 分解の変種を実数の範囲で考えることができる．対角ブロックの大きさが 2 以下のブロック上三角行列を**準上三角行列**と呼ぶが，任意の実行列 A は，直交行列 Q と準上三角行列 S を用いて

*2　A が複素行列のときは，第 6.3 節における直交性 $Q^{\mathsf{T}}Q=I_m$ をユニタリ直交性 $Q^{\mathsf{H}}Q=I_m$ に置き換え，$Q^{\mathsf{T}}AQ$ を $Q^{\mathsf{H}}AQ$ に置き換える．

$$A = QSQ^{\mathsf{T}} \tag{7.5}$$

の形に分解できる(分解は一意でない). これを**実 Schur 分解**と呼ぶ. S の対角ブロックの固有値が A の固有値である. 行列 A が対称ならば, S は対角行列であり, Q の列ベクトルは A の固有ベクトルである.

Schur 分解や実 Schur 分解の存在は数学的に保証されているが, (7.4), (7.5)を満たす S, U, Q を有限回の四則演算と開平演算によって求めることはできない(ことが証明されている)ので, 何らかの反復計算によってこれらの近似値を求める. 固有ベクトルではなく Schur ベクトルを計算するのは, これがユニタリ変換の繰り返しによって数値的に安定に計算できるからである. Hermite 行列は, ユニタリ変換で固有ベクトルが計算でき, しかも固有値が実数であるなどの事情により, 一般の行列よりも格段に扱い易い.

注意 7.2 行列 A が Hermite 行列ならば, 適当なユニタリ行列 U によって $U^{\mathsf{H}}AU$ が対角行列になる. しかし, この逆は成り立たない. 複素行列 A がユニタリ行列によって対角化できるための必要十分条件は, A が正規行列($A^{\mathsf{H}}A = AA^{\mathsf{H}}$)であることである. Hermite 行列は($A^{\mathsf{H}} = A$ であるから)正規行列である.

注意 7.3 一般の行列の固有値問題が難しい理由は, 対角化可能とは限らないからである. 固有値が複素数になることは, それほど深刻なことではない. 対角化可能でないことの意味をより詳しく見ると,

1. 正則行列 P による相似変換 $P^{-1}AP$ によって対角化できない(大きさ 2 以上の Jordan 細胞の存在),
2. ユニタリ行列 U による相似変換 $U^{\mathsf{H}}AU$ によって対角化できない(非正規性),

の二つがある. 通常の線形代数学の教科書では, Jordan 標準形を主役に据え, 前者の方に力点をおく. そして, $P^{-1}AP$ の形の変換で対角行列にできるときに**対角化可能**であるという. しかし, 固有値計算の算法は直交変換(ユニタリ変換)に基づいているので, 数値計算の立場からは後者の方がより重要である. 事実, 対称行列より広いクラスである正規行列に対しては, 対称行列に関する結果の多くを拡張できる[138]. すなわち, 行列の正規性は, 固有値問題に関する行列の扱い易さを意味している.

7.2　べき乗法

複素数を要素とする n 次正方行列 A の固有値(正確には，A の特性多項式 $\det(\lambda I - A)$ の根を重複度に応じて並べたもの)を λ_i $(i=1,\cdots,n)$ とし

$$|\lambda_1| \geqq |\lambda_2| \geqq \cdots \geqq |\lambda_n| \tag{7.6}$$

のように番号をつける．絶対値最大の固有値を**優越固有値**と呼ぶ．

7.2.1　基本形

べき乗法は，ある初期ベクトル $\boldsymbol{x}_0$ に A のべき乗を掛けて生成されるベクトル列 $\boldsymbol{x}_0, A\boldsymbol{x}_0, A^2\boldsymbol{x}_0, A^3\boldsymbol{x}_0, \cdots$ (**Krylov** 列と呼ばれる)に基づいて，優越固有値 λ_1 とそれに対応する固有ベクトル $\boldsymbol{z}_1$ を求める算法であり，多くの実用的算法の原点である．

適当に単位初期ベクトル $\boldsymbol{x}_0$ をとって，反復[*3]

$$\boldsymbol{y}_k := A\boldsymbol{x}_{k-1}, \quad \boldsymbol{x}_k := \boldsymbol{y}_k/\|\boldsymbol{y}_k\|$$

を繰り返していくと，もし $|\lambda_1| > |\lambda_2|$ ならば，初期ベクトル $\boldsymbol{x}_0$ がよほど特殊でない限り，$\boldsymbol{x}_k$ の方向は $\boldsymbol{z}_1$ の方向に近づく(すなわち，ある複素数列 α_k が存在して，$\alpha_k\boldsymbol{x}_k$ が $\boldsymbol{z}_1$ に収束する)．実際，A が n 個の 1 次独立な固有ベクトル $\boldsymbol{z}_1,\cdots,\boldsymbol{z}_n$ をもつとして $\boldsymbol{x}_0 = \sum_{i=1}^{n} c_i\boldsymbol{z}_i$ と展開するとき[*4]，

$$A^k\boldsymbol{x}_0 = \sum_{i=1}^{n} c_i{\lambda_i}^k\boldsymbol{z}_i = {\lambda_1}^k\left[c_1\boldsymbol{z}_1 + \sum_{i=2}^{n} c_i\left(\frac{\lambda_i}{\lambda_1}\right)^k\boldsymbol{z}_i\right] \tag{7.7}$$

と計算される．ここで，$(\lambda_i/\lambda_1)^k \to 0$ と $\boldsymbol{x}_k = A^k\boldsymbol{x}_0/\|A^k\boldsymbol{x}_0\|$ に注意すれば，$c_1 \neq 0$ ならば $\boldsymbol{x}_k$ の方向は $\boldsymbol{z}_1$ の方向に収束し，その収束の速さが収束率

---

*3　ここで，Euclid ノルム $\|\boldsymbol{y}_k\|$ を用いて規格化する必要はなく，これを最大値ノルムで置き換えた方が演算回数の点で有利である．

*4　以下，本章を通じ，行列 A は対角化可能(n 個の 1 次独立な固有ベクトルをもつ)と仮定する．これは，議論が煩雑になるのを避けるためであり，Jordan 標準形によれば，より一般の場合を扱うことができる．

$|\lambda_2|/|\lambda_1|$ の 1 次収束であることが分かる.

ベクトル $\boldsymbol{x}$ がある固有ベクトル $\boldsymbol{z}$ に近いとすると，$\boldsymbol{z}$ に対応する固有値 λ は，$\boldsymbol{y}=A\boldsymbol{x}$ と $\boldsymbol{x}$ との要素比 y_i/x_i $(i=1,\cdots,n)$ で近似できる[*5]. 通常は，$\boldsymbol{x}$ の要素のうち絶対値の最大のものを x_{i_0} として

$$\hat{\lambda}=y_{i_0}/x_{i_0} \tag{7.8}$$

を λ の推定値とする. $\boldsymbol{x}$ と $\boldsymbol{z}$ の成す角 $\theta=\arccos\dfrac{|\boldsymbol{z}^{\mathsf{H}}\boldsymbol{x}|}{\|\boldsymbol{z}\|\,\|\boldsymbol{x}\|}$ が ε 程度の大きさならば $|\hat{\lambda}-\lambda|$ も ε 程度の大きさである.

A が Hermite 行列の場合には，**Rayleigh 商**

$$\rho(\boldsymbol{x})=\frac{\boldsymbol{x}^{\mathsf{H}}A\boldsymbol{x}}{\boldsymbol{x}^{\mathsf{H}}\boldsymbol{x}} \tag{7.9}$$

の方がよい近似を与える. $\boldsymbol{x}$ と $\boldsymbol{z}$ の成す角 θ が ε 程度の大きさならば $|\rho(\boldsymbol{x})-\lambda|$ は ε^2 程度になる. 実際,

$$\boldsymbol{x}/\|\boldsymbol{x}\|=c\boldsymbol{z}/\|\boldsymbol{z}\|+d\boldsymbol{w}/\|\boldsymbol{w}\| \quad (A\boldsymbol{z}=\lambda\boldsymbol{z},\ \boldsymbol{z}^{\mathsf{H}}\boldsymbol{w}=0,\ |c|=\cos\theta,\ |d|=\sin\theta)$$

と表現して計算すると，$\rho(\boldsymbol{x})-\lambda=(\sin\theta)^2(\rho(\boldsymbol{w})-\lambda)$ となることから，$|\rho(\boldsymbol{x})-\lambda|$ は ε^2 程度になることが分かる.

実行列の複素固有値は共役複素数が組になって現れるので，優越固有値が複素数のときには $|\lambda_1|=|\lambda_2|$ であり，$\boldsymbol{x}_k$ の方向は $\boldsymbol{z}_1$ の方向に収束しない.

例 7.4 行列

$$A=\begin{bmatrix} 0 & -3 & 0 \\ 2 & 0 & 0 \\ 0 & 0 & 1 \end{bmatrix}$$

に対するべき乗法を考える. $\lambda_1=\overline{\lambda_2}=\sqrt{6}\ \mathrm{i},\ \lambda_3=1$ であり，固有ベクトルは順に,

*5 A が実対称行列のときには，要素比 y_i/x_i による近似誤差に関して厳密な評価が知られている (→問題 7.11).

$$\boldsymbol{z}_1 = \overline{\boldsymbol{z}_2} = \frac{1}{\sqrt{10}} \begin{bmatrix} -\sqrt{6} \\ 2\,\mathrm{i} \\ 0 \end{bmatrix}, \qquad \boldsymbol{z}_3 = \begin{bmatrix} 0 \\ 0 \\ 1 \end{bmatrix}$$

である*6．初期ベクトルを $\boldsymbol{x}_0 = (1,1,1)^{\mathsf{T}}/\sqrt{3}$ とすると，

$$A^{2k}\boldsymbol{x}_0 = \frac{(-6)^k}{\sqrt{3}} \begin{bmatrix} 1 \\ 1 \\ (-1/6)^k \end{bmatrix}, \qquad A^{2k+1}\boldsymbol{x}_0 = \frac{(-6)^k}{\sqrt{3}} \begin{bmatrix} -3 \\ 2 \\ (-1/6)^k \end{bmatrix}$$

となるので，

$$\boldsymbol{x}_{2k} \to \frac{1}{\sqrt{2}} \begin{bmatrix} 1 \\ 1 \\ 0 \end{bmatrix}, \qquad \boldsymbol{x}_{2k+1} \to \frac{1}{\sqrt{13}} \begin{bmatrix} -3 \\ 2 \\ 0 \end{bmatrix}$$

となる．このように，数列 $\{\boldsymbol{x}_k\}$ そのものは振動して収束しないが，$\boldsymbol{x}_{2k}$ と $\boldsymbol{x}_{2k+1}$ の張る 2 次元部分空間 $\mathrm{span}(\boldsymbol{x}_{2k}, \boldsymbol{x}_{2k+1})$ は λ_1, λ_2 に対応する不変部分空間 $\mathrm{span}(\boldsymbol{z}_1, \boldsymbol{z}_2)$ に近づいていく．このことを利用する方法を後に説明する(→例 7.14)．　□

べき乗法の基本形は優越固有値を求めるものであるが，以下の項目に述べるような工夫と組み合わせることによって，絶対値最小の固有値，与えられた複素数 s に最も近い固有値，2 番目の固有値，なども求められるようになる．

7.2.2　逆反復

絶対値最小の固有値 λ_n の逆数 $1/\lambda_n$ は，A^{-1} の優越固有値である．したがって，もし $|\lambda_{n-1}| > |\lambda_n|$ ならば，A^{-1} にべき乗法を適用した算法

$$\boldsymbol{y}_k := A^{-1}\boldsymbol{x}_{k-1}, \quad \boldsymbol{x}_k := \boldsymbol{y}_k/\|\boldsymbol{y}_k\|$$

によって $1/\lambda_n$ および $\boldsymbol{z}_n$ が求められる．これを**逆反復**あるいは**逆べき乗法**と

*6　記号 i は**虚数単位**$(\sqrt{-1})$を表す．

いう．実際の計算手順は，A の LU 分解 $A=LU$ をはじめに求めておき，各 k 毎に，方程式 $L\boldsymbol{v}=\boldsymbol{x}_{k-1}$ を $\boldsymbol{v}$ について解いてから方程式 $U\boldsymbol{y}_k=\boldsymbol{v}$ を $\boldsymbol{y}_k$ について解く．

7.2.3　シフト

複素数 s を選んで $A-sI$ に対して逆反復法を適用すれば，s に最も近い固有値 λ と対応する固有ベクトルが求められる．これを**シフト付き逆反復**と呼び，s を**シフト**という．このときの収束率は，s に 2 番目に近い固有値を λ' として，$r=|\lambda-s|/|\lambda'-s|$ である．

複素数 s がある固有値の近似値のとき，このようなシフト付き逆反復によって近似度を改良できる．s が λ に十分近ければ r の値は小さいので，逆反復は速く収束する．また，$A-sI$ が特異行列に近く（条件数(1.22)が大きく）なるが，その影響は $\boldsymbol{x}_k$ には及ばない([138], 第 5.4 節参照)．

シフト量を $\boldsymbol{x}_k$ に基づく近似固有値に選んで逐次更新する形

$$\boldsymbol{y}_k := (A-s_{k-1}I)^{-1}\boldsymbol{x}_{k-1}, \quad \boldsymbol{x}_k := \boldsymbol{y}_k/\|\boldsymbol{y}_k\|, \quad \boldsymbol{x}_k \text{ から } s_k \text{ を計算}$$

の反復計算は，通常 2 次以上の高い収束性をもつ．ただし，近似固有値 s_k は，一般には要素比(7.8)により，また Hermite 行列の場合には Rayleigh 商(7.9)により計算する．

逆反復やシフトの考え方を発展させ，一般の解析関数 $f(t)$ を用いて，$f(A)$ に対してべき乗法を適用することも行われる．$f(A)$ の固有値が $f(\lambda_i)$ となることを利用して，固有値を都合の良い位置に移すのである．

7.2.4　減　次

行列 A の固有値 λ_1 と固有ベクトル $\boldsymbol{z}_1$ が求められたとき，次に大きい固有値 λ_2 を求めるには，A から $\boldsymbol{z}_1$ に対応する "成分" を引き去った行列 B を作って(この操作を**減次**と呼ぶ)，べき乗法を適用すればよい．

具体的には，まず，A^{H} にシフト付き逆反復を適用して，A の左固有ベクトル $\boldsymbol{w}_1$ ($\boldsymbol{w}_1{}^{\mathsf{H}}A=\lambda_1\boldsymbol{w}_1{}^{\mathsf{H}}$，すなわち $A^{\mathsf{H}}\boldsymbol{w}_1=\overline{\lambda_1}\boldsymbol{w}_1$)を求め，適当に定数倍して $\boldsymbol{w}_1{}^{\mathsf{H}}\boldsymbol{z}_1=1$ を満たすようにしておく．この $\boldsymbol{w}_1$ を用いて

$$B = A - \lambda_1 \boldsymbol{z}_1 \boldsymbol{w}_1{}^{\mathsf{H}}$$

とする．直ちに分かるように，$A\boldsymbol{z}_i = \lambda_i \boldsymbol{z}_i \ (i = 1, \cdots, n)$ とするとき，B の固有値と固有ベクトルは $B\boldsymbol{z}_1 = \mathbf{0}$, $B\boldsymbol{z}_i = \lambda_i \boldsymbol{z}_i \ (i = 2, \cdots, n)$ と与えられる．これを**Hotellingの減次**と呼ぶ(→問題 7.4)．実際に B にべき乗法を適用するときは，行列 B を陽に求めてから積 $B\boldsymbol{x}$ を計算するのではなく，$B\boldsymbol{x} = A\boldsymbol{x} - (\lambda_1(\boldsymbol{w}_1{}^{\mathsf{H}}\boldsymbol{x}))\boldsymbol{z}_1$ の形で計算する．

7.3 同時反復法

べき乗法の考え方を拡張して，m 次元部分空間に A のべき乗を作用させることによって絶対値の大きい方の固有値 $\lambda_1, \lambda_2, \cdots, \lambda_m$ (記号は式(7.6)参照)とそれに対応する不変部分空間 $\mathrm{span}(\boldsymbol{z}_1, \cdots, \boldsymbol{z}_m)$ を求める方法を**同時反復法**あるいは**部分空間反復法**と呼ぶ．独立な列ベクトルをもつ $n \times m$ 行列 X_0 を適当に選んで，$A^k X_0 \ (k = 1, 2, \cdots)$ を計算していくと，$F_k = \mathrm{Im}(A^k X_0)$ (行列 $A^k X_0$ の像空間)が $E = \mathrm{span}(\boldsymbol{z}_1, \cdots, \boldsymbol{z}_m)$ に近づいていくことを利用するのである．

具体的には，部分空間 F_k の正規直交基底 X_k を QR 分解(→第 6.2 節)によって計算していく[*7]．

同時反復法(直交化付き)

$X_0{}^{\mathsf{H}} X_0 = I_m$ である行列 X_0 をとる;

for $k := 0, 1, 2, \cdots$ **do**

　begin

　　$Y_{k+1} := AX_k$;　$Y_{k+1} = X_{k+1} R_k$ と QR 分解する

　end

上の算法では，丸め誤差の影響を抑えるために毎回直交化をしているが，上

*7　本節では A を複素行列としているので，第 6.2 節の QR 分解 $A = QR$ における直交性 $Q^{\mathsf{T}} Q = I_m$ をユニタリ直交性 $Q^{\mathsf{H}} Q = I_m$ に置き換える．

の漸化式より

$$A^k X_0 = X_k \cdot (R_{k-1} \cdots R_1 R_0) = X_k \Gamma_k \tag{7.10}$$

(ただし $\Gamma_k = R_{k-1} \cdots R_1 R_0$)が成り立つので，数学的には，$A$ を k 回作用させた後に直交化を行ったのと同等である($X_k{}^{\mathsf{H}} X_k = I_m$ と行列 Γ_k が上三角であることに注意)．したがって，X_k の第1列は，X_0 の第1列を初期ベクトルとした通常のべき乗法の結果に一致する．

べき乗法に関する収束性の議論と同様にして，$|\lambda_m| > |\lambda_{m+1}|$ ならば，F_k が E に収束していくことが分かる．ただし，厳密には，$\mathrm{span}(\boldsymbol{z}_{m+1}, \cdots, \boldsymbol{z}_n)$ に沿った $E = \mathrm{span}(\boldsymbol{z}_1, \cdots, \boldsymbol{z}_m)$ への射影を Π_m とするとき，初期値 X_0 が $\dim \Pi_m(\mathrm{Im}(X_0)) = m$ を満たすとする(この条件は，べき乗法における $c_1 \neq 0$ という条件に対応する)．

さらに，条件

$$|\lambda_1| > |\lambda_2| > \cdots > |\lambda_m| > |\lambda_{m+1}| \tag{7.11}$$

($m = n$ の場合には $\lambda_{n+1} = 0$ とおき，A の正則性を仮定する)を仮定して，より詳しい解析をしよう．X_k の第1列～第 i 列から成る $n \times i$ 部分行列を X_{ki} $(i = 1, \cdots, m)$ とする．このとき，上の議論を繰り返せば，各 i $(1 \leqq i \leqq m)$ に対して，部分空間 $F_{ki} = \mathrm{Im}(X_{ki})$ が $\mathrm{span}(\boldsymbol{z}_1, \cdots, \boldsymbol{z}_i)$ に収束することが分かる．ただし，$\mathrm{span}(\boldsymbol{z}_{i+1}, \cdots, \boldsymbol{z}_n)$ に沿った $\mathrm{span}(\boldsymbol{z}_1, \cdots, \boldsymbol{z}_i)$ への射影を Π_i とするとき，初期値に関する条件として，X_0 が

$$\dim \Pi_i(\mathrm{Im}(X_{0i})) = i \qquad (i = 1, \cdots, m) \tag{7.12}$$

を満たすと仮定することになる(この条件は，初期行列 X_0 と固有ベクトルが特殊な関係になければ満たされる；→問題7.6，7.7)．

各 i $(1 \leqq i \leqq m)$ に対して $\mathrm{Im}(X_{ki})$ が $\mathrm{span}(\boldsymbol{z}_1, \cdots, \boldsymbol{z}_i)$ に収束するのであるから，

$$A_k = X_k{}^{\mathsf{H}} A X_k = (a_{ij}^{(k)} \mid i, j = 1, \cdots, m)$$

が $\lambda_1, \lambda_2, \cdots, \lambda_m$ をこの順に対角要素にもつ上三角形に(形として)近づいてい

く．より正確には，$\lambda_0=\infty$, $\lambda_{n+1}=0$,

(7.13)
$$\rho_{ij}=\frac{|\lambda_i|}{|\lambda_j|}\quad(0\leqq j<i\leqq m),\quad \check{\rho}_i=\max(\rho_{i+1,i},\rho_{i,i-1})\quad(1\leqq i\leqq m)$$

として，次の定理が成り立つ．

定理 7.5　仮定(7.11)，(7.12)の下で，同時反復法は以下の収束性をもつ．

(1) $\lim_{k\to\infty} a_{ii}^{(k)}=\lambda_i$　（収束率 $\check{\rho}_i$ の 1 次収束）　$(1\leqq i\leqq m)$.

(2) $\lim_{k\to\infty} a_{ij}^{(k)}=0$　（収束率 ρ_{ij} の 1 次収束）　$(1\leqq j<i\leqq m)$.

(3) さらに，$A=USU^{\mathsf{H}}$ を A の Schur 分解(7.4)で，$S=(s_{ij})$ の対角要素が $s_{ii}=\lambda_i$ $(i=1,\cdots,m)$ を満たすもの[*8]とするとき，

$$\lim_{k\to\infty}|a_{ij}^{(k)}|=|s_{ij}|\quad\text{（収束率}\max(\check{\rho}_i,\check{\rho}_j)\text{ の 1 次収束）}\quad(1\leqq i<j\leqq m).$$

□

［証明］　$m=n$ の場合を考えればよい．仮定(7.11)より，A は n 個の 1 次独立な固有ベクトル $\boldsymbol{z}_1,\cdots,\boldsymbol{z}_n$ をもつので，$Z=[\boldsymbol{z}_1,\cdots,\boldsymbol{z}_n]$, $\Lambda=\mathrm{diag}\,(\lambda_1,\cdots,\lambda_n)$ とおくと $A=Z\Lambda Z^{-1}$ と書ける．Z を $Z=QR$ ($Q^{\mathsf{H}}Q=I_n$, R は上三角）と QR 分解すると，$A=Q(R\Lambda R^{-1})Q^{\mathsf{H}}$ は A の Schur 分解である．$X_0=ZC$ と展開するとき，条件(7.12)は，C のすべての首座小行列式が 0 でないことと同値(→問題 7.6)であり，したがって，定理 2.3 により，$C=LU$ (L は単位下三角 $(l_{ii}=1)$, U は上三角）と LU 分解できる．

これらの量を用いると，式(7.10)の最左辺は

$$A^kX_0=Z\Lambda^kZ^{-1}\cdot ZC=Q\cdot R\left(\Lambda^kL\Lambda^{-k}\right)R^{-1}\cdot R\Lambda^kU \tag{7.14}$$

と書き直せる．さらに

$$R\left(\Lambda^kL\Lambda^{-k}\right)R^{-1}=G_kP_k \tag{7.15}$$

と QR 分解する（ただし ${G_k}^{\mathsf{H}}G_k=I_n$, P_k は上三角で，G_k の対角要素の偏角

*8　このような Schur 分解は一意でないが，仮定(7.11)の下では，$|s_{ij}|$ $(1\leqq i<j\leqq m)$ は一意に定まる(→問題 7.5)．

は 0 となるようにしておく[*9]．これを式(7.14)に代入すると，

$$A^k X_0 = Q \cdot G_k P_k \cdot R \Lambda^k U$$

となり，この右辺を式(7.10)の最右辺と等置して計算すると，

$$P_k R \Lambda^k U {\Gamma_k}^{-1} = (Q G_k)^{\mathsf{H}} X_k$$

となる．左辺は上三角，右辺はユニタリだから，これは**ユニタリ対角行列**(すなわち，対角要素の絶対値が 1 の対角行列)である．これを D_k とおくと，$X_k = Q G_k D_k$ である．

式(7.15)において，行列 $\Lambda^k L \Lambda^{-k}$ は単位下三角行列でその (i,j) 要素$(i>j)$ は $l_{ij}(\lambda_i/\lambda_j)^k$ であるから，$\lim_{k\to\infty}\left(\Lambda^k L \Lambda^{-k}\right) = I_n$ となり $\lim_{k\to\infty} R\left(\Lambda^k L \Lambda^{-k}\right) R^{-1} = I_n$ となる．したがって，$\lim_{k\to\infty} G_k = I_n$ であり，

$$\lim_{k\to\infty} X_k {D_k}^{\mathsf{H}} = \lim_{k\to\infty} Q G_k = Q \tag{7.16}$$

が成り立つ．この式より

$$\lim_{k\to\infty} D_k A_k {D_k}^{\mathsf{H}} = \lim_{k\to\infty} D_k {X_k}^{\mathsf{H}} A X_k {D_k}^{\mathsf{H}} = Q^{\mathsf{H}} A Q = R \Lambda R^{-1} \tag{7.17}$$

である．ここで $R\Lambda R^{-1}$ が上三角，D_k がユニタリ対角であることに注意して

$$\lim_{k\to\infty} a_{ii}^{(k)} = \lambda_i, \quad \lim_{k\to\infty} a_{ij}^{(k)} = 0 \ \ (i>j), \quad \lim_{k\to\infty} |a_{ij}^{(k)}| = |s_{ij}| \ \ (i<j)$$

を得る．

(1), (2)の収束速度については，$X_k = Q G_k D_k = Q R\left(\Lambda^k L \Lambda^{-k}\right) R^{-1} {P_k}^{-1} D_k$ (式(7.15)参照)を $A_k = {X_k}^{\mathsf{H}} A X_k = {X_k}^{-1} A X_k$ に代入して得られる表式

$$A_k = \left({D_k}^{-1} P_k R\right)\left(\Lambda^k L^{-1} \Lambda L \Lambda^{-k}\right)\left(R^{-1} {P_k}^{-1} D_k\right) \tag{7.18}$$

を用いる．

$${D_k}^{-1} P_k R = \left(\alpha_{ij}^{(k)}\right), \quad \Lambda^k L^{-1} \Lambda L \Lambda^{-k} = \left(\beta_{ij}^{(k)}\right), \quad R^{-1} {P_k}^{-1} D_k = \left(\gamma_{ij}^{(k)}\right)$$

---

*9 このような QR 分解は一意に定まる．

とおき，$L^{-1}\Lambda L = (d_{ij})$ とするとき，次のことが成り立つ：

- $\alpha_{ij}^{(k)} = \gamma_{ij}^{(k)} = 0 \ (i > j)$;　$\alpha_{ij}^{(k)}, \gamma_{ij}^{(k)} \ (i \leqq j)$ は有界*10;　$\alpha_{ii}^{(k)}\gamma_{ii}^{(k)} = 1$;
- $\beta_{ij}^{(k)} = 0 \ (i < j)$;　$\beta_{ii}^{(k)} = \lambda_i$;　$\beta_{ij}^{(k)} = d_{ij}\left(\dfrac{\lambda_i}{\lambda_j}\right)^k \ (i > j)$.

これらの式と(7.18)より，

$$
\begin{aligned}
a_{ii}^{(k)} &= \sum_{l_1=i}^{n}\sum_{l_2=1}^{i} \alpha_{il_1}^{(k)}\beta_{l_1 l_2}^{(k)}\gamma_{l_2 i}^{(k)} \\
&= \alpha_{ii}^{(k)}\beta_{ii}^{(k)}\gamma_{ii}^{(k)} + \sum_{l_1 \geqq i \geqq l_2,\ (l_1,l_2)\neq(i,i)} \alpha_{il_1}^{(k)}\cdot d_{l_1 l_2}\left(\frac{\lambda_{l_1}}{\lambda_{l_2}}\right)^k \cdot\gamma_{l_2 i}^{(k)} \\
&= \lambda_i + \mathrm{O}\left({\rho_{i+1,i}}^k\right) + \mathrm{O}\left({\rho_{i,i-1}}^k\right), \\
a_{ij}^{(k)} &= \sum_{l_1=i}^{n}\sum_{l_2=1}^{j} \alpha_{il_1}^{(k)}\beta_{l_1 l_2}^{(k)}\gamma_{l_2 j}^{(k)} \\
&= \sum_{l_1=i}^{n}\sum_{l_2=1}^{j} \alpha_{il_1}^{(k)}\cdot d_{l_1 l_2}\left(\frac{\lambda_{l_1}}{\lambda_{l_2}}\right)^k \cdot\gamma_{l_2 j}^{(k)} \\
&= \mathrm{O}\left({\rho_{ij}}^k\right) \qquad\qquad (i > j).
\end{aligned}
$$

(3)の収束速度については[160]を参照せよ．■

定理 7.5 における条件(7.11)が満たされずに，$|\lambda_1| = |\lambda_2| = \cdots = |\lambda_{m_1}| > |\lambda_{m_1+1}| = \cdots = |\lambda_{m_1+m_2}| > |\lambda_{m_1+m_2+1}| = \cdots$ となっている場合でも，同様の議論によって，A_k が大きさ $m_1, m_2, \cdots$ の対角ブロックをもつブロック上三角形に(形として)近づいていくことを示すことができる．

小規模な問題なら $m = n$ とできるが，この場合の同時反復法の計算手順を精密化して次節の QR 法が導かれる．一方，大規模な問題で $m < n$ と選ぶ場合には，最後の仕上げとして，A_k の固有値を(QR 法などで)求めるのがよい(→第 7.6 節の Rayleigh–Ritz の技法を参照のこと)．

---

*10　$\lim_{k\to\infty} P_k = I_n$ による．

7.4 QR 法

小規模な問題に対する算法として現在最も普通に用いられている QR 法の原理を説明する．収束性に関しては，QR 法が n 次元の同時反復法に他ならないことが要点であり，計算量に関しては，Hessenberg 形，3 重対角形という中間形の役割が重要である．

同時反復法(第 7.3 節)において $A_k = X_k{}^{\mathsf{H}} A X_k$ が上三角形に近づいていくこと(定理 7.5)に着目して，$m = n$ の場合に，X_k の漸化式

$$AX_k = X_{k+1} R_k \tag{7.19}$$

を A_k の漸化式に書き直してみよう．

$$Q_k = X_k{}^{\mathsf{H}} X_{k+1} \tag{7.20}$$

とおくと，

$$A_{k+1} = X_{k+1}{}^{\mathsf{H}} A X_{k+1} = Q_k{}^{\mathsf{H}} A_k Q_k \tag{7.21}$$

と計算される．ここで，X_k と X_{k+1} がともにユニタリ行列だから Q_k もユニタリ行列であり，したがって，変換(7.21)によって固有値が不変に保たれる．さらに，(7.19)，(7.20)を用いると，

$$A_k = Q_k R_k, \qquad A_{k+1} = R_k Q_k \tag{7.22}$$

となるので，A_k から A_{k+1} を計算するには，A_k を QR 分解してから逆順に掛ければよい．初期値は $A_0 = A$ (すなわち $X_0 = I$)とする．この計算手順が **QR 法**である．

定理 7.5 に述べたように，仮定(7.11)，(7.12)が $m = n$，$X_0 = I$ に対して満たされれば，$A_k = X_k{}^{\mathsf{H}} A X_k$ は $\lambda_1, \lambda_2, \cdots, \lambda_n$ を対角要素にもつ上三角形に(形として)収束する．したがって，$A = X_k A_k X_k{}^{\mathsf{H}}$ は近似的に Schur 分解(7.4)を与えている．元の行列 A が Hermite 行列ならば，変換(7.21)によって Hermite 性は保たれるので，A_k は対角行列に収束する．いずれにしても，

QR 法は Schur 分解(7.4)を求めていることに相当する．

QR 法の収束速度は，同時反復法の収束速度(定理 7.5)と同じであり，A の固有値の比で決まっている．したがって，適切なシフトを用いれば収束が加速されるはずである．そこで，第 7.2.3 節と同様に考えて，各段毎に適当な複素数 s_k を定めて，式(7.19)を

$$(A - s_k I)X_k = X_{k+1}R_k \tag{7.23}$$

に置き換える．このとき，Q_k を(7.20)で定義すると，$A_k = {X_k}^{\mathsf{H}} A X_k$ は(7.21)を満たし，(7.22)は

$$A_k - s_k I = Q_k R_k, \qquad A_{k+1} = R_k Q_k + s_k I \tag{7.24}$$

のように修正される．これを**シフト付き QR 法**と呼ぶ．行列 A_k が上三角形に(形として)収束すれば，その対角要素が $\lambda_1, \lambda_2, \cdots, \lambda_n$ の近似値を与える．

シフト量 s_k の選び方はいろいろありうるが，通常は，λ_n の近似値である A_k の (n,n) 要素とする．s_k が λ_n に十分近ければ，A_k の (n,j) 要素の収束率は

$$\frac{|\lambda_n - s_k|}{|\lambda_1 - s_k|, \cdots, |\lambda_{n-1} - s_k| \text{ の } j \text{ 番目の大きさのもの}}$$

の程度になり，これらはほとんど 0 に等しい．したがって，非常に速く $a_{nj}^{(k)} \to 0$ $(j = 1, \cdots, n-1)$, $a_{nn}^{(k)} \to \lambda_n$ となることが期待される．

第 n 行の非対角要素 $a_{nj}^{(k)}$ $(j = 1, \cdots, n-1)$ が十分小さくなったならば，$a_{nn}^{(k)}$ を近似固有値として採用し，A_k の第 n 行，第 n 列を除く $n-1$ 次行列に対してシフト付き QR 法を続行する．この操作を**減次**と呼ぶ．

次に計算量に関する考察に移ろう．式(7.24)の計算は，一般の形の行列に対しては $\mathrm{O}(n^3)$ の手間がかかる．しかし，A_k が Hessenberg 形のときには，Q_k も Hessenberg 形であり，その結果，A_{k+1} も Hessenberg 形になり，しかも，この計算は $\mathrm{O}(n^2)$ の手間でできる(→問題 6.3)．したがって，与えられた行列を最初に Hessenberg 化しておけば，反復 1 段あたりの手間を $\mathrm{O}(n^2)$ に減らすことができる．このように，Hessenberg 形という中間形は計算量の観点から極めて重要である．さらに，Hessenberg 形のときには，行列 A_k の

更新(7.24)の具体的な計算にはいろいろな工夫が効果的に用いられる．例えば，シフトを陽に行わない**陰的シフト QR 法**などがある[14], [15].

行列 A が Hermite 行列のときには，様々な効率化を図ることができる．この際，まず A が 3 重対角 Hermite 行列 A_0 に変換(→第 6.3 節)されてから QR 法が適用される．ここで，A_0 は既約(副対角要素がすべて非零)としてよい．すると A_k $(k=1,2,\cdots)$ も既約な 3 重対角 Hermite 行列になり，QR 法の 1 段は $\mathrm{O}(n)$ の手間で実行できる．さらに，A_k の右下隅の 2 次行列 $\begin{bmatrix} a_{n-1,n-1}^{(k)} & a_{n-1,n}^{(k)} \\ a_{n,n-1}^{(k)} & a_{nn}^{(k)} \end{bmatrix}$ の固有値のうち (n,n) 要素 $a_{nn}^{(k)}$ に近いものをシフトに選ぶ(**Wilkinson シフト**と呼ばれる)ことにすれば，QR 法は必ず収束することが保証され(次の定理 7.6)，さらに，3 次以上の収束速度をもつことが経験則として知られている．

定理 7.6 既約な 3 重対角 Hermite 行列に対して，Wilkinson シフトを用いた QR 法は，次の意味の収束性をもつ．

(1) $\lim_{k\to\infty} a_{n-1,n}^{(k)} = 0.$

(2) ある i $(1 \leqq i \leqq n)$ に対して $\lim_{k\to\infty} a_{nn}^{(k)} = \lambda_i.$ □

[証明] 文献[141]の第 8.10 節を参照されたい． ■

注意 7.7 A が実行列のときには，QR 法の算法は実数演算だけで実行できる．ただし，A が複素共役固有値をもつ場合には，A_k が 2 次元ブロックをもつ準上三角形(→第 7.1 節)に収束する可能性がある．これは A の実 Schur 分解(7.5)を求めていることに対応する．

A_k が右下隅に 2 次元ブロックをもつ準上三角形に収束していく場合には，そのブロックの複素共役固有値 $\lambda, \overline{\lambda}$ の一方をシフト量 s_k に選ぶのが自然であるが，こうすると複素行列が現れてしまう．しかし，λ をシフトとする QR 法を 1 段実行してから引き続いて $\overline{\lambda}$ をシフトとして 1 段実行したとすれば，その結果は実行列となるので，この操作をまとめて実数の範囲内で行うことができる．とくに，A_k が Hessenberg 形のときに，これを実数の範囲内で高速で行う工夫があり，**ダブルシフト QR 法**と呼ばれている[14], [15].

7.5 LR 法

QR 法は行列の QR 分解に基づいているが，LU 分解に基づく固有値計算法もあり，LR 法と呼ばれている[148], [159].

7.5.1　LR 法(基本形)

まず，LU 分解に基づく次の形の n 次元の同時反復法(第 7.3 節)を考える.

LU 分解に基づく同時反復法

n 次単位下三角行列 X_0 をとる;

for $k := 0, 1, 2, \cdots$ **do**

　begin

　　$Y_{k+1} := AX_k$;　$Y_{k+1} = X_{k+1}R_k$ と LU 分解する

　end

ただし，Y_{k+1} の LU 分解が実行できることは仮定している.

上の算法で

$$A_k = {X_k}^{-1}AX_k = (a_{ij}^{(k)} \mid i, j = 1, \cdots, n)$$

とおくと，

$$A_k = L_kR_k \quad (\text{LU 分解}), \qquad A_{k+1} = R_kL_k \tag{7.25}$$

が導かれる．初期値は $A_0 = A$ (すなわち $X_0 = I$)とする．行列 A_k が(適当な仮定の下で)上三角行列に収束していくので，その対角要素から固有値の近似値が求められる．これが**LR 法**である．なお，(7.25)においても，LU 分解が実行できることを仮定している.

LR 法の収束性を示そう．行列 A は正則であって，固有値の絶対値はすべて異なるという条件：

$$|\lambda_1| > |\lambda_2| > \cdots > |\lambda_n| > 0 \tag{7.26}$$

を仮定する．このとき，対応する固有ベクトル $\boldsymbol{z}_1, \cdots, \boldsymbol{z}_n$ は 1 次独立であるから，これを並べた行列 $Z = [\boldsymbol{z}_1, \cdots, \boldsymbol{z}_n]$ は正則である．また，$\boldsymbol{e}_i$ を第 i 単位ベクトル $(i = 1, \cdots, n)$ とし，$\mathrm{span}(\boldsymbol{e}_{i+1}, \cdots, \boldsymbol{e}_n)$ に沿った $\mathrm{span}(\boldsymbol{e}_1, \cdots, \boldsymbol{e}_i)$ への射

影を Π_i'，$\mathrm{span}(\boldsymbol{e}_1, \cdots, \boldsymbol{e}_i)$ に沿った $\mathrm{span}(\boldsymbol{e}_{i+1}, \cdots, \boldsymbol{e}_n)$ への射影を Π_i'' として，A の固有ベクトルが特殊な方向にないという条件

(7.27) $\dim \Pi_i' \, \mathrm{span}(\boldsymbol{z}_1, \cdots, \boldsymbol{z}_i) = i \qquad (i = 1, \cdots, n),$

(7.28) $\dim \Pi_i'' \, \mathrm{span}(\boldsymbol{z}_{i+1}, \cdots, \boldsymbol{z}_n) = n - i \qquad (i = 0, 1, \cdots, n-1)$

を考える*11．条件(7.27)は Z が LU 分解できることと同値であり，条件(7.28)は Z^{-1} が LU 分解できることと同値である(→問題 7.6)．

定理 7.8 条件(7.26)，(7.27)，(7.28)の下で，LR 法(7.25)が実行できるならば，以下の収束性をもつ．

(1) $\lim_{k\to\infty} a_{ii}^{(k)} = \lambda_i$ （収束率 $\check{\rho}_i$ の 1 次収束） $(1 \leqq i \leqq n)$.

(2) $\lim_{k\to\infty} a_{ij}^{(k)} = 0$ （収束率 ρ_{ij} の 1 次収束） $(1 \leqq j < i \leqq n)$.

ただし，ρ_{ij}, $\check{\rho}_i$ は(7.13)で定義したものである． □

［証明］ $\Lambda = \mathrm{diag}\,(\lambda_1, \cdots, \lambda_n)$ とおいて $A = Z\Lambda Z^{-1}$ と書くとき，条件(7.27)，(7.28)より $Z = MR$, $Z^{-1} = LU$ と LU 分解できる(M, L は単位下三角行列，R, U は上三角行列)．これより

(7.29) $$A^k = M \cdot R\left(\Lambda^k L \Lambda^{-k}\right) U^{-1} \cdot U \Lambda^k U$$

である．中央の行列 $\Lambda^k L \Lambda^{-k}$ は単位下三角行列で，その (i,j) 要素$(i > j)$は $l_{ij}(\lambda_i/\lambda_j)^k$ であるから，$\lim_{k\to\infty}\left(\Lambda^k L \Lambda^{-k}\right) = I$ であり，

$$\lim_{k\to\infty} R\left(\Lambda^k L \Lambda^{-k}\right) U^{-1} = RU^{-1} \qquad (\text{上三角})$$

が成り立つ．したがって，十分大きな k に対して，LU 分解

(7.30) $$R\left(\Lambda^k L \Lambda^{-k}\right) U^{-1} = G_k P_k \quad (G_k\text{: 単位下三角}, P_k\text{: 上三角})$$

が可能であり，$\lim_{k\to\infty} G_k = I$ となる．式(7.29)に(7.30)を代入すると，$A^k = MG_kP_kU\Lambda^kU$ となる．一方，LR 法の算法(7.25)より

$$A^k = X_k \cdot (R_{k-1} \cdots R_1 R_0) = X_k \Gamma_k$$

*11 式(7.28)は式(7.12)で $X_0 = I$ としたものと等価である．

(ただし $\Gamma_k = R_{k-1} \cdots R_1 R_0$)となる．したがって，

$$P_k U \Lambda^k U \Gamma_k{}^{-1} = G_k{}^{-1} M^{-1} X_k$$

となるが，この左辺は上三角，右辺は単位下三角だから，これは単位行列である．ゆえに $X_k = MG_k$ である．したがって，$\lim_{k\to\infty} X_k = M \lim_{k\to\infty} G_k = M$ となり，

$$\lim_{k\to\infty} A_k = \lim_{k\to\infty} X_k{}^{-1} A X_k = M^{-1} A M = R \Lambda R^{-1}. \tag{7.31}$$

収束速度については，

$$X_k = MG_k = MR\left(\Lambda^k L \Lambda^{-k}\right) U^{-1} P_k{}^{-1}$$

(式(7.30)参照)より

$$A_k = X_k{}^{-1} A X_k = (P_k U)\left(\Lambda^k L^{-1} \Lambda L \Lambda^{-k}\right)\left(U^{-1} P_k{}^{-1}\right)$$

と書けることに注意すれば，定理 7.5 の証明の式(7.18)以降と同じである．■

LR 法においては，式(7.31)のように，A_k の各要素の値が通常の意味で収束する．このことは，QR 法における収束が上三角行列への形としての収束であって，右上非対角要素は収束するとは限らないことと対照的である．

LR 法の収束速度は A の固有値の比で決まっているので，適切なシフトを用いれば収束が加速されるはずである．そこで，QR 法のときと同様に考えて，各段毎に適当な複素数 s_k を定めて，式(7.25)を

$$A_k - s_k I = L_k R_k \quad (\text{LU 分解}), \qquad A_{k+1} = R_k L_k + s_k I \tag{7.32}$$

に置き換える．このとき，A_k が上三角形に収束すれば，その対角要素が A の固有値の近似値を与える．あるいは，シフトを足し戻さないで

$$A_k - s_k I = L_k R_k \quad (\text{LU 分解}), \qquad A_{k+1} = R_k L_k \tag{7.33}$$

とすることも可能である．このときには，A_k の対角要素にシフト量の総和 $\sum_k s_k$ を加えたものが，A の固有値の近似値を与える．

LR 法の各反復における計算量を考慮して，通常，最初に 3 重対角形に変換しておく(算法は注意 7.9)．A_0 が 3 重対角行列ならば，すべての k に対して，L_k と R_k は 2 重対角行列，A_k は 3 重対角行列となるので，反復 1 段あたりの計算量は $O(n)$ となる．

注意 7.9 LR 法の前処理としての 3 重対角化は，掃き出し演算に基づく相似変換によるのが普通であり，以下のように実行する[14]．まず，$a_{21} \neq 0$ となるように A の行と列を同時に並べ換えてから，第 2 行の $m_3 = a_{31}/a_{21}$ 倍を第 3 行から引き去り，その結果の第 3 列の m_3 倍を第 2 列に加える．これは $(3,1)$ 要素を 0 にする相似変換である．以下，同様に第 2 行を用いて $(4,1)$, $(5,1)$, …, $(n,1)$ 要素を 0 にする．さらに，その結果の第 3 行を用いて $(4,2)$, $(5,2)$, …, $(n,2)$ 要素を 0 にすることができ，このとき第 1 列は不変である．これを続ければ A の相似変換による Hessenberg 化が得られる．ここで第 i 行を用いて $(i+1,i-1)$, …, $(n,i-1)$ 要素を 0 にする段階で，$(i,i-1)$ 要素の絶対値が小さくならないように行と列を同時に入れ換えておくとよい．このようにして計算される Hessenberg 形 $\hat{A}$ は，置換行列 P と単位下三角行列 L を用いて $\hat{A} = L^{-1}PAP^{-1}L$ と表される．演算量は，乗除算，加減算とも $(5/6)n^3$ 回程度となり，Householder 変換や Givens 変換によるものに比べて少ない．さらに，Hessenberg 形 $\hat{A}$ の転置行列に対して軸選択をせずに上と同様の演算を適用することができれば，A を 3 重対角化することができる．

7.5.2 Cholesky LR 法

LR 法は LU 分解に基づく同時反復法から導出されたが，正定値の Hermite 行列 A に対しては，LU 分解の代わりに Cholesky 分解[*12]を用いるのが自然である．これを **Cholesky LR 法**という．ここで，式(7.33)の形のシフトを組み込むと，シフト量 s_k を $A_k - s_k I$ が正定値になるように選べば，行列 A が正定値でない場合に適用できるようになる．

具体的には，次の算法となる．ここで A は(正定値とは限らない) Hermite 行列とする．

*12 第 2.2.3 節で実行列の Cholesky 分解を説明したが，複素行列に対しては転置を共役転置に置き換えた $A = CC^{\mathrm{H}}$ (C は下三角行列)を **Cholesky** 分解と呼ぶ．A が正定値 Hermite 行列のとき，C の対角要素が正の実数であるようなものが一意に存在する．

Cholesky LR 法(シフト付き)

$A_0 := A;\ \ t_{-1} := 0;$

for $k := 0, 1, 2, \cdots$ **do**

begin

シフト量 s_k の設定($A_k - s_k I$ が正定値になるようにする);

$A_k - s_k I = {R_k}^{\mathsf{H}} R_k$ と Cholesky 分解する(R_k の対角要素は正);

$A_{k+1} := R_k {R_k}^{\mathsf{H}};\quad t_k := t_{k-1} + s_k$

end

行列 R_k は上三角行列であり，変数 t_k は累積シフト量を表す：

$$t_k = s_0 + s_1 + \cdots + s_k \qquad (k = 0, 1, \cdots). \tag{7.34}$$

上の算法より

$$A_{k+1} = R_k(A_k - s_k I){R_k}^{-1} \qquad (k = 0, 1, \cdots)$$

となるので，$\Gamma_k = R_{k-1}R_{k-2}\cdots R_0$ とおけば

$$A_k = \Gamma_k(A - t_{k-1}I){\Gamma_k}^{-1} \qquad (k = 0, 1, \cdots) \tag{7.35}$$

が成り立つ(ただし $\Gamma_0 = I$)．累積シフト量 t_{k-1} を A_k に足し込んだ行列 $A_k + t_{k-1}I$ が(適当な仮定の下で)対角行列に収束していくので，その対角要素から固有値の近似値が求められる．なお，上三角行列 R_k は，漸化式

$${R_{k+1}}^{\mathsf{H}} R_{k+1} = R_k {R_k}^{\mathsf{H}} - s_{k+1} I \qquad (k = 0, 1, \cdots) \tag{7.36}$$

を満たす．

シフト量 s_k は，$A_k - s_k I$ が正定値になるように選ぶことにしたが，この条件は，t_k が A の最小固有値より小さいことと同値である．通常は，$t_0 \leqq t_1 \leqq \cdots$ となるように，$s_k \geqq 0\ (k \geqq 1)$ とする．与えられた A が正定値の場合には $s_0 = t_0 = 0$ とすることができる．

一般の Hermite 行列に対する収束性

以下，シフト付き Cholesky LR 法の収束性を示そう．与えられた Hermite 行列 A の固有値(実数)は相異なると仮定して

$$\lambda_1 > \lambda_2 > \cdots > \lambda_n \tag{7.37}$$

とおき，$\Lambda = \mathrm{diag}\,(\lambda_1, \cdots, \lambda_n)$ とする．また，対応する固有ベクトルを $\boldsymbol{z}_1, \cdots, \boldsymbol{z}_n$ (ただし，$\boldsymbol{z}_i{}^{\mathsf{H}}\boldsymbol{z}_i = 1$) とする．このとき，行列 $Z = [\boldsymbol{z}_1, \cdots, \boldsymbol{z}_n]$ はユニタリ行列である．シフトについては，ある τ が存在して

$$-\tau < t_k < \lambda_n \qquad (k = 0, 1, \cdots) \tag{7.38}$$

が成り立つことを仮定する．

次の定理は，シフト付き Cholesky LR 法の収束性を示している．

定理 7.10 Hermite 行列 A に対する Cholesky LR 法において，条件(7.27)，(7.37)，(7.38)が成り立てば，

$$\lim_{k\to\infty} (A_k + t_{k-1}I) = \Lambda \tag{7.39}$$

となる． □

定理の証明のため，まず，補題を準備する．

補題 7.11 $k \geqq 1$ に対して

$$\Gamma_k{}^{\mathsf{H}}\Gamma_k = (A - t_0 I)(A - t_1 I) \cdots (A - t_{k-1} I). \tag{7.40}$$

□

［証明］ 式(7.35)を用いて計算すると

$$\begin{aligned} R_{k-1}{}^{\mathsf{H}} R_{k-1} &= A_{k-1} - s_{k-1} I \\ &= \Gamma_{k-1}(A - t_{k-2}I)\Gamma_{k-1}{}^{-1} - s_{k-1}I \\ &= \Gamma_{k-1}(A - t_{k-1}I)\Gamma_{k-1}{}^{-1}. \end{aligned}$$

この式と $R_{k-1} = \Gamma_k \Gamma_{k-1}{}^{-1}$ より

$$(\Gamma_{k-1}{}^{\mathsf{H}}\Gamma_{k-1})^{-1}(\Gamma_k{}^{\mathsf{H}}\Gamma_k) = A - t_{k-1}I$$

となる．これより式(7.40)が導かれる．■

定理 7.10 の証明に入ろう．$A=Z\Lambda Z^{\mathsf{H}}$ を用いて式(7.40)を書き直すと，$\Gamma_k{}^{\mathsf{H}}\Gamma_k=Z\Lambda_k Z^{\mathsf{H}}$ となる．ただし，

$$\Lambda_k=(\Lambda-t_0I)(\Lambda-t_1I)\cdots(\Lambda-t_{k-1}I)$$

とおいた．条件(7.27)より，$Z=LU$ と LU 分解できる(L は下三角行列，U は単位上三角行列)．ここで $U_k={\Lambda_k}^{-1/2}U{\Lambda_k}^{1/2}$ とおき，さらに，$U_kU_k{}^{\mathsf{H}}=C_kC_k{}^{\mathsf{H}}$ と Cholesky 分解する(C_k は対角要素が正の下三角行列)．このとき，

$$\lim_{k\to\infty}U_k=\lim_{k\to\infty}C_k=I \tag{7.41}$$

が成り立つ(最後に示す)．

式(7.40)は，以下のように書き直すことができる：

$$\begin{aligned}\Gamma_k{}^{\mathsf{H}}\Gamma_k&=Z\Lambda_kZ^{\mathsf{H}}\\&=LU\Lambda_kU^{\mathsf{H}}L^{\mathsf{H}}\\&=L{\Lambda_k}^{1/2}U_kU_k{}^{\mathsf{H}}{\Lambda_k}^{1/2}L^{\mathsf{H}}\\&=L{\Lambda_k}^{1/2}C_kC_k{}^{\mathsf{H}}{\Lambda_k}^{1/2}L^{\mathsf{H}}\\&=(L{\Lambda_k}^{1/2}C_k)(L{\Lambda_k}^{1/2}C_k)^{\mathsf{H}}.\end{aligned}$$

ここで $\Gamma_k{}^{\mathsf{H}}$ と $L{\Lambda_k}^{1/2}C_k$ はともに対角要素が正の下三角行列であるから，Cholesky 分解の一意性により，$\Gamma_k{}^{\mathsf{H}}=L{\Lambda_k}^{1/2}C_k$ が成り立つ．したがって，式(7.35)より

$$\begin{aligned}A_k+t_{k-1}I&=\Gamma_kA\Gamma_k{}^{-1}\\&=C_k{}^{\mathsf{H}}{\Lambda_k}^{1/2}L^{\mathsf{H}}(Z\Lambda Z^{\mathsf{H}})L^{-\mathsf{H}}{\Lambda_k}^{-1/2}C_k{}^{-\mathsf{H}}\\&=C_k{}^{\mathsf{H}}{\Lambda_k}^{1/2}U^{-\mathsf{H}}\Lambda U^{\mathsf{H}}{\Lambda_k}^{-1/2}C_k{}^{-\mathsf{H}}\\&=C_k{}^{\mathsf{H}}U_k{}^{-\mathsf{H}}\Lambda U_k{}^{\mathsf{H}}C_k{}^{-\mathsf{H}}\end{aligned}$$

となる[*13]．ここで $k\to\infty$ とすると，式(7.41)により式(7.39)が導かれる．

最後に式(7.41)を示そう．U の (i,j) 要素を u_{ij} とするとき，U_k の (i,j) 要素 $u_{ij}^{(k)}$ は

$$u_{ij}^{(k)} = u_{ij} \times \sqrt{\frac{(\lambda_j - t_0)(\lambda_j - t_1)\cdots(\lambda_j - t_{k-1})}{(\lambda_i - t_0)(\lambda_i - t_1)\cdots(\lambda_i - t_{k-1})}}$$

で与えられる．$u_{ii}^{(k)}=1\ (i=1,\cdots,n)$, $u_{ij}^{(k)}=0\ (i>j)$ である．以下，$i<j$ とする．仮定(7.37)より，ある $\varepsilon>0$ に対して $\lambda_i > \lambda_j + \varepsilon$ となる．これと仮定(7.38)より

$$\frac{(\lambda_j - t_0)(\lambda_j - t_1)\cdots(\lambda_j - t_{k-1})}{(\lambda_i - t_0)(\lambda_i - t_1)\cdots(\lambda_i - t_{k-1})} \leqq \left(\frac{\lambda_j + \tau}{\lambda_j + \varepsilon + \tau}\right)^k$$

となるので，$\lim_{k\to\infty} u_{ij}^{(k)} = 0$ である．したがって，$\lim_{k\to\infty} U_k = I$ であり，これより $\lim_{k\to\infty} C_k = I$ も分かる．

以上で，定理 7.10 が証明された．

3 重対角行列に対する収束性

3 重対角行列の場合には，シフト付きの Cholesky LR 法の収束は保証される．明らかに，既約(副対角要素がすべて非零；第 1.2 節参照)の場合を考えれば十分である．

定理 7.12　既約 3 重対角 Hermite 行列 A に対して，条件(7.38)を満たすシフトを用いた Cholesky LR 法は，式(7.39)の意味で収束する．□

［証明］　定理 7.10 を適用する．条件(7.27)，(7.37)は，問題 7.8 と次の補題 7.13 により成り立つ．■

補題 7.13　既約 3 重対角行列 A の固有値はすべて異なる．□

［証明］　任意の複素数 λ に対して，$A-\lambda I$ の第 1 行，第 n 列を除いた $n-1$ 次小行列は，上三角行列で対角要素が非零であるから正則である．したがって，$\operatorname{rank}(A-\lambda I) \geqq n-1$．これは固有値が単根であることを示す．■

---

*13　$(\cdot)^{-\mathrm{H}}$ は共役転置の逆行列 $((\cdot)^{\mathrm{H}})^{-1}$ (= 逆行列の共役転置 $((\cdot)^{-1})^{\mathrm{H}}$) を表す．

7.6　Rayleigh-Ritz の技法

絶対値の大きい方の固有値に対応する不変部分空間の近似空間が同時反復法によって求められることを第 7.3 節で説明した．本節で述べる Rayleigh-Ritz の技法は，一般に，ある次元の不変部分空間 E の近似空間 F が与えられたときに，E に対応する固有値と固有ベクトルの近似値を求める手法である．問題が大規模で QR 法が使えないような状況では，何らかの方法で低次元の近似空間 F を作って，Rayleigh-Ritz の技法で固有ベクトルを抽出するというのが一つの定石である．

ある m 次元不変部分空間 E が m 本の固有ベクトル $\boldsymbol{z}_{i_1},\cdots,\boldsymbol{z}_{i_m}$ で張られるとすると，

$$Z_m = [\boldsymbol{z}_{i_1},\cdots,\boldsymbol{z}_{i_m}], \qquad \Lambda_m = \mathrm{diag}\,(\lambda_{i_1},\cdots,\lambda_{i_m})$$

として $AZ_m = Z_m\Lambda_m$ である．E の任意の正規直交基底 $\boldsymbol{u}_1,\cdots,\boldsymbol{u}_m$ をとって $U = [\boldsymbol{u}_1,\cdots,\boldsymbol{u}_m]$ とおくと，Z_m はある m 次行列 Y によって $Z_m = UY$ と書けるので，これを $AZ_m = Z_m\Lambda_m$ に代入して $U^{\mathsf{H}}U = I_m$ を用いると，

$$(U^{\mathsf{H}}AU)Y = Y\Lambda_m$$

を得る．これは，m 次行列 $U^{\mathsf{H}}AU$ に対する固有値問題の形であり，小さな行列 $U^{\mathsf{H}}AU$ の固有値を求めれば元の行列 A の固有値(の一部)が分かることを示している．固有ベクトルについては，Y の第 j 列ベクトルを $\boldsymbol{y}_j$ とすると，$\boldsymbol{z}_{i_j} = U\boldsymbol{y}_j$ である．

実際には，不変部分空間 E は未知であるから，その近似となる部分空間 F を適当に選ぶことになる．F の正規直交基底 $\boldsymbol{v}_1,\cdots,\boldsymbol{v}_m$ を並べた行列 $V = [\boldsymbol{v}_1,\cdots,\boldsymbol{v}_m]$ を考え，m 次行列 $V^{\mathsf{H}}AV$ の固有値問題

$$(V^{\mathsf{H}}AV)\boldsymbol{y} = \theta\boldsymbol{y} \tag{7.42}$$

を何らかの算法(例えば QR 法)によって数値的に解き，θ を A の固有値の近似，$\boldsymbol{z} = V\boldsymbol{y}$ を A の固有ベクトルの近似として用いる．これを **Rayleigh-**

Ritz の技法と呼び，近似固有値 θ を **Ritz 値**，近似固有ベクトル $\boldsymbol{z}$ を **Ritz ベクトル**という．ベクトル $\boldsymbol{y}$ を単位長さ($\|\boldsymbol{y}\|=1$)に選んでおけば，Ritz ベクトル $\boldsymbol{z}$ も単位長さのベクトル($\|\boldsymbol{z}\|=1$)であり，Ritz 値 θ との間に

$$\boldsymbol{z}^{\mathsf{H}}A\boldsymbol{z}=y^{\mathsf{H}}V^{\mathsf{H}}AV\boldsymbol{y}=\theta\boldsymbol{y}^{\mathsf{H}}\boldsymbol{y}=\theta \tag{7.43}$$

という関係が成り立つ．

通常は，残差 $\boldsymbol{r}=A\boldsymbol{z}-\theta\boldsymbol{z}$ が十分小さいときに $(\boldsymbol{z},\theta)$ を近似値として採用し，残差が大きいときには部分空間 F を何らかの方法で拡大する(第 7.7.1 節の Arnoldi 法，第 7.7.2 節の Lanczos 法，第 7.8 節の Jacobi-Davidson 法など)．Rayleigh-Ritz の技法は，残差 $\boldsymbol{r}$ の F への直交射影が $\mathbf{0}$ になるような θ と $\boldsymbol{z}\in F$ を求めていることになるので，**射影法**と呼ばれることもある．

同時反復法においても Rayleigh-Ritz の技法を利用することができる．m 次元の同時反復法においては固有値 λ_i $(i\leqq m)$ に対する近似値の収束率は $\check{\rho}_i=\max(|\lambda_{i+1}/\lambda_i|,|\lambda_i/\lambda_{i-1}|)$ である(→定理 7.5)が，同時反復法の各段において Rayleigh-Ritz の技法を適用すると，その収束率は $|\lambda_{m+1}/\lambda_i|$ に改善する([138]，第 6.2 節参照)．実際には，各段で Rayleigh-Ritz の技法を適用するのではなく，求めたい固有値の個数よりも m を大きく選んで同時反復をおこない，最後に Rayleigh-Ritz の技法で仕上げをするのが普通である．

次の例は，$\check{\rho}_i=1$ となって同時反復法は収束しないが，Rayleigh-Ritz の技法と組み合わせることにより固有値を求められる場合を示している．

例 7.14 実行列の優越固有値が複素数のときには $|\lambda_1|=|\lambda_2|$ となり，べき乗法の近似固有ベクトル $\boldsymbol{x}_k=A^k\boldsymbol{x}_0/\|A^k\boldsymbol{x}_0\|$ は回転しながら $E=\mathrm{span}(\boldsymbol{z}_1,\boldsymbol{z}_2)$ に近づいていくことを例 7.4 で見た．

このことに着目して，例 7.4 における $F=\mathrm{span}(\boldsymbol{x}_6,\boldsymbol{x}_7)$ に Rayleigh-Ritz の技法を適用して，$\lambda_1=\overline{\lambda_2}$ を求めてみよう．

$$\boldsymbol{x}_6=\begin{bmatrix}-0.70710299\\-0.70710299\\3.27362496\times10^{-3}\end{bmatrix},\qquad \boldsymbol{x}_7=\begin{bmatrix}0.83204960\\-0.55469973\\1.28402717\times10^{-3}\end{bmatrix}$$

から Gram-Schmidt の直交化(→第 6.2.1 節)によって F の正規直交基底を作

ると

$$V = \begin{bmatrix} \boldsymbol{v}_1 & \boldsymbol{v}_2 \end{bmatrix} = \begin{bmatrix} -0.70710299 & 0.7071099 \\ -0.70710299 & -0.7071008 \\ 3.27362496 \times 10^{-3} & 1.9641606 \times 10^{-3} \end{bmatrix}$$

となる．

$$V^{\mathsf{H}} A V = \begin{bmatrix} -0.49998392 & -2.4999721 \\ 2.49999142 & 0.5000019 \end{bmatrix}$$

の固有値を計算すると，$\theta = 9.00 \times 10^{-6} \ + \ \mathrm{i}\ \underline{2.4494}725$ が求められる．これは $\lambda_1 = \overline{\lambda_2} = \sqrt{6}\ \mathrm{i} = \mathrm{i}\ \underline{2.4494}897\cdots$ の十分良い近似値となっている．　□

行列 A が Hermite 行列の場合には，Rayleigh–Ritz の技法による近似固有値(Ritz 値)と真の固有値の間に次の定理 7.15 のような大小関係がある．

定理 7.15　n 次 Hermite 行列 A の固有値を $\lambda_1 \geqq \lambda_2 \geqq \cdots \geqq \lambda_n$ とし，m 次元部分空間 F から計算される Ritz 値を $\theta_1^{(m)} \geqq \theta_2^{(m)} \geqq \cdots \geqq \theta_m^{(m)}$ とすると，

$$\theta_r^{(m)} \leqq \lambda_r, \quad \theta_{m-r+1}^{(m)} \geqq \lambda_{n-r+1} \qquad (r = 1, 2, \cdots, m). \qquad \square$$

［証明］　F の正規直交基底を並べた行列を V とすると，下の補題により，

$$\begin{aligned} \theta_r^{(m)} &= \max_{\dim S'=r,\, S' \subseteq \mathbb{C}^m} \ \min_{\boldsymbol{y} \in S' \setminus \{\boldsymbol{0}\}} \frac{\boldsymbol{y}^{\mathsf{H}} V^{\mathsf{H}} A V \boldsymbol{y}}{\boldsymbol{y}^{\mathsf{H}} \boldsymbol{y}} \\ &= \max_{\dim S=r,\, S \subseteq F} \ \min_{\boldsymbol{x} \in S \setminus \{\boldsymbol{0}\}} \frac{\boldsymbol{x}^{\mathsf{H}} A \boldsymbol{x}}{\boldsymbol{x}^{\mathsf{H}} \boldsymbol{x}} \\ &\leqq \max_{\dim S=r} \ \min_{\boldsymbol{x} \in S \setminus \{\boldsymbol{0}\}} \frac{\boldsymbol{x}^{\mathsf{H}} A \boldsymbol{x}}{\boldsymbol{x}^{\mathsf{H}} \boldsymbol{x}} = \lambda_r. \end{aligned}$$

第 2 の不等式は，第 1 の不等式を $-A$ に適用する．　■

補題 7.16(**Courant–Fischer の最大・最小定理**)　n 次 Hermite 行列 A の固有値を $\lambda_1 \geqq \lambda_2 \geqq \cdots \geqq \lambda_n$ とする(すなわち，大きい方から r 番目の固有値を λ_r とする)とき，

(7.44)
$$\lambda_r = \max_{S:\dim S=r} \min_{\boldsymbol{x}\in S\setminus\{\boldsymbol{0}\}} \frac{\boldsymbol{x}^{\mathsf{H}}A\boldsymbol{x}}{\boldsymbol{x}^{\mathsf{H}}\boldsymbol{x}} = \min_{S:\dim S=n-r+1} \max_{\boldsymbol{x}\in S\setminus\{\boldsymbol{0}\}} \frac{\boldsymbol{x}^{\mathsf{H}}A\boldsymbol{x}}{\boldsymbol{x}^{\mathsf{H}}\boldsymbol{x}}$$

が成り立つ．ただし，$S(\subseteq \mathbb{C}^n)$はそれぞれ指定された次元の任意の部分空間を動く．　□

［証明］ 式(7.44)の第1の等式を示そう．$\lambda_1, \cdots, \lambda_n$ に対応する固有ベクトル $\boldsymbol{z}_1, \cdots, \boldsymbol{z}_n$ を正規直交系になるようにとり，$\{\boldsymbol{z}_1, \boldsymbol{z}_2, \cdots, \boldsymbol{z}_r\}$ の張る部分空間を U_r，$\{\boldsymbol{z}_r, \boldsymbol{z}_{r+1}, \cdots, \boldsymbol{z}_n\}$ の張る部分空間を V_r とする．$\rho(\boldsymbol{x}) = \boldsymbol{x}^{\mathsf{H}}A\boldsymbol{x}/\boldsymbol{x}^{\mathsf{H}}\boldsymbol{x}$ とおくと，$\boldsymbol{x} = c_1\boldsymbol{z}_1 + \cdots + c_n\boldsymbol{z}_n$ のとき

$$\rho(\boldsymbol{x}) = \frac{\sum_{i=1}^{n} \lambda_i {c_i}^2}{\sum_{i=1}^{n} {c_i}^2}$$

である．

まず，$\rho(\boldsymbol{z}_r) = \lambda_r$ である．また，任意の $\boldsymbol{x} \in U_r$ に対して $c_{r+1} = \cdots = c_n = 0$ より $\rho(\boldsymbol{x}) \geqq \lambda_r$ であるから，$S = U_r$ に対して $\min_{\boldsymbol{x}\in S\setminus\{\boldsymbol{0}\}} \rho(\boldsymbol{x}) = \lambda_r$ が成り立つ．したがって

(7.45)
$$\max_{S:\dim S=r} \min_{\boldsymbol{x}\in S\setminus\{\boldsymbol{0}\}} \rho(\boldsymbol{x}) \geqq \lambda_r$$

が成り立つ．一方，$\dim S = r$ を満たす任意の S に対して $S \cap V_r$ は非零ベクトルを含み，任意の $\boldsymbol{x} \in S \cap V_r$ に対して $c_1 = \cdots = c_{r-1} = 0$ より $\rho(\boldsymbol{x}) \leqq \lambda_r$ であるから

$$\min_{\boldsymbol{x}\in S\setminus\{\boldsymbol{0}\}} \rho(\boldsymbol{x}) \leqq \min_{\boldsymbol{x}\in (S\cap V_r)\setminus\{\boldsymbol{0}\}} \rho(\boldsymbol{x}) \leqq \lambda_r$$

が成り立つ．したがって

(7.46)
$$\max_{S:\dim S=r} \min_{\boldsymbol{x}\in S\setminus\{\boldsymbol{0}\}} \rho(\boldsymbol{x}) \leqq \lambda_r$$

である．式(7.45)と式(7.46)から式(7.44)の第1の等式が示される．

式(7.44)の第2の等式は，行列 $-A$ の大きい方から $n-r+1$ 番目の固有

値が $-\lambda_r$ に等しいことに着目して第1の等式を適用すると

$$-\lambda_r = \max_{S:\dim S=n-r+1} \min_{\boldsymbol{x}\in S\setminus\{\boldsymbol{0}\}} \frac{\boldsymbol{x}^{\mathsf{H}}(-A)\boldsymbol{x}}{\boldsymbol{x}^{\mathsf{H}}\boldsymbol{x}} = -\min_{S:\dim S=n-r+1} \max_{\boldsymbol{x}\in S\setminus\{\boldsymbol{0}\}} \frac{\boldsymbol{x}^{\mathsf{H}}A\boldsymbol{x}}{\boldsymbol{x}^{\mathsf{H}}\boldsymbol{x}}$$

となることから導かれる． ■

7.7　Arnoldi 法と Lanczos 法

行列 A によって $\boldsymbol{x}_0$ から生成される Krylov 列 $\boldsymbol{x}_0, A\boldsymbol{x}_0, A^2\boldsymbol{x}_0, A^3\boldsymbol{x}_0, \cdots$ の収束先として固有ベクトルを得ようとするのがべき乗法(第 7.2 節)である．本節では，Krylov 列の張る部分空間を用いて固有ベクトルを近似する方法を述べる．

7.7.1　Arnoldi 法

適当なベクトル $\boldsymbol{x}_0$ から定まる **Krylov 部分空間**[*14]

$$\mathcal{K}_m(A, \boldsymbol{x}_0) = \mathrm{span}(\boldsymbol{x}_0, A\boldsymbol{x}_0, A^2\boldsymbol{x}_0, \cdots, A^{m-1}\boldsymbol{x}_0) \tag{7.47}$$

に Rayleigh-Ritz の技法(第 7.6 節)を適用すれば固有ベクトルの近似が求められるが，その際に必要となる正規直交基底 $\boldsymbol{v}_0, \boldsymbol{v}_1, \cdots, \boldsymbol{v}_{m-1}$ を，

$$\boldsymbol{x}_0, A\boldsymbol{x}_0, A^2\boldsymbol{x}_0, \cdots, A^{m-1}\boldsymbol{x}_0 \tag{7.48}$$

から Gram-Schmidt の直交化によって作ることにする．このとき，

$$A\boldsymbol{v}_k \in \mathrm{span}(\boldsymbol{v}_0, \cdots, \boldsymbol{v}_k, \boldsymbol{v}_{k+1}) \qquad (k = 0, 1, \cdots, m-2) \tag{7.49}$$

が成り立つので，$V_m = [\boldsymbol{v}_0, \boldsymbol{v}_1, \cdots, \boldsymbol{v}_{m-1}]$ とおけば，

$$H_m = {V_m}^{\mathsf{H}} A V_m \tag{7.50}$$

は Hessenberg 形の m 次正方行列になる．この行列の固有値を(QR 法などに

*14　第 4 章では実数体上の Krylov 部分空間を考えていたが，ここでは複素数体上の部分空間を考える．

よって)求めて A の固有値とする方法を **Arnoldi 法**と呼ぶ．H_m の固有ベクトルを $\boldsymbol{y}$ とするとき，A の固有ベクトルは $V_m\boldsymbol{y}$ (Ritz ベクトル)で近似される．

部分空間 $\mathcal{K}_k(A, \boldsymbol{x}_0)$ $(k=1,2,\cdots)$ は，$\boldsymbol{x}_0$ を含む最小の不変部分空間に達するまで(真に)単調増加する(補題 4.34)．したがって，Krylov 列 $\boldsymbol{x}_0, A\boldsymbol{x}_0, \cdots, A^m\boldsymbol{x}_0$ が $m=\overline{n}$ で初めて 1 次従属になったとすると，$\mathcal{K}_{\overline{n}}(A, \boldsymbol{x}_0)$ は A の不変部分空間であり，$H_{\overline{n}}$ の固有値は A の固有値の一部分になっている．実際には，m が $\overline{n}$ よりもはるかに小さくても比較的よい近似固有値が得られる．

Hessenberg 行列の計算は，具体的には次の **Arnoldi 算法**による[*15]．

Arnoldi 算法(Hessenberg 化)

初期ベクトル $\boldsymbol{x}_0 \neq \boldsymbol{0}$ をとる; $\boldsymbol{v}_0 := \boldsymbol{x}_0/\|\boldsymbol{x}_0\|$;
for $k := 0$ **to** $m-1$ **do**
　$\boldsymbol{w} := A\boldsymbol{v}_k$;
　for $i := 0$ **to** k **do**
　　$h_{ik} := \boldsymbol{v}_i{}^{\mathsf{H}}\boldsymbol{w}$;　$\boldsymbol{w} := \boldsymbol{w} - h_{ik}\boldsymbol{v}_i$
　end;
　$h_{k+1,k} := \|\boldsymbol{w}\|$;　$\boldsymbol{v}_{k+1} := \boldsymbol{w}/h_{k+1,k}$
end

上の算法において，$m \leqq \overline{n}$ ならば

$$h_{k+1,k} > 0 \qquad (k=0,1,\cdots,m-2) \tag{7.51}$$

が成り立ち，$H_m = (h_{ik} \mid 0 \leqq i \leqq m-1,\ 0 \leqq k \leqq m-1)$ が計算される[*16]．Arnoldi 算法は $\mathrm{O}(m^2 n)$ の手間を要し，行列 H_m を陽に記憶するには一般に $\mathrm{O}(m^2)$ の領域が要るので，m をあまり大きくとることはできない．また，丸め誤差に弱く，$\boldsymbol{v}_k$ の直交性が大きく崩れてしまうことがあるので，**再直交化**

*15 第 4.2.4 節に示した Arnoldi 算法の複素数版である．

*16 $m \geqq \overline{n}$ のときには，$k=\overline{n}-1$ で $h_{k+1,k}=0$ となるので，算法を終了する．なお，実際に Arnoldi 法を使う場面では，$m \ll \overline{n}$ である．

という手続きを用いたり，より信頼できる Householder 法による直交化を行うなどの工夫をする[142].

注意 7.17　Krylov 部分空間 $\mathcal{K}_m(A, \boldsymbol{x}_0)$ に Rayleigh-Ritz の技法を適用するのは，べき乗法の加速という立場から自然な発想であろう．部分空間 $\mathcal{K}_m(A, \boldsymbol{x}_0)$ の正規直交基底は，得られる近似固有値(Ritz 値)に影響を与えないという意味で任意に取ってよいのであるが，Krylov 列から Gram-Schmidt の直交化によって定まる自然な正規直交基底を用いれば，A の射影を表す行列(7.50)が Hessenberg 形になって都合がよい．これが Arnoldi 法の鍵である．

7.7.2　Lanczos 法

Hermite 行列に対する Arnoldi 法は **Lanczos 法**と呼ばれる．丸め誤差に弱いなどの問題点も多いが，記憶領域が少なくて済むので，大規模問題にしばしば用いられる．

以下，行列 A は Hermite 行列とし，式(7.50)の行列 H_m を T_m と記すことにする．$T_m = V_m{}^{\mathsf{H}} A V_m$ は Hermite 行列で Hessenberg 形だから，3 重対角である．しかも，式(7.51)より左下の非対角要素は正だから，T_m は実対称の 3 重対角行列である．

$$
T_m = \begin{bmatrix} \alpha_0 & \beta_1 & & & & \\ \beta_1 & \alpha_1 & \beta_2 & & & \\ & \beta_2 & \alpha_2 & \ddots & & \\ & & \ddots & \ddots & \ddots & \\ & & & \ddots & \ddots & \beta_{m-1} \\ & & & & \beta_{m-1} & \alpha_{m-1} \end{bmatrix} \tag{7.52}
$$

とおくと，α_k, β_k は $m\ (> k)$ に依らずに定まる．式(7.49)より，$\beta_0 = 0$, $\boldsymbol{v}_{-1} = \boldsymbol{0}$ として，

$$
A\boldsymbol{v}_k = \beta_k \boldsymbol{v}_{k-1} + \alpha_k \boldsymbol{v}_k + \beta_{k+1} \boldsymbol{v}_{k+1} \qquad (k = 0, 1, \cdots, m-1) \tag{7.53}
$$

となる*17. ここで, 式(7.51)より

$$\beta_k > 0 \qquad (k = 1, \cdots, m-1) \tag{7.54}$$

である.

3重対角化のための計算手順を以下に示す. これは **Lanczos 算法**と呼ばれる*18.

Lanczos 算法(3重対角化)

初期ベクトル $\boldsymbol{x}_0 \neq \boldsymbol{0}$ をとる; $\boldsymbol{v}_0 := \boldsymbol{x}_0/\|\boldsymbol{x}_0\|$; $\beta_0 := 0$; $\boldsymbol{v}_{-1} := \boldsymbol{0}$;

for $k := 0$ **to** $m-1$ **do**

  begin

    $\boldsymbol{w} := A\boldsymbol{v}_k - \beta_k \boldsymbol{v}_{k-1}$; $\alpha_k := (\boldsymbol{w}, \boldsymbol{v}_k)$; $\boldsymbol{w} := \boldsymbol{w} - \alpha_k \boldsymbol{v}_k$;

    $\beta_{k+1} := \sqrt{(\boldsymbol{w}, \boldsymbol{w})}$; $\boldsymbol{v}_{k+1} := \boldsymbol{w}/\beta_{k+1}$

  end

この算法は行列 A が大規模な疎行列のときに計算量と記憶領域の両面でとくに有利である. この算法に必要な計算は, 行列とベクトルの積, ベクトルの内積, ベクトルのスカラー倍, ベクトルの和などの形をしているので, 行列 A の疎性を利用しやすく, さらに, ベクトル計算機に馴染みやすい. 固有値だけを求める場合には, $\boldsymbol{v}_k$ $(k = 0, 1, \cdots, m-1)$ を記憶しておく必要がないので, A の他には, 大きさ n の配列が二つと大きさ m の配列が二つ(α_k, β_k の記録用に)あればよい. ただし, 実際には丸め誤差の影響を強く受けるので, 再直交化を含めて, 多くの注意や工夫が必要である[139].

3重対角行列 T_m の固有値は, 2分法(第8.1節)や QR 法(第7.4節)によって求めることができる. これが Lanczos 法による A の近似固有値である. 近似固有ベクトル $\boldsymbol{z}_i^{(m)}$ は, T_m の固有ベクトル $\boldsymbol{y}_i^{(m)}$ から $\boldsymbol{z}_i^{(m)} = V_m \boldsymbol{y}_i^{(m)}$ によって定められる.

---

*17 β_m, $\boldsymbol{v}_m$ は式(7.53)が成り立つように定める. とくに, $m = n$ の場合, $\beta_n = 0$, $\boldsymbol{v}_n = \boldsymbol{0}$ である.

*18 第7.7.1節で定義した $\overline{n}$ に対して, $m \leqq \overline{n}$ とする. 実際に Lanczos 法を使う場面では, $m \ll \overline{n}$ である.

近似度

Lanczos 法の振舞いや近似度についてはかなり詳細な解析がなされている．ここでは，Lanczos 法は外側の固有値(固有値を大きさの順に並べたときに最大または最小に近いもの)を良く近似するという経験則を説明する解析結果(の一端)を紹介しよう．

Hermite 行列 A の相異なる固有値(実数)を

$$\lambda_{\max} = \lambda_1 > \lambda_2 > \cdots > \lambda_{n^*} = \lambda_{\min} \tag{7.55}$$

とし，初期ベクトル $\boldsymbol{x}_0$ を A の固有ベクトル $\boldsymbol{z}_i$ を用いて

$$\boldsymbol{x}_0 = \sum_{i=1}^{n^*} c_i \boldsymbol{z}_i \tag{7.56}$$

と展開する．ここで，$A\boldsymbol{z}_i = \lambda_i \boldsymbol{z}_i$，$(\boldsymbol{z}_i, \boldsymbol{z}_i) = 1$ とする．このとき，$i \neq j$ に対して $(\boldsymbol{z}_i, \boldsymbol{z}_j) = 0$ が成り立っているので，$c_i \boldsymbol{z}_i$ は $\boldsymbol{x}_0$ を λ_i に対応する固有空間に直交射影したものに一致する．係数 c_i のうち 0 でないものの個数を $\overline{n}$ とすると，$\dim \mathcal{K}_m(A, \boldsymbol{x}_0) = \min(m, \overline{n})$ であるから[*19]，以下では，$m \leqq \overline{n}$ とする．このとき，3 重対角行列 T_m が定義され，その固有値

$$\lambda_{\max}^{(m)} = \lambda_1^{(m)} > \lambda_2^{(m)} > \cdots > \lambda_m^{(m)} = \lambda_{\min}^{(m)}$$

が A の近似固有値である(→補題 7.13)．

最大固有値 $\lambda_{\max} = \lambda_1$ に対する近似度は，次のように評価できる．この評価式は，誤差が m とともに指数関数的に減少することを示している．

定理 7.18　Lanczos 法において，$m \leqq \overline{n}$，$c_1 \neq 0$ ならば，

$$\begin{aligned} 0 &\leqq \lambda_{\max} - \lambda_{\max}^{(m)} \\ &\leqq (\lambda_{\max} - \lambda_{\min}) \frac{\sum_{i=2}^{n^*} |c_i|^2}{|c_1|^2} \Big/ \left(T_{m-1}(1 + 2\gamma)\right)^2 \end{aligned}$$

*19　補題 4.34 の複素数版による．

$$\leqq (\lambda_{\max} - \lambda_{\min}) \frac{\sum_{i=2}^{n^*} |c_i|^2}{|c_1|^2} \cdot 4 \left(\sqrt{1+\gamma} + \sqrt{\gamma}\right)^{-4(m-1)}$$

が成り立つ．ただし，$\gamma = \dfrac{\lambda_1 - \lambda_2}{\lambda_2 - \lambda_{n^*}}$ であり，$T_k(t)$ は k 次の Chebyshev 多項式(→式(3.49))を表す． □

［証明］ $\lambda_{\max} - \lambda_{\max}^{(m)}$ の下からの評価は定理 7.15 による．以下，上からの評価を導こう．$m-1$ 次以下の複素係数多項式の全体を $\hat{\mathcal{P}}_{m-1}$ と表すと，$\mathcal{K}_m = \mathcal{K}_m(A, \boldsymbol{x}_0) = \{Q(A)\boldsymbol{x}_0 \mid Q \in \hat{\mathcal{P}}_{m-1}\}$ であり，さらに，$Q(A)\boldsymbol{x}_0 = \boldsymbol{0} \iff Q(\lambda) \equiv 0$ である．Courant–Fischer の最大・最小定理(補題 7.16)により，

$$\lambda_1^{(m)} = \max_{\boldsymbol{y} \neq \boldsymbol{0}} \frac{(V_m \boldsymbol{y}, AV_m \boldsymbol{y})}{(\boldsymbol{y}, \boldsymbol{y})} = \max_{\boldsymbol{x} \in \mathcal{K}_m \setminus \{\boldsymbol{0}\}} \frac{(\boldsymbol{x}, A\boldsymbol{x})}{(\boldsymbol{x}, \boldsymbol{x})}$$

であること，式(7.56)，および $(\boldsymbol{z}_i, \boldsymbol{z}_j) = \delta_{ij}$ に注意して，

$$\begin{aligned}
\lambda_1 - \lambda_1^{(m)} &= \min_{\boldsymbol{x}=Q(A)\boldsymbol{x}_0,\ 0 \not\equiv Q \in \hat{\mathcal{P}}_{m-1}} \frac{(\boldsymbol{x}, (\lambda_1 I - A)\boldsymbol{x})}{(\boldsymbol{x}, \boldsymbol{x})} \\
&= \min_{Q \not\equiv 0} \frac{(Q(A)\boldsymbol{x}_0, (\lambda_1 I - A)Q(A)\boldsymbol{x}_0)}{(Q(A)\boldsymbol{x}_0, Q(A)\boldsymbol{x}_0)} \\
&= \min_{Q \not\equiv 0} \frac{\sum_{i=1}^{n^*} (\lambda_1 - \lambda_i)|c_i Q(\lambda_i)|^2}{\sum_{i=1}^{n^*} |c_i Q(\lambda_i)|^2} \\
&\leqq (\lambda_1 - \lambda_{n^*}) \min_{Q \in \hat{\mathcal{P}}_{m-1},\ Q(\lambda_1) \neq 0} \frac{\sum_{i=2}^{n^*} |c_i Q(\lambda_i)|^2}{|c_1 Q(\lambda_1)|^2}.
\end{aligned}$$

$P(\lambda) = Q(\lambda)/Q(\lambda_1)$ とおくと，$P \in \hat{\mathcal{P}}_{m-1}$，$P(\lambda_1) = 1$ であり，

$$\begin{aligned}
\lambda_1 - \lambda_1^{(m)} &\leqq (\lambda_1 - \lambda_{n^*}) \min_{P \in \hat{\mathcal{P}}_{m-1},\ P(\lambda_1)=1} \sum_{i=2}^{n^*} \left| \frac{c_i}{c_1} \right|^2 |P(\lambda_i)|^2 \\
&\leqq (\lambda_1 - \lambda_{n^*}) \frac{\sum_{i=2}^{n^*} |c_i|^2}{|c_1|^2} \left(\min_P \max_{2 \leqq i \leqq n^*} |P(\lambda_i)| \right)^2.
\end{aligned}$$

ここで，$\hat{\mathcal{P}}_{m-1} \supset \mathcal{P}_{m-1}$ ($\mathcal{P}_{m-1}$ は $m-1$ 次以下の実係数多項式の全体)より

$$\min_{P\in\hat{\mathcal{P}}_{m-1},\,P(\lambda_1)=1}\max_{2\leqq i\leqq n^*}|P(\lambda_i)| \leqq \min_{P\in\hat{\mathcal{P}}_{m-1},\,P(\lambda_1)=1}\max_{\lambda\in[\lambda_{n^*},\lambda_2]}|P(\lambda)|$$
$$\leqq \min_{P\in\mathcal{P}_{m-1},\,P(\lambda_1)=1}\max_{\lambda\in[\lambda_{n^*},\lambda_2]}|P(\lambda)|$$

と評価し，定理 3.17 ($\alpha=\lambda_{n^*}$, $\beta=\lambda_2$, $\chi=\lambda_1$ とおく)を用いる．■

上の定理より，最小固有値 $\lambda_{\min}=\lambda_{n^*}$ に対する近似度も導かれる．

系 7.19　Lanczos 法において，$m\leqq\overline{n}$，$c_{n^*}\neq 0$ ならば，

$$\begin{aligned}0 &\leqq \lambda_{\min}^{(m)}-\lambda_{\min}\\ &\leqq (\lambda_{\max}-\lambda_{\min})\,\frac{\sum_{i=1}^{n^*-1}|c_i|^2}{|c_{n^*}|^2}\Big/\left(T_{m-1}\left(1+2\gamma'\right)\right)^2\\ &\leqq (\lambda_{\max}-\lambda_{\min})\frac{\sum_{i=1}^{n^*-1}|c_i|^2}{|c_{n^*}|^2}\cdot 4\left(\sqrt{1+\gamma'}+\sqrt{\gamma'}\right)^{-4(m-1)}\end{aligned}$$

が成り立つ．ただし，$\gamma'=\dfrac{\lambda_{n^*-1}-\lambda_{n^*}}{\lambda_1-\lambda_{n^*-1}}$ である．□

［証明］　$\mathcal{K}_m(-A,\boldsymbol{x}_0)=\mathcal{K}_m(A,\boldsymbol{x}_0)$ により，$-A$ に Lanczos 法を適用して得られる近似固有値は $-\lambda_r^{(m)}$ $(r=1,\cdots,m)$ である．このことに注意して，定理 7.18 を $-A$ に適用する．■

さらに，一般の $\lambda_r-\lambda_r^{(m)}$ $(1\leqq r\leqq m)$ についても，定理 7.18 と類似の評価式が導かれている[138], [139],[142].

以上の議論で，行列 A は Hermite 行列と仮定してきたが，Lanczos 法は実は任意の計量に関する**自己随伴行列**(→問題 4.14)に対して拡張され，テンソル幾何学的な不変性を有している[109]．この一般化は，共役勾配法に対するもの(第 4.4 節)と同じである．

また，非 Hermite 行列用の Lanczos 法もある．第 4.2.7 節の「非対称 Lanczos 算法」を複素用に修正したものを用いて，与えられた行列を(非対称) 3 重対角行列に変換し，その固有値を QR 法などで求める方法である[137], [139],[142].

7.7.3 Lanczos 法と共役勾配法*

Lanczos 法と共役勾配法の間には次のような興味深い関係がある．

定理 7.20 A を正定値対称な n 次実行列とする．方程式 $A\boldsymbol{x}=\boldsymbol{b}$ に $\boldsymbol{x}_0$ を初期ベクトルとする共役勾配法(第 4.1 節)を適用したときの $\alpha_k=\alpha_k^{\mathrm{C}}$，$\beta_k=\beta_k^{\mathrm{C}}$ と，行列 A に $\boldsymbol{r}_0=\boldsymbol{b}-A\boldsymbol{x}_0$ を初期ベクトルとする Lanczos 算法(第 7.7.2 節)を適用したときの $\alpha_k=\alpha_k^{\mathrm{L}}$, $\beta_k=\beta_k^{\mathrm{L}}$ の間には次の関係が成り立つ：

$$\begin{bmatrix} \alpha_0^{\mathrm{L}} & \beta_1^{\mathrm{L}} & & \\ \beta_1^{\mathrm{L}} & \alpha_1^{\mathrm{L}} & \ddots & \\ & \ddots & \ddots & \beta_{m-1}^{\mathrm{L}} \\ & & \beta_{m-1}^{\mathrm{L}} & \alpha_{m-1}^{\mathrm{L}} \end{bmatrix} = \begin{bmatrix} 1 & & & \\ \sqrt{\beta_0^{\mathrm{C}}} & 1 & & \\ & \ddots & \ddots & \\ & & \sqrt{\beta_{m-2}^{\mathrm{C}}} & 1 \end{bmatrix}$$

$$\times \begin{bmatrix} 1/\alpha_0^{\mathrm{C}} & & & \\ & 1/\alpha_1^{\mathrm{C}} & & \\ & & \ddots & \\ & & & 1/\alpha_{m-1}^{\mathrm{C}} \end{bmatrix} \begin{bmatrix} 1 & \sqrt{\beta_0^{\mathrm{C}}} & & \\ & 1 & \ddots & \\ & & \ddots & \sqrt{\beta_{m-2}^{\mathrm{C}}} \\ & & & 1 \end{bmatrix},$$

すなわち，

$$\alpha_0^{\mathrm{L}}=\frac{1}{\alpha_0^{\mathrm{C}}}; \qquad \alpha_k^{\mathrm{L}}=\frac{\beta_{k-1}^{\mathrm{C}}}{\alpha_{k-1}^{\mathrm{C}}}+\frac{1}{\alpha_k^{\mathrm{C}}}, \quad \beta_k^{\mathrm{L}}=\frac{\sqrt{\beta_{k-1}^{\mathrm{C}}}}{\alpha_{k-1}^{\mathrm{C}}} \quad (k=1,\cdots,m-1). \ \square$$

［証明］ 共役勾配法の残差ベクトル $\boldsymbol{r}_k$，探索方向ベクトル $\boldsymbol{p}_k$ を並べた $n\times m$ 行列を $R_m=[\boldsymbol{r}_0,\boldsymbol{r}_1,\cdots,\boldsymbol{r}_{m-1}]$，$P_m=[\boldsymbol{p}_0,\boldsymbol{p}_1,\cdots,\boldsymbol{p}_{m-1}]$ とし，対角要素がすべて 1 で，対角線の下の要素が順に $-\beta_0^{\mathrm{C}}$，$-\beta_1^{\mathrm{C}},\cdots,-\beta_{m-2}^{\mathrm{C}}$ であるような $m\times m$ 下 2 重対角行列を B_m とする．このとき，$R_m=P_m{B_m}^{\top}$ が成り立ち，さらに，$\boldsymbol{p}_k$ の A 共役性から，

$$(7.57) \qquad {R_m}^{\top}AR_m=B_m\,\mathrm{diag}\,({\boldsymbol{p}_0}^{\top}A\boldsymbol{p}_0,\cdots,{\boldsymbol{p}_{m-1}}^{\top}A\boldsymbol{p}_{m-1})\,{B_m}^{\top}$$

である．

Lanczos 算法におけるベクトル $\boldsymbol{v}_k$ も共役勾配法における残差ベクトル $\boldsymbol{r}_k$ も，ともに，同じ Krylov 列 $\boldsymbol{r}_0, A\boldsymbol{r}_0, A^2\boldsymbol{r}_0,\cdots$ を直交化したものである(→問

題 4.4) から，$\boldsymbol{v}_k = \pm \boldsymbol{r}_k / \|\boldsymbol{r}_k\|$ である．実は，

$$\boldsymbol{v}_k = (-1)^k \boldsymbol{r}_k / \|\boldsymbol{r}_k\| \tag{7.58}$$

であることが分かる．なぜなら，k 次多項式 $P^{\mathrm{L}}, P^{\mathrm{C}}$ を用いて $\boldsymbol{v}_k = P^{\mathrm{L}}(A)\boldsymbol{r}_0$, $\boldsymbol{r}_k = P^{\mathrm{C}}(A)\boldsymbol{r}_0$ と表現するとき，$P^{\mathrm{L}}, P^{\mathrm{C}}$ の k 次の係数は，それぞれ $1/\prod_{i=1}^{k} \beta_i^{\mathrm{L}}$, $(-1)^k \prod_{i=0}^{k-1} \alpha_i^{\mathrm{C}}$ に等しいが，式(7.54) より $\beta_i^{\mathrm{L}} > 0$, 問題 4.4 より $\alpha_i^{\mathrm{C}} > 0$ だからである．

行列

$$S = \mathrm{diag}\,(1, -1, \cdots, (-1)^{m-1}), \qquad \Delta = \mathrm{diag}\,(\|\boldsymbol{r}_0\|, \cdots, \|\boldsymbol{r}_{m-1}\|)$$

を定義して上の関係式(7.58)を行列形で書くと，$V_m = R_m \Delta^{-1} S$ となる．これを用いて $T_m = {V_m}^{\top} A V_m$ を書き直すと，

$$\begin{aligned} T_m &= S\Delta^{-1} {R_m}^{\top} A R_m \Delta^{-1} S \\ &= S\Delta^{-1} B_m \mathrm{diag}\,({\boldsymbol{p}_k}^{\top} A \boldsymbol{p}_k) {B_m}^{\top} \Delta^{-1} S \\ &= S\Delta^{-1} B_m \Delta S \cdot S \Delta^{-1} \mathrm{diag}\,({\boldsymbol{p}_k}^{\top} A \boldsymbol{p}_k) \Delta^{-1} S \cdot S \Delta {B_m}^{\top} \Delta^{-1} S \end{aligned}$$

となる (diag $({\boldsymbol{p}_k}^{\top} A \boldsymbol{p}_k)$ は diag $({\boldsymbol{p}_0}^{\top} A \boldsymbol{p}_0, \cdots, {\boldsymbol{p}_{m-1}}^{\top} A \boldsymbol{p}_{m-1})$ の略)．一方，

$$\alpha_k^{\mathrm{C}} = \frac{\|\boldsymbol{r}_k\|^2}{{\boldsymbol{p}_k}^{\top} A \boldsymbol{p}_k}, \qquad \beta_k^{\mathrm{C}} = \frac{\|\boldsymbol{r}_{k+1}\|^2}{\|\boldsymbol{r}_k\|^2}$$

と書ける (→問題 4.4) ので，

$$S\Delta^{-1} \mathrm{diag}\,({\boldsymbol{p}_k}^{\top} A \boldsymbol{p}_k) \Delta^{-1} S = \mathrm{diag}\,(1/\alpha_0^{\mathrm{C}}, 1/\alpha_1^{\mathrm{C}}, \cdots, 1/\alpha_{m-1}^{\mathrm{C}}),$$

$$S\Delta^{-1} B_m \Delta S = \begin{bmatrix} 1 & & & \\ \sqrt{\beta_0^{\mathrm{C}}} & 1 & & \\ & \ddots & \ddots & \\ & & \sqrt{\beta_{m-2}^{\mathrm{C}}} & 1 \end{bmatrix}$$

が成り立つ．これを T_m の上記の表式に代入すれば定理の主張が得られる．■

上の定理 7.20 に述べた関係は，共役勾配法の計算結果から，行列 A の固有

値の情報が得られることを示している．このことに着目すると，共役勾配法の計算を進めながら，その収束速度の推定を行うことができる

7.8 Jacobi-Davidson 法

Jacobi-Davidson 法は，Arnoldi 法や Lanczos 法と同様に，Rayleigh-Ritz の技法に基づいて固有値の近似値を求める方法であるが，Krylov 部分空間を用いずに部分空間の列を構成する点に特徴がある．算法を述べた後，その着想と歴史的経緯を述べる．

7.8.1 算　法

まず，Rayleigh-Ritz の技法(→第 7.6 節)を復習しよう．行列 A の不変部分空間を近似していると想定される低次元の部分空間 F とその正規直交基底 $\{\boldsymbol{v}_1, \boldsymbol{v}_2, \cdots\}$ が得られているとして，$V=[\boldsymbol{v}_1, \boldsymbol{v}_2, \cdots]$ とおく．低次元の固有値問題

$$(V^{\mathsf{H}}AV)\boldsymbol{y}=\theta\boldsymbol{y} \tag{7.59}$$

の固有値 θ と単位長さの固有ベクトル $\boldsymbol{y}$ を求め，θ を A の固有値の近似値，$\boldsymbol{u}=V\boldsymbol{y}$ を A の固有ベクトルの近似値と考える．θ を Ritz 値，$\boldsymbol{u}$ を Ritz ベクトルと呼ぶ．このとき

$$\boldsymbol{u}^{\mathsf{H}}\boldsymbol{u}=1, \qquad \boldsymbol{u}^{\mathsf{H}}A\boldsymbol{u}=\theta \tag{7.60}$$

が成り立つ．通常は，残差 $\boldsymbol{r}=A\boldsymbol{u}-\theta\boldsymbol{u}$ が十分小さいときに $(\theta, \boldsymbol{u})$ を近似値として採用し，残差が大きいときには何らかの方法で部分空間 F を拡大していく．

Jacobi-Davidson 法は，上に述べた枠組みにおいて，絶対値最大の Ritz 値 θ を選び，以下のように考えて部分空間 F を拡大する算法である．

部分空間 F から計算された Ritz 値を θ，Ritz ベクトルを $\boldsymbol{u}$ とし，それらが近似している A の固有値を λ，固有ベクトルを $\boldsymbol{z}$ とする．固有ベクトル $\boldsymbol{z}$ は，近似ベクトル $\boldsymbol{u}$ とそれに直交する修正量 $\boldsymbol{t}$ の和の形に表すことができる．

すなわち，直交条件

$$t^{\mathsf{H}}u = 0 \tag{7.61}$$

を満たす $\boldsymbol{t}$ を用いて

$$z = u + t \tag{7.62}$$

である．

修正量 $\boldsymbol{t}$ の満たすべき方程式を考えよう．式(7.62)を $A\boldsymbol{z} = \lambda\boldsymbol{z}$ に代入すると $A(\boldsymbol{u}+\boldsymbol{t}) = \lambda(\boldsymbol{u}+\boldsymbol{t})$ となるから，

$$(A - \lambda I)\boldsymbol{t} = -A\boldsymbol{u} + \lambda\boldsymbol{u} \tag{7.63}$$

である．直交条件(7.61)を考慮して，$\boldsymbol{u}$ の直交補空間への射影を表す行列 $P = I - \boldsymbol{u}\boldsymbol{u}^{\mathsf{H}}$ を考えると，

$$P\boldsymbol{u} = \boldsymbol{0}, \quad P\boldsymbol{t} = \boldsymbol{t}, \quad PA\boldsymbol{u} = (I - \boldsymbol{u}\boldsymbol{u}^{\mathsf{H}})A\boldsymbol{u} = A\boldsymbol{u} - \theta\boldsymbol{u} = \boldsymbol{r} \tag{7.64}$$

が成り立つ(式(7.60)の $\boldsymbol{u}^{\mathsf{H}}A\boldsymbol{u} = \theta$ に注意)．式(7.63)の両辺に左から P を掛けると，式(7.64)により

$$(I - \boldsymbol{u}\boldsymbol{u}^{\mathsf{H}})(A - \lambda I)(I - \boldsymbol{u}\boldsymbol{u}^{\mathsf{H}})\boldsymbol{t} = -\boldsymbol{r} \tag{7.65}$$

となる．

方程式(7.65)には未知量 λ が含まれるので，これを既知量 θ で置き換えた方程式

$$(I - \boldsymbol{u}\boldsymbol{u}^{\mathsf{H}})(A - \theta I)(I - \boldsymbol{u}\boldsymbol{u}^{\mathsf{H}})\boldsymbol{t} = -\boldsymbol{r} \tag{7.66}$$

を考え，この条件(7.66)と直交条件(7.61)から修正量 $\boldsymbol{t}$ を定めることにする．そして，この $\boldsymbol{t}$ を F の基底 $\{\boldsymbol{v}_1, \boldsymbol{v}_2, \cdots\}$ に対して正規直交化したベクトルを基底に追加して部分空間 F を拡大する．

Jacobi–Davidson 法の算法をまとめると次のようになる．

Jacobi-Davidson 法

初期ベクトル $\boldsymbol{v}_1$ を任意にとる($\|\boldsymbol{v}_1\| = 1$);
for $k := 1, 2, \cdots$ **do**
  $V_k := [\boldsymbol{v}_1, \cdots, \boldsymbol{v}_k]$;
  $V_k^{\mathsf{H}} A V_k$ の絶対値最大の固有値 θ_k と固有ベクトル $\boldsymbol{y}_k$ を求める;
  $\boldsymbol{u}_k := V_k \boldsymbol{y}_k$;
  $\boldsymbol{r}_k := A\boldsymbol{u}_k - \theta_k \boldsymbol{u}_k$; $\|\boldsymbol{r}_k\|$ が十分小さいならば終了;
  条件(7.61),(7.66)から $\boldsymbol{t} = \boldsymbol{t}_{k+1}$ を求める;
  $\boldsymbol{t}_{k+1}$ を $\{\boldsymbol{v}_1, \cdots, \boldsymbol{v}_k\}$ に対して正規直交化して $\boldsymbol{v}_{k+1}$ とおく
end

方程式(7.66)を厳密に解けば2次収束する固有値解法が得られるが,近似的に解いても1次収束で比較的速く収束することが知られている[167].近似解を求めるには,例えば,前処理付き GMRES 法を数回反復させればよい.

注意 7.21 Jacobi-Davidson 法の算法において,条件(7.61),(7.66)の代わりに,

$$(D_A - \theta I)\boldsymbol{t} = -\boldsymbol{r} \tag{7.67}$$

(D_A は A の対角部分)を用いる方法を **Davidson 法**と呼ぶ.

Davidson 法

初期ベクトル $\boldsymbol{v}_1$ を任意にとる($\|\boldsymbol{v}_1\| = 1$);
for $k := 1, 2, \cdots$ **do**
  $V_k := [\boldsymbol{v}_1, \cdots, \boldsymbol{v}_k]$;
  $V_k^{\mathsf{H}} A V_k$ の絶対値最大の固有値 θ_k と固有ベクトル $\boldsymbol{y}_k$ を求める;
  $\boldsymbol{u}_k := V_k \boldsymbol{y}_k$;
  $\boldsymbol{r}_k := A\boldsymbol{u}_k - \theta_k \boldsymbol{u}_k$; $\|\boldsymbol{r}_k\|$ が十分小さいならば終了;
  条件(7.67)から $\boldsymbol{t} = \boldsymbol{t}_{k+1}$ を求める;
  $\boldsymbol{t}_{k+1}$ を $\{\boldsymbol{v}_1, \cdots, \boldsymbol{v}_k\}$ に対して正規直交化して $\boldsymbol{v}_{k+1}$ とおく
end

対角要素が非対角要素より優越している行列に対して,絶対値の大きい固有値を求め

るときに有効であるとされ，計算化学や計算物理で巨大な行列の固有値を求めるのに用いられる．Jacobi-Davidson 法の元になった算法である(第 7.8.2 節を参照のこと)．

7.8.2　他の算法との関係*

Jacobi-Davidson 法は，1994 年に Sleijpen と van der Vorst [166]が提案したものであるが，その着想の元には，1846 年の Jacobi の算法[155]と 1975 年の Davidson の算法[147]がある．本節では，[166]の記述に即した形で，3 つの算法の関係を説明する．

Jacobi の直交修正法(JOCC 法)

Jacobi [155]の算法は，直交相似変換を繰り返して十分に対角優位な行列に変換する前処理の部分と，その結果得られる粗い近似固有ベクトルに直交成分を加えて近似を改良する部分の 2 段階から成る．原論文[155]では対称行列を扱っており，その場合の前処理部分の算法は，第 8.3 節で述べる算法である．

Jacobi-Davidson 法との関連でより重要なのは，後半の直交成分による近似の改良の部分である．この部分の算法はほとんど忘れ去られていたが，近年 Sleijpen と van der Vorst はこれに着目し，**JOCC 法**(Jacobi's orthogonal complement correction method)と名付けた．これを説明しよう．

行列 A を

$$A = \begin{bmatrix} \alpha & \boldsymbol{c}^{\mathsf{H}} \\ \boldsymbol{b} & E \end{bmatrix} \tag{7.68}$$

の形に表現する．前処理の結果，十分に対角優位となっており，$|\alpha|$ が他の要素に比べて大きいと想定している．このとき，α は固有値の近似値であり，$\boldsymbol{e}_1 = \begin{bmatrix} 1 \\ \boldsymbol{0} \end{bmatrix}$ は対応する近似固有ベクトルである．

この近似固有ベクトル $\boldsymbol{e}_1$ に，これと直交する成分 $\begin{bmatrix} 0 \\ \bar{\boldsymbol{x}} \end{bmatrix}$ を補って近似を改良することを考える．修正量 $\bar{\boldsymbol{x}}$ が満たすべき方程式は

$$\begin{bmatrix} \alpha & \boldsymbol{c}^{\mathsf{H}} \\ \boldsymbol{b} & E \end{bmatrix} \begin{bmatrix} 1 \\ \bar{\boldsymbol{x}} \end{bmatrix} = \lambda \begin{bmatrix} 1 \\ \bar{\boldsymbol{x}} \end{bmatrix} \tag{7.69}$$

であり，これを成分に分けて書くと

(7.70) $$\lambda = \alpha + \boldsymbol{c}^{\mathsf{H}} \bar{\boldsymbol{x}},$$

(7.71) $$(E - \lambda I)\bar{\boldsymbol{x}} = -\boldsymbol{b}$$

となる．

JOCC 法は，式(7.70)と式(7.71)を交互に用いて反復することによって λ と $\bar{\boldsymbol{x}}$ を求めようとする算法である．ただし，方程式(7.71)を厳密に解くのではなくて，線形方程式に対する Jacobi 反復法(第 3.1.2 節)の一段を適用する．すなわち，E の対角部分を D として，$(\lambda, \bar{\boldsymbol{x}})$ に対する近似値の列 $(\varphi_k, \bar{\boldsymbol{x}}_k)$ $(k = 1, 2, \cdots)$ を

(7.72) $$\varphi_k = \alpha + \boldsymbol{c}^{\mathsf{H}} \bar{\boldsymbol{x}}_k,$$

(7.73) $$(D - \varphi_k I)\bar{\boldsymbol{x}}_{k+1} = (D - E)\bar{\boldsymbol{x}}_k - \boldsymbol{b}$$

によって生成する．ただし，初期値は $\bar{\boldsymbol{x}}_1 = \boldsymbol{0}$ とする．

Davidson 法

Davidson 法は，既に注意 7.21 に記述したように，Rayleigh-Ritz の技法に立脚した手法であり，部分空間の列 $F_1, F_2, \cdots$ とそれに対応する固有値と固有ベクトルの近似値 $(\theta_1, \boldsymbol{u}_1), (\theta_2, \boldsymbol{u}_2), \cdots$ を生成する．部分空間 F_k が得られているとき，Rayleigh-Ritz の技法によって近似固有値 θ_k と近似固有ベクトル $\boldsymbol{u}_k$ を求めて，残差 $\boldsymbol{r}_k = (A - \theta_k I)\boldsymbol{u}_k$ を計算する．$\|\boldsymbol{r}_k\|$ が十分小さいならば $(\theta_k, \boldsymbol{u}_k)$ を採用して終了する．$\|\boldsymbol{r}_k\|$ が大きいときには，A の対角部分を D_A として，方程式

(7.74) $$(D_A - \theta_k I)\boldsymbol{t}_{k+1} = -\boldsymbol{r}_k$$

を解いて $\boldsymbol{t}_{k+1}$ を定め，これを F_k に付け加えて F_{k+1} とする．

JOCC 法との関係を見るために，Davidson 法を書き換えよう．式(7.68)の形の対角優位行列 A を念頭において，$\boldsymbol{u}_1 = \boldsymbol{e}_1$ の場合を考える．ベクトル $\boldsymbol{u}_k$ も第 1 成分が 1 になるように規格化して $\boldsymbol{u}_k = \begin{bmatrix} 1 \\ \bar{\boldsymbol{u}}_k \end{bmatrix}$ とおくと，残差は

$$\boldsymbol{r}_k = (A - \theta_k I)\boldsymbol{u}_k = \begin{bmatrix} \alpha - \theta_k + \boldsymbol{c}^{\mathsf{H}}\bar{\boldsymbol{u}}_k \\ (E - \theta_k I)\bar{\boldsymbol{u}}_k + \boldsymbol{b} \end{bmatrix} \tag{7.75}$$

となる．ベクトル $\boldsymbol{t}_{k+1}$ を

$$\boldsymbol{t}_{k+1} = \begin{bmatrix} \tau_{k+1} \\ \bar{\boldsymbol{t}}_{k+1} \end{bmatrix} \tag{7.76}$$

と表すと，式(7.74)，(7.75)より

$$(D - \theta_k I)\bar{\boldsymbol{t}}_{k+1} = -(E - \theta_k I)\bar{\boldsymbol{u}}_k - \boldsymbol{b} \tag{7.77}$$

であり，したがって

$$(D - \theta_k I)(\bar{\boldsymbol{u}}_k + \bar{\boldsymbol{t}}_{k+1}) = (D - E)\bar{\boldsymbol{u}}_k - \boldsymbol{b} \tag{7.78}$$

が成り立つ．ここで

$$\hat{\boldsymbol{t}}_{k+1} = \begin{bmatrix} 0 \\ \bar{\boldsymbol{t}}_{k+1} \end{bmatrix} \tag{7.79}$$

とおくと，$\boldsymbol{t}_{k+1} = \tau_{k+1}\boldsymbol{u}_1 + \hat{\boldsymbol{t}}_{k+1}$ と $\boldsymbol{u}_1 \in F_k$ により

$$F_{k+1} = F_k + \{\boldsymbol{t}_{k+1}\} = F_k + \{\hat{\boldsymbol{t}}_{k+1}\}$$

が成り立つ．

以上の考察に基づいて Davidson 法を書き換えると，次のようになる：

1. 式(7.77)から $\bar{\boldsymbol{t}}_{k+1}$ を計算して，式(7.79)で $\hat{\boldsymbol{t}}_{k+1}$ を定める．
2. F_k に $\hat{\boldsymbol{t}}_{k+1}$ を追加した部分空間 $F_{k+1} = F_k + \{\hat{\boldsymbol{t}}_{k+1}\}$ から Rayleigh-Ritz の技法により，θ_{k+1}, $\boldsymbol{u}_{k+1}$ を計算する．

JOCC 法と Davidson 法の関係

JOCC 法と Davidson 法を比較してみよう．ある(一つの) k において JOCC 法の変数 $(\varphi_k, \bar{\boldsymbol{x}}_k)$ と Davidson 法の変数 $(\theta_k, \bar{\boldsymbol{u}}_k)$ の間に

$$\varphi_k = \theta_k, \qquad \bar{\boldsymbol{x}}_k = \bar{\boldsymbol{u}}_k \tag{7.80}$$

が成り立っているとして，$\bar{\boldsymbol{x}}_{k+1}$ と $\bar{\boldsymbol{u}}_{k+1}$ の関係を考察する．

JOCC 法の式(7.73)と Davidson 法の式(7.78)を比べると，JOCC 法の $\bar{\boldsymbol{x}}_{k+1}$ が Davidson 法の $\bar{\boldsymbol{u}}_k$, $\bar{\boldsymbol{t}}_{k+1}$ を用いて

$$\bar{\boldsymbol{x}}_{k+1} = \bar{\boldsymbol{u}}_k + \bar{\boldsymbol{t}}_{k+1} \tag{7.81}$$

と書けることが分かる．したがって，ベクトル $\boldsymbol{x}_k = \begin{bmatrix} 1 \\ \bar{\boldsymbol{x}}_k \end{bmatrix}$ を定義すると，式(7.80)を前提として，JOCC 法は次のように書き直せる：

1. 式(7.77)から $\bar{\boldsymbol{t}}_{k+1}$ を計算して，式(7.79)で $\hat{\boldsymbol{t}}_{k+1}$ を定める．
2. $\boldsymbol{x}_{k+1} = \boldsymbol{x}_k + \hat{\boldsymbol{t}}_{k+1}$, $\varphi_{k+1} = \boldsymbol{e}_1^{\mathsf{H}} A \boldsymbol{x}_{k+1}$ により，φ_{k+1}, $\boldsymbol{x}_{k+1}$ を計算する．

このように書き直した形で JOCC 法と Davidson 法を比較すると，次のことが分かる：

1. JOCC 法も Davidson 法も，新しい情報としては，ベクトル $\hat{\boldsymbol{t}}_{k+1}$ を用いる．
2. JOCC 法が単純な更新式 $\boldsymbol{x}_{k+1} = \boldsymbol{x}_k + \hat{\boldsymbol{t}}_{k+1}$ を用いるのに対して，Davidson 法は過去に蓄積された情報も Rayleigh-Ritz の技法によって利用する．

このことから，Davidson 法は JOCC 法を加速したものであり，その根底にある考え方は，べき乗法から Arnoldi 法を構成したときと同じであることが分かる．

Jacobi-Davidson 法の位置づけ

以上のように JOCC 法と Davidson 法の関係を整理してみると，Jacobi-Davidson 法の位置づけが次のように明確になる：

1. JOCC 法と同様に，近似固有ベクトルと直交する修正ベクトルを求める．ただし，JOCC 法が初期ベクトル $\boldsymbol{x}_1$ と直交する方向を固定するのに

対して，Jacobi-Davidson 法では最新の近似固有ベクトル $\boldsymbol{u}_k$ と直交する方向に各段で直交方向を選び直す．これは，Jacobi の算法で考案された座標回転による前処理を，各段で適用していることに相当する．

2. Davidson 法と同様に，Rayleigh-Ritz の技法によって過去に蓄積された情報を利用する．

このように，Jacobi-Davidson 法は JOCC 法と Davidson 法の長所をうまく継承した算法である．

第 7 章ノート▶本書では，QR 法から LR 法へという順序で，その算法を導いた．しかし，歴史的にはその逆で，LR 法から QR 法が導入された．実際，まず，Rutishauser[161]が有理関数の極を計算する方法として **qd 法**[*20]（**商差法**）を導入し，さらに，この qd 法から固有値計算法の LR 法を導いた[162, 163]．しかし，LR 法は不安定な LU 分解に基づくので，それを安定な QR 分解に置き換えた算法—QR 法—が Francis [151, 152]，Kublanovskaya [158]によって提案された．Francis は，QR 法の基本形を提案するだけでなく，その高速化の数々の工夫（行列の Hessenberg 化，ダブルシフト等）を提案し，QR 法の基礎を築いた．現在，QR 法は，ダブルシフトからさらに多くのシフトを取り込んで計算を進めるマルチシフト型へと進化している（Braman-Byers-Mathias[145, 146]，山本[169]）．

同時反復法の収束定理（定理 7.5）や LR 法の収束定理（定理 7.8）の証明の前半部分，すなわち，上三角行列への収束の証明は，Wilkinson [14]による．後半部分の収束速度の証明はオリジナルであると思う．簡単な式変形のみで収束速度の評価まで得られ，興味深い．[14]にある行列式を用いた評価の導出と比較されたい．

大型固有値問題の数値解法である Arnoldi 法，Lanczos 法に関しては，基礎的なことしか扱えなかった．さらに進んだ内容は Chatelin [138]，Cullum-Willoughby [139]，Saad [142]を参照されたい．

大型固有値問題の数値解法である Jacobi-Davidson 法について，原著論文以外，本書のように，その着想の元にまで遡って述べた文献はないと思う．なお，ここで用いた Jacobi の算法の書いてある 1846 年の論文[155]は，対称行列の固有値問題の数値解法として有名な Jacobi 法（第 8.3 節）が提案されている論文でもある．Jacobi-Davidson 法を実際に用いるに当たっては，多くの注意を要する．Bai-Demmel-Dongarra-Ruhe-van der Vorst [137]を参照されたい．

---

*20　qd = quotient difference. 商差法については，Henrici [140]を参照されたい．

固有値の評価やその摂動に関する理論(連立 1 次方程式の近似解に対する誤差評価(補題 2. 11)のような評価を与える理論)も重要であるが，ここでは全く触れることができなかった．Varga [143], Stewart-Sun [24]を参照されたい．

Wilkinson [14]は，かなり古い教科書ではあるが，行列の固有値問題の数値解法に関するバイブルである．また，Golub-van der Vorst [153]は，固有値問題の数値解法のサーベイであると同時に歴史を綴った興味深い論文である．

第 7 章問題

7. 1　一般化固有値問題(7. 3)において B が正則でない場合でも，λ を変数と見て $\det(A-\lambda B)\neq 0$ ならば，標準形(7. 1)に変換できることを示せ．

7. 2　一般化固有値問題(7. 3)において，A が実対称行列，B が正定値実対称行列のとき，これを対称行列に対する標準形(7. 1)に変換せよ．

7. 3　べき乗法に関する式(7. 7)において，$\lambda_1\neq\lambda_2$, $|\lambda_1|=|\lambda_2|>|\lambda_i|$ $(i\geqq 3)$ であるとき，$\boldsymbol{x}_k=A^k\boldsymbol{x}_0/\|A^k\boldsymbol{x}_0\|$ が $\mathrm{span}(\boldsymbol{z}_1,\boldsymbol{z}_2)$ に回転しながら近づいていくことを示せ．

7. 4　行列 A の固有値 λ_1 と固有ベクトル $\boldsymbol{z}_1$ が求められたとき，$B=A-s\boldsymbol{z}_1\boldsymbol{v}^{\mathsf{H}}$ (ただし，$\boldsymbol{v}$ は $\boldsymbol{v}^{\mathsf{H}}\boldsymbol{z}_1=1$ を満たす任意のベクトル，s は λ_1 の近似値)とする(**Wielandt の減次**)．次の(i)～(iii)を示せ．

(i)　$\boldsymbol{w}_i{}^{\mathsf{H}}A=\lambda_i\boldsymbol{w}_i{}^{\mathsf{H}}$ $(i=1,\cdots,n)$ ($\boldsymbol{w}_i$ は A の左固有ベクトル)とするとき，$B\boldsymbol{z}_1=(\lambda_1-s)\boldsymbol{z}_1$, $\boldsymbol{w}_i{}^{\mathsf{H}}B=\lambda_i\boldsymbol{w}_i{}^{\mathsf{H}}$ $(i=2,\cdots,n)$.

(ii)　B の固有値は $\lambda_1-s,\lambda_2,\cdots,\lambda_n$ である．

(iii)　A が対角化可能であっても B は対角化可能とは限らない．

7. 5　$\lambda_1,\cdots,\lambda_n$ を相異なる複素数，U, V をユニタリ行列，$R=(r_{ij})$, $S=(s_{ij})$ を上三角行列で $r_{ii}=s_{ii}=\lambda_i$ とする．次の(i)，(ii)を示せ．

(i)　$URU^{\mathsf{H}}=S$ ならば，U は対角行列である．

(ii)　$URU^{\mathsf{H}}=VSV^{\mathsf{H}}$ ならば，あるユニタリ対角行列 D が存在して $V=UD^{\mathsf{H}}$, $S=DRD^{\mathsf{H}}$.

7. 6　$(\boldsymbol{x}_1,\cdots,\boldsymbol{x}_n)$, $(\boldsymbol{z}_1,\cdots,\boldsymbol{z}_n)$ をそれぞれ $\mathbb{C}^n$ の基底とし，Π_i を $\mathrm{span}(\boldsymbol{z}_{i+1},\cdots,\boldsymbol{z}_n)$ に沿った $\mathrm{span}(\boldsymbol{z}_1,\cdots,\boldsymbol{z}_i)$ への射影とする．次の(a)～(d)が同値であることを示せ．

(a)　$\mathrm{span}(\boldsymbol{x}_1,\cdots,\boldsymbol{x}_i)\cap\mathrm{span}(\boldsymbol{z}_{i+1},\cdots,\boldsymbol{z}_n)=\{\boldsymbol{0}\}$　$(i=1,\cdots,n-1)$.

(b)　$\mathbb{C}^n=\mathrm{span}(\boldsymbol{x}_1,\cdots,\boldsymbol{x}_i)\oplus\mathrm{span}(\boldsymbol{z}_{i+1},\cdots,\boldsymbol{z}_n)$　$(i=1,\cdots,n-1)$.

(c)　$\dim\Pi_i\,\mathrm{span}(\boldsymbol{x}_1,\cdots,\boldsymbol{x}_i)=i$　$(i=1,\cdots,n-1)$.

(d)　$[\boldsymbol{x}_1,\cdots,\boldsymbol{x}_n]=[\boldsymbol{z}_1,\cdots,\boldsymbol{z}_n]C$ で定義される基底変換行列 C のすべての首座小行列式は 0 でない．

7. 7　行列 $A=(a_{ij})$ が Hessenberg 形で $a_{i+1,i}\neq 0$ $(i=1,\cdots,n-1)$ ならば，

条件(7.28)が成り立つことを，以下の(ｉ)，(ii)，(iii)を示すことによって証明せよ．ただし，A は対角化可能であるとし，その固有ベクトルを $\boldsymbol{z}_1, \cdots, \boldsymbol{z}_n$ とする．

(ｉ) $\boldsymbol{0} \neq \boldsymbol{x} \in \mathrm{span}(\boldsymbol{e}_1, \cdots, \boldsymbol{e}_i)$ ならば，$\boldsymbol{x}, A\boldsymbol{x}, A^2\boldsymbol{x}, \cdots, A^{n-i}\boldsymbol{x}$ は1次独立(ただし $\boldsymbol{e}_i$ は第 i 単位ベクトル)　$(i=1, \cdots, n)$.

(ii) A の不変部分空間 F が $\mathrm{span}(\boldsymbol{e}_1, \cdots, \boldsymbol{e}_i)$ の元($\neq \boldsymbol{0}$)を含むならば $\dim F \geqq n-i+1$　$(i=1, \cdots, n)$.

(iii) $\mathrm{span}(\boldsymbol{e}_1, \cdots, \boldsymbol{e}_i) \cap \mathrm{span}(\boldsymbol{z}_{i+1}, \cdots, \boldsymbol{z}_n) = \{\boldsymbol{0}\}$　$(i=1, \cdots, n-1)$.

7.8　行列 $A=(a_{ij})$ の転置が Hessenberg 形で $a_{i,i+1} \neq 0\ (i=1, \cdots, n-1)$ ならば，条件(7.27)が成り立つことを証明せよ．ただし，A は対角化可能であるとし，その固有ベクトルを $\boldsymbol{z}_1, \cdots, \boldsymbol{z}_n$ とする．

7.9　A を正定値 Hermite 行列とするとき，QR 法(シフトなし)による第 k 段の反復行列 $\hat{A}_k$ と Cholesky LR 法(シフトなし)による第 $2k$ 段の反復行列 $\bar{A}_{2k}$ の間に $\hat{A}_k = \bar{A}_{2k}$ の関係が成り立つことを示せ．

7.10　A, B を n 次 Hermite 行列とし，B は正定値とする．(A, B) に関する固有値の大きい方から r 番目のものを $\lambda_r(A, B)$ とするとき，

$$\lambda_r(A, B) = \max_{\dim S = r} \min_{\boldsymbol{x} \in S \setminus \{\boldsymbol{0}\}} \frac{\boldsymbol{x}^{\mathrm{H}} A \boldsymbol{x}}{\boldsymbol{x}^{\mathrm{H}} B \boldsymbol{x}} = \min_{\dim S = n-r+1} \max_{\boldsymbol{x} \in S \setminus \{\boldsymbol{0}\}} \frac{\boldsymbol{x}^{\mathrm{H}} A \boldsymbol{x}}{\boldsymbol{x}^{\mathrm{H}} B \boldsymbol{x}}$$

であること(Courant-Fischer の最大・最小定理(補題 7.16)の拡張)を示せ．

7.11　A を n 次実対称行列，$\boldsymbol{x}=(x_i)$ を任意の n 次元実ベクトル(ただし $x_i \neq 0\ (i=1, \cdots, n)$)として $\boldsymbol{y}=A\boldsymbol{x}$ とおくとき，A のある固有値 λ が存在して，

$$\min_{1 \leqq i \leqq n} \frac{y_i}{x_i} \leqq \lambda \leqq \max_{1 \leqq i \leqq n} \frac{y_i}{x_i}$$

であること(**Collatz の定理**)を次のようにして証明せよ．

(ｉ) $y_i/x_i > 0\ (i=1, \cdots, n)$ の場合に，$D = \mathrm{diag}\,(y_1/x_1, \cdots, y_n/x_n)$ とおくと $A\boldsymbol{x} = D\boldsymbol{x}$ であることに着目して結論の不等式を導け(問題 7.10 を用いる).

(ii) y_i/x_i の中に非正のものがある一般の場合に，$A\boldsymbol{x} = D\boldsymbol{x}$ が $(A+cI)\boldsymbol{x} = (D+cI)\boldsymbol{x}$ ($c>0$ は十分大きな数)と書けることに注意して，定理を証明せよ．

8　固有値問題II：対称行列

実対称行列には，固有値がすべて実数であるなどの著しい特徴がある．本章では，このような性質を利用した実対称行列用の解法を取り上げる．

8.1　2分法

実対称行列 A の固有値はすべて実数であって，それらが正則行列 S による相似変換 $S^{-1}AS$ の下で不変に保たれることは周知の通りである．合同変換 $S^{\top}AS$ の下では，固有値の値は変わるが，正負の符号は保たれる．本節では，合同変換によって符号に関する情報を得ることを繰り返して実対称行列の固有値を求める方法を述べる．

n 次実対称行列 A の固有値のうち，正，0，負のものの個数を $\pi(A)$, $\zeta(A)$, $\nu(A)$ と書く．ここで，重複固有値はその重複度分だけ数えることとするので，$\pi(A)+\zeta(A)+\nu(A)=n$ である．整数の組 $(\pi(A), \zeta(A), \nu(A))$ は，対称行列 A の**符号**または**符号指数**と呼ばれる．

次の定理は **Sylvester の慣性則**として知られている(文献[3], [4]などを参照)．

定理 8.1　A を実対称行列，S を正則行列として，$B=S^{\top}AS$ とおくと，

$$\pi(A)=\pi(B), \qquad \zeta(A)=\zeta(B), \qquad \nu(A)=\nu(B)$$

が成り立つ．　□

変換行列 S が直交行列ならば，$B=S^{\top}AS$ の固有値は A の固有値と同じ値

であるが，S が一般の正則行列のときには，別の値になる．しかし，符号の情報は保存されるというのが Sylvester の慣性則の主張である．

実対称行列 A の固有値を求めたいときに，実数 s を任意に選んで $A - sI = LDL^\top$ と $\mathrm{LDL}^\top$ 分解(→第 2.2.3 節)できたとすれば，上の定理により

$$\pi(A - sI) = \pi(D), \quad \zeta(A - sI) = \zeta(D), \quad \nu(A - sI) = \nu(D)$$

が成り立つ．一方，D は対角行列であるから，上式のそれぞれの右辺は D の対角要素の正，0，負のものの個数に等しい．このようにして，A の固有値に関して，s より大きいものの個数($= \pi(A - sI)$)，s に等しいものの個数($= \zeta(A - sI)$)，s より小さいものの個数($= \nu(A - sI)$)が計算できる．

シフト量 s をいろいろ変えれば，任意の精度で固有値の存在範囲を限定していくことができる．2 分探索によって s を変えていくことが多いので，この解法を **2 分法**(**バイセクション法**)と呼ぶ．固有値を探す範囲(区間)を任意に指定できるという特徴がある．なお，すべての固有値を含む区間は Gershgorin の定理(定理 7.1)によって求められる．

以上の議論は，A が任意の実対称行列のときに成り立つが，各シフト s 毎に $A - sI$ を $\mathrm{LDL}^\top$ 分解する手間を少なく抑えたいので，通常は，中間形として 3 重対角行列を利用する．すなわち，はじめに直交行列 Q によって A を 3 重対角行列 $T = Q^\top AQ$ に変換しておく．このとき，s の任意の値に対して

$$Q^\top (A - sI)Q = T - sI$$

のようになるので，各 s 毎には，3 重対角行列 $T - sI$ の $\mathrm{LDL}^\top$ 分解を求めれば済むようになり，その手間は $\mathrm{O}(n)$ に軽減される．

2 分法は一般化固有値問題にも素直に拡張される(→問題 8.1)．

8.2　分割統治法

実対称 3 重対角行列の固有値問題は，より小規模な問題に再帰的に分割し

て解くことができる．これを**分割統治法**と呼ぶ[*1]．固有値と固有ベクトルの両方を求める場合はQR法の倍以上速いとされるが，数値的な安定性には注意を要する．

実対称な n 次3重対角行列 T を

$$T=\left[\begin{array}{ccc|ccc} \alpha_1 & \beta_1 & & & & \\ \beta_1 & \ddots & \ddots & & & \\ & \ddots & \alpha_m & \beta_m & & \\ \hline & & \beta_m & \alpha_{m+1} & \ddots & \\ & & & \ddots & \ddots & \beta_{n-1} \\ & & & & \beta_{n-1} & \alpha_n \end{array}\right]$$

のように左上の m 次の部分と右下の $(n-m)$ 次の部分に分けて，中央の部分を

$$\left[\begin{array}{c|c} \alpha_m & \beta_m \\ \hline \beta_m & \alpha_{m+1} \end{array}\right]=\left[\begin{array}{c|c} \alpha_m-\beta & 0 \\ \hline 0 & \alpha_{m+1}-\beta \end{array}\right]+\left[\begin{array}{c|c} \beta & \beta \\ \hline \beta & \beta \end{array}\right]$$

(ただし $\beta=\beta_m$)と書き直すと，T は

$$T=\begin{bmatrix} T_1 & \\ & T_2 \end{bmatrix}+\beta(\boldsymbol{e}_m+\boldsymbol{e}_{m+1})(\boldsymbol{e}_m+\boldsymbol{e}_{m+1})^{\mathsf{T}} \tag{8.1}$$

と分解される．ここで，T_1 は T の左上の m 次主小行列において α_m を $\alpha_m-\beta$ で置き換えたもの，T_2 は T の右下の $(n-m)$ 次主小行列において α_{m+1} を $\alpha_{m+1}-\beta$ で置き換えたものであり，$\boldsymbol{e}_i$ は第 i 単位ベクトルである $(i=m, m+1)$．

いま，T_1, T_2 に対する固有値問題が解けているとして，これを利用して T の固有値問題を解くことを考える．このとき，直交行列 Q_1, Q_2 による対角化

*1 「分割統治法」は，固有値問題に限らず，与えられた問題をより小さな子問題に分割してそれぞれの子問題を解き，その答えをうまく合成して元の問題の答えを得る形のアルゴリズムを意味する一般的な言葉である．子問題に対しても同じ考え方を再帰的に適用することが多い．

$$(8.2) \qquad {Q_1}^\top T_1 Q_1 = D_1, \qquad {Q_2}^\top T_2 Q_2 = D_2$$

が得られているが，$Q=\mathrm{diag}(Q_1,Q_2)$，$D=\mathrm{diag}(D_1,D_2)$ とおき，Q_1 の最後の行を ${\boldsymbol{q}_1}^\top$，Q_2 の最初の行を${\boldsymbol{q}_2}^\top$として$\boldsymbol{w}^\top=({\boldsymbol{q}_1}^\top,{\boldsymbol{q}_2}^\top)$とおくと，式(8.1)，(8.2)より，

$$Q^\top TQ = D+\beta\boldsymbol{w}\boldsymbol{w}^\top$$

となる．したがって，T に対する固有値問題は，行列

$$B = D+\beta\boldsymbol{w}\boldsymbol{w}^\top$$

の固有値と固有ベクトルを求めることに帰着される．この行列 B は，階数が 1 の行列 $\beta\boldsymbol{w}\boldsymbol{w}^\top$ によって対角行列 $D=\mathrm{diag}(d_1,\cdots,d_n)$ を補正した形である．以下，

$$(8.3) \qquad \beta\neq 0, \qquad w_i\neq 0 \ \ (i=1,\cdots,n), \qquad d_i\neq d_j \ \ (i\neq j)$$

と仮定する(注意 8.2 参照)．

行列 B の固有値は次のようにして求められる．特性多項式について

$$(8.4) \qquad \begin{aligned}\frac{\det(B-\lambda I)}{\det(D-\lambda I)} &= \det(I+\beta(D-\lambda I)^{-1}\boldsymbol{w}\boldsymbol{w}^\top)\\ &= 1+\beta\boldsymbol{w}^\top(D-\lambda I)^{-1}\boldsymbol{w}\\ &= 1+\beta\sum_{i=1}^{n}\frac{{w_i}^2}{d_i-\lambda} \quad (\equiv f(\lambda)\ \text{とおく})\end{aligned}$$

が成り立つ．この有理関数 $f(\lambda)$ は，仮定(8.3)の下では n 個の零点(実数)$\lambda_1>\lambda_2>\cdots>\lambda_n$ をもち，これが B の固有値を与える．より詳しくは，$d_{i_1}>d_{i_2}>\cdots>d_{i_n}$ とするとき，

$$(8.5) \qquad \begin{array}{lll}\beta>0 & \text{ならば} & \lambda_1>d_{i_1}>\lambda_2>d_{i_2}>\cdots>\lambda_n>d_{i_n},\\ \beta<0 & \text{ならば} & d_{i_1}>\lambda_1>d_{i_2}>\lambda_2>\cdots>d_{i_n}>\lambda_n\end{array}$$

となる．したがって，方程式 $f(\lambda)=0$ を Newton 法などによって解けば，B の固有値が求められる．Newton 法の収束は極めて速く数回の反復で済むので，β, w_i, d_i $(i=1,\cdots,n)$ が与えられたとき，行列 B の すべての固有値を求

めるための計算量は実際上 $O(n^2)$ である．

行列 B の固有ベクトルは $(D-\lambda_i I)^{-1}\boldsymbol{w}$ $(i=1,\cdots,n)$ で与えられる(→問題 8.2)．したがって，β, w_i, d_i $(i=1,\cdots,n)$ が与えられたとき，行列 B のすべての固有ベクトルが $O(n^2)$ の計算量で求められる．ただし，この方法で固有ベクトルを求めるのは数値的に安定でないので，実際には別の手法が用いられる(詳しくは[6]を参照)．

上記の分解を $m\approx n/2$ として再帰的に行い，ある程度小さい行列になったら QR 法を用いる．こうすることによって，行列 A のすべての固有値・固有ベクトルが実際上 $O(n^2)$ の計算量で求められる．分割統治法は並列計算にも適している．

注意 8.2 式(8.3)の状況を考えればよい理由を述べる．まず，$\beta=0$ ならば $B=D$ となるので，当然 $\beta\neq 0$ としてよい．また，ある k に対して $w_k=0$ とすると，B の第 k 行(および第 k 列)の非対角要素はすべて 0 であるから，第 k 行と第 k 列を取り除いて**減次**できる．次に，D が重複固有値 δ をもつ場合，$d_k=\delta$ となる番号 k の集合を K とすると，δ は B の固有値で，その重複度は $|K|-1$ である($\sum_{k\in K} {w_k}^2\neq 0$ としている)．このとき，$P^{\top}DP=D$ を満たす適当な直交行列 P を用いて，$\tilde{\boldsymbol{w}}=P^{\top}\boldsymbol{w}$ が $|K|-1$ 個の 0 要素をもつようにできる．実際，行と列を並べ替えて $D=\begin{bmatrix}\delta I & O\\ O & \bar{D}\end{bmatrix}$ と表すとき，第 1 列が $(w_k\mid k\in K)$ のスカラー倍であるような $|K|$ 次元の直交行列 $\hat{P}$ を用いて $P=\begin{bmatrix}\hat{P} & O\\ O & I\end{bmatrix}$ の形にとればよい．すると，$P^{\top}BP=D+\beta\tilde{\boldsymbol{w}}\tilde{\boldsymbol{w}}^{\top}$ に減次が適用できる．

8.3 Jacobi 法

実対称行列の固有値(と固有ベクトル)を求める古典的な方法に Jacobi 法がある．1960 年代には決定版のようにもてはやされたが，その後，大規模な行列に適さないという理由から実用的価値は薄れた．現在では Rayleigh-Ritz の技法(→第 7.6 節)と組み合わせたりして小規模な行列の固有値を求める場合に用いられる程度であるが，固有値計算法の古典としての意義は大きく，近似固有値の相対誤差が小さいという特長もある．

8.3.1　算　法

Jacobi 法の基本方針は，n 次実対称行列 $A=(a_{ij})$ の非対角要素が小さくなるように Givens 変換による相似変換(6.10)：

$$\tilde{A}=G(p,q,\theta)^{\top}A\,G(p,q,\theta) \qquad (p\neq q) \tag{8.6}$$

を繰り返して，対角行列に収束させることである($n\geqq 2$)．A が対称だから $\tilde{A}$ も対称で，式(6.11)は

$$\begin{aligned}
\tilde{a}_{pp}&=a_{pp}\cos^2\theta-2a_{pq}\cos\theta\sin\theta+a_{qq}\sin^2\theta,\\
\tilde{a}_{qq}&=a_{pp}\sin^2\theta+2a_{pq}\cos\theta\sin\theta+a_{qq}\cos^2\theta,\\
\tilde{a}_{pq}&=\tilde{a}_{qp}=(a_{pp}-a_{qq})\cos\theta\sin\theta+a_{pq}(\cos^2\theta-\sin^2\theta),\\
\tilde{a}_{pj}&=\tilde{a}_{jp}=a_{pj}\cos\theta-a_{qj}\sin\theta \qquad (j\neq p,q),\\
\tilde{a}_{qj}&=\tilde{a}_{jq}=a_{pj}\sin\theta+a_{qj}\cos\theta \qquad (j\neq p,q)
\end{aligned} \tag{8.7}$$

のように少し簡単になる．

上の変換(8.7)によって対角要素と非対角要素のそれぞれの平方和がどう変化するかを計算してみよう．まず，A と $\tilde{A}$ の全要素の平方和は不変であることが分かる．なぜなら，A の全要素の平方和は $\mathrm{Tr}\,(A^{\top}A)$ に等しく，$\tilde{A}$ の全要素の平方和は $\mathrm{Tr}\,(\tilde{A}^{\top}\tilde{A})$ に等しいが，この両者は式(8.6)によって等しいからである．一方，A と $\tilde{A}$ の非対角要素の平方和

$$F=\sum_{i\neq j}{a_{ij}}^2, \qquad \tilde{F}=\sum_{i\neq j}{\tilde{a}_{ij}}^2 \tag{8.8}$$

の間には，

$$F-\tilde{F}=2({a_{pq}}^2-{\tilde{a}_{pq}}^2) \tag{8.9}$$

という関係がある．これは，式(8.8)において

$${\tilde{a}_{pj}}^2+{\tilde{a}_{qj}}^2={a_{pj}}^2+{a_{qj}}^2 \qquad (j\neq p,q)$$

が成り立つことから容易に導かれる．

式(8.9)によれば，非対角要素の減少量 $F - \tilde{F}$ を最大にするには，(p,q) を

$$|a_{pq}| = \max\{|a_{ij}| \mid i \neq j\} \tag{8.10}$$

となるように選び，θ を $\tilde{a}_{pq} = 0$ となるように選べばよいことが分かる[*2]．条件 $\tilde{a}_{pq} = 0$ を満たす θ は，式(8.7)により，

$$\tan 2\theta = \frac{2a_{pq}}{a_{qq} - a_{pp}} \tag{8.11}$$

を満たすものであるが，A が対角行列に近いときに $\theta \approx 0$ となるように，

$$|\theta| \leqq \pi/4 \tag{8.12}$$

の範囲に選ぶ(実際の計算は，注意 8.4 のようにする)．

変換を k 回施した後の行列を $A_k = (a_{ij}^{(k)})$ とし，A_k に対する p, q, F をそれぞれ p_k, q_k, F_k と書き表す(ただし $A_0 = A$)．このとき

$$F_k - F_{k+1} = 2(a_{p_k q_k}^{(k)})^2 \tag{8.13}$$

が成り立つので，F_k は単調に減少する．F_k が 0 に収束することは次節で述べることとして，ここでは，非対角平方和が小さくなれば対角要素から固有値の近似値が求められることを示す一般的な定理を述べる．

定理 8.3　n 次実対称行列 A の固有値を $\lambda_1 \geqq \lambda_2 \geqq \cdots \geqq \lambda_n$ とし，A の対角要素を大きい順に並べ替える置換を σ とするとき[*3]，

$$|a_{\sigma(i)\sigma(i)} - \lambda_i| \leqq \sqrt{F} \qquad (i = 1, \cdots, n). \tag{8.14}$$ □

［証明］　問題 8.4 において，$B = \mathrm{diag}\,(a_{11}, \cdots, a_{nn})$ とおく．■

Givens 変換を繰り返して対角行列(に近い行列)が得られたとき，A の固有ベクトルは Givens 変換行列の積から求めることができる．

注意 8.4　Jacobi 法の実際の計算手順は，式(8.11)から θ を陽に求めて定義式(8.7)に代入するのではなく，例えば次のようにする(Rutishauser の計算式)[15]．

---

*2　Jacobi 法にはいくつかの変種があるが，式(8.10)のように絶対値最大の非対角要素を選ぶものを古典 **Jacobi 法**と呼ぶことがある．

*3　すなわち，$a_{\sigma(1)\sigma(1)} \geqq a_{\sigma(2)\sigma(2)} \geqq \cdots \geqq a_{\sigma(n)\sigma(n)}$．

$$
\begin{aligned}
z &= (a_{qq} - a_{pp})/(2a_{pq}) \qquad (= \cot 2\theta),\\
t &= \operatorname{sgn}(z)/(|z| + \sqrt{1+z^2}) \qquad (= \tan\theta),\\
c &= 1/\sqrt{1+t^2} \qquad (= \cos\theta),\\
s &= c\, t \qquad (= \sin\theta),\\
u &= s/(1+c) \qquad (= \tan(\theta/2)),\\
\tilde{a}_{pp} &= a_{pp} - t a_{pq},\\
\tilde{a}_{qq} &= a_{qq} + t a_{pq},\\
\tilde{a}_{pq} &= \tilde{a}_{qp} = 0,\\
\tilde{a}_{pj} &= \tilde{a}_{jp} = a_{pj} - s(a_{qj} + u a_{pj}) \qquad (j \neq p, q),\\
\tilde{a}_{qj} &= \tilde{a}_{jq} = a_{qj} + s(a_{pj} - u a_{qj}) \qquad (j \neq p, q).
\end{aligned}
$$

絶対値最大の非対角要素 a_{pq} を探すには，$n(n-1)/2$ 個の要素を調べなければならないかに思える．事実，このことを理由にいくつかの簡便法が考案されてきた歴史がある．しかし，A から $\tilde{A}$ への変更が局所的なものであることに着目してデータ構造を工夫すれば，最大値探索の手間を（実際上）n の数倍の程度に抑えることができる（[144]の第 8 章を参照）．

8.3.2　収束性*

Jacobi 法の収束性について，大域的 1 次収束性（定理 8.5）と局所的（漸近的）2 次収束性（定理 8.6）を述べる．重複固有値があっても収束性が悪化しないことは Jacobi 法の大きな利点である．

行列 A の固有値を $\lambda_1 \geqq \lambda_2 \geqq \cdots \geqq \lambda_n$ とし，

$$
\Delta = \min_{\lambda_r \neq \lambda_s} |\lambda_r - \lambda_s|, \qquad N = \frac{n(n-1)}{2}
$$

とおく．Δ は相異なる固有値の最小距離，N は右上非対角要素の個数を表す．

次の定理は，Jacobi 法が大域的に 1 次収束することを示している．

定理 8.5　Jacobi 法において，非対角要素平方和 F_k は

$$
F_{k+1} \leqq \left(1 - \frac{1}{N}\right) F_k \tag{8.15}
$$

を満たし，したがって，0 に収束する．さらに，条件（8.12）の下で，A_k は A の固有値 $\lambda_1, \cdots, \lambda_n$ を適当に並べた対角行列に収束する．　□

［証明］ (p_k, q_k) の選び方によって $(a^{(k)}_{p_k q_k})^2 \geqq F_k/n(n-1)$ であり，これと式(8.13)により

$$F_k - F_{k+1} = 2(a^{(k)}_{p_k q_k})^2 \geqq \frac{2}{n(n-1)} F_k = \frac{1}{N} F_k$$

が成り立つ．後半を示すために，$\varepsilon = \Delta/4$, $I^{(k)}_r = \{i \mid |a^{(k)}_{ii} - \lambda_r| \leqq \varepsilon\}$ とおくと，$\lambda_r \neq \lambda_s$ のとき $I^{(k)}_r \cap I^{(k)}_s = \emptyset$ である．式(8.15)より，ある k_0 以上の任意の k に対して $\sqrt{F_k} \leqq \varepsilon$ となり，定理 8.3 により，$\bigcup_{r=1}^{n} I^{(k)}_r = \{1, \cdots, n\}$ となる．さらに，問題 8.5 より $I^{(k)}_r = I^{(k_0)}_r$ $(k \geqq k_0)$ が成り立つ． ■

Jacobi 法が漸近的には 2 次収束することを述べよう[164], [165].

定理 8.6　Jacobi 法において，ある $k_0 \geqq 0$ で

$$F_{k_0} < \left(\frac{2\Delta}{6 + \sqrt{n-2}} \right)^2 \tag{8.16}$$

ならば

$$F_{k_0+N} \leqq \frac{n-2}{2} \left(\frac{F_{k_0}}{\Delta - 2\sqrt{F_{k_0}}} \right)^2 \tag{8.17}$$

が成り立つ． □

［証明］ 一般性を失うことなく，$k_0 = 0$ と仮定できる．

議論の本質を明確にするために，最初に，A の固有値がすべて異なる場合を考える．各 $k = 0, 1, \cdots, N-1$ に対して，定理 8.3 より，相異なる r_k, s_k が存在して

$$|a^{(k)}_{p_k p_k} - \lambda_{r_k}| \leqq \sqrt{F_k}, \qquad |a^{(k)}_{q_k q_k} - \lambda_{s_k}| \leqq \sqrt{F_k}$$

である．一方，固有値がすべて異なるから $|\lambda_{r_k} - \lambda_{s_k}| \geqq \Delta$ であり，したがって，

$$\begin{aligned} |a^{(k)}_{p_k p_k} - a^{(k)}_{q_k q_k}| &\geqq |\lambda_{r_k} - \lambda_{s_k}| - |a^{(k)}_{p_k p_k} - \lambda_{r_k}| - |a^{(k)}_{q_k q_k} - \lambda_{s_k}| \\ &\geqq \Delta - 2\sqrt{F_k} \geqq \Delta - 2\sqrt{F_0} \end{aligned}$$

が成り立つ．仮定(8.16)より $\Delta - 2\sqrt{F_0} > 0$ であることに注意して，下の補題 8.7 で $\delta = \Delta - 2\sqrt{F_0}$ とすれば，式(8.17)が導かれる．

固有値に重複のある場合にも，後述の補題 8.8 により，同じ議論が適用できることが分かる．∎

補題 8.7　$\delta > 0$ として，$|a_{p_k p_k}^{(k)} - a_{q_k q_k}^{(k)}| \geqq \delta \ (k = 0, 1, \cdots, N-1)$ ならば

$$F_N \leqq \frac{n-2}{2}\left(\frac{F_0}{\delta}\right)^2.$$

□

［証明］　$k = 0, 1, \cdots, N$ に対して，添え字の集合 $P_k \subseteq \{(i,j) \mid i \neq j\}$ が存在して，$|P_k| = 2k$ かつ

$$\sum_{(i,j)\in P_k} (a_{ij}^{(k)})^2 \leqq \frac{n-2}{2}\left(\frac{F_0 - F_k}{\delta}\right)^2 \tag{8.18}$$

が成り立つことを，k に関する帰納法で証明する($k = N$ のとき，上式の左辺は F_N に等しいことに注意)．式(8.18)は，$k = 0$ のときは自明に成立する．k $(< N)$ の場合 $(8.18)_k$ を仮定して，$k+1$ の場合 $(8.18)_{k+1}$ を示そう．

P_k としては，$|a_{ij}^{(k)}|$ の中で小さい方から $2k$ 個を選ぶことができるので，P_k は対称($(i,j) \in P_k$ ならば $(j,i) \in P_k$)で，$(p_k, q_k) \notin P_k$ としてよい．$P_{k+1} = P_k \cup \{(p_k, q_k), (q_k, p_k)\}$ とおくと，$|P_{k+1}| = 2(k+1)$ であり，式 $(8.18)_{k+1}$ の左辺は

$$\begin{aligned} \sum_{(i,j)\in P_{k+1}} (a_{ij}^{(k+1)})^2 &= \sum_{(i,j)\in P_k} (a_{ij}^{(k+1)})^2 + (a_{p_k q_k}^{(k+1)})^2 + (a_{q_k p_k}^{(k+1)})^2 \\ &= \sum_{(i,j)\in P_k} (a_{ij}^{(k)})^2 + \sum_{(i,j)\in Q_k} [(a_{ij}^{(k+1)})^2 - (a_{ij}^{(k)})^2] \end{aligned} \tag{8.19}$$

と計算される．ただし

$$\begin{aligned} Q_k = &\{(p_k, j), (j, p_k) \mid (p_k, j) \in P_k,\ (q_k, j) \notin P_k\} \\ &\cup \{(q_k, j), (j, q_k) \mid (q_k, j) \in P_k,\ (p_k, j) \notin P_k\}. \end{aligned}$$

記号を簡単にするため $f_k = (a_{p_k q_k}^{(k)})^2$ とおくとき，各 $(i,j) \in Q_k$ に対して

$$|(a_{ij}^{(k+1)})^2 - (a_{ij}^{(k)})^2| \leqq \frac{{f_k}^2}{\delta^2} + \frac{2f_k}{\delta}|a_{ij}^{(k)}|$$

が成り立つ(→問題 8.6)．また，$|Q_k| \leqq 2n-4$ と Schwarz の不等式により，

$$\sum_{(i,j)\in Q_k} |a_{ij}^{(k)}| \leqq \sqrt{2n-4}\sqrt{\sum_{(i,j)\in Q_k} (a_{ij}^{(k)})^2} \leqq \sqrt{2n-4}\sqrt{\sum_{(i,j)\in P_k} (a_{ij}^{(k)})^2}$$

である．したがって

$$\sum_{(i,j)\in Q_k} [(a_{ij}^{(k+1)})^2 - (a_{ij}^{(k)})^2] \leqq \frac{(2n-4){f_k}^2}{\delta^2} + \frac{2\sqrt{2n-4}f_k}{\delta}\sqrt{\sum_{(i,j)\in P_k} (a_{ij}^{(k)})^2}.$$

これを式(8.19)に代入して，帰納法の仮定$(8.18)_k$と関係式$F_k - 2f_k = F_{k+1}$を用いると，

$$\begin{aligned}
\sum_{(i,j)\in P_{k+1}} (a_{ij}^{(k+1)})^2 &\leqq \left(\frac{\sqrt{2n-4}f_k}{\delta} + \sqrt{\sum_{(i,j)\in P_k} (a_{ij}^{(k)})^2}\right)^2 \\
&\leqq \left(\frac{\sqrt{2n-4}f_k}{\delta} + \frac{\sqrt{2n-4}(F_0 - F_k)}{2\delta}\right)^2 \\
&= \frac{n-2}{2}\left(\frac{F_0 - F_{k+1}}{\delta}\right)^2
\end{aligned}$$

となって，式$(8.18)_{k+1}$が導かれる． ■

固有値に重複のある場合に必要な補題を述べよう．

補題 8.8 (p,q)が式(8.10)を満たすとき，$F < \left(\dfrac{2\Delta}{6+\sqrt{n-2}}\right)^2$ ならば $|a_{pp} - a_{qq}| \geqq \Delta - 2\sqrt{F}$ である． □

［証明］ 行と列の番号を付け替えて，$a_{11} \geqq a_{22} \geqq \cdots \geqq a_{nn}$ と仮定してよい．また$F > 0$としてよい．定理8.3より$|a_{ii} - \lambda_i| \leqq \sqrt{F}$ $(i = 1, \cdots, n)$であり，一方，以下に示すように$\lambda_p \neq \lambda_q$であるから，

$$|a_{pp} - a_{qq}| \geqq |\lambda_p - \lambda_q| - |a_{pp} - \lambda_p| - |a_{qq} - \lambda_q| \geqq \Delta - 2\sqrt{F}$$

が成り立つ．

$\lambda_p \neq \lambda_q$を示すため，一般性を失うことなく$p < q$と仮定し，$s = \min\{r \mid \lambda_r = \lambda_p\}$, $t = \max\{r \mid \lambda_r = \lambda_q\}$とおく$(1 \leqq s \leqq p < q \leqq t \leqq n)$．このとき

$$\lambda_p \geqq \tilde{a}_{pp} - \frac{1}{\Delta - 3\sqrt{F}}\sum_{i<s} {\tilde{a}_{ip}}^2, \quad \lambda_q \leqq \tilde{a}_{qq} + \frac{1}{\Delta - 3\sqrt{F}}\sum_{j>t} {\tilde{a}_{jq}}^2 \tag{8.20}$$

が成り立つ(証明は後で示す)ので，

$$\text{(8.21)}\quad \lambda_p - \lambda_q \geqq (\tilde{a}_{pp} - \tilde{a}_{qq}) - \frac{1}{\Delta - 3\sqrt{F}}\left(\sum_{i<s} \tilde{a}_{ip}{}^2 + \sum_{j>t} \tilde{a}_{jq}{}^2\right)$$

となる．この右辺の前半は

$$\tilde{a}_{pp} - \tilde{a}_{qq} = \sqrt{(a_{pp} - a_{qq})^2 + 4a_{pq}{}^2} \ \geqq 2|a_{pq}|$$

と評価され，後半は，$I = \{1, \cdots, s-1\} \cup \{t+1, \cdots, n\}$ として，

$$\begin{aligned}
\sum_{i<s} \tilde{a}_{ip}{}^2 + \sum_{j>t} \tilde{a}_{jq}{}^2 &\leqq \sum_{i \in I}(\tilde{a}_{ip}{}^2 + \tilde{a}_{iq}{}^2) \\
&= \sum_{i \in I}(a_{ip}{}^2 + a_{iq}{}^2) \\
&\leqq \sqrt{2|I|a_{pq}{}^2}\sqrt{\sum_{i \in I}(a_{ip}{}^2 + a_{iq}{}^2)} \\
&\leqq \sqrt{2(n-2)}|a_{pq}|\sqrt{F/2}
\end{aligned}$$

と評価される（上式の 3 行目の不等式で式(8.10)を用いた）．これらを式(8.21)に代入して

$$\lambda_p - \lambda_q \geqq 2|a_{pq}| - \frac{\sqrt{n-2}}{\Delta - 3\sqrt{F}}|a_{pq}|\sqrt{F} = \frac{2\Delta - (6 + \sqrt{n-2})\sqrt{F}}{\Delta - 3\sqrt{F}}|a_{pq}| \ > 0$$

となる．したがって，$\lambda_p \neq \lambda_q$ である．

最後に式(8.20)を証明しよう．任意の $i < s$ に対して[*4]，

$$\begin{aligned}
\tilde{a}_{ii} - \tilde{a}_{pp} &= a_{ii} - (a_{pp}\cos^2\theta + a_{qq}\sin^2\theta - a_{pq}\sin 2\theta) \\
&\geqq a_{ii} - a_{pp} - |a_{pq}| \\
&\geqq |\lambda_i - \lambda_p| - |\lambda_i - a_{ii}| - |\lambda_p - a_{pp}| - |a_{pq}| \\
&\geqq \Delta - 3\sqrt{F} > 0
\end{aligned}$$

が成り立つ．これは $\tilde{A}$ の対角要素の中に $\tilde{a}_{pp}$ より大きいものが少なくとも $s-1$ 個あることを示しているから，定理 8.3 より $\tilde{a}_{pp} \leqq \lambda_s + \sqrt{F}$ である．任意の $i < s$ に対して，

---

*4　$s = 1$ の場合にも以下の議論は有効である．

$$\tilde{a}_{pp} \leqq \lambda_s + \sqrt{F} \leqq (\lambda_i - \Delta) + \sqrt{F} \leqq a_{ii} - \Delta + 2\sqrt{F} = \tilde{a}_{ii} - \Delta + 2\sqrt{F}$$

より $\tilde{a}_{ii} - \tilde{a}_{pp} \geqq \Delta - 2\sqrt{F}$ である．さらに $\tau = \sqrt{\sum_{i<s,\, j<s,\, i\neq j} \tilde{a}_{ij}{}^2}$ とおくと，$\tau \leqq \sqrt{\tilde{F}} \leqq \sqrt{F}$ より

$$\tilde{a}_{ii} - \tilde{a}_{pp} - \tau \geqq \Delta - 3\sqrt{F} > 0 \qquad (i < s)$$

が成り立つので，固有値の範囲に関する一般的な事実(→問題 8.7)より

$$\lambda_p = \lambda_s \geqq \tilde{a}_{pp} - \sum_{i<s} \frac{\tilde{a}_{ip}{}^2}{\tilde{a}_{ii} - \tilde{a}_{pp} - \tau} \geqq \tilde{a}_{pp} - \frac{1}{\Delta - 3\sqrt{F}} \sum_{i<s} \tilde{a}_{ip}{}^2$$

となる．λ_q に関する不等式も同様に証明できる．∎

8.3.3 巡回 Jacobi 法

Jacobi 法においては，絶対値最大の非対角要素を消すという自然な方針に従って対角行列への変換を目指している．しかし，要素の大きさとは無関係に $N = n(n-1)/2$ 個の非対角要素を適当な順番に取り出して (p, q) としてもよい．例えば，$(p, q) = (1, 2), (1, 3), (1, 4), \cdots, (1, n); (2, 3), (2, 4), \cdots, (2, n); \cdots; (n-1, n)$ という順序を用いることができる．このような変種を**巡回 Jacobi 法**と呼ぶ．

巡回 Jacobi 法においては，絶対値最大の非対角要素を探す手間が要らないので，反復 1 回あたりの計算量が大幅に減少する．このときも，式(8.13)により非対角平方和 F_k は単調に減少し，さらに，最終的には 0 に 2 次収束することが知られている[157]．

巡回 Jacobi 法の利点の一つに，並列計算の可能性がある．例えば，n が偶数のとき，$(p, q) = (2k-1, 2k)$ $(k = 1, 2, \cdots, n/2)$ に対する $n/2$ 個の Givens 変換は並列に実行できる．なぜなら，$(p, q) = (2k-1, 2k)$ の Givens 変換を表す 2 次の直交行列を $\hat{G}_k$ として，A を 2 次行列 A_{kl} から成るブロック行列 $(A_{kl} \mid k, l = 1, 2, \cdots, n/2)$ と見れば，$n/2$ 個の Givens 変換を A に施すことは

$$\begin{bmatrix} \hat{G}_1 & & \\ & \ddots & \\ & & \hat{G}_{n/2} \end{bmatrix}^{\mathsf{T}} \begin{bmatrix} A_{11} & \cdots & A_{1,n/2} \\ \vdots & \ddots & \vdots \\ A_{n/2,1} & \cdots & A_{n/2,n/2} \end{bmatrix} \begin{bmatrix} \hat{G}_1 & & \\ & \ddots & \\ & & \hat{G}_{n/2} \end{bmatrix}$$

を計算することになり，これは，各 (k,l) $(k \leqq l)$ に対する $\dfrac{1}{2}\dfrac{n}{2}\left(\dfrac{n}{2}+1\right)$ 個の計算 $\hat{G}_k{}^{\mathsf{T}} A_{kl} \hat{G}_l$ を独立に行えばよいからである．

第 8 章ノート▶本章では，対称行列のみに適用可能な算法について述べた．前章に述べた算法も，もちろん，対称行列に適用可能である．全固有値を求める方法として QR 法，Cholesky LR 法(その改良版である **MRRR** アルゴリズム*5 (Dhillon-Parlett [149], Dhillon-Parlett-Vömel [150], 山本 [168]))があり，いくつかの固有値を求める方法として，べき乗法，同時反復法，Lanczos 法，Jacobi-Davidson 法が考えられる．これらの算法，および，本章で述べた算法の比較等に関しては Bai-Demmel-Dongarra-Ruhe-van der Vorst[137]を参照されたい．

分割統治法に関しては基本的な話のみ記した．安定性を増した算法に関しては，Gu-Eisenstat [97]を参照されたい．

Jacobi 法に関しては，多くの教科書で 1 次収束性については記しているものの，2 次収束性の証明を記述したものは稀である．ここでは Schönhage [164, 165]による証明を記したが，より詳細な評価が Hari [154]にある(Kempen [156]にも同様の評価があるが，証明は正しくない)．

なお，Parlett [141]は，少し古くなって，分割統治法は扱ってないが，対称行列の固有値問題の数値解法に関するバイブルである．

第 8 章問題

8.1　以下のことを示すことによって，2 分法を一般化固有値問題 $A\boldsymbol{x} = \lambda B\boldsymbol{x}$ (A: 対称，B: 正定値対称) に拡張せよ．

(i) 固有値 λ はすべて実数である．

(ii) (A,B) の固有値の正のものの個数(重複固有値はその重複度分だけ数える)を $\hat{\pi}(A,B)$ とすると，$\hat{\pi}(A,B) = \pi(A)$ である．

(iii) 実数 s を選んで，$A - sB = LDL^{\mathsf{T}}$ と $\mathrm{LDL}^{\mathsf{T}}$ 分解すれば，D の対角要素のうち正，0，負のものの個数が，それぞれ，s より大きい，等しい，小さい固有値 λ の個数を与える．

---

*5　MRRR = Multiple Relatively Robust Representations. MR^3 と略されることもある．

8.2　$D=\mathrm{diag}(d_1,\cdots,d_n)$，$B=D+\beta\boldsymbol{w}\boldsymbol{w}^{\mathsf{T}}$ として，式(8.3)を仮定する．以下のことを示せ．

(i) 式(8.4)の $f(\lambda)$ は，式(8.5)のように分離される n 個の零点 λ_i をもつ．

(ii) B の固有値はすべて単純で，$\lambda_1,\cdots,\lambda_n$ に等しい．

(iii) $B\boldsymbol{z}_i=\lambda_i\boldsymbol{z}_i$，$\boldsymbol{z}_i\neq\boldsymbol{0}$ ならば，$\boldsymbol{w}^{\mathsf{T}}\boldsymbol{z}_i\neq 0$ で $D-\lambda_i I$ は正則である．

(iv) ある実数 $c_i\neq 0$ が存在して $\boldsymbol{z}_i=c_i(D-\lambda_i I)^{-1}\boldsymbol{w}$ $(i=1,\cdots,n)$.

8.3　Rutishauser の計算式(注意 8.4)が，式(8.7)で式(8.11)のような θ を選んだものを与えることを確かめよ．

8.4　$A=(a_{ij})$，$B=(b_{ij})$ を n 次実対称行列とし，$C=A-B$ とおく．それぞれの固有値の大きい方から r 番目のものを $\lambda_r(\cdot)$ とするとき，次の不等式を示せ．

(i) $\lambda_r(B)+\lambda_n(C)\leqq\lambda_r(A)\leqq\lambda_r(B)+\lambda_1(C)$.

(ii) $|\lambda_r(A)-\lambda_r(B)|\leqq\left(\sum_{i=1}^{n}\sum_{j=1}^{n}(a_{ij}-b_{ij})^2\right)^{1/2}$.

8.5*　μ_p,μ_q を実数，ε を正の数とし，式(8.7)において $|a_{pp}-\mu_p|\leqq\varepsilon$，$|a_{qq}-\mu_q|\leqq\varepsilon$，$|a_{pq}|\leqq\varepsilon$，$|\mu_p-\mu_q|\geqq 4\varepsilon$ であるとする(ただし,θ は式(8.11),(8.12)で定める)．このとき，以下の不等式を示せ．

(i) $|2\theta|\leqq\pi/4$,　$\cos 2\theta\geqq 1/\sqrt{2}$.

(ii) $|\tilde{a}_{pp}-\mu_q|\geqq 2\varepsilon\cos 2\theta$,　$|\tilde{a}_{qq}-\mu_p|\geqq 2\varepsilon\cos 2\theta$.

(iii) $|\tilde{a}_{pp}-\mu_q|\geqq\sqrt{2}\,\varepsilon$,　$|\tilde{a}_{qq}-\mu_p|\geqq\sqrt{2}\,\varepsilon$.

8.6*　式(8.7)，(8.10)で $|a_{pp}-a_{qq}|\geqq\delta>0$ とする．次の不等式を示せ：

$$|\tilde{a}_{pj}{}^2-a_{pj}{}^2|\leqq\frac{|a_{pq}|^4}{\delta^2}+\frac{2|a_{pq}|^2}{\delta}|a_{pj}|\qquad(j\neq p,q).$$

8.7*　n 次実対称行列 $B=(b_{ij})$ の固有値を $\beta_1\geqq\beta_2\geqq\cdots\geqq\beta_n$ とし，$1\leqq s\leqq p\leqq n$，$\tau=\Bigl(\sum_{i<s,\,j<s,\,i\neq j}b_{ij}{}^2\Bigr)^{1/2}$ に対して $b_{ii}>b_{pp}+\tau$ $(1\leqq i<s)$ が成り立つとする．次の不等式を証明せよ：

$$\beta_s\geqq b_{pp}-\sum_{i<s}b_{ip}{}^2/(b_{ii}-b_{pp}-\tau).$$

9 特異値分解

行列の特異値を求めることは，原理的には，対称行列の固有値を求めること に帰着される．したがって，固有値問題の解法に応じて特異値分解の解法がい ろいろあるが，本章では，LR 法の系統にある dqds 法を，収束性の理論解析 に重点をおいて解説する．

9.1 概　説

階数 r の実(長方)行列 A の**特異値分解**(1.14)を求める算法を述べる．原理的には，$A^{\mathsf{T}}A$ または AA^{T} に対する固有値問題を解くことに帰着できるが，これを以下のように行う．

まず，第 6.4 節の算法によって，A を上 2 重対角行列に変換する．これは，適当な直交行列 Q_{R}，直交行列 Q_{C}，r 次上 2 重対角行列 B によって

$$Q_{\mathrm{R}}AQ_{\mathrm{C}} = \begin{bmatrix} B & O \\ O & O \end{bmatrix}$$

とすることに相当する．このような直交同値変換によって特異値は不変である．その後に，上 2 重対角形を保ちながら**直交同値変換**を繰り返して対角形に収束させていく．すなわち，

	有限回演算の 直交同値変換		収束まで 反復計算	
行列 A	$\Longrightarrow$	上 2 重対角形 B	$\Longrightarrow$	特異値分解

という枠組みである．

上2重対角行列 B に対する反復計算過程は，3重対角行列 $B^\top B$ に対する QR 法(第7.4節)や LR 法(第7.5節)に対応するように算法を設計する．従来は，QR 法系統の算法が標準的とされてきた([6], [14], [25], [172])が，1990年代後半以降，LR 法の系統にある **dqds 法**[*1][173]が，精度，速度，数値的安定性の面から急速に支持を集めつつある．本章では，収束性の理論解析に重点をおいて dqds 法を解説する．なお，実装の詳細については[178]を参照されたい．

特異値を求めたい上2重対角行列 B を

$$B = \begin{bmatrix} b_1 & b_2 & & \\ & b_3 & \ddots & \\ & & \ddots & b_{2r-2} \\ & & & b_{2r-1} \end{bmatrix} \tag{9.1}$$

とおく．ここで，対角要素，副対角要素がすべて正であること：

$$b_i > 0 \qquad (i = 1, 2, \cdots, 2r-1) \tag{9.2}$$

を仮定する(このように仮定してよい理由は，注意9.3で説明する)．このとき，B の特異値はすべて異なるので[*2]，これを $\sigma_1 > \cdots > \sigma_r\ (>0)$ とおく．最小の特異値 σ_r を $\sigma_{\min}$ と記すこともある．

9.2　dqds 法の算法

dqds 法の導出法には，いくつかの異なったやり方があるが，ここでは，Cholesky LR 法(第7.5.2節)からの導出を示そう．対称3重対角行列 $B^\top B$ にシフト付き Cholesky LR 法を $s_0 = 0$ として適用した後で変数を変換すると，dqds 法が得られる．

---

*1　dqds = differential quotient difference with shifts. 定訳はないが，一案として，シフト付き差分形商差法という訳が考えられる．

*2　補題7.13を $B^\top B$ に適用する．仮定(9.2)より，$B^\top B$ は既約な対称3重対角行列である．

Cholesky LR 法を 3 重対角行列に適用した場合，算法中の上三角行列 R_k は上 2 重対角となるので，これを B_k と記す．また，シフト量は(添え字を 1 だけずらして) s_{k+1} を $s^{(k)}$ と書くことにすると，漸化式(7.36)は

$$B_{k+1}{}^{\mathsf{T}} B_{k+1} = B_k B_k{}^{\mathsf{T}} - s^{(k)} I \qquad (k=0,1,\cdots) \tag{9.3}$$

と書き直すことができる．ただし，$B_0 = B$ である．シフト量 $s^{(k)}$ は，B_k の最小特異値を $\sigma_{\min}^{(k)}$ として，

$$0 \leqq s^{(k)} < (\sigma_{\min}^{(k)})^2 \tag{9.4}$$

の範囲に選ぶ．このとき，式(9.3)の右辺は正定値であり，B_{k+1} は対角要素を正に選べば一意に確定する．

式(9.3)から要素毎の漸化式を導こう．

$$B_k = \begin{bmatrix} b_1^{(k)} & b_2^{(k)} & & \\ & b_3^{(k)} & \ddots & \\ & & \ddots & b_{2r-2}^{(k)} \\ & & & b_{2r-1}^{(k)} \end{bmatrix}$$

とおき，さらに $b_0^{(k)} = b_{2r}^{(k)} = 0$ とおく．式(9.3)の対角要素と副対角要素から

$$(b_{2i-1}^{(k+1)})^2 + (b_{2i-2}^{(k+1)})^2 = (b_{2i-1}^{(k)})^2 + (b_{2i}^{(k)})^2 - s^{(k)} \qquad (i=1,\cdots,r), \tag{9.5}$$

$$b_{2i-1}^{(k+1)} b_{2i}^{(k+1)} = b_{2i}^{(k)} b_{2i+1}^{(k)} \qquad (i=1,\cdots,r-1) \tag{9.6}$$

となる．変数を

$$q_i^{(k)} = (b_{2i-1}^{(k)})^2 \qquad (i=1,\cdots,r), \tag{9.7}$$

$$e_i^{(k)} = (b_{2i}^{(k)})^2 \qquad (i=0,1,\cdots,r-1,r) \tag{9.8}$$

に変換すると[*3]，$e_0^{(k)} = e_r^{(k)} = 0$ であり，式(9.5)，(9.6)より

*3　逆変換は一意でないが，$b_{2i-1}^{(k)} = \sqrt{q_i^{(k)}}$, $b_{2i}^{(k)} = \sqrt{e_i^{(k)}}$ としてよい．

$$(9.9)\qquad q_i^{(k+1)} = q_i^{(k)} - e_{i-1}^{(k+1)} + e_i^{(k)} - s^{(k)} \qquad (i = 1, \cdots, r),$$

$$(9.10)\qquad e_i^{(k+1)} = e_i^{(k)} q_{i+1}^{(k)} / q_i^{(k+1)} \qquad (i = 1, \cdots, r-1)$$

という漸化式が得られる．

漸化式(9.9)，(9.10)に基づいて B の特異値を計算する方法を **pqds 法**[*4]と呼ぶ．B_k の右下隅の副対角要素に対応する量 $e_{r-1}^{(k)}$ が急速に 0 に収束することを期待している．具体的には，収束判定のための $\varepsilon > 0$ を設定し，ある k で $|e_{r-1}^{(k)}| \leqq \varepsilon$ となったときに，

$$(9.11)\qquad {\sigma_r}^2 \approx q_r^{(k)} + \sum_{l=0}^{k-1} s^{(l)}$$

が成り立つと考えて，$\sqrt{q_r^{(k)} + \sum_{l=0}^{k-1} s^{(l)}}$ を σ_r の近似値とする．さらに，B_k の第 r 行，第 r 列を除く $(r-1)$ 次上 2 重対角行列に対して同様の計算を続ければ，すべての特異値を $\sigma_r, \sigma_{r-1}, \cdots, \sigma_1$ の順に計算できる．

---

pqds 法

$q_i^{(0)} := (b_{2i-1})^2\ (i = 1, \cdots, r)$;　　$e_i^{(0)} := (b_{2i})^2\ (i = 1, \cdots, r-1)$;

for $k := 0, 1, 2, \cdots$ **do**

　begin

　　シフト量 $s^{(k)}$ の設定;　　$e_0^{(k+1)} := 0$;

　　for $i := 1$ **to** $r-1$ **do**

　　　begin

　　　　$q_i^{(k+1)} := q_i^{(k)} - e_{i-1}^{(k+1)} + e_i^{(k)} - s^{(k)}$;

　　　　$e_i^{(k+1)} := e_i^{(k)} q_{i+1}^{(k)} / q_i^{(k+1)}$

　　　end

　　$q_r^{(k+1)} := q_r^{(k)} - e_{r-1}^{(k+1)} - s^{(k)}$

　end

---

*4　pqds = progressive quotient difference with shifts. 定訳はないが，一案として，シフト付き前進形商差法という訳が考えられる．

実は，pqds 法には丸め誤差に弱いという問題がある．この問題点を，補助変数を導入して漸化式を書き直すことによって解決した方法が，**dqds 法**である．具体的には，補助変数 $d_i^{(k+1)}$ を

$$d_1^{(k+1)} = q_1^{(k)} - s^{(k)}; \quad d_i^{(k+1)} = q_i^{(k)} - e_{i-1}^{(k+1)} - s^{(k)} \quad (i = 2, \cdots, r) \tag{9.12}$$

と定義して，次の形に書き換える．

---

dqds 法

$q_i^{(0)} := (b_{2i-1})^2 \ (i = 1, \cdots, r); \quad e_i^{(0)} := (b_{2i})^2 \ (i = 1, \cdots, r-1);$

for $k := 0, 1, 2, \cdots$ **do**

  begin

    シフト量 $s^{(k)}$ の設定; $\quad d_1^{(k+1)} := q_1^{(k)} - s^{(k)};$

    for $i := 1$ **to** $r-1$ **do**

      begin

        $q_i^{(k+1)} := d_i^{(k+1)} + e_i^{(k)};$

        $e_i^{(k+1)} := e_i^{(k)} q_{i+1}^{(k)} / q_i^{(k+1)};$

        $d_{i+1}^{(k+1)} := d_i^{(k+1)} q_{i+1}^{(k)} / q_i^{(k+1)} - s^{(k)}$

      end

    $q_r^{(k+1)} := d_r^{(k+1)}$

  end

変数 $e_i^{(k)}$，$q_i^{(k)}$ の値は，dqds 法と pqds 法とでまったく同じであり，収束判定についても同じである．ただし，dqds 法の計算式にはシフト以外に減算がないので，数値的な安定性が向上している(補題 9.1 も参照)．

次の補題は，dqds 法に現れる変数が正値性を保ち，算法は破綻しないで実行できることを示している．

補題 9.1 仮定(9.2)を満たす行列 B に dqds 法を適用するとき，$s^{(l)} < (\sigma_{\min}^{(l)})^2 \ (l = 0, 1, \cdots, k)$ ならば，$l = 0, 1, \cdots, k$ に対して，$q_i^{(l+1)} > 0 \ (i = 1, \cdots, r)$，$e_i^{(l+1)} > 0 \ (i = 1, \cdots, r-1)$，$d_i^{(l+1)} > 0 \ (i = 1, \cdots, r)$ で，${B_{l+1}}^\top B_{l+1}$ は正定値である． □

［証明］　補助変数の$d_i^{(l+1)}$は別に扱うこととし，$q_i^{(l+1)}$, $e_i^{(l+1)}$, ${B_{l+1}}^\top B_{l+1}$に関する主張をkに関する帰納法で示す．仮定(9.2)から$q_i^{(0)}>0$, $e_i^{(0)}>0$，かつ${B_0}^\top B_0$は正定値である．次に${B_k}^\top B_k$が正定値であり，かつ$q_i^{(k)}>0$, $e_i^{(k)}>0$と仮定する．このとき$s^{(k)}<(\sigma_{\min}^{(k)})^2$ならば，$B_k{B_k}^\top - s^{(k)}I$は正定値なので，正則行列$B_{k+1}$を用いて${B_{k+1}}^\top B_{k+1}$の形にCholesky分解可能である(式(9.3)参照)．B_{k+1}の正則性により，対角要素$b_{2i-1}^{(k+1)}\neq 0\ (i=1,\cdots,r)$であり，これと式(9.7)より$q_i^{(k+1)}>0\ (i=1,\cdots,r)$である．したがって，算法が破綻することはない(計算式の分母として現れる変数は$q_i^{(k+1)}$だけである)．また，$e_i^{(k+1)}=e_i^{(k)}q_{i+1}^{(k)}/q_i^{(k+1)}>0\ (i=1,\cdots,r-1)$である．最後に$d_i^{(k+1)}>0$を$i=r,r-1,\cdots,1$の順に示す．まず，$d_r^{(k+1)}=q_r^{(k+1)}>0$であり，$d_{i+1}^{(k+1)}>0$ならば$d_i^{(k+1)}=(q_i^{(k+1)}/q_{i+1}^{(k)})(d_{i+1}^{(k+1)}+s^{(k)})>0$である．■

注意 9.2　シフト量$s^{(k)}$の定め方にはいろいろな方法があるが，例えば，

$$\hat{\sigma}_{\min}^{(k)}=\min_{1\leqq i\leqq r}\left\{\sqrt{q_i^{(k)}}-\frac{1}{2}\left(\sqrt{e_{i-1}^{(k)}}+\sqrt{e_i^{(k)}}\right)\right\}, \tag{9.13}$$

$$s^{(k)}=(\max\{\hat{\sigma}_{\min}^{(k)},\ 0\})^2 \tag{9.14}$$

とすると，式(9.4)の範囲に入る(問題9.2，式(9.7)，(9.8)による)．これを**Johnson**シフトと呼ぶ．

注意 9.3　仮定(9.2)の一般性について説明する．要素b_iをその絶対値$|b_i|$に置き換えても特異値は変わらないので，$b_i\geqq 0\ (i=1,2,\cdots,2r-1)$と仮定してよい．ある副対角要素$b_{2i}=0$の場合，$i$次と$(r-i)$次の二つのブロックに直和分解するから，$b_{2i}\neq 0\ (i=1,\cdots,r-1)$としてよい．対角要素に0がある場合には，シフトなしのdqds法を数段動かすことで，仮定(9.2)を満たす$(r-1)$次以下の問題に帰着できることを説明しよう．$b_{2i-1}=0$を満たすiを$i=i_1,\cdots,i_s$とする．副対角要素b_{2i}がすべて非零のとき，$q_i^{(1)}=d_i^{(1)}+e_i^{(0)}>0\ (i=1,\cdots,r-1)$となり，dqds法の最初の1段が実行できる．その結果，$e_{i_1-1}^{(1)}=\cdots=e_{i_s-1}^{(1)}=0$, $q_r^{(1)}=0$となり，いくつかのブロックに直和分解できる．最後のブロック以外は仮定(9.2)を満たす．最後のブロックは右下隅の対角要素が0であるが，これに再度dqds法の最初の1段を適用すると，右下隅の対角要素と副対角要素が0になり，問題のサイズを一つ小さくできる．

9.3 dqds 法の収束性

既に述べたように，dqds 法は $B^{\mathsf{T}}B$ に対する Cholesky LR 法と等価であり，一方，定理 7.12 において，既約な対称 3 重対角行列に対する Cholesky LR 法の収束性が示されている．この二つの事実を組み合わせれば，dqds 法の収束性を証明できることになる*5.

本節では，定理 7.12 は使わずに，dqds 法の漸化式に基づく直接的な計算によって，dqds 法の大域的収束性(定理 9.4)を証明する．より直接的な解析法を用いることにより，収束性だけでなく，収束速度に関する結果が得られる．

次の定理は，dqds 法の基本収束定理であり，dqds 法が大域的に収束し，収束先には特異値の 2 乗から総シフト量を引いたものが降順に並ぶことを示している．

定理 9.4([170])　行列 B が仮定(9.2)を満たすとする．dqds 法におけるシフト量 $s^{(k)}$ が式(9.4)の範囲にあれば

$$\sum_{k=0}^{\infty} s^{(k)} \leqq {\sigma_{\min}}^2 \tag{9.15}$$

が成り立つ．さらに

$$\lim_{k\to\infty} e_i^{(k)} = 0 \qquad (i=1,\cdots,r-1), \tag{9.16}$$

$$\lim_{k\to\infty} q_i^{(k)} = {\sigma_i}^2 - \sum_{k=0}^{\infty} s^{(k)} \qquad (i=1,\cdots,r) \tag{9.17}$$

が成立する．行列で表現すると

$$\lim_{k\to\infty} {B_k}^{\mathsf{T}} B_k = \mathrm{diag}\left({\sigma_1}^2 - \sum_{k=0}^{\infty} s^{(k)}, \cdots, {\sigma_r}^2 - \sum_{k=0}^{\infty} s^{(k)}\right).$$

□

[証明]　補題 9.1 から B_k は正則行列である．$\Gamma_k = B_{k-1}B_{k-2}\cdots B_0$ とおくと，式(7.35)より

*5　行列 B に関する仮定(9.2)の下で，$B^{\mathsf{T}}B$ は既約な正定値対称 3 重対角行列であるから，定理 7.12 が適用できる．

$$B_k{}^{\top} B_k = \Gamma_k \left(B^{\top} B - \sum_{l=0}^{k-1} s^{(l)} I \right) {\Gamma_k}^{-1} \tag{9.18}$$

が成り立つ．したがって，任意の N に対して

$$\sum_{k=0}^{N} s^{(k)} < {\sigma_{\min}}^2 \tag{9.19}$$

であり，$N \to \infty$ とすると式(9.15)が導かれる．

次に，式(9.16)を示す．式(9.9)の両辺で k に関する和をとると

$$q_i^{(k+1)} = q_i^{(0)} - \sum_{l=0}^{k} e_{i-1}^{(l+1)} + \sum_{l=0}^{k} e_i^{(l)} - \sum_{l=0}^{k} s^{(l)} \quad (i = 1, \cdots, r). \tag{9.20}$$

左辺 $q_i^{(k+1)} > 0$ (補題 9.1)で，シフト量は非負なので，

$$\sum_{l=0}^{k} e_{i-1}^{(l+1)} < q_i^{(0)} + \sum_{l=0}^{k} e_i^{(l)} - \sum_{l=0}^{k} s^{(l)} \leqq q_i^{(0)} + \sum_{l=0}^{k} e_i^{(l)} \quad (i = 1, \cdots, r).$$

この式で $i = r, r-1, \cdots, 2$ とすれば，順に

$$\sum_{l=0}^{\infty} e_i^{(l+1)} < +\infty \qquad (i = r-1, r-2, \cdots, 1)$$

が示される．ここで $e_i^{(k)} > 0$ （補題 9.1)だから，式(9.16)が導かれる．

最後に式(9.17)を示す．式(9.20)で $k \to \infty$ とすると，右辺の各項が収束するから，$\lim_{k\to\infty} q_i^{(k)} = q_i^{(\infty)}$ が存在する．式(9.18)で $\lim_{k\to\infty} e_i^{(k)} = 0$ なので，

$$\lim_{k\to\infty} \Gamma_k \left(B^{\top} B - \sum_{l=0}^{k-1} s^{(l)} I \right) {\Gamma_k}^{-1} = \lim_{k\to\infty} B_k{}^{\top} B_k = \mathrm{diag}\,(q_1^{(\infty)}, \cdots, q_r^{(\infty)}).$$

これにより，集合としての関係式

$$\{q_1^{(\infty)}, \cdots, q_r^{(\infty)}\} = \{{\sigma_1}^2 - \sum_{k=0}^{\infty} s^{(k)}, \cdots, {\sigma_r}^2 - \sum_{k=0}^{\infty} s^{(k)}\}$$

が示されたことになる．$\sigma_1 > \cdots > \sigma_r$ であるから，$q_i^{(\infty)}$ はすべて異なる．これが降順に並ぶことを示すには，式(9.10)から得られる式

$$e_i^{(k)} = e_i^{(0)} \prod_{l=0}^{k-1} \frac{q_{i+1}^{(l)}}{q_i^{(l+1)}} \qquad (i = 1, \cdots, r-1)$$

に着目する．ここで $k \to \infty$ とすると，$\lim_{k\to\infty} e_i^{(k)} = 0$ より，

$$\lim_{k\to\infty} \frac{q_{i+1}^{(l)}}{q_i^{(l+1)}} = \frac{q_{i+1}^{(\infty)}}{q_i^{(\infty)}} < 1 \qquad (i=1,\cdots,r-1)$$

が導かれる．したがって，$q_1^{(\infty)} > q_2^{(\infty)} > \cdots > q_r^{(\infty)}$ であり，式(9.17)が成立する． ■

次の定理は dqds 法の漸近的な収束次数を与える．

定理 9.5 定理 9.4 と同じ仮定の下で，dqds 法について

$$\lim_{k\to\infty} \frac{e_i^{(k+1)}}{e_i^{(k)}} = \frac{{\sigma_{i+1}}^2 - \sum_{k=0}^{\infty} s^{(k)}}{{\sigma_i}^2 - \sum_{k=0}^{\infty} s^{(k)}} < 1 \qquad (i=1,\cdots,r-1) \tag{9.21}$$

が成立する．したがって $e_{r-1}^{(k)}$ の収束次数は，${\sigma_r}^2 - \sum_{k=0}^{\infty} s^{(k)} > 0$ のとき 1 次，${\sigma_r}^2 - \sum_{k=0}^{\infty} s^{(k)} = 0$ のとき超 1 次である． □

［証明］ 式(9.10)から，

$$\frac{e_i^{(k+1)}}{e_i^{(k)}} = \frac{q_{i+1}^{(k)}}{q_i^{(k+1)}} \qquad (i=1,\cdots,r-1)$$

である．$\lim_{k\to\infty} q_i^{(k)}$ が式(9.17)で与えられるので，式(9.21)が成り立つ． ■

注意 9.6 Johnson シフト(注意 9.2)を用いた dqds 法は，条件(9.4)を満たすので，仮定(9.2)を満たす任意の行列に対して大域的な収束性をもつ．さらに，収束次数については，

$$\lim_{k\to\infty} \frac{e_{r-1}^{(k+1)}}{(e_{r-1}^{(k)})^{3/2}} = \lim_{k\to\infty} \frac{q_r^{(k+1)}}{(q_r^{(k)})^{3/2}} = \frac{1}{\sqrt{{\sigma_{r-1}}^2 - {\sigma_r}^2}}$$

が知られている[170]．したがって，B_k の右下隅の二つの要素 $b_{2r-2}^{(k)}$，$b_{2r-1}^{(k)}$ は 0 に 1.5 次収束する．

第 9 章ノート▶概説にも述べたように，上 2 重対角行列の特異値計算法としては，$B^\top B$（3 重対角行列）にシフト付き QR 法を適用したものと等価になるように，巧妙に上 2 重対角行列 B を変形していく Golub と Kahan による算法［174］(および Demmel と Kahan による改良版[172])が定番とされてきた．しかし，1994 年に Fernando と Parlett によって dqds 法が提案され([173])，精度，速度の両面で優れていることから，現在は，この dqds 法が特異値計算法の主流になりつつある．そこで，本書でも dqds 法に関して詳細に述べることにした．dqds 法の原点は，Rutishauser [161, 162, 163]が考案して発展させた **qd 法***6 (**商差法**)にあり，本来は有理型関数の極を求める算法である．歴史に即して，qd 法から説き起こして dqds 法を導出することも考えられたが，本書では，べき乗法からの流れで導出する方が概念的に理解し易いと考えた．

dqds 法の収束性については，定理 7.12 で証明済みと見なすこともできるが，本書では，より精緻な結果を与える簡明な別証（相島-松尾-室田-杉原[170]）を記述した．この別証は最近の結果ではあるが，いままで気付かれていなかったのが不思議な程に簡単である．なお，この別証のテクニックを援用して，Johnson シフトを含め，様々なシフトに対して，dqds 法の収束次数が決定されている([170]，山本［179]).

dqds 法に似た算法であるが，最近，離散可積分系の研究から **mdLVs 法***7 (岩崎-中村[175, 176])という特異値計算法が生まれている．

特異値分解の算法としては，対称行列の固有値問題の解法における 2 分法，分割統治法，Jacobi 法に相当する方法もある([131]の 92〜97 頁を参照).

大規模なデータを扱うデータマイニングにおいては，大規模疎行列に対する特異値分解の計算法が必要になる．ただし，すべての特異値が必要になることはなく，最大特異値に引き続く数個の特異値とそれに対応する特異ベクトルが必要になる場合が多い．このような場合，元の行列を変形することはできないので，Lanczos 法のような反復法を用いることになる．これに関しては Berry ら[171]を参照されたい．

第 9 章問題

9.1　n 次正方行列 A に対して，$(A+A^\top)/2$ の最小固有値を $\lambda_{\min}$，$A^\top A$ の最小固有値の平方根($\geqq 0$)を $\sigma_{\min}$ とする*8．以下のことを示せ．

（i）$\sigma_{\min} \geqq \lambda_{\min}$.

（ii）$\lambda_{\min} \geqq \displaystyle\min_{1 \leqq i \leqq n} \left\{ a_{ii} - \frac{1}{2} \sum_{j \neq i} (|a_{ij}| + |a_{ji}|) \right\}$.

*6　qd = quotient difference．商差法については，Henrici［140]を参照されたい．

*7　mdLVs = modified discrete Lotka-Volterra with shifts.

*8　$\sigma_{\min} > 0$ ならば，$\sigma_{\min}$ は A の最小特異値である．

(iii) $\sigma_{\min} \geqq \min_{1 \leqq i \leqq n} \left\{ |a_{ii}| - \frac{1}{2} \sum_{j \neq i} (|a_{ij}| + |a_{ji}|) \right\}$.

なお，(iii)は **Johnson 下界**と呼ばれる [177].

9.2　式(9.1)の上 2 重対角行列 B で $b_1 b_3 \cdots b_{2r-1} \neq 0$ とし，最小特異値を $\sigma_{\min}$ とする．以下のことを示せ．

(i) $\sigma_{\min} \geqq \min_{1 \leqq i \leqq r} \left\{ |b_{2i-1}| - \frac{1}{2} (|b_{2i-2}| + |b_{2i}|) \right\}$ (ただし，$b_0 = b_{2r} = 0$).

(ii) $b_2 b_4 \cdots b_{2r-2} \neq 0$, $r \geqq 2$ ならば，(i)で $\geqq$ を $>$ としてよい．

問題解答

第1章

1.1 $\|A\|_1$: $\alpha = \max_j \sum_i |a_{ij}| = \sum_i |a_{ik}|$ とおく．$\|\boldsymbol{x}\|_1 = \sum_j |x_j| = 1$ とすると，

$$\|A\boldsymbol{x}\|_1 = \sum_i |\sum_j a_{ij}x_j| \leqq \sum_j |x_j|(\sum_i |a_{ij}|) \leqq \alpha \sum_j |x_j| = \alpha.$$

ここで，$\boldsymbol{x}$ が第 k 単位ベクトルのとき，すべての等号が成り立つ．

$\|A\|_\infty$: $\beta = \max_i \sum_j |a_{ij}| = \sum_j |a_{kj}|$ とおく．$\|\boldsymbol{x}\|_\infty = \max_j |x_j| = 1$ とすると，

$$\|A\boldsymbol{x}\|_\infty = \max_i |\sum_j a_{ij}x_j| \leqq \max_i \sum_j |a_{ij}| = \beta.$$

ここで，$x_j = \mathrm{sgn}\,(a_{kj})$ $(j = 1, \cdots, n)$ のとき，すべての等号が成り立つ．

$\|A\|_2$: A の特異値分解を $A = U\Sigma V^\top$, $\Sigma = \mathrm{diag}\,(\sigma_1, \cdots, \sigma_r, 0, \cdots, 0)$ (σ_1 が最大特異値)とする．$\|\boldsymbol{x}\|_2 = 1$ として $V^\top \boldsymbol{x} = \boldsymbol{y}$ とおくと，$\|\boldsymbol{y}\|_2 = (\sum_{j=1}^{n} {y_j}^2)^{1/2} = 1$ であり，

$$\|A\|_2{}^2 \leqq \boldsymbol{x}^\top AA^\top \boldsymbol{x} = \sum_{j=1}^{r} {\sigma_j}^2 {y_j}^2 \leqq {\sigma_1}^2.$$

ここで，$\boldsymbol{y}$ が第1単位ベクトルのとき，すなわち，$\boldsymbol{x}$ が V の第1列ベクトルのとき，すべての等号が成り立つ．

1.2 $(I - A)\cdot \sum_{k=0}^{N} A^k = I - A^{N+1}$ において $\rho(A^{N+1}) = \rho(A)^{N+1} \to 0$ $(N \to \infty)$ であるから，$(I - A)\cdot \sum_{k=0}^{\infty} A^k = I$.

1.3 (i) 正弦の加法定理から $\sin\dfrac{(i-1)l\pi}{N} + \sin\dfrac{(i+1)l\pi}{N} = 2\cos\dfrac{l\pi}{N}\cdot\sin\dfrac{il\pi}{N}$ であることを用いて $B\boldsymbol{v}_l$ を計算すると $\mu_l \boldsymbol{v}_l$ となる．

(ii) $(B \otimes I)(\boldsymbol{v}_l \otimes \boldsymbol{v}_{l'}) = (B\boldsymbol{v}_l) \otimes \boldsymbol{v}_{l'} = \mu_l(\boldsymbol{v}_l \otimes \boldsymbol{v}_{l'})$ などにより，$(4\,I \otimes I - B \otimes I - I \otimes B)(\boldsymbol{v}_l \otimes \boldsymbol{v}_{l'}) = (4 - \mu_l - \mu_{l'})(\boldsymbol{v}_l \otimes \boldsymbol{v}_{l'})$.

(iii) 固有値がすべて正だから正定値である．

(iv) 正ベクトル $\boldsymbol{d} = (d_1, \cdots, d_{N-1})^\top > \boldsymbol{0}$ で，d_i の2階差分が負になるもの(例えば $d_i = i(N - i)$)を選ぶと，$(2I - B)\boldsymbol{d} > \boldsymbol{0}$ である．$A = (2I - B) \otimes I + I \otimes (2I - B)$ であるから $A(\boldsymbol{d} \otimes \boldsymbol{d}) > \boldsymbol{0}$.

(v) A は正定値だから正則であり，明らかに，非対角要素 $\leqq 0$ である．$M = (B \otimes I + I \otimes B)/4$ とおくと，(ii)より $\rho(M) < 1$.

$$A^{-1} = (I - M)^{-1}/4 = \sum_{k=0}^{\infty} M^k/4 \qquad \text{(Neumann 展開)}$$

であり，M の要素はすべて非負だから，M^k の要素はすべて非負である．

1.4　(i) A の対角部分を D，非対角部分を $-G$ として $A = D - G$ と表現すると，$D \geqq O$, $G \geqq O$ であり，$A\mathbf{1} > \mathbf{0}$ より $\|D^{-1}G\|_\infty < 1$. Neumann 展開を用いて，

$$A^{-1} = (I - D^{-1}G)^{-1}D^{-1} = \sum_{k=0}^{\infty} (D^{-1}G)^k D^{-1} \geqq O.$$

(ii) $S = \mathrm{diag}\,(d_1, d_2, \cdots)$ とおくと，$A\boldsymbol{d} > \mathbf{0}$ は $(AS)\mathbf{1} > \mathbf{0}$ と同値であるから，(i) より $(AS)^{-1} \geqq O$. ゆえに，$A^{-1} = S(AS)^{-1} \geqq O$.

(iii) $A^{-1} \geqq O$ より，$\boldsymbol{d} = A^{-1}\mathbf{1} \geqq \mathbf{0}$ は明らか．ある i に対して $d_i = 0$ とすると，A^{-1} の第 i 行の要素がすべて 0 ということになり矛盾．また，$A\boldsymbol{d} = \mathbf{1} > \mathbf{0}$.

1.5　式(1.17)により，$\|A\|_2 =$ (A の最大特異値), $\|A^{-1}\|_2 =$ (A^{-1} の最大特異値) $=$ (A の最小特異値)$^{-1}$ となる．

1.6　(i) Neumann 展開 $(I - N)^{-1} = \sum_{k=0}^{\infty} N^k$ において，$N = -A^{-1}\Delta A$ とする．

(ii) $S = A + \Delta A$ が特異ならば，(i) により，$\|S - A\|_2 = \|\Delta A\|_2 \geqq \|A^{-1}\|_2{}^{-1}$.

(iii) $S - A = -\sigma_n \boldsymbol{u}_n \boldsymbol{v}_n^\top$ で，$\|\boldsymbol{u}_n \boldsymbol{v}_n^\top\|_2 = 1$.

第2章

2.1　Gauss 消去法の過程は係数行列の行変形に対応するので，係数行列の階数は不変である．$a_{ik}^{(k)} = 0$ $(k \leqq i \leqq n)$ とすると，第 k 段の係数行列は左下に $(n - k + 1) \times k$ の零行列を含み，正則でなくなる．

2.2　略．

2.3　(i) $\mathit{\Gamma}_n = (\gamma_{ij})$ として，$\gamma_{ii} = 1$, $\gamma_{ij} = 2^{i-j-1}$ $(i > j)$, $\gamma_{ij} = 0$ $(i < j)$.

(ii) $\tilde{L}\,\mathit{\Gamma}_n = (\tilde{\gamma}_{ij})$ として，$\tilde{\gamma}_{ij} = 2^{i-j}$ $(i \geqq j)$, $\tilde{\gamma}_{ij} = 0$ $(i < j)$.

(iii) $(n, 1)$ 要素 $= (3n - 2)(2^n - 1)$ が最大要素である．

2.4　(i)

$$L = \begin{bmatrix} 1 & & & & \\ -1 & 1 & & & \\ -1 & -1 & 1 & & \\ \vdots & \ddots & \ddots & \ddots & \\ -1 & \cdots & -1 & -1 & 1 \end{bmatrix}, \quad U = \begin{bmatrix} 1 & 0 & \cdots & 0 & M \\ 0 & 1 & & & 2M \\ \vdots & & \ddots & & \vdots \\ 0 & & & 1 & 2^{n-2}M \\ 0 & 0 & \cdots & 0 & 2^{n-1}M \end{bmatrix}.$$

である．行列 $(2n - 2)|A| + (3n - 2)|L|\,|U|$, $((2n - 2)I + (3n - 2)\tilde{L}\,\mathit{\Gamma}_n)|A|$ を計算すると，M は第 n 列にだけに現れ，(i, n) 要素は，ともに，$[(2n - 2) + (3n - 2)(2^i$

$-1)]M$ に等しい．したがって，両者はほぼ同程度の大きさである．

（ii）略．

2. 5　[B1, $k=0$] $0=p(\emptyset) \geqq \min p = p(X_0) = |R_0| - |C_0|$ であり，ここで等号が成り立つと $X_0 = \emptyset$ となる．

[B1, $k=\infty$] $C_\infty \neq \emptyset$ とすると，$p(C) > \min p = p(X_K)$．これより，

$$|R_\infty| - |C_\infty| = (|R| - \gamma(X_K)) - (|C| - |X_K|)$$
$$\geqq (\gamma(C) - |C|) - (\gamma(X_K) - |X_K|) = p(C) - p(X_K) > 0.$$

[B3, $k=\infty$] $\text{t-rank}\, A = \min p + |C| = \gamma(X_K) - |X_K| + |C|$ に注意して，

$$|C_\infty| \geqq \text{t-rank}\, A[R_\infty, C_\infty] \geqq \text{t-rank}\, A - |\Gamma(X_K)| = |C| - |X_K| = |C_\infty|.$$

2. 6　$i \in \Gamma(X \cup Y) \iff \exists j \in X \cup Y : a_{ij} \neq 0 \iff [\exists j \in X : a_{ij} \neq 0$ または $\exists j \in Y : a_{ij} \neq 0] \iff i \in \Gamma(X) \cup \Gamma(Y)$．ゆえに $\Gamma(X \cup Y) = \Gamma(X) \cup \Gamma(Y)$．また，$X \cap Y \subseteq X$ より $\Gamma(X \cap Y) \subseteq \Gamma(X)$ であり，同様に，$\Gamma(X \cap Y) \subseteq \Gamma(Y)$ であるから，$\Gamma(X \cap Y) \subseteq \Gamma(X) \cap \Gamma(Y)$．これより，

$$|\Gamma(X \cup Y)| + |\Gamma(X \cap Y)| \leqq |\Gamma(X) \cup \Gamma(Y)| + |\Gamma(X) \cap \Gamma(Y)| = |\Gamma(X)| + |\Gamma(Y)|$$

となるので，γ は劣モジュラである．p の劣モジュラ性は，これより容易に導かれる．

2. 7　略．

第3章

3. 1　A の固有値は $1+2a$, $1-a$, $1-a$ ですべて正であるから A は正定値である．$M_{\mathrm{J}} = \begin{bmatrix} 0 & -a & -a \\ -a & 0 & -a \\ -a & -a & 0 \end{bmatrix}$ の固有値は $-2a$, a, a だから，$\rho(M_{\mathrm{J}}) = 2a > 1$．

3. 2　（i）正弦の加法定理により $\sin \dfrac{(i-1)l\pi}{N} + \sin \dfrac{(i+1)l\pi}{N} = 2\cos \dfrac{l\pi}{N} \cdot \sin \dfrac{il\pi}{N}$ であることを用いて $B\boldsymbol{v}_l$ を計算すると $\mu_l \boldsymbol{v}_l$ となる．

（ii）$(B \otimes I)(\boldsymbol{v}_l \otimes \boldsymbol{v}_{l'}) = (B\boldsymbol{v}_l) \otimes \boldsymbol{v}_{l'} = \mu_l (\boldsymbol{v}_l \otimes \boldsymbol{v}_{l'})$ などを用いて計算する．

3. 3　（i）-（ii）直接計算する．

（iii）

$$[T(\sqrt{\lambda}) \otimes T(\sqrt{\lambda})]^{-1} [B(\lambda) \otimes I]\ [T(\sqrt{\lambda}) \otimes T(\sqrt{\lambda})]$$
$$= (T(\sqrt{\lambda})^{-1} B(\lambda) T(\sqrt{\lambda})) \otimes (T(\sqrt{\lambda})^{-1}\ I\ T(\sqrt{\lambda})) = \sqrt{\lambda} B \otimes I$$

などに注意しながら（i）の結果を用いる．

(iv) $\lambda \neq 0$ のときは(iii)による．$\lambda = 0$ のときは両辺とも 0 に等しい．

(v) 問題 3.2 より，$\det(M_{\mathrm{J}} - \lambda I_n) = \prod_{1 \leqq l, l' \leqq N-1} (\mu_{ll'} - \lambda)$.

ここで，$l + l' = N$ のとき $\mu_{ll'} = 0$ で，$1 \leqq l, l' \leqq N-1$;　$l + l' \leqq N-1$ のとき $\mu_{ll'} = -\mu_{N-l, N-l'} > 0$ であるから，

$$\det[\sqrt{\lambda}(M_{\mathrm{J}} - \sqrt{\lambda} I_n)] = \prod_{1 \leqq l, l' \leqq N-1} \left(\sqrt{\lambda}(\mu_{ll'} - \sqrt{\lambda})\right)$$
$$= (-1)^{N-1} \lambda^{\frac{N(N-1)}{2}} \prod_{\substack{1 \leqq l, l' \leqq N-1 \\ l + l' \leqq N-1}} \left(\lambda - \mu_{ll'}{}^2\right).$$

3.4 (i) $G(\lambda, \omega) = \omega G(\lambda) + (\lambda\omega - \lambda - \omega + 1) I_n$ と問題 3.3(iii)による．

(ii) $\lambda \neq 0$ のときは(i)による．$\lambda = 0$ のときは両辺とも $(1-\omega)^n$ に等しい．

(iii) 問題 3.2 の結果 $\det(M_{\mathrm{J}} - \lambda I_n) = \prod_{1 \leqq l, l' \leqq N-1} (\mu_{ll'} - \lambda)$ より，

$$\det(\sqrt{\lambda}\omega M_{\mathrm{J}} - (\lambda + \omega - 1) I_n) = \prod_{1 \leqq l, l' \leqq N-1} (\sqrt{\lambda}\omega \mu_{ll'} - (\lambda + \omega - 1)).$$

あとは問題 3.3 の(v)と同様に考えればよい．

3.5 (i) 略.

(ii) (i, j) に隣接する点は $(i \pm 1, j), (i, j \pm 1)$ の 4 点であるが，$i + j$ の偶奇と $(i \pm 1) + j, i + (j \pm 1)$ の偶奇は異なるので，対角ブロックが対角行列になる．

(iii) 第 2 の等号は，$\tilde{D} = 4 I_n$ と

$$\begin{bmatrix} I & O \\ O & \sqrt{\lambda} I \end{bmatrix}^{-1} \begin{bmatrix} O & G^{\mathsf{T}} \\ \lambda G & O \end{bmatrix} \begin{bmatrix} I & O \\ O & \sqrt{\lambda} I \end{bmatrix} = \sqrt{\lambda} \begin{bmatrix} O & G^{\mathsf{T}} \\ G & O \end{bmatrix} \quad (\lambda \neq 0)$$

による．

(iv) 式(3.26)と問題 3.4(ii)により，

$$\det(M_\omega - \lambda I_n) = \det[\sqrt{\lambda}\omega D^{-1}(E + F) - (\lambda + \omega - 1) I_n]$$
$$= \det[(\sqrt{\lambda}\omega - \lambda - \omega + 1) I_n - \sqrt{\lambda}\omega D^{-1} A].$$

(v) $PAP^{\mathsf{T}} = \tilde{A}$, $PDP^{\mathsf{T}} = \tilde{D}$ より $PD^{-1}AP^{\mathsf{T}} = \tilde{D}^{-1}\tilde{A}$.

(vi) (iii)-(v)による．

3.6 (i) 式(3.23)から $\boldsymbol{y}^{(k+1)}$ を消去すると，

$$\boldsymbol{x}^{(k+1)} = [(1-\omega) I + \omega M_{\mathrm{G}}] \boldsymbol{x}^{(k)} + \omega \boldsymbol{c}_{\mathrm{G}}.$$

(ii) (i)より，M の固有値 $= (1-\omega) + \omega$(M_{G} の固有値) であり，M_{G} の固有値は

$\mu_{ll'}{}^2$ $(1 \leqq l, l' \leqq N-1)$ である(→式(3.21))．

(iii) $\mu_{ll'}{}^2$ の最小値は0，最大値は $\mu_{11}{}^2$ である．

(iv) $\omega - 1 = 1 - \omega + \omega\mu_{11}{}^2$ より $\omega = 2/(2-\mu_{11}{}^2)$.

(v) $\max(|1-\omega|, |1-\omega+\omega\mu_{11}{}^2|) \leqq \mu_{11}{}^2 \iff 1 \leqq \omega \leqq 1 + \mu_{11}{}^2$.

3.7 $e = \boldsymbol{x}^{\mathsf{H}} E \boldsymbol{x}$, $f = \boldsymbol{x}^{\mathsf{H}} F \boldsymbol{x}$, $d = \boldsymbol{x}^{\mathsf{H}} D \boldsymbol{x}$, $a = \boldsymbol{x}^{\mathsf{H}} A \boldsymbol{x}$ とおくと，

$$\lambda e + f = \frac{\lambda + \omega - 1}{\omega} d, \quad e + \overline{\lambda} f = \frac{\overline{\lambda} + \omega - 1}{\omega} d, \quad e + f = d - a.$$

である．係数を並べた行列式

$$\det \begin{bmatrix} \lambda & 1 & d(\lambda+\omega-1)/\omega \\ 1 & \overline{\lambda} & d(\overline{\lambda}+\omega-1)/\omega \\ 1 & 1 & d-a \end{bmatrix} = 0$$

より，式(3.35)が導かれる．

3.8 (i) 狭義優対角性は明らか．$|M_{\mathrm{J}}| = \begin{bmatrix} 0 & |a| \\ |a| & 0 \end{bmatrix}$ の固有値は $\pm|a|$ だから，$\rho(|M_{\mathrm{J}}|) = |a|$.

(ii) $M_\omega = \begin{bmatrix} 1-\omega & -\omega a \\ \omega(1-\omega)a & -\omega^2 a^2 + 1 - \omega \end{bmatrix}$ である．$f(\lambda) = \det(M_\omega - \lambda I)$ とおくと，$f(-1) = ((1+|a|)\omega - 2)((1-|a|)\omega - 2)$. ゆえに，$2/(1+|a|) \leqq \omega \leqq 2/(1-|a|)$ のとき $f(-1) \leqq 0$ であり，$\rho(M_\omega) \geqq 1$.

3.9 $\delta = \cosh\sigma$ とおくと，$\mathrm{e}^{|\sigma|} = \delta + \sqrt{\delta^2-1}$ である．$k \to \infty$ のとき，

$$\omega_{k+1} = \frac{2\delta T_k(\delta)}{T_{k+1}(\delta)} = \frac{2\delta\cosh(k\sigma)}{\cosh((k+1)\sigma)} \to \frac{2\delta}{\mathrm{e}^{|\sigma|}} = \frac{2\delta}{\delta + \sqrt{\delta^2-1}} = \frac{2}{1+\sqrt{1-\rho(M_{\mathrm{J}})^2}}.$$

また，$\cosh(k\sigma)/\cosh((k+1)\sigma)$ は，k に関して単調減少である．

3.10 (i) σ/β を新たに σ とおく．

(ii) 代入して計算する．$0 \leqq \tau \leqq \sqrt{\hat{k}}$ は $k' \leqq \sigma \leqq 1$ と等価である．

(iii) $u = \dfrac{2j-1}{2m} K(\hat{k})$ とおき，与えられた公式，$1 + \hat{k} = 2/(1+k')$，式(3.87)などを使って

$$\begin{aligned} r_j &= \frac{1-a_j{}^2}{1+a_j{}^2} = \frac{1-\hat{k}\ \mathrm{sn}^2(u,\hat{k})}{1+\hat{k}\ \mathrm{sn}^2(u,\hat{k})} = \mathrm{dn}(u(1+\hat{k}), k) = \mathrm{dn}(2u/(1+k'), k) \\ &= \mathrm{dn}\left(\frac{2j-1}{2m} \cdot \frac{2K(\hat{k})}{1+k'}, k\right) = \mathrm{dn}\left(\frac{2j-1}{2m} K(k), k\right). \end{aligned}$$

3.11　(i)

$$\max_{\alpha \leqq \sigma \leqq \beta} \prod_{j=1}^{m} \left| \frac{\alpha\beta/r_j^* - \sigma}{\alpha\beta/r_j^* + \sigma} \right| = \max_{\alpha \leqq \sigma \leqq \beta} \prod_{j=1}^{m} \left| \frac{\alpha\beta/\sigma - r_j^*}{\alpha\beta/\sigma + r_j^*} \right| = \max_{\alpha \leqq \tilde{\sigma} \leqq \beta} \prod_{j=1}^{m} \left| \frac{\tilde{\sigma} - r_j^*}{\tilde{\sigma} + r_j^*} \right|$$

と最適パラメータの一意性による．

(ii)

$$\phi(\alpha, \beta; m) = \max_{\alpha \leqq \sigma \leqq \beta} \prod_{j=1}^{m/2} \left| \left(\frac{r_j^* - \sigma}{r_j^* + \sigma} \right) \left(\frac{\alpha\beta/r_j^* - \sigma}{\alpha\beta/r_j^* + \sigma} \right) \right|$$

と変形すればよい．

(iii) $\displaystyle\prod_{j=1}^{m/2} \left(\frac{\hat{r}_j - \tau}{\hat{r}_j + \tau} \right)$ は，$\sqrt{\alpha\beta} \leqq \tau \leqq \dfrac{\alpha+\beta}{2}$ の範囲の $(m/2)+1$ 個の相異なる点で，交互の符号をもつ最大絶対値 $\phi(\alpha, \beta; m)$ をとるので，等号が成立する．さらに，最適パラメータの一意性により $\hat{r}_j = r_j^*$ $(j=1, \cdots, m/2)$ である．

3.12　漸化式 ${\gamma_{q+1}}^2 = 2\gamma_q/(1+{\gamma_q}^2)$ $(q=0,1,\cdots,p)$ が成り立つ．$\gamma_0 = \tan(\pi/2N) \approx \pi/2N$ から，帰納的に $\gamma_q \approx 2(\pi/4N)^{2^{-q}}$ $(q=1,\cdots,p)$ が導かれる．一方，式(3.80)より $\phi = (1-\gamma_p)/(1+\gamma_p) \approx 1 - 2\gamma_p$.

3.13　(i) 反復行列の固有値は

$$\frac{(r - \sigma_{l'} - \sigma_{l''})(r - \sigma_l - \sigma_{l''})(r - \sigma_l - \sigma_{l'})}{(r+\sigma_l)(r+\sigma_{l'})(r+\sigma_{l''})} \qquad (1 \leqq l, l', l'' \leqq N-1)$$

で与えられる．$l = l' = l'' = N-1$ の場合を考えると，$0 < r < 1 + \cos(\pi/N) = \sigma_{N-1}/2$ において $[(r - 2\sigma_{N-1})/(r + \sigma_{N-1})]^3 < -1$ となり，反復が発散することが分かる．

(ii) 反復行列の固有値は

$$1 - \frac{2r^2(\sigma_l + \sigma_{l'} + \sigma_{l''})}{(r+\sigma_l)(r+\sigma_{l'})(r+\sigma_{l''})} \qquad (1 \leqq l, l', l'' \leqq N-1)$$

で与えられる．この値は $r > 0$ に対して $(-1, 1)$ の中に入るので反復は収束する．

3.14　(i) 与えられた $u_{ij}^{(k)}$ の式を式(3.94)に代入して計算する．

(ii) $\zeta = [\exp(\frac{2l\pi \mathrm{i}}{N}) + \exp(\frac{2l'\pi \mathrm{i}}{N})]/2$ とおくと，$\varepsilon_{k+1}/\varepsilon_k = \zeta/(2-\bar{\zeta})$ である．$\zeta = \xi + \mathrm{i}\eta$ の動く範囲は，

$$\{(\xi, \eta) \mid \xi \leqq 0,\ \xi^2 + \eta^2 \leqq 1\} \cup \{(\xi, \eta) \mid \xi \geqq 0,\ \xi^2 + (|\eta| - 1/2)^2 \leqq 1/4\}$$

に含まれる．簡単な考察($|\zeta/(2-\bar{\zeta})|$ の分母，分子の一方を一定として他方に関して最大化)により，$\zeta = [\exp(\mathrm{i}\theta) + \mathrm{i}]/2$ $(0 \leqq \theta \leqq \pi/2)$ の場合を考えればよいことが分かる．

このとき

$$|\zeta/(2-\bar{\zeta})|^2 = (1+\sin\theta)/(9-4\cos\theta+\sin\theta)$$

であり，これは $\cos\theta = 4/5$ のときに最大値 $1/4$ をとる．

3.15　$\hat{\boldsymbol{v}}^h = \mathrm{W}^h(\check{\boldsymbol{v}}^h, \boldsymbol{f}^h)$ を $\hat{\boldsymbol{v}}^h = M_{\mathrm{W}}^h \check{\boldsymbol{v}}^h + \boldsymbol{c}^h$ の形に書くと，$\boldsymbol{c}^h = (I - M_{\mathrm{W}}^h)(A^h)^{-1}\boldsymbol{f}^h$．これの $2h$ の場合を用いて $\langle 3 \rangle$ を式で書くと，

$$\begin{aligned}
\bar{\boldsymbol{v}}^{2h} &= M_{\mathrm{W}}^{2h}\,\boldsymbol{0} + \boldsymbol{c}^{2h} = \boldsymbol{c}^{2h}, \\
\hat{\boldsymbol{v}}^{2h} &= M_{\mathrm{W}}^{2h}\,\bar{\boldsymbol{v}}^{2h} + \boldsymbol{c}^{2h} = (M_{\mathrm{W}}^{2h} + I)\boldsymbol{c}^{2h} = (M_{\mathrm{W}}^{2h} + I)(I - M_{\mathrm{W}}^{2h})(A^{2h})^{-1}\boldsymbol{f}^{2h} \\
&= (I - (M_{\mathrm{W}}^{2h})^2)(A^{2h})^{-1}R^h(\boldsymbol{f}^h - A^h\check{\boldsymbol{v}}^h), \\
\hat{\boldsymbol{v}}^h &= \check{\boldsymbol{v}}^h + P^h\hat{\boldsymbol{v}}^{2h} = \check{\boldsymbol{v}}^h + P^h(I - (M_{\mathrm{W}}^{2h})^2)(A^{2h})^{-1}R^h(\boldsymbol{f}^h - A^h\check{\boldsymbol{v}}^h).
\end{aligned}$$

これに平滑化の効果を付け加えて，式(3.99)を得る．

3.16　(i) V サイクルのときと同様に考える．

(ii) 2 次元問題では $\alpha = 1 + 2/2^2 + 4/4^2 + \cdots \approx 3/2$．3 次元問題では $\alpha = 1 + 2/2^3 + 4/4^3 + \cdots \approx 4/3$．

3.17　(i) $\hat{f}(\beta) = \max_{0 \leqq s \leqq 1} s^{2\nu}[\beta + (1-\beta)\gamma(1-s)]$ とおく．$\delta_{k-1} \leqq \delta_k$ を k に関する帰納法で証明する．このとき，

$$\delta_{k+1} = \min_{(\delta_k)^2 \leqq \beta \leqq 1} \hat{f}(\beta) \geqq \min_{(\delta_{k-1})^2 \leqq \beta \leqq 1} \hat{f}(\beta) = \delta_k.$$

(ii) 補題 3.26(2)の証明に倣う．$\tilde{M}_{\mathrm{W}}^h = (A^h)^{1/2} M_{\mathrm{W}}^h (A^h)^{-1/2}$ とおくと，式(3.99)より，

$$\begin{aligned}
\tilde{M}_{\mathrm{W}}^h &= S^\nu \left[I - \tilde{P}^h(I - (\tilde{M}_{\mathrm{W}}^{2h})^2)\tilde{R}^h \right] S^\nu \\
&\preceq S^\nu \left[I - (1 - (\eta^{2h})^2)\tilde{P}^h\tilde{R}^h \right] S^\nu \\
&\preceq S^\nu \Big[I + (1 - (\eta^{2h})^2)\alpha[\gamma(I - S) - I] \Big] S^\nu \\
&= S^\nu \left[\beta I + (1-\beta)\gamma(I - S) \right] S^\nu.
\end{aligned}$$

ここで $\beta = 1 - (1 - (\eta^{2h})^2)\alpha$ であり，$0 \leqq \alpha \leqq 1$ は $(\eta^{2h})^2 \leqq \beta \leqq 1$ に対応する．これより，前半の主張が導かれる．

(iii) 略．

第 4 章

4.1　(i) 第 1 式は，式(4.1)で $\boldsymbol{x} - \boldsymbol{x}^* = A^{-1}(A\boldsymbol{x} - \boldsymbol{b}) = -A^{-1}\boldsymbol{r}$ に注意する．

第2式は，式(4.6)で $\boldsymbol{p}_k=\boldsymbol{r}_k$ とした $\alpha_k=(\boldsymbol{r}_k,\boldsymbol{r}_k)/(\boldsymbol{r}_k,A\boldsymbol{r}_k)$ を式(4.5)に代入する．

（ii）一般性を失うことなく $A=\mathrm{diag}(\lambda_1,\cdots,\lambda_n)$ $(\lambda_1\geqq\cdots\geqq\lambda_n>0)$ と仮定できる．$\lambda_i=\mu_i\lambda_1+(1-\mu_i)\lambda_n$ $(0\leqq\mu_i\leqq1)$ とおくことができ，$1/\lambda_i\leqq\mu_i(1/\lambda_1)+(1-\mu_i)(1/\lambda_n)$ である．

$$\begin{aligned}
&\sup_{\boldsymbol{r}\neq\boldsymbol{0}}\frac{(\boldsymbol{r},A\boldsymbol{r})(\boldsymbol{r},A^{-1}\boldsymbol{r})}{(\boldsymbol{r},\boldsymbol{r})^2}\\
&\quad=\sup_{\|\boldsymbol{r}\|=1}(\sum_i\lambda_i{r_i}^2)(\sum_i{\lambda_i}^{-1}{r_i}^2)=\sup_{y_i\geqq0,\sum_i y_i=1}(\sum_i\lambda_iy_i)(\sum_i{\lambda_i}^{-1}y_i)\\
&\quad\leqq\sup_{\boldsymbol{y}}(\lambda_1\sum_i\mu_iy_i+\lambda_n(1-\sum_i\mu_iy_i))\cdot({\lambda_1}^{-1}\sum_i\mu_iy_i+{\lambda_n}^{-1}(1-\sum_i\mu_iy_i))\\
&\quad=\sup_{0\leqq z\leqq1}(\lambda_1z+\lambda_n(1-z))({\lambda_1}^{-1}z+{\lambda_n}^{-1}(1-z))\\
&\quad=(\lambda_1+\lambda_n)({\lambda_1}^{-1}+{\lambda_n}^{-1})/4=(\kappa+1)^2/(4\kappa).
\end{aligned}$$

4.2　（i）以下，$\mu(\boldsymbol{\pi})$ を μ, $m_l(\boldsymbol{\pi})$ を m_l と略記する$(l=2,3,4)$．

$$\begin{aligned}
\mu(T\boldsymbol{\pi})&=(1/m_2)\sum_{i=1}^n\pi_i(\lambda_i-\mu)^2\lambda_i=(1/m_2)\sum_{i=1}^n\pi_i[(\lambda_i-\mu)^3+(\lambda_i-\mu)^2\mu]\\
&=(1/m_2)[m_3+m_2\mu]=m_3/m_2+\mu.
\end{aligned}$$

（ii）定義と（i）を用いて計算すると，

$$m_2(T\boldsymbol{\pi})=\sum_{i=1}^n\frac{\pi_i(\lambda_i-\mu)^2}{m_2}\left(\lambda_i-\mu-\frac{m_3}{m_2}\right)^2=\frac{m_2m_4-{m_3}^2}{{m_2}^2}.$$

これより，${m_2}^2[m_2(T\boldsymbol{\pi})-m_2]=m_2m_4-{m_3}^2-{m_2}^3=\det\begin{bmatrix}1&0&m_2\\0&m_2&m_3\\m_2&m_3&m_4\end{bmatrix}$.

（iii）（ii）の3次行列を M として2次形式を作ると，

$$(\xi_0,\xi_1,\xi_2)M(\xi_0,\xi_1,\xi_2)^\top=\sum_{k=0}^2\sum_{l=0}^2\xi_k\xi_l\sum_{i=1}^n\pi_i(\lambda_i-\mu)^{k+l}=\sum_{i=1}^n\pi_if(\lambda_i)^2\geqq0.$$

ただし $f(\lambda)=\sum_{l=0}^2\xi_l(\lambda-\mu)^l$．ゆえに M は半正定値であり，$\det M\geqq0$．

（iv）（iii）により $m_2(T\boldsymbol{\pi})=m_2(\boldsymbol{\pi})\Longleftrightarrow\det M=0$ が成り立つ．$\det M=0$ とすると，ある $(\xi_0,\xi_1,\xi_2)\neq(0,0,0)$ に対して $(\xi_0,\xi_1,\xi_2)M(\xi_0,\xi_1,\xi_2)^\top=0$ となる．この (ξ_0,ξ_1,ξ_2) を用いて $f(\lambda)=\sum_{l=0}^2\xi_l(\lambda-\mu)^l$ と定義すると，上に示した式より，$\sum_{i=1}^n\pi_if(\lambda_i)^2=0$ となる．$f(\lambda)$ の次数 $\leqq2$ だから，$f(\lambda_i)=0$ を満たす i の個数 $\leqq2$ であり，したがって，$\pi_i>0$ を満たす i の個数 $\leqq2$．一方，$\boldsymbol{\pi}\in\Pi^\circ$ だから，$\pi_i>0$ を

満たす i の個数 $\geqq 2$．したがって，$\boldsymbol{\pi} \in \Pi^*$．逆に，$\boldsymbol{\pi} \in \Pi^*$ とするとき，ある $s \neq t$ に対して $\pi_s > 0$, $\pi_t > 0$ である．$f(\lambda_s) = f(\lambda_t) = 0$ を満たす 2 次多項式 $f(\lambda) \not\equiv 0$ が存在するが，これを定める (ξ_0, ξ_1, ξ_2) に対して $(\xi_0, \xi_1, \xi_2) M (\xi_0, \xi_1, \xi_2)^{\mathsf{T}} = 0$ となるので，$\det M = 0$ である．

（v）$\mu(\boldsymbol{\pi}) = p\lambda_s + (1-p)\lambda_t$, $m_2(\boldsymbol{\pi}) = p(1-p)(\lambda_s - \lambda_t)^2$ を用いて計算する．

（vi）（iii）より $m_2(T^k \boldsymbol{\pi})$ は単調増加な有界数列なので，ある正の実数 m_2^* に収束する．点列 $\{T^k \boldsymbol{\pi} \mid k = 0, 1, 2, \cdots\}$ の部分列 $\{T^{k_j} \boldsymbol{\pi} \mid j = 0, 1, 2, \cdots\}$ が $\boldsymbol{\pi}^*$ に収束するとすると，$m_2(T\boldsymbol{\pi}^*) = m_2(\boldsymbol{\pi}^*) = m_2^*$．これと（iv）により，$\boldsymbol{\pi}^* \in \Pi^*$．

(vii) Π は有界閉集合なので，点列 $\{T^k \boldsymbol{\pi} \mid k = 0, 1, 2, \cdots\}$ は Π に集積点をもつ．集積点の一つを $\boldsymbol{\pi}^*$ とすると，（vi）より，ある $s < t$ と $0 < p < 1$ に対して $\pi_s^* = p$, $\pi_t^* = 1-p$ と書けるが，

$$m_2(\boldsymbol{\pi}^*) = p(1-p)(\lambda_s - \lambda_t)^2 = m_2^*$$

が成り立つので，p の値は $\{s, t\}$ に対して高々 2 通りしかない．したがって，集積点は有限個である．集積点を列挙して $\boldsymbol{\pi}_\alpha^*$ $(\alpha = 1, \cdots, N)$ とする．各 α に対して $T\boldsymbol{\pi}_\alpha^*$ も集積点だから，これを $\boldsymbol{\pi}_{\alpha'}^*$ とすると，（v）より $(\alpha')' = \alpha$ である．T の連続性により，$\boldsymbol{\pi}_{\alpha'}^*$ の任意の近傍 $U_{\alpha'} \subseteq \Pi^\circ$ に対して，$\boldsymbol{\pi}_\alpha^*$ のある近傍 $V_\alpha \subseteq \Pi^\circ$ が存在して，$T(V_\alpha) \subseteq U_{\alpha'}$ が成り立つ．$\alpha \neq \beta$ のとき $U_\alpha \cap U_\beta = \emptyset$ となるように $\{U_\alpha\}_\alpha$ を選び，$W_\alpha = U_\alpha \cap V_\alpha$ とおく．$T(W_\alpha) \subseteq T(V_\alpha) \subseteq U_{\alpha'}$ より，$\beta \neq \alpha'$ に対して $T(W_\alpha) \cap U_\beta = \emptyset$, したがって $T(W_\alpha) \cap W_\beta = \emptyset$, が成り立つ．一方，集積点は $\boldsymbol{\pi}_\alpha^*$ $(\alpha = 1, \cdots, N)$ の他にないから，ある番号 K が存在して

$$\{T^k \boldsymbol{\pi} \mid k \geqq K\} \subseteq \bigcup_{\alpha=1}^{N} W_\alpha.$$

いま，$k \geqq K$ に対して $T^k \boldsymbol{\pi} \in W_\alpha$ とすると，ある β が存在して $T^{k+1} \boldsymbol{\pi} \in W_\beta$ であるが，上に述べたことにより，$\beta = \alpha'$ である．同様にして，$T^{k+2} \boldsymbol{\pi} \in W_{(\alpha')'} = W_\alpha$ となる．これより，$N \leqq 2$ が分かる．なお，$N = 1$ となるのは，$\pi_s^* = \pi_t^* = 1/2$ となって $T\boldsymbol{\pi}^* = \boldsymbol{\pi}^*$ が成り立つ場合である．

(viii) ある $s < t$ に対して $\pi_s^* > 0$, $\pi_t^* > 0$ と書ける．$s \neq 1$ と仮定して矛盾を導こう（$t \neq n$ としても同様である）．$\pi_1 > 0$, $\pi_n > 0$ より $\lambda_1 > \mu(\boldsymbol{\pi})$ であるから，$(T\boldsymbol{\pi})_1 > 0$. 同様にして，任意の k に対して $(T^k \boldsymbol{\pi})_1 > 0$ である．不等式

$$\frac{(T^k \boldsymbol{\pi})_1}{(T^k \boldsymbol{\pi})_s} = \frac{\pi_1}{\pi_s} \prod_{j=1}^{k} \frac{(\lambda_1 - \mu(T^{j-1} \boldsymbol{\pi}))^2}{(\lambda_s - \mu(T^{j-1} \boldsymbol{\pi}))^2} \geqq \frac{\pi_1}{\pi_s} \prod_{j=1}^{k} \frac{(\lambda_1 - \lambda_n)^2}{(\lambda_s - \lambda_n)^2} = \frac{\pi_1}{\pi_s} \left(\frac{\lambda_1 - \lambda_n}{\lambda_s - \lambda_n} \right)^{2k}$$

において $k \to \infty$ とすると，左辺は 0 に収束するが，右辺は $+\infty$ に発散する．

(ix)

$$\boldsymbol{x}_{k+1}-\boldsymbol{x}^*=\boldsymbol{x}_k+\alpha_k\boldsymbol{r}_k-\boldsymbol{x}^*=(I-\alpha_kA)(\boldsymbol{x}_k-\boldsymbol{x}^*)=\sum_{i=1}^{n}(1-\alpha_k\lambda_i)(c_{ki}/\lambda_i)\boldsymbol{z}_i$$

より $c_{k+1,i}=c_{ki}(1-\alpha_k\lambda_i)$．一方，式(4.6)で $\boldsymbol{p}_k=\boldsymbol{r}_k$ とおいて計算すると，$\alpha_k=1/\mu(\boldsymbol{\pi}^{(k)})$．したがって，

$$c_{k+1,i}=\alpha_kc_{ki}(1/\alpha_k-\lambda_i)=\alpha_kc_{ki}(\mu(\boldsymbol{\pi}^{(k)})-\lambda_i)$$

となり，

$$\pi_i^{(k+1)}=\frac{{c_{k+1,i}}^2}{\sum_{j=1}^{n}{c_{k+1,j}}^2}=\frac{{c_{ki}}^2(\mu(\boldsymbol{\pi}^{(k)})-\lambda_i)^2}{\sum_{j=1}^{n}{c_{kj}}^2(\mu(\boldsymbol{\pi}^{(k)})-\lambda_j)^2}=\frac{\pi_i^{(k)}(\mu(\boldsymbol{\pi}^{(k)})-\lambda_i)^2}{\sum_{j=1}^{n}\pi_j^{(k)}(\mu(\boldsymbol{\pi}^{(k)})-\lambda_j)^2}.$$

(x) (vii)，(viii)，(ix)による．

4.3　式(4.11)を繰り返し用いる．

4.4　(i) 式(4.18)より $(\boldsymbol{r}_k,\boldsymbol{p}_k)=(\boldsymbol{r}_k,\boldsymbol{r}_k+\beta_{k-1}\boldsymbol{p}_{k-1})=(\boldsymbol{r}_k,\boldsymbol{r}_k)+\beta_{k-1}(\boldsymbol{r}_k,\boldsymbol{p}_{k-1})$ となるが，この第2項は定理4.1(4)により0なので，$(\boldsymbol{r}_k,\boldsymbol{p}_k)=(\boldsymbol{r}_k,\boldsymbol{r}_k)$ である．これを α_k の分子に代入する．後半は，この表式と A の正定値性による．

(ii) $(\boldsymbol{r}_k,\boldsymbol{p}_i)=0\ (k>i)$ (定理4.1(4))と $\boldsymbol{r}_j\in\mathrm{span}(\boldsymbol{p}_0,\boldsymbol{p}_1,\cdots,\boldsymbol{p}_j)$ (補題4.4)による．

(iii) $\boldsymbol{r}_{k+1}=\boldsymbol{r}_k-\alpha_kA\boldsymbol{p}_k$ と $\boldsymbol{r}_{k+1}$ の内積を作って，残差の直交性(ii)を用いると，$(\boldsymbol{r}_{k+1},\boldsymbol{r}_{k+1})=-\alpha_k(\boldsymbol{r}_{k+1},A\boldsymbol{p}_k)$ となる．これと(i)により，

$$(\boldsymbol{r}_{k+1},\boldsymbol{r}_{k+1})/(\boldsymbol{r}_k,\boldsymbol{r}_k)=-(\boldsymbol{r}_{k+1},A\boldsymbol{p}_k)/(\boldsymbol{p}_k,A\boldsymbol{p}_k)=\beta_k.$$

(iv) 式(4.18)と(iii)により

$$\boldsymbol{p}_j/(\boldsymbol{r}_j,\boldsymbol{r}_j)=\boldsymbol{r}_j/(\boldsymbol{r}_j,\boldsymbol{r}_j)+\boldsymbol{p}_{j-1}/(\boldsymbol{r}_{j-1},\boldsymbol{r}_{j-1}).$$

これを，$j=1,2,\cdots,k$ について足し合わせて，$\boldsymbol{p}_0=\boldsymbol{r}_0$ を代入する．

(v) (iv)と(ii)による．

4.5

$$\begin{aligned}\|\boldsymbol{x}^*-\boldsymbol{x}_k\|^2&=\|\boldsymbol{x}^*-\boldsymbol{x}_{k+1}\|^2+2\alpha_k(\boldsymbol{p}_k,\boldsymbol{x}^*-\boldsymbol{x}_{k+1})+{\alpha_k}^2(\boldsymbol{p}_k,\boldsymbol{p}_k)\\&=\|\boldsymbol{x}^*-\boldsymbol{x}_{k+1}\|^2+2\sum_{j=k+1}^{\overline{n}-1}\alpha_k\alpha_j(\boldsymbol{p}_k,\boldsymbol{p}_j)+{\alpha_k}^2(\boldsymbol{p}_k,\boldsymbol{p}_k)\end{aligned}$$

において $(\boldsymbol{p}_k,\boldsymbol{p}_k)>0$, $(\boldsymbol{p}_k,\boldsymbol{p}_j)\geqq 0$ (→問題4.4(v))を使う．

4.6　(i) $\boldsymbol{c}_1 = (2, 0, 3/2)^\top$, $A^{(2)} = \begin{bmatrix} 4 & 3 \\ 3 & 7/4 \end{bmatrix}$ となるが，$A^{(2)}$ は正定値でないので Cholesky 分解できない．

(ii) 算法に即した形で示す．記号

$$z_{ij} = z_{ji} = \begin{cases} 1 & ((i,j) \notin Z,\ i \geqq j) \\ 0 & ((i,j) \in Z,\ i > j) \end{cases}$$

を用いて $\tilde{a}_{i1} = \tilde{a}_{1i} = z_{i1} a_{i1}$，$\tilde{a}_{ij}^{(2)} = a_{ij} - z_{ij}\tilde{a}_{i1}\tilde{a}_{1j}/a_{11}$ と定義する $(i, j \geqq 2)$．$\tilde{a}_{ij}^{(2)}$ は，算法の第1段の実行後の $a[i,j]$ を表す $(i, j \geqq 2)$．定理1.1より，対角成分が正である対称な(行方向の)一般化狭義優対角行列 A について証明すればよい．さらに，定理2.1の証明と同様に，(a) $a_{11} \neq 0$，(b) $(\tilde{a}_{ij}^{(2)})$ も対角成分が正である対称な一般化狭義優対角行列である，の二つを示せばよい．(a)は明らかである．(b)についても，対称性は明らかである．このとき，

$$\tilde{a}_{ii}^{(2)} d_i = (a_{ii} - \tilde{a}_{i1}^2/a_{11}) d_i = a_{ii} d_i - (\tilde{a}_{i1}^2/a_{11}) d_i > \sum_{1 \leqq j \leqq n,\ j \neq i} |a_{ij}| d_j - (\tilde{a}_{i1}^2/a_{11}) d_i$$

であり，さらに

$$\begin{aligned} \sum_{2 \leqq j \leqq n,\ j \neq i} |\tilde{a}_{ij}^{(2)}| d_j &= \sum_{2 \leqq j \leqq n,\ j \neq i} |a_{ij} - z_{ij}\tilde{a}_{i1}\tilde{a}_{1j}/a_{11}| d_j \\ &\leqq \sum_{2 \leqq j \leqq n,\ j \neq i} |a_{ij}| d_j + |\tilde{a}_{i1}|/a_{11} \cdot \sum_{2 \leqq j \leqq n,\ j \neq i} |\tilde{a}_{1j}| d_j \\ &\leqq \sum_{2 \leqq j \leqq n,\ j \neq i} |a_{ij}| d_j + |\tilde{a}_{i1}|/a_{11} \cdot (a_{11} d_1 - |a_{1i}| d_i) \\ &= \sum_{2 \leqq j \leqq n,\ j \neq i} |a_{ij}| d_j + |\tilde{a}_{i1}| d_1 - (\tilde{a}_{i1}^2/a_{11}) d_i \\ &\leqq \sum_{1 \leqq j \leqq n,\ j \neq i} |a_{ij}| d_j - (\tilde{a}_{i1}^2/a_{11}) d_i. \end{aligned}$$

したがって，$\tilde{a}_{ii}^{(2)} d_i > \sum_{2 \leqq j \leqq n,\ j \neq i} |\tilde{a}_{ij}^{(2)}| d_j$．これは，対角成分が正で，かつ，一般化狭義優対角であることを示している．

4.7　(i) Lanczos 原理において $\xi_k = 1$ は明らか．$\boldsymbol{v}_{k+1} = A\boldsymbol{v}_k + \eta_k \boldsymbol{v}_k + \zeta_k \boldsymbol{v}_{k-1}$ と $\boldsymbol{v}_k$ との内積を作って直交性を使うと，$0 = (\boldsymbol{v}_k, A\boldsymbol{v}_k) + \eta_k(\boldsymbol{v}_k, \boldsymbol{v}_k)$ であるから $\eta_k = -(\boldsymbol{v}_k, A\boldsymbol{v}_k)/(\boldsymbol{v}_k, \boldsymbol{v}_k)$．同様に，$\boldsymbol{v}_{k+1}$ と $\boldsymbol{v}_{k-1}$ との内積を作ると，$0 = (\boldsymbol{v}_{k-1}, A\boldsymbol{v}_k) + \zeta_k(\boldsymbol{v}_{k-1}\boldsymbol{v}_{k-1})$ であるから，$\zeta_k = -(\boldsymbol{v}_{k-1}, A\boldsymbol{v}_k)/(\boldsymbol{v}_{k-1}, \boldsymbol{v}_{k-1})$．さらに

$$(\boldsymbol{v}_{k-1}, A\boldsymbol{v}_k) = (A\boldsymbol{v}_{k-1}, \boldsymbol{v}_k) = (\boldsymbol{v}_k + \cdots, \boldsymbol{v}_k) = (\boldsymbol{v}_k, \boldsymbol{v}_k)$$

であるから，$\zeta_k = -(\boldsymbol{v}_k, \boldsymbol{v}_k)/(\boldsymbol{v}_{k-1}, \boldsymbol{v}_{k-1})$.

（ii）$W = [\boldsymbol{v}_0, \boldsymbol{v}_1, \cdots, \boldsymbol{v}_{\hat{k}-1}]$ とおく．$W^\top W$ は正定値対角行列ゆえ，その要素の(正の)平方根を要素とする対角行列を D とすると，$W^\top W = D^2$ が成り立つ．漸化式を $V_{k+1}(\lambda) = \lambda V_k(\lambda) + \eta_k V_k(\lambda) + \zeta_k V_{k-1}(\lambda)$ と略記すると，$\boldsymbol{v}_{k+1} = A\boldsymbol{v}_k + \eta_k \boldsymbol{v}_k + \zeta_k \boldsymbol{v}_{k-1}$ である．これより，

$$D^{-2}W^\top AW = \begin{bmatrix} -\eta_0 & -\zeta_1 & & & \\ 1 & -\eta_1 & -\zeta_2 & & \\ & \ddots & \ddots & \ddots & \\ & & \ddots & \ddots & -\zeta_{\hat{k}-1} \\ & & & 1 & -\eta_{\hat{k}-1} \end{bmatrix}$$

となる．$T = D^{-2}W^\top AW$ の k 次首座小行列の特性多項式は($V_k(\lambda)$ と同じ漸化式を満たすから) $V_k(\lambda)$ に一致する．したがって，$V_{\hat{k}}(0) \neq 0$ は T の正則性と同値である．一方，A の正定値性より $W^\top AW$ は正則である．

4.8　$A\boldsymbol{z}_i = \lambda_i \boldsymbol{z}_i$ とすると，$A^k \boldsymbol{y} = \sum_{i=1}^{\overline{n}} c_i {\lambda_i}^k \boldsymbol{z}_i$ であるから，

$$\begin{bmatrix} \boldsymbol{y} & A\boldsymbol{y} & \cdots & A^{k-1}\boldsymbol{y} \end{bmatrix} = \begin{bmatrix} c_1\boldsymbol{z}_1 & c_2\boldsymbol{z}_2 & \cdots & c_{\overline{n}}\boldsymbol{z}_{\overline{n}} \end{bmatrix} \begin{bmatrix} 1 & \lambda_1 & \cdots & \lambda_1^{k-1} \\ 1 & \lambda_2 & \cdots & \lambda_2^{k-1} \\ \vdots & \vdots & \ddots & \vdots \\ 1 & \lambda_{\overline{n}} & \cdots & \lambda_{\overline{n}}^{k-1} \end{bmatrix}$$

となる．λ_i はすべて異なるので，$k \leqq \overline{n}$ ならば，最後の行列の階数は k である([3], [4], [30]の Vandermonde 行列を参照)．したがって，$\boldsymbol{y}, A\boldsymbol{y}, \cdots, A^{k-1}\boldsymbol{y}$ は $k = \overline{n}+1$ において初めて1次従属になる．

4.9　（i）$z = x > 0$ のとき，$|z+1| + |z-1| = 2x = \rho + \rho^{-1}$ (長軸)．また，$z = \mathrm{i}y$, $y > 0$ のとき，$|z+1| + |z-1| = 2\sqrt{y^2+1} = \rho + \rho^{-1}$ より，$2y = \rho - \rho^{-1}$ (短軸)．

（ii）$z = (w + w^{-1})/2$ のとき

$$|z+1| + |z-1| = [(w+1)(\overline{w+1}) + (w-1)(\overline{w-1})]/(2|w|) = |w| + |w|^{-1}.$$

（iii）$P(z) = T_k(z)/T_k(\chi)$ の場合を考える．（ii）と式(3.55)を用いると，

$$\max_{z \in \tilde{\mathcal{E}}(\rho)} |T_k(z)| = \max_{1 \leqq |w| \leqq \rho} \left| T_k\left(\frac{w + w^{-1}}{2}\right) \right| = \max_{1 \leqq |w| \leqq \rho} \left| \frac{w^k + w^{-k}}{2} \right|$$
$$= \frac{\rho^k + \rho^{-k}}{2} = T_k\left(\frac{\rho + \rho^{-1}}{2}\right).$$

(iv) $\hat{z}=(z-c)/f$, $\hat{\chi}=(\chi-c)/f$, $\hat{P}(\hat{z})=P(z)$ とおくと，示すべき式は(iii)の形である．

(v) $x=(w+w^{-1})/2$, $|w|\geqq 1 \Longleftrightarrow w=|x|+\sqrt{x^2-1}$ と式(3.55)による．

(vi) $P(z)=T_k\left(\dfrac{z-c}{\mathrm{i}f}\right)\Big/T_k\left(\dfrac{\chi-c}{\mathrm{i}f}\right)$ は $P(\chi)=1$ を満たし，式(3.54)により，実係数の k 次多項式である．

$$\max_{\frac{z-c}{\mathrm{i}f}\in\tilde{\mathcal{E}}(\rho)}\left|T_k\left(\frac{z-c}{\mathrm{i}f}\right)\right|=\max_{z\in\tilde{\mathcal{E}}(\rho)}|T_k(z)|$$

に注意して，(iii)の証明と同様にする．

(vii) $-\mathrm{i}y=(w+w^{-1})/2$, $|w|\geqq 1 \Longleftrightarrow w=-\mathrm{i}\cdot\mathrm{sgn}\,(y)(|y|+\sqrt{y^2+1})$ と式(3.55)による．

(viii) (iv)において $c=(\alpha+\beta)/2$, $f=(\beta-\alpha)/2$, $\rho\to 1$ とすると，式(3.52)の“$=$”を“$\leqq$”に置き換えた式が得られる．

4.10　GCR(m)法は，$k=0,1,\cdots,m$ に対して GCR 法と同じであり，それに続く $k=m,m+1,\cdots,2m$ に対しては再出発した GCR 法と同じであり，以下，同様の関係がある．式(4.54)の評価は GCR 法の各段においてつねに成り立つことに注意すればよい．

4.11　$\langle \boldsymbol{q}_j^{\bullet},\boldsymbol{q}_j\rangle\neq 0\ (0\leqq j\leqq k-1)$, $\langle \boldsymbol{q}_i^{\bullet},\boldsymbol{q}_j\rangle=0\ \ (0\leqq i\neq j\leqq k-1)$ を仮定して，(a) $\langle \boldsymbol{q}_k^{\bullet},\boldsymbol{q}_k\rangle\neq 0$, (b) $\langle \boldsymbol{q}_k^{\bullet},\boldsymbol{q}_j\rangle=0\ \ (0\leqq j\leqq k-1)$, (c) $\langle \boldsymbol{q}_i^{\bullet},\boldsymbol{q}_k\rangle=0\ \ (0\leqq i\leqq k-1)$ を示す．(b)，(c)は $\boldsymbol{q}_k^{\bullet}$, $\boldsymbol{q}_k$ の定義から明らかである．以下，(a)を示そう．

$$A_{k+1}=[\boldsymbol{a}_0,\cdots,\boldsymbol{a}_k],\ \ A_{k+1}^{\bullet}=[\boldsymbol{a}_0^{\bullet},\cdots,\boldsymbol{a}_k^{\bullet}],\ \ Q_{k+1}=[\boldsymbol{q}_0,\cdots,\boldsymbol{q}_k],\ \ Q_{k+1}^{\bullet}=[\boldsymbol{q}_0^{\bullet},\cdots,\boldsymbol{q}_k^{\bullet}]$$

とおくと，単位上三角行列 R_{k+1}，$R_{k+1}^{\bullet}$ により $A_{k+1}=Q_{k+1}R_{k+1}$，$A_{k+1}^{\bullet}=Q_{k+1}^{\bullet}R_{k+1}^{\bullet}$ と書ける．これより

$$0\neq\det[(A_{k+1}^{\bullet})^{\mathsf{T}}A_{k+1}]=\det[(Q_{k+1}^{\bullet})^{\mathsf{T}}Q_{k+1}]=\prod_{j=0}^{k}\langle \boldsymbol{q}_j^{\bullet},\boldsymbol{q}_j\rangle$$

となり，$\langle \boldsymbol{q}_k^{\bullet},\boldsymbol{q}_k\rangle\neq 0$ が導かれる．

4.12　(i) $\langle \boldsymbol{p}_i^{\bullet},A\boldsymbol{p}_j\rangle=\langle \boldsymbol{p}_i^{\bullet},\boldsymbol{r}_j-\boldsymbol{r}_{j+1}\rangle/\alpha_j$ であるが，$\boldsymbol{p}_i^{\bullet}\in\mathrm{span}(\boldsymbol{r}_0^{\bullet},\cdots,\boldsymbol{r}_i^{\bullet})$ と残差の双直交性(4.70)より，$i<j$ ならば，この値は0である．$i>j$ のときには，

$$\langle \boldsymbol{p}_i^{\bullet},A\boldsymbol{p}_j\rangle=\langle A^{\mathsf{T}}\boldsymbol{p}_i^{\bullet},\boldsymbol{p}_j\rangle=\langle \boldsymbol{r}_i^{\bullet}-\boldsymbol{r}_{i+1}^{\bullet},\boldsymbol{p}_j\rangle/\alpha_i$$

と $\boldsymbol{p}_j\in\mathrm{span}(\boldsymbol{r}_0,\cdots,\boldsymbol{r}_j)$ により，同様に考える．

(ii) $\langle \boldsymbol{r}_i^{\bullet},A\boldsymbol{p}_j\rangle=\langle \boldsymbol{p}_i^{\bullet}-\beta_{i-1}\boldsymbol{p}_{i-1}^{\bullet},A\boldsymbol{p}_j\rangle=0$. ただし，2番目の等式は(i)による．

(iii) $\boldsymbol{p}_j\in\mathrm{span}(\boldsymbol{r}_0,\cdots,\boldsymbol{r}_j)$ と残差の双直交性による．

(iv)

$$\langle \boldsymbol{r}_k^\bullet, \boldsymbol{p}_k \rangle = \langle \boldsymbol{r}_k^\bullet, \boldsymbol{r}_k + \beta_{k-1}\boldsymbol{p}_{k-1} \rangle = \langle \boldsymbol{r}_k^\bullet, \boldsymbol{r}_k \rangle + \beta_{k-1}\langle \boldsymbol{r}_k^\bullet, \boldsymbol{p}_{k-1} \rangle$$

となるが，この第2項は(iii)により0なので，$\langle \boldsymbol{r}_k^\bullet, \boldsymbol{p}_k \rangle = \langle \boldsymbol{r}_k^\bullet, \boldsymbol{r}_k \rangle$ である．これを α_k の分子に代入する．分母は $\langle A^\top \boldsymbol{p}_k^\bullet, \boldsymbol{p}_k \rangle = \langle \boldsymbol{p}_k^\bullet, A\boldsymbol{p}_k \rangle$ と書き換える．

(v) $\langle \boldsymbol{r}_{k+1}^\bullet, \boldsymbol{r}_{k+1} \rangle = \langle \boldsymbol{r}_{k+1}^\bullet, \boldsymbol{r}_k - \alpha_k A\boldsymbol{p}_k \rangle = -\alpha_k \langle \boldsymbol{r}_{k+1}^\bullet, A\boldsymbol{p}_k \rangle$. これと(iv)により，

$$\langle \boldsymbol{r}_{k+1}^\bullet, \boldsymbol{r}_{k+1} \rangle / \langle \boldsymbol{r}_k^\bullet, \boldsymbol{r}_k \rangle = -\langle \boldsymbol{r}_{k+1}^\bullet, A\boldsymbol{p}_k \rangle / \langle \boldsymbol{p}_k^\bullet, A\boldsymbol{p}_k \rangle = \beta_k.$$

4.13　(i) 第4.1.4節における式(4.32)，(4.33)の導出と同様である．

(ii) α_k, β_k については，式(4.86)で $\mathrm{lc}(S_{k+1})/\mathrm{lc}(S_k) = -\omega_k$ に注意する．

$$\begin{aligned}
S_{k+1}(A)\boldsymbol{r}_{k+1} &= (S_k(A) - AQ_k(A))\boldsymbol{r}_{k+1} \\
&= (S_k(A) - A(\omega_k S_k(A) + \theta_k Q_{k-1}(A)))\boldsymbol{r}_{k+1} \\
&= S_k(A)\boldsymbol{r}_{k+1} - \theta_k AQ_{k-1}(A)\boldsymbol{r}_{k+1} - \omega_k AS_k(A)\boldsymbol{r}_{k+1}, \\
S_{k+1}(A)\boldsymbol{r}_{k+1} &= (S_k(A) - AQ_k(A))\boldsymbol{r}_{k+1} \\
&= S_k(A)(\boldsymbol{r}_k - \alpha_k A\boldsymbol{p}_k) - AQ_k(A)\boldsymbol{r}_{k+1} \\
&= S_k(A)\boldsymbol{r}_k - \alpha_k AS_k(A)\boldsymbol{p}_k - AQ_k(A)\boldsymbol{r}_{k+1}, \\
S_k(A)\boldsymbol{r}_{k+1} &= S_k(A)(\boldsymbol{r}_k - \alpha_k A\boldsymbol{p}_k) = S_k(A)\boldsymbol{r}_k - \alpha_k AS_k(A)\boldsymbol{p}_k, \\
AQ_{k-1}(A)\boldsymbol{r}_{k+1} &= (S_{k-1}(A) - S_k(A))(\boldsymbol{r}_k - \alpha_k A\boldsymbol{p}_k) \\
&= S_{k-1}(A)\boldsymbol{r}_k - S_k(A)\boldsymbol{r}_k - \alpha_k AS_{k-1}(A)\boldsymbol{p}_k + \alpha_k AS_k(A)\boldsymbol{p}_k, \\
S_{k+1}(A)\boldsymbol{p}_{k+1} &= S_{k+1}(A)(\boldsymbol{r}_{k+1} + \beta_k \boldsymbol{p}_k) \\
&= S_{k+1}(A)\boldsymbol{r}_{k+1} + \beta_k S_{k+1}(A)\boldsymbol{p}_k \\
&= S_{k+1}(A)\boldsymbol{r}_{k+1} + \beta_k (S_k(A) - AQ_k(A))\boldsymbol{p}_k \\
&= S_{k+1}(A)\boldsymbol{r}_{k+1} + \beta_k (S_k(A)\boldsymbol{p}_k - AQ_k(A)\boldsymbol{p}_k), \\
AS_k(A)\boldsymbol{p}_{k+1} &= AS_k(A)(\boldsymbol{r}_{k+1} + \beta_k \boldsymbol{p}_k) = AS_k(A)\boldsymbol{r}_{k+1} + \beta_k AS_k(A)\boldsymbol{p}_k, \\
AQ_k(A)\boldsymbol{p}_k &= A(\omega_k S_k(A) + \theta_k Q_{k-1}(A))\boldsymbol{p}_k \\
&= \omega_k AS_k(A)\boldsymbol{p}_k + \theta_k AQ_{k-1}(A)(\boldsymbol{r}_k + \beta_{k-1}\boldsymbol{p}_{k-1}) \\
&= \omega_k AS_k(A)\boldsymbol{p}_k + \theta_k (AQ_{k-1}(A)\boldsymbol{r}_k + \beta_{k-1} AQ_{k-1}(A)\boldsymbol{p}_{k-1}) \\
&= \omega_k AS_k(A)\boldsymbol{p}_k \\
&\quad + \theta_k ((S_{k-1}(A) - S_k(A))\boldsymbol{r}_k + \beta_{k-1} AQ_{k-1}(A)\boldsymbol{p}_{k-1})
\end{aligned}$$

$$
\begin{aligned}
&= \omega_k A S_k(A)\boldsymbol{p}_k \\
&\quad +\theta_k(S_{k-1}(A)\boldsymbol{r}_k - S_k(A)\boldsymbol{r}_k + \beta_{k-1}AQ_{k-1}(A)\boldsymbol{p}_{k-1}), \\
Q_k(A)\boldsymbol{r}_{k+1} &= Q_k(A)(\boldsymbol{r}_k - \alpha_k A\boldsymbol{p}_k) = Q_k(A)\boldsymbol{r}_k - \alpha_k AQ_k(A)\boldsymbol{p}_k \\
&= \omega_k S_k(A)\boldsymbol{r}_k + \theta_k Q_{k-1}(A)\boldsymbol{r}_k - \alpha_k AQ_k(A)\boldsymbol{p}_k.
\end{aligned}
$$

(iii)（ii）の中の $\tilde{\boldsymbol{r}}_{k+1} = \tilde{\boldsymbol{r}}_k - A(\alpha_k\tilde{\boldsymbol{p}}_k + \boldsymbol{z}_k)$ による．

4. 14　（i）$(\cdot,\cdot)_G$ の双線形性は明らかである．G の対称性により $(\boldsymbol{x},\boldsymbol{y})_G = (\boldsymbol{y},\boldsymbol{x})_G$ が成り立ち，G の正定値性により $(\boldsymbol{x},\boldsymbol{x})_G \geqq 0$ および $(\boldsymbol{x},\boldsymbol{x})_G = 0 \iff \boldsymbol{x} = \boldsymbol{0}$ が成り立つ．

（ii）$A\boldsymbol{z}_1 = \lambda_1\boldsymbol{z}_1$，$A\boldsymbol{z}_2 = \lambda_2\boldsymbol{z}_2$ とするとき，

$$
(A\boldsymbol{z}_1,\boldsymbol{z}_2)_G = (\lambda_1\boldsymbol{z}_1,\boldsymbol{z}_2)_G = \lambda_1(\boldsymbol{z}_1,\boldsymbol{z}_2)_G,\quad (\boldsymbol{z}_1,A\boldsymbol{z}_2)_G = (\boldsymbol{z}_1,\lambda_2\boldsymbol{z}_2)_G = \lambda_2(\boldsymbol{z}_1,\boldsymbol{z}_2)_G
$$

で両者が等しいから，$(\lambda_1-\lambda_2)(\boldsymbol{z}_1,\boldsymbol{z}_2)_G = 0$．$\lambda_1 \neq \lambda_2$ ならば $(\boldsymbol{z}_1,\boldsymbol{z}_2)_G = 0$．また，$\boldsymbol{z}_2 = \overline{\boldsymbol{z}_1}$，$\lambda_2 = \overline{\lambda_1}$ にとると，$(\boldsymbol{z}_1,\overline{\boldsymbol{z}_1})_G \neq 0$ ゆえ $\lambda_1 = \overline{\lambda_1}$．

(iii) $G = CC^{\mathsf{T}}$ と分解すると，$A\boldsymbol{z}_i = \lambda_i\boldsymbol{z}_i$ は $C^{-1}(GA)C^{-\mathsf{T}}\tilde{\boldsymbol{z}}_i = \lambda_i\tilde{\boldsymbol{z}}_i$（ただし $\tilde{\boldsymbol{z}}_i = C^{\mathsf{T}}\boldsymbol{z}_i$）と書き直せる．したがって，$GA$ の正定値性は，$\lambda_i > 0$ $(\forall i)$ と同値．

4. 15　必要性は問題 4. 14 の（ii）による．十分性を示すために，$S^{-1}AS = \mathrm{diag}(\lambda_1,\cdots,\lambda_n)$ とおく．ここで，λ_i は実数，S は正則な実行列である．$G = (SS^{\mathsf{T}})^{-1}$ に対して，$GA = S^{-\mathsf{T}}\mathrm{diag}(\lambda_1,\cdots,\lambda_n)S^{-1}$ は対称行列であるから，A は G 自己随伴である．

4. 16　直接 $\boldsymbol{s}$ に関して微分すればよい．

4. 17　第 4. 4. 2 節の算法で $G = A$ とおけばよい．

4. 18　それぞれの算法において，内積 $\langle\cdot,\cdot\rangle$ はそのままとし，内積 $(\cdot,\cdot)$ を $(\cdot,\cdot)_G$ に置き換える．それぞれの定理の証明においても，同様にする．最後に，Courant–Fischer の最大・最小定理の拡張（問題 7. 10）により

$$
\begin{gathered}
|\langle\boldsymbol{r}_k, M\boldsymbol{r}_k\rangle/(\boldsymbol{r}_k,\boldsymbol{r}_k)_G| \geqq \min\left(|\lambda_{\max}(M,G)|, |\lambda_{\min}(M,G)|\right), \\
(A\boldsymbol{r}_k, A\boldsymbol{r}_k)_G/(\boldsymbol{r}_k,\boldsymbol{r}_k)_G \leqq \lambda_{\max}(A^{\mathsf{T}}GA, G)
\end{gathered}
$$

が成り立つことに注意する．

4. 19　$q(\lambda) = \sum_{k=0}^{\nu} c_k\lambda^k$ $(c_k \in \mathbb{C})$ に対して $A^{\mathsf{T}} = A^{\mathsf{H}} = q(A)$ であるとする．c_k の実部を $\hat{c}_k$ として $\hat{q}(\lambda) = \sum_{k=0}^{\nu} \hat{c}_k\lambda^k$ とすれば $A^{\mathsf{T}} = \hat{q}(A)$．なお，$q$ の一意性より，実は，$c_k = \hat{c}_k \in \mathbb{R}$ である．

4. 20　$A = \mathrm{e}^{\mathrm{i}\theta}(rI + S)$ ならば，$A^{\mathsf{H}} = -\mathrm{e}^{-2\mathrm{i}\theta}A + 2r\mathrm{e}^{-\mathrm{i}\theta}I$ であるから $\nu(A) \leqq 1$

である．逆に，$\nu(A) \leqq 1$ として，$A^{\mathsf{H}} = aA + 2bI$ $(a, b \in \mathbb{C})$ とおく．この式とその共役転置 $A = \overline{a}A^{\mathsf{H}} + 2\overline{b}I$ を使って A^{H} を消去すると，

$$(|a|^2 - 1)A = -2(\overline{a}b + \overline{b})I$$

となる．(i) $|a| = 1$ ならば，$\overline{a}b + \overline{b} = 0$ であるから，ある $r \in \mathbb{R}, \theta \in \mathbb{R}$ によって $a = -\mathrm{e}^{-2\mathrm{i}\theta}$, $b = r\mathrm{e}^{-\mathrm{i}\theta}$ と書ける．これより $(\mathrm{e}^{-\mathrm{i}\theta}A) + (\mathrm{e}^{-\mathrm{i}\theta}A)^{\mathsf{H}} = 2rI$ となるので，$S^{\mathsf{H}} = -S$ を満たす S を用いて $\mathrm{e}^{-\mathrm{i}\theta}A = rI + S$ と表される．したがって，$A = \mathrm{e}^{\mathrm{i}\theta}(rI + S)$ である．(ii) $|a| \neq 1$ ならば，$c = -2(\overline{a}b + \overline{b})/(|a|^2 - 1)$ として $A = cI$ であるが，これは $S = O$ の場合である．

第5章

5.1　式(5.1)より $\nabla\phi(\boldsymbol{x}) = A^{\mathsf{T}}GA\boldsymbol{x} - A^{\mathsf{T}}G\boldsymbol{b}$ である．

5.2　$\Sigma^{\mathsf{T}}\Sigma\boldsymbol{y} = \Sigma^{\mathsf{T}}U^{\mathsf{T}}\boldsymbol{b}$ の最小ノルム解が $\boldsymbol{y} = \Sigma^{+}U^{\mathsf{T}}\boldsymbol{b}$ で与えられること(→式(5.7))と，$\|V^{\mathsf{T}}\boldsymbol{x}\|_2 = \|\boldsymbol{x}\|_2$ による．

第6章

6.1　第6.2.2節の計算式に従って計算する．

(v)は

$$\begin{bmatrix} \boldsymbol{b}^{(r)} \\ \boldsymbol{a}^{(r)} \end{bmatrix} = \tilde{\boldsymbol{a}}^{(r)} = H(\tilde{\boldsymbol{u}}^{(r)}) \begin{bmatrix} \boldsymbol{b}^{(r-1)} \\ \boldsymbol{a}^{(r-1)} \end{bmatrix}$$

の第2成分の等式から導かれる．

6.2　(i) まず，α の計算が $n - r$ 回の乗算でできる．式(6.2)によって行変換を行うとき，$\boldsymbol{z}$ としては A の第 r 列以下の列ベクトルを考えればよい．そのような一つの $\boldsymbol{z}$ に対して，式(6.2)は $2n - 2r + 1$ 回の乗算で計算できるので，行変換は $(n - r + 1)(2n - 2r + 1)$ 回の乗算でできる．列変換における $\boldsymbol{z}$ としては A のすべての行ベクトルを考える必要があり，列変換全体で $n(2n - 2r + 1)$ 回の乗算となる．したがって，両者を合わせて，$(2n - r + 1)(2n - 2r + 1)$ 回となる．したがって，全体で $(n - r) + (2n - r + 1)(2n - 2r + 1)$ となる．

(ii)，(iii) 式(6.5)において $p_i = 0$ $(1 \leqq i \leqq r - 1)$，$v_i = 0$ $(1 \leqq i \leqq r)$ であること，および，式(6.6)において $p_i = q_i = 0$ $(1 \leqq i \leqq r - 1)$ であることに注意する．乗算の回数は次のようになる．

	式(6.5)	式(6.6)
α	$n-r$	$n-r$
$\boldsymbol{p}$	$(n-r)(n-r+1)$	$(n-r+1)^2$
$\boldsymbol{q}$	$n(n-r)$	$n-r$
$\boldsymbol{v}$	$n-r$	—
β	$n-r$	$n-r+1$
$\tilde{A}$	$(n-r)(2n-r+2)$	$(n-r)(n-r+1)$
計	$2(n-r)(2n-r+3)$	$2[(n-r)^2+3(n-r)+1]$

6.3　問題6.2の演算量を $r=1,\cdots,n-2$ について和をとる．式(6.2)を繰り返し用いたものおよび式(6.5)は $(5/3)n^3$ 回程度，式(6.6)については $(2/3)n^3$ 回程度となる．

6.4　式(6.13)：各 (p,q) $(q=1,\cdots,\overline{m};\ p=q+1,\cdots,n)$ に対して，変換行列 Q の更新 $QG(p,q)$ が乗算 $4p$ 回，加減算 $2p$ 回程度でできる($Q=(q_{ij})$ は $1\leqq i\leqq p$, $j\in\{p,q\}$ を満たす要素だけが更新されることに注意)．したがって乗算が $2m(n^2-m^2/3)$ 回，加減算が $m(n^2-m^2/3)$ 回程度である．

式(6.16)：各 (p,q) $(q=2,\cdots,n-1;\ p=q+1,\cdots,n)$ に対して，Q の更新 $QG(p,q)$ が乗算 $4p$ 回，加減算 $2p$ 回程度でできる($Q=(q_{ij})$ は $2\leqq i\leqq p$, $j\in\{p,q\}$ を満たす要素だけが更新されることに注意)．したがって，乗算が $(4/3)n^3$ 回，加減算が $(2/3)n^3$ 回程度である．

第7章

7.1　$A-sB$ が正則であるような実数(あるいは複素数) s を選んで，$A\boldsymbol{z}=\lambda B\boldsymbol{z}$ を $(A-sB)^{-1}B\boldsymbol{z}=\lambda'\boldsymbol{z}$ (ただし，$\lambda'=1/(\lambda-s)$)と変形する．

7.2　$B=CC^{\mathsf{T}}$ と Cholesky 分解すれば，式(7.3)は $C^{-1}AC^{-\mathsf{T}}\boldsymbol{y}=\lambda\boldsymbol{y}$, $\boldsymbol{y}=C^{\mathsf{T}}\boldsymbol{z}$ となる．

7.3　式(7.7)を

$$A^k\boldsymbol{x}_0={\lambda_1}^k\left[c_1\boldsymbol{z}_1+c_2\left(\frac{\lambda_2}{\lambda_1}\right)^k\boldsymbol{z}_2+\sum_{i=3}^{n}c_i\left(\frac{\lambda_i}{\lambda_1}\right)^k\boldsymbol{z}_i\right]$$

と書き直す．

7.4　(i), (ii) 略.

(iii) 例えば，$A=\begin{bmatrix}1&0\\0&0\end{bmatrix}$, $\boldsymbol{z}_1=\begin{bmatrix}1\\0\end{bmatrix}$, $\lambda_1=1$, $s=1$, $\boldsymbol{v}=\begin{bmatrix}1\\1\end{bmatrix}$ のとき $B=$

$$\begin{bmatrix} 0 & -1 \\ 0 & 0 \end{bmatrix}.$$

7.5　(i) $U=[\boldsymbol{u}_1,\cdots,\boldsymbol{u}_n]$ とおくと，$SU=UR$ より $S\boldsymbol{u}_1=\boldsymbol{u}_1 r_{11}$．これを $\boldsymbol{u}_1$ の要素に関する方程式と考えると，$u_{n1}=0$, $u_{n-1,1}=0$, $\cdots$, $u_{21}=0$ が順に導かれる．これと $U^{\mathsf{H}}U=I$ より $u_{1j}=0$ $(2\leq j\leq n)$ である．以下，$\boldsymbol{u}_2,\cdots,\boldsymbol{u}_n$ についても同様.

(ii) $URU^{\mathsf{H}}=VSV^{\mathsf{H}}$ を $(V^{\mathsf{H}}U)R(V^{\mathsf{H}}U)^{\mathsf{H}}=S$ と変形して(i)を用いる.

7.6　(a)$\Leftrightarrow$(b)および(c)$\Leftrightarrow$(d)は明らかである．(b)$\Rightarrow$(c)は，$\mathrm{Im}\,\Pi_i=\Pi_i\,\mathbb{C}^n=\Pi_i\,\mathrm{span}(\boldsymbol{x}_1,\cdots,\boldsymbol{x}_i)$ から $\dim\Pi_i\,\mathrm{span}(\boldsymbol{x}_1,\cdots,\boldsymbol{x}_i)=\dim\mathrm{Im}\,\Pi_i=i$ と示される．(c)$\Rightarrow$(b)は，$\dim\mathrm{Im}\,\Pi_i=i=\dim\Pi_i\,\mathrm{span}(\boldsymbol{x}_1,\cdots,\boldsymbol{x}_i)$ より $\mathrm{Im}\,\Pi_i=\Pi_i\,\mathrm{span}(\boldsymbol{x}_1,\cdots,\boldsymbol{x}_i)$ が成り立ち，$\mathrm{span}(\boldsymbol{x}_1,\cdots,\boldsymbol{x}_i)\cap\mathrm{Ker}\,\Pi_i=\{\boldsymbol{0}\}$ となるので,

$$\mathbb{C}^n=\mathrm{span}(\boldsymbol{x}_1,\cdots,\boldsymbol{x}_i)\oplus\mathrm{Ker}\,\Pi_i=\mathrm{span}(\boldsymbol{x}_1,\cdots,\boldsymbol{x}_i)\oplus\mathrm{span}(\boldsymbol{z}_{i+1},\cdots,\boldsymbol{z}_n)$$

となる.

7.7　(i) $E_k=\mathrm{span}(\boldsymbol{e}_1,\cdots,\boldsymbol{e}_k)\setminus\mathrm{span}(\boldsymbol{e}_1,\cdots,\boldsymbol{e}_{k-1})$ とおく．$\boldsymbol{x}\in E_k$ $(k\leqq i)$ ならば，$A^j\boldsymbol{x}\in E_{k+j}$ である.

(ii) $\boldsymbol{0}\neq\boldsymbol{y}\in F\cap\mathrm{span}(\boldsymbol{e}_1,\cdots,\boldsymbol{e}_i)$ とすると，(i)より $\boldsymbol{y},A\boldsymbol{y},A^2\boldsymbol{y},\cdots,A^{n-i}\boldsymbol{y}$ は1次独立な F の元である．したがって $\dim F\geqq n-i+1$.

(iii) $\mathrm{span}(\boldsymbol{e}_1,\cdots,\boldsymbol{e}_i)\cap\mathrm{span}(\boldsymbol{z}_{i+1},\cdots,\boldsymbol{z}_n)\neq\{\boldsymbol{0}\}$ とすると，(ii)で $F=\mathrm{span}(\boldsymbol{z}_{i+1},\cdots,\boldsymbol{z}_n)$ としたものに矛盾する．したがって，問題7.6により(7.28)が成り立つ.

7.8　問題7.7と同様に，以下の(i)，(ii)，(iii)を $i=0,1,\cdots,n-1$ に対して示すことで証明される.

(i) $\boldsymbol{0}\neq\boldsymbol{x}\in\mathrm{span}(\boldsymbol{e}_{i+1},\cdots,\boldsymbol{e}_n)$ ならば，$\boldsymbol{x},A\boldsymbol{x},A^2\boldsymbol{x},\cdots,A^i\boldsymbol{x}$ は1次独立.

(ii) A の不変部分空間 F が $\mathrm{span}(\boldsymbol{e}_{i+1},\cdots,\boldsymbol{e}_n)$ の元$(\neq\boldsymbol{0})$を含むならば $\dim F\geqq i+1$.

(iii) $\mathrm{span}(\boldsymbol{e}_{i+1},\cdots,\boldsymbol{e}_n)\cap\mathrm{span}(\boldsymbol{z}_1,\cdots,\boldsymbol{z}_i)=\{\boldsymbol{0}\}$.

7.9　QR法における R_k を $\hat{R}_k$，Cholesky LR法における R_k を $\bar{R}_k$ と記し，$\hat{\Gamma}_k=\hat{R}_{k-1}\hat{R}_{k-2}\cdots\hat{R}_0$, $\bar{\Gamma}_k=\bar{R}_{k-1}\bar{R}_{k-2}\cdots\bar{R}_0$ とおく．式(7.10)により

$$A^{2k}=(\hat{\Gamma}_k^{\mathsf{H}}X_k^{\mathsf{H}})(X_k\hat{\Gamma}_k)=\hat{\Gamma}_k^{\mathsf{H}}\hat{\Gamma}_k$$

であり，一方，式(7.40)により $A^{2k}=\bar{\Gamma}_{2k}^{\mathsf{H}}\bar{\Gamma}_{2k}$ であるから，Cholesky分解の一意性により，$\hat{\Gamma}_k=\bar{\Gamma}_{2k}$ となる．式(7.22)により $\hat{A}_{k+1}=\hat{R}_k\hat{A}_k\hat{R}_k^{-1}$ であるから $\hat{A}_k=\hat{\Gamma}_kA\hat{\Gamma}_k^{-1}$ であり，一方，式(7.35)より $\bar{A}_{2k}=\bar{\Gamma}_{2k}A\bar{\Gamma}_{2k}^{-1}$ である．したがって，$\hat{A}_k=\bar{A}_{2k}$ が成り立つ.

7.10　$B = CC^\top$ と Cholesky 分解して，$A\boldsymbol{z} = \lambda\boldsymbol{z}$ を $C^{-1}AC^{-\top}\boldsymbol{y} = \lambda\boldsymbol{y}$, $\boldsymbol{y} = C^\top\boldsymbol{z}$ と書き換え，Courant–Fischer の最大・最小定理(補題 7.16)で A を $C^{-1}AC^{-\top}$ に置き換える．

7.11　(i) $d_i = y_i/x_i$ とおく．$A\boldsymbol{x} = D\boldsymbol{x}$ だから，ある r に対して $\lambda_r(A, D) = 1$. 任意の $\boldsymbol{v}$ に対して

$$\left(\min_{1 \leqq i \leqq n} d_i\right) \boldsymbol{v}^\top\boldsymbol{v} \leqq \boldsymbol{v}^\top D\boldsymbol{v} \leqq \left(\max_{1 \leqq i \leqq n} d_i\right) \boldsymbol{v}^\top\boldsymbol{v}$$

であるから，問題 7.10 において $B = D$ として，

$$\frac{1}{\max_i d_i} \max_{\dim S = r} \min_{\boldsymbol{v} \in S\setminus\{\boldsymbol{0}\}} \frac{\boldsymbol{v}^\top A\boldsymbol{v}}{\boldsymbol{v}^\top\boldsymbol{v}} \leqq \lambda_r(A, D) \leqq \frac{1}{\min_i d_i} \max_{\dim S = r} \min_{\boldsymbol{v} \in S\setminus\{\boldsymbol{0}\}} \frac{\boldsymbol{v}^\top A\boldsymbol{v}}{\boldsymbol{v}^\top\boldsymbol{v}}$$

となる．この式に

$$\lambda_r(A, I) = \max_{\dim S = r} \min_{\boldsymbol{v} \in S\setminus\{\boldsymbol{0}\}} \frac{\boldsymbol{v}^\top A\boldsymbol{v}}{\boldsymbol{v}^\top\boldsymbol{v}}$$

と $\lambda_r(A, D) = 1$ を代入する．

(ii) $(A + cI)\boldsymbol{x} = (D + cI)\boldsymbol{x}$ に上の議論を適用する．

第8章

8.1　(i) B の正定値性により $B = C^\top C$ (C は正則)と書けるので，λ は $C^{-\top}AC^{-1}$ の固有値に他ならない．

(ii) Sylvester の慣性則により，$\hat{\pi}(A, B) = \pi(C^{-\top}AC^{-1}) = \pi(A)$.

(iii) (ii)と Sylvester の慣性則により，s より大きい λ の個数 $= \hat{\pi}(A - sB, B) = \pi(A - sB) = \pi(D)$. s より小さいものの個数についても同様である．

8.2　(i) $f(\lambda)$ のグラフを考えればよい．$f(\lambda)$ は，$\beta > 0$ ならば単調増加，$\beta < 0$ ならば単調減少である．また，$\lim_{\lambda \to +\infty} f(\lambda) = \lim_{\lambda \to -\infty} f(\lambda) = 1$ である．

(ii) $\det(B - \lambda I) = f(\lambda) \cdot \det(D - \lambda I)$ による．

(iii) λ_i がある d_j に等しいとする．$(D + \beta\boldsymbol{w}\boldsymbol{w}^\top)\boldsymbol{z}_i = \lambda_i\boldsymbol{z}_i$ より

$$(D - \lambda_i I)\boldsymbol{z}_i = -\beta\boldsymbol{w}(\boldsymbol{w}^\top\boldsymbol{z}_i)$$

であるが，この第 j 成分を見ると，左辺は 0 であり，右辺は $-\beta w_j(\boldsymbol{w}^\top\boldsymbol{z}_i)$ に等しいが，$\beta \neq 0$, $w_j \neq 0$ だから $\boldsymbol{w}^\top\boldsymbol{z}_i = 0$ となる．すると $(D - \lambda_i I)\boldsymbol{z}_i = \boldsymbol{0}$ となるが，λ_i は単純固有値なので，$\boldsymbol{z}_i$ は第 j 単位ベクトル $\boldsymbol{e}_j$ の定数倍ということになる．これより，$0 = \boldsymbol{w}^\top\boldsymbol{z}_i = \boldsymbol{w}^\top\boldsymbol{e}_j = w_j$ となって矛盾を生じる．ゆえに，λ_i はすべての d_j と異なる．したがって $D - \lambda_i I$ は正則であり，$\boldsymbol{0} \neq (D - \lambda_i I)\boldsymbol{z}_i = -\beta\boldsymbol{w}(\boldsymbol{w}^\top\boldsymbol{z}_i)$ より

$\boldsymbol{w}^\top \boldsymbol{z}_i \neq 0$.

(iv) $(D+\beta \boldsymbol{w}\boldsymbol{w}^\top)\boldsymbol{z}_i = \lambda_i \boldsymbol{z}_i$ より，$(D-\lambda_i I)\boldsymbol{z}_i = -\beta \boldsymbol{w}(\boldsymbol{w}^\top \boldsymbol{z}_i)$ である．ここで $c_i = -\beta(\boldsymbol{w}^\top \boldsymbol{z}_i)$ とおくと，(iii)より $c_i \neq 0$ で $D-\lambda_i I$ は正則だから，$\boldsymbol{z}_i = c_i(D-\lambda_i I)^{-1}\boldsymbol{w}$.

8.3　略.

8.4　(i) Courant-Fischer の最大・最小定理(補題 7.16)を C に用いて，

$$\boldsymbol{x}^\top A\boldsymbol{x} = \boldsymbol{x}^\top B\boldsymbol{x} + \boldsymbol{x}^\top C\boldsymbol{x} \leqq \boldsymbol{x}^\top B\boldsymbol{x} + \lambda_1(C)\ \boldsymbol{x}^\top \boldsymbol{x}.$$

すなわち，$\boldsymbol{x}^\top A\boldsymbol{x}/\boldsymbol{x}^\top\boldsymbol{x} \leqq \boldsymbol{x}^\top B\boldsymbol{x}/\boldsymbol{x}^\top\boldsymbol{x} + \lambda_1(C)$．ここで，Courant-Fischer の最大・最小定理を A, B に用いて $\lambda_r(A) \leqq \lambda_r(B) + \lambda_1(C)$ を得る．他方の不等式も同様である．

(ii) $|\lambda_r(C)| \leqq \left(\sum_{i=1}^{n} \lambda_i(C)^2\right)^{1/2} = \left(\sum_{i=1}^{n}\sum_{j=1}^{n} {c_{ij}}^2\right)^{1/2}$ と(i)の不等式による．

8.5　(i) $|a_{pp}-a_{qq}| \geqq |\mu_p-\mu_q| - |a_{pp}-\mu_p| - |a_{qq}-\mu_q| \geqq 2\varepsilon$ と $|a_{pq}| \leqq \varepsilon$ より，$|\tan 2\theta| \leqq 1$.

(ii) $|\tilde{a}_{pp}-\mu_q| \geqq |\mu_p-\mu_q|\cos^2\theta - |a_{pp}-\mu_p|\cos^2\theta - |a_{pq}| - |a_{qq}-\mu_q|\sin^2\theta \geqq 2\varepsilon\cos 2\theta$．他方も同様.

(iii) (i)を(ii)に代入する．

8.6　$|\sin\theta| \leqq |\theta| = \dfrac{1}{2}\arctan\left|\dfrac{2a_{pq}}{a_{pp}-a_{qq}}\right| \leqq \dfrac{|a_{pq}|}{\delta}$ と $|a_{qj}| \leqq |a_{pq}|$ より，

$$\begin{aligned}|{\tilde{a}_{pj}}^2 - {a_{pj}}^2| &= |(a_{pj}\cos\theta - a_{qj}\sin\theta)^2 - {a_{pj}}^2| \\ &\leqq |{a_{pj}}^2 - {a_{qj}}^2|\sin^2\theta + 2|a_{pj}a_{qj}\cos\theta\sin\theta| \\ &\leqq \frac{|a_{pq}|^4}{\delta^2} + \frac{2|a_{pq}|^2}{\delta}|a_{pj}|.\end{aligned}$$

8.7　Courant-Fischer の最大・最小定理(補題 7.16)により，$\boldsymbol{x} = (x_1, \cdots, x_{s-1}, 0, \cdots, 0, x_p, 0, \cdots, 0)^\top$ を ${x_p}^2 + \sum_{i<s} {x_i}^2 = 1$ の範囲で動かしたときの $\boldsymbol{x}^\top B\boldsymbol{x}$ の最小値は β_s の下界となる．

$$\left|\sum_{i<s,\, j<s,\, i\neq j} b_{ij}x_ix_j\right| \leqq \tau\left(\sum_{i<s,\, j<s,\, i\neq j} {x_i}^2{x_j}^2\right)^{1/2} \leqq \tau\sum_{i<s} {x_i}^2$$

に注意して下のように計算する．

$\boldsymbol{x}^\top B\boldsymbol{x}$

$$\begin{aligned}&= b_{pp}{x_p}^2 + \sum_{i<s} b_{ii}{x_i}^2 + 2\sum_{i<s} b_{ip}x_ix_p + \sum_{i<s, j<s, i\neq j} b_{ij}x_ix_j \\ &\geqq b_{pp}(1 - \sum_{i<s}{x_i}^2) + \sum_{i<s} b_{ii}{x_i}^2 + 2\sum_{i<s} b_{ip}x_ix_p - \tau\sum_{i<s}{x_i}^2\end{aligned}$$

$$= b_{pp} + \sum_{i<s}(b_{ii} - b_{pp} - \tau)\left(x_i + \frac{b_{ip}x_p}{b_{ii} - b_{pp} - \tau}\right)^2 - {x_p}^2 \sum_{i<s} \frac{{b_{ip}}^2}{b_{ii} - b_{pp} - \tau}$$

$$\geqq b_{pp} - \sum_{i<s} \frac{{b_{ip}}^2}{b_{ii} - b_{pp} - \tau}.$$

第9章

9.1　(i) 特異値分解(1.14)における直交行列 U, V の第 n 列ベクトルを $\boldsymbol{u}$, $\boldsymbol{v}$ とすると，$A\boldsymbol{v} = \sigma_{\min}\boldsymbol{u}$ であり，

$$\boldsymbol{v}^{\mathsf{T}}(A + A^{\mathsf{T}})\boldsymbol{v} = 2\sigma_{\min}\boldsymbol{u}^{\mathsf{T}}\boldsymbol{v} \leqq 2\sigma_{\min}\|\boldsymbol{u}\|\cdot\|\boldsymbol{v}\| = 2\sigma_{\min}.$$

一方，Courant-Fischer の最大・最小定理(補題 7.16)より，$\boldsymbol{v}^{\mathsf{T}}(A + A^{\mathsf{T}})\boldsymbol{v} \geqq 2\lambda_{\min}$.

(ii) Gershgorin の定理(定理 7.1)を $(A + A^{\mathsf{T}})/2$ に適用すると，$\lambda_{\min} \geqq$[(ii)の右辺] となる.

(iii) A の各行に -1 を乗じても $A^{\mathsf{T}}A$ は不変であるから，$a_{ii} \geqq 0$ としてよい．このことに注意すれば，(i)と(ii)から(iii)が示される.

9.2　(i) 問題 9.1 の(iii)による.

(ii) 等号が成り立つとして矛盾を導く．B は正則だから $\sigma_{\min} > 0$ である．B の特異値分解(1.14)における直交行列 U, V の第 r 列ベクトルを $\boldsymbol{u}$, $\boldsymbol{v}$ とすると，$B\boldsymbol{v} = \sigma_{\min}\boldsymbol{u}$, $B^{\mathsf{T}}\boldsymbol{u} = \sigma_{\min}\boldsymbol{v}$. 問題 9.1(i)の解答より，$\sigma_{\min} = \lambda_{\min}$ ならば $\boldsymbol{u}^{\mathsf{T}}\boldsymbol{v} = 1$ であるから，$\boldsymbol{u} = \boldsymbol{v}$ としてよい．このとき，$B\boldsymbol{v} = \sigma_{\min}\boldsymbol{v}$ であり，$\sigma_{\min}$ は B のある対角要素 b_{2j-1} に等しい$(1 \leqq j \leqq r)$. $v_0 = v_{r+1} = 0$ とするとき，

$$b_{2i-1}v_i + b_{2i}v_{i+1} = \sigma_{\min}v_i, \quad b_{2i} \neq 0 \quad (i = j, j+1, \cdots, r)$$

より $v_{i+1} = 0$ $(i = j, j+1, \cdots, r-1)$ となる．また，$B^{\mathsf{T}}\boldsymbol{v} = \sigma_{\min}\boldsymbol{v}$ より

$$b_{2i-2}v_{i-1} + b_{2i-1}v_i = \sigma_{\min}v_i, \quad b_{2i-2} \neq 0 \quad (i = j, j-1, \cdots, 1)$$

となり，$v_{i-1} = 0$ $(i = j, j-1, \cdots, 2)$ となる．したがって，$\boldsymbol{v}$ は第 j 単位ベクトルということになるが，これは $B\boldsymbol{v} = b_{2j-1}\boldsymbol{v}$, $B^{\mathsf{T}}\boldsymbol{v} = b_{2j-1}\boldsymbol{v}$, $r \geqq 2$ に反する.

参考文献

線形代数の教科書で線形計算に有用な事柄を多く扱ったものを挙げる．

[1] F. R. Gantmacher: *The Theory of Matrices, Vol. I, Vol. II*, Chelsea, 1959. （引用頁：13, 216）

[2] A. Horn and C. R. Johnson: *Matrix Analysis*, Cambridge University Press, 1985. （引用頁：13）

[3] 伊理正夫：一般線形代数，岩波書店，2003. （引用頁：13, 29, 59, 163, 234, 254, 299, 338）

[4] 伊理正夫：線形代数汎論，朝倉書店，2009. （引用頁：13, 29, 59, 163, 234, 254, 299, 338）

[5] 伊理正夫，韓太舜：線形代数，教育出版，1977. （引用頁：13, 163, 216）

線形計算全般を扱った書物には次のようなものがある．

[6] J. W. Demmel: *Applied Numerical Linear Algebra*, SIAM, 1997. （引用頁：13, 59, 303, 316）

[7] G. H. Golub and C. F. van Loan: *Matrix Computations*, Johns Hopkins University Press, 1983; 2nd ed., 1989; 3rd ed., 1996. （引用頁：13, 59, 244）

[8] H. R. Schwarz: *Numerical Analysis of Symmetric Matrices*, Prentice-Hall, 1973. （引用頁：13）

[9] G. W. Stewart: *Matrix Algorithms, Vol I: Basic Decompositions*, SIAM, 1998. （引用頁：13, 241）

[10] G. W. Stewart: *Matrix Algorithms, Vol. II: Eigensystems*, SIAM, 2001. （引用頁：13）

[11] 戸川隼人：マトリクスの数値計算，オーム社，1971. （引用頁：13）

[12] L. N. Trefethen and D. Bau, III: *Numerical Linear Algebra*, SIAM, 1997. （引用頁：13）

[13] D. S. Watkins: *Fundamentals of Matrix Computations*, John Wiley and Sons, 1991; 2nd ed., 2002. （引用頁：13）

[14] J. H. Wilkinson: *The Algebraic Eigenvalue Problem*, Oxford University

Press, 1965; Clarendon Press 1988. （引用頁：13, 249, 267, 271, 296, 297, 316）

[15] J. H. Wilkinson and C. Reinsch: *Linear Algebra: Handbook for Automatic Computation, Vol. 2*, Springer-Verlag, 1971. （引用頁：13, 267, 305）

丸め誤差解析に関連する話題を扱った書物には次のようなものがある.

[16] G. Alefeld and J. Herzberger: *Introduction to Interval Computations*(English translation by J. Rokne), Academic Press, 1983. （引用頁：13）

[17] N. J. Higham: *Accuracy and Stability of Numerical Algorithms*, SIAM, 1996; 2nd ed., 2002. （引用頁：13, 59, 241, 249）

[18] 久保田光一，伊理正夫：アルゴリズムの自動微分と応用，コロナ社，1998. （引用頁：13）

[19] W. Miller and C. Wrathall: *Software for Roundoff Analysis of Matrix Algorithms*, Academic Press, 1980. （引用頁：13）

[20] M. T. Nakao and S. Oishi: *State of the Art in Self-Validating Numerical Computations*, *Japan Journal of Industrial and Applied Mathematics*, **26** (2009), Nos.2-3 (special issue). （引用頁：13）

[21] 中尾充宏，山本野人：精度保証付き数値計算，日本評論社，1998. （引用頁：13）

[22] A. Neumaier: *Interval Methods for Systems of Equations*, Cambridge University Press, 1990. （引用頁：13）

[23] 大石進一：精度保証付き数値計算，コロナ社，2000. （引用頁：13）

[24] G. W. Stewart and Ji-guang Sun: *Matrix Perturbation Theory*, Academic Press, 1990. （引用頁：13, 14, 297）

線形計算のソフトウェアを扱った書物には次のようなものがある.

[25] E. Anderson, Z. Bai, C. Bischof, S. Blackford, J. Demmel, J. Dongarra, J. Du Croz, A. Greenbaum, S. Hammarling, A. McKenney and D. Sorensen: *LAPACK Users' Guide*, SIAM, 1992; 3rd ed., 1999. （引用頁：13, 254, 316）

[26] L. S. Blackford, J. Choi, A. Cleary, E. D'Azevedo, J. Demmel, I. Dhillon, J. Dongarra, S. Hammarling, G. Henry, A. Petitet, K. Stanley, D. Walker and R. C. Whaley: *ScaLAPACK Users' Guide*, SIAM, 1997. （引用頁：13, 254）

[27] J. J. Dongarra, I. S. Duff, D. C. Sorensen and H. A. van der Vorst: *Solving Linear Systems on Vector and Shared Memory Computers*, SIAM, 1991.（小国力訳：コンピュータによる連立一次方程式の解法，丸善，1993.） （引用頁：13, 60）

[28] R. B. Lehoucq, D. C. Sorenson and C. Yang: *ARPACK Users' Guide*, SIAM, 1998. （引用頁：13, 254）

[29] 小国力 編著，村田健郎，三好俊郎，ドンガラ，J.J.，長谷川秀彦 著：行列計算ソフトウェア，丸善，1991. （引用頁：13）

線形計算以外の数値計算の話題については，次の書籍およびそこにある参考文献を参照されたい．

[30] 杉原正顯，室田一雄：数値計算法の数理，岩波書店，1994. （引用頁：13, 100, 217, 338）

以下，各章毎に参考書を挙げる．

第 2 章(書籍) [6, 7, 8, 9, 11, 12, 13, 14, 15, 17]

[31] A. Berman and R. J. Plemmons: *Nonnegative Matrices in the Mathematical Sciences*, SIAM, Philadelphia, 1994. （引用頁：82）

[32] I. S. Duff, A. M. Erisman and J. K. Reid: *Direct Methods for Sparse Matrices*, Clarendon Press, 1986. （引用頁：60）

[33] A. George and J. W. Liu: *Computer Solution of Large Sparse Positive Definite Systems*, Prentice-Hall, 1981. （引用頁：60）

[34] D. Jungnickel: *Graphs, Networks and Algorithms*, Springer-Verlag, 1999. （引用頁：53）

[35] L. Lovász and M. Plummer: *Matching Theory*, North-Holland, 1986. （引用頁：53）

[36] K. Murota: *Matrices and Matroids for Systems Analysis*, Springer-Verlag, 2000. （引用頁：51, 56, 59）

第 2 章(論文)

[37] M. Arioli, J. W. Demmel and I. S. Duff: Solving sparse linear systems with sparse backward error, *SIAM Journal on Matrix Analysis and Applications*, **10** (1989), pp. 165-190. （引用頁：32）

[38] L. V. Foster: Gaussian elimination with partial pivoting can fail in practice, *SIAM Journal on Matrix Analysis and Applications*, **15** (1994), pp. 1354-1362. （引用頁：59）

[39] R. E. Funderlic, M. Neumann and R. J. Plemmons: *LU* decompositions of generalized diagonally dominant matrices, *Numerische Mathematik*, **40** (1982), pp. 57-69. （引用頁：59）

[40] W. W. Hager: Condition estimates, *SIAM Journal on Scientific and Statistical Computing*, **5** (1984), pp. 311-316. (引用頁：33)

[41] N. J. Higham: A survey of condition number estimation for triangular matrices, *SIAM Review*, **29** (1987), pp. 575-596. (引用頁：33)

[42] R. D. Skeel: Scaling for numerical stability in Gaussian elimination, *Journal of the Association for Computing Machinery*, **26** (1979), pp. 494-526. (引用頁：39)

[43] R. D. Skeel: Iterative refinement implies numerical stability for Gaussian elimination, *Mathematics of Computation*, **35** (1980), pp. 817-832. (引用頁：32)

[44] L. N. Trefethen and R. S. Schreiber: Average-case stability of Gaussian elimination, *SIAM Journal on Matrix Analysis and Applications*, **11** (1990), pp. 335-360. (引用頁：59)

[45] D. Viswanath and L. N. Trefethen: Condition numbers of random triangular matrices, *SIAM Journal on Matrix Analysis and Applications*, **19** (1998), pp. 564-581. (引用頁：59)

[46] S. J. Wright: A collection of problems for which Gaussian elimination with partial pivoting is unstable, *SIAM Journal on Scientific Computing*, **14** (1993), pp. 231-238. (引用頁：59)

第 3〜4 章(書籍) [6, 7, 8, 11, 12, 13, 14]

[47] O. Axelsson: *Iterative Solution Methods*, Cambridge University Press, 1994. (引用頁：136, 154)

[48] R. Barrett, M. Berry, T. F. Chan, J. Demmel, J. Donato, J. Dongarra, V. Eijkhout, R. Pozo, C. Romine and H. van der Vorst: *Templates for the Solution of Linear Systems: Building Blocks for Iterative Methods*, SIAM, 1994. (長谷川里美, 長谷川秀彦, 藤野清次 訳：反復法 Templates, 朝倉書店, 1996) (引用頁：13, 170)

[49] W. L. Briggs, V. E. Henson and S. F. McCormick: *A Multigrid Tutorial*, 2nd ed., SIAM, 2000. (引用頁：135, 136)

[50] A. Bultheel and M. Van Barel: *Linear Algebra, Rational Approximation and Orthogonal Polynomials*, North-Holland, 1997. (引用頁：222)

[51] R. H.-F. Chan and X.-Q. Jin: *An Introduction to Iterative Toeplitz Solvers*, SIAM, 2007. (引用頁：224)

[52] B. Fischer: *Polynomial Based Iteration Methods for Symmetric Linear Systems*, Wiley-Teubner, 1996. （引用頁：224）

[53] 藤野清次，張 紹良：反復法の数理，朝倉書店，1996. （引用頁：223）

[54] A. Greenbaum: *Iterative Methods for Solving Linear Systems*, SIAM, 1997. （引用頁：137, 154, 170, 175, 187, 221, 222, 224）

[55] W. Hackbusch: *Multi-Grid Methods and Applications*, Springer-Verlag, 1985. （引用頁：137）

[56] W. Hackbusch: *Iterative Solution of Large Sparse Systems of Equations*, Springer-Verlag, 1994. （引用頁：137, 221）

[57] L. A. Hageman and D. M. Young: *Applied Iterative Methods*, Academic Press, 1981. （引用頁：74）

[58] M. R. Hestenes: *Conjugate Direction Methods in Optimization*, Springer-Verlag, 1980. （引用頁：147）

[59] D. F. Lawden: *Elliptic Functions and Applications*, Springer-Verlag, 1989. （引用頁：100）

[60] G. Meurant: *Computer Solution of Large Linear Systems*, Elsevier, 1999. （引用頁：137, 154, 180）

[61] 仁木滉，河野敏行：楽しい反復法，共立出版，1998. （引用頁：136）

[62] J. M. Ortega: *Introduction to Parallel and Vector Solution of Linear Systems*, Plenum Press, 1988. （引用頁：75）

[63] Y. Saad: *Iterative Methods for Sparse Linear Systems*, PWS Pub. Co., 1996; 2nd ed., SIAM, 2003. （引用頁：137, 154, 170, 175, 187, 221, 222, 223）

[64] B. Smith, P. Bjørstad and W. Gropp: *Domain Decomposition: Parallel Multilevel Methods for Elliptic Partial Differential Equations*, Cambridge University Press, 1996. （引用頁：137）

[65] 戸川隼人：共役勾配法，教育出版，1977. （引用頁：224）

[66] U. Trottenberg, C. W. Oosterlee and A. Schüller: *Multigrid*, Academic Press, 2001. （引用頁：135, 137）

[67] H. A. van der Vorst: *Iterative Krylov Methods for Large Linear Systems*, Cambridge University Press, 2003. （引用頁：154, 221, 223, 224）

[68] R. S. Varga: *Matrix Iterative Analysis*, Prentice-Hall, 1962; Springer-Verlag, 2nd ed., 2000.（渋谷政昭 訳：計算機による大型行列の反復解法（第 1 版の邦訳），サイエンス社，1972.）（引用頁：79, 82, 93, 136）

[69] E. L. Wachspress: *Iterative Solution of Elliptic Systems and Applications*

to the Neutron Diffusion Equations of Reactor Physics, Prentice-Hall, 1966.（引用頁：99, 100, 136）

[70] D. M. Young: *Iterative Solution of Large Linear Systems*, Academic Press, 1971.（引用頁：79, 136）

第 3～4 章（論文）

[71] L. M. Adams and H. F. Jordan: Is SOR color-blind? *SIAM Journal on Scientific and Statistical Computing*, **7** (1986), pp. 490–506.（引用頁：75）

[72] H. Akaike: On a successive transformation of probability distribution and its application to the analysis of the optimum gradient method, *Annals of the Institute of Statistical Mathematics*, **11** (1959), pp. 1–16.（引用頁：221）

[73] S. F. Ashby, T. A. Manteuffel and P. E. Saylor: A taxonomy for conjugate gradient methods, *SIAM Journal on Numerical Analysis*, **27** (1990), pp. 1542–1568.（引用頁：221）

[74] R. E. Bank and T. F. Chan: An analysis of the composite step biconjugate gradient method, *Numerische Mathematik*, **66** (1993), pp. 295–319.（引用頁：222）

[75] B. Beckermann and A. B. J. Kuijlaars: Superlinear convergence of conjugate gradients, *SIAM Journal on Numerical Analysis*, **39** (2001), pp. 300–329.（引用頁：222）

[76] M. Benzi: Preconditioning techniques for large linear systems: a survey, *Journal of Computational Physics*, **182** (2002), pp. 418–477.（引用頁：154）

[77] J. H. Bramble and X. Zhang: The analysis of multigrid methods, in *Handbook of Numerical Analysis, Vol. VII* (P. G. Ciarlet and J. L. Lions, eds.), Elsevier/North-Holland, 2000, pp. 173–415.（引用頁：137）

[78] W. Cauer: Bemerkung über eine Extremalaufgabe von E. Zolotareff, *Zeitschrift für angewandte Mathematik und Mechanik*, **20** (1940), p. 358.（引用頁：102）

[79] E. J. Craig: The N-step iteration procedures, *Journal of Mathematics and Physics*, **34** (1955), pp. 64–73.（引用頁：224）

[80] J. Douglas, Jr.: Alternating direction methods for three space variables, *Numerische Mathematik*, **4** (1962), pp. 41–63.（引用頁：140）

[81] S. C. Eisenstat, H. C. Elman and M. H. Schultz: Variational iterative methods for nonsymmetric systems of linear equations, *SIAM Journal on Numerical Analysis*, **20** (1983), pp. 345–357.（引用頁：170, 224）

[82] D. J. Evans and C. Li: Successive underrelaxation (SUR) and generalised conjugate gradient (GCG) methods for hyperbolic difference equations on a parallel computer, *Parallel Computing*, **16** (1990), pp. 207–220. (引用頁：73)

[83] V. Faber, J. Liesen and P. Tichý: The Faber–Manteuffel theorem for linear operators, *SIAM Journal on Numerical Analysis*, **46** (2008), pp. 1323–1337. (引用頁：220, 221)

[84] V. Faber and T. Manteuffel: Necessary and sufficient conditions for the existence of a conjugate gradient method, *SIAM Journal on Numerical Analysis*, **21** (1984), pp. 352–362. (引用頁：220, 221, 223)

[85] V. Faber and T. Manteuffel: Orthogonal error methods, *SIAM Journal on Numerical Analysis*, **24** (1987), pp. 170–187. (引用頁：221)

[86] B. Fischer and R. Freund: Chebyshev polynomials are not always optimal, *Journal of Approximation Theory*, **65** (1991), pp. 261–272. (引用頁：222)

[87] R. Fletcher: Conjugate gradient methods for indefinite systems, in *Numerical Analysis* (G. A. Watson, ed.), Lecture Notes in Mathematics, **506** (1976), Springer-Verlag, pp. 73–89. (引用頁：222, 224)

[88] G. E. Forsythe and T. S. Motzkin: Acceleration of the optimum gradient method (abstract), *Bulletin of the American Mathematical Society*, **57** (1951), pp. 304–305. (引用頁：221)

[89] R. W. Freund, M. H. Gutknecht and N. M. Nachtigal: An implementation of the look-ahead Lanczos algorithm for non-Hermitian matrices, *SIAM Journal on Scientific Computing*, **14** (1993), pp. 137–158. (引用頁：222)

[90] R. W. Freund and N. M. Nachtigal: QMR: a quasi-minimal residual method for non-Hermitian linear systems, *Numerische Mathematik*, **60** (1991), pp. 315–339. (引用頁：224)

[91] R. W. Freund and N. M. Nachtigal: An implementation of the QMR method based on coupled two-term recurrences. *SIAM Journal on Scientific Computing*, **15** (1994), pp. 313–337. (引用頁：222)

[92] A. Frommer and D. B. Szyld: H-splittings and two-stage iterative methods, *Numerische Mathematik*, **63** (1992), pp. 345–356. (引用頁：136)

[93] D. Gaier and J. Todd: On the rate of convergence of optimal ADI processes, *Numerische Mathematik*, **9** (1967), pp. 452–459. (引用頁：105)

[94] G. H. Golub and D. P. O'Leary: Some history of the conjugate gradient and Lanczos algorithms: 1948–1976, *SIAM Review*, **31** (1989), pp. 50–102. (引用

頁：224)

[95] A. Greenbaum: Behavior of slightly perturbed Lanczos and conjugate-gradient recurrences, *Linear Algebra and Its Applications*, **113** (1989), pp. 7-63. (引用頁：151, 224)

[96] A. Greenbaum and Z. Strakoš: Predicting the behavior of finite precision Lanczos and conjugate gradient computations, *SIAM Journal on Matrix Analysis and Applications*, **13** (1992), pp. 121-137. (引用頁：151, 224)

[97] M. Gu and S. C. Eisenstat: A divide-and-conquer algorithm for the symmetric tridiagonal eigenproblem, *SIAM Journal on Matrix Analysis and Applications*, **16** (1995), pp. 172-191. (引用頁：312)

[98] M. H. Gutknecht: A completed theory of the unsymmetric Lanczos process and related algorithms, Part I, *SIAM Journal on Matrix Analysis and Applications*, **13** (1992), pp. 594-639. (引用頁：222)

[99] M. H. Gutknecht: Variants of BICGSTAB for matrices with complex spectrum, *SIAM Journal on Scientific Computing*, **14** (1993), pp. 1020-1033. (引用頁：223, 224)

[100] M. H. Gutknecht: A completed theory of the unsymmetric Lanczos process and related algorithms, Part II, *SIAM Journal on Matrix Analysis and Applications*, **15** (1994), pp. 15-58. (引用頁：222)

[101] M. R. Hestenes: The conjugate-gradient method for solving linear systems, in *Numerical Analysis* (Proc. AMS Symposium on Applied Mathematics, Vol. VI), McGraw-Hill, 1956, pp. 83-102. (引用頁：223)

[102] M. R. Hestenes and E. Stiefel: Methods of conjugate gradients for solving linear systems, *Journal of Research of the National Bureau of Standards*, **49** (1952), pp. 409-436. (引用頁：221, 224, 225)

[103] W. Joubert: Lanczos methods for the solution of nonsymmetric systems of linear equations, *SIAM Journal on Matrix Analysis and Applications*, **13** (1992), pp. 926-943. (引用頁：222)

[104] L. Lamport: The parallel execution of **DO** loops, *Communications of the Association for Computing Machinery*, **17** (1974), pp. 83-93. (引用頁：75)

[105] C. Lanczos: Solution of systems of linear equations by minimized iterations, *Journal of Research of the National Bureau of Standards*, **49** (1952), pp. 33-53. (引用頁：221, 222)

[106] J. Liesen and P. E. Saylor: Orthogonal Hessenberg reduction and orthog-

onal Krylov subspace bases, *SIAM Journal on Numerical Analysis*, **42** (2005), pp. 2148–2158. (引用頁：221)

[107] J. Liesen and Z. Strakoš: On optimal short recurrences for generating orthogonal Krylov subspace bases, *SIAM Review*, **50** (2008), pp. 485–503. (引用頁：221)

[108] J. A. Meijerink and H. A. van der Vorst: An iterative solution method for linear systems of which the coefficient matrix is a symmetric M-matrix, *Mathematics of Computation*, **31** (1977), pp. 148–162. (引用頁：155)

[109] 室田一雄：線形計算の基礎数理,「科学計算と数値解析(第2回応用解析チュートリアル)」, 京都大学数理解析研究所1992年度プロジェクト研究, pp. 55–105, 1993. (引用頁：223, 286)

[110] N. M. Nachtigal, S. C. Reddy and L. N. Trefethen: How fast are nonsymmetric matrix iterations? *SIAM Journal on Matrix Analysis and Applications*, **13** (1992), pp. 778–795. (引用頁：224)

[111] A. S. Nemirovsky: On optimality of Krylov's information when solving linear operator equations, *Journal of Complexity*, **7** (1991), pp. 121–130. (引用頁：223)

[112] A. S. Nemirovsky: Information-based complexity of linear operator equations, *Journal of Complexity*, **8** (1992), pp. 153–175. (引用頁：223)

[113] B. N. Parlett, D. R. Taylor and Z. A. Liu: A look-ahead Lanczos algorithm for unsymmetric matrices, *Mathematics of Computation*, **44** (1985), pp. 105–124. (引用頁：222)

[114] Y. Saad: Krylov subspace methods for solving large unsymmetric linear systems, *Mathematics of Computation*, **37** (1981), pp. 105–126. (引用頁：222)

[115] Y. Saad and M. H. Schultz: GMRES: a generalized minimal residual algorithm for solving nonsymmetric linear systems, *SIAM Journal on Scientific and Statistical Computing*, **7** (1986), pp. 856–869. (引用頁：170, 224)

[116] G. L. G. Sleijpen and D. R. Fokkema: BICGSTAB(ℓ) for linear equations involving unsymmetric matrices with complex spectrum, *Electronic Transactions on Numerical Analysis*, **1** (1993), pp. 11–32. (引用頁：201, 223, 224)

[117] G. L. G. Sleijpen and M. B. van Gijzen: Exploiting BiCGstab(ℓ) strategies to induce dimension reduction, *SIAM Journal on Scientific Computing*, **32** (2010), pp. 2687–2709. (引用頁：223)

[118] P. Sonneveld: CGS, a fast Lanczos-type solver for nonsymmetric linear system, *SIAM Journal on Scientific and Statistical Computing*, **10** (1989), pp. 36–52. (引用頁：222, 224)

[119] P. Sonneveld and M. B. van Gijzen: IDR(s): A family of simple and fast algorithms for solving large nonsymmetric systems of linear equations, *SIAM Journal on Scientific Computing*, **31** (2008), pp. 1035–1062. (引用頁：223, 224)

[120] E. Stiefel: Über einige Methoden der Relaxationsrechnung, *Zeitschrift für angewandte Mathematik und Physik*, **3** (1952), pp. 1–33 (引用頁：221)

[121] E. Stiefel: Relaxationsmethoden bester Strategie zur Lösung linearer Gleichungssysteme, *Commentarii Mathematici Helvetici*, **29** (1955), pp. 157–179. (引用頁：170, 224)

[122] 高橋秀俊：Lanczosの原理と数値解析，数理科学，No.157 (1976)，pp.25–31. (引用頁：221)

[123] M. Tanio and M. Sugihara: GBi-CGSTAB(s, L): IDR(s) with higher-order stabilization polynomials, *Journal of Computational and Applied Mathematics*, **235** (2010), pp. 765–784. (引用頁：223)

[124] H. A. van der Vorst: Bi-CGSTAB: A fast and smoothly converging variant of Bi-CG for the solution of nonsymmetric linear systems, *SIAM Journal on Scientific and Statistical Computing*, **13** (1992), pp. 631–644. (引用頁：223, 224)

[125] P. K. W. Vinsome: Orthomin, an iterative method for solving sparse sets of simultaneous linear equations, in: *Proceedings of the Fourth Symposium on Numerical Simulation of Reservoir Performance*, Society of Petroleum Engineers, 1976, SPE 5729, pp. 149–159. (引用頁：170, 224)

[126] E. L. Wachspress: Optimal alternating-direction-implicit iteration parameters for a model problem, *Journal of Society of Industrial and Applied Mathematics*, **10** (1962), pp. 339–350. (引用頁：99)

[127] E. L. Wachspress: Extended application of alternating direction implicit iteration model problem theory, *Journal of Society of Industrial and Applied Mathematics*, **11** (1963), pp. 994–1016. (引用頁：99)

[128] M.-C. Yeung and T. F. Chan: ML(k)BiCGSTAB: A BiCGSTAB variant based on multiple Lanczos starting vectors, *SIAM Journal on Scientific Computing*, **29** (1999), pp. 1263–1290. (引用頁：223, 224)

[129] D. M. Young and K. C. Jea: Generalized conjugate-gradient acceleration of nonsymmetrizable iterative methods, *Linear Algebra and Its Applications*, **34** (1980), pp. 159–194. (引用頁：180, 224)

[130] S.-L. Zhang: GPBi-CG: Generalized product-type methods based on Bi-CG for solving nonsymmetric linear systems, *SIAM Journal on Scientific Computing*, **18** (1997), pp. 537–551. (引用頁：223, 224)

第5章(書籍)

[131] Å. Björck: *Numerical Methods for Least Squares Problems*, SIAM, 1996. (引用頁：235, 324)

[132] C. L. Lawson and R. J. Hanson: *Solving Least Square Problems*, Prentice-Hall, 1974; SIAM, 1995. (引用頁：235)

[133] 中川徹，小柳義夫：最小二乗法による実験データ解析：プログラムSALS，東京大学出版会，1982. (引用頁：235)

第5章(論文)

[134] Å. Björck: Least squares methods, in *Handbook of Numerical Analysis, Vol. I* (P. G. Ciarlet and J. L. Lions, eds.), Elsevier/North-Holland, 1990, pp. 465–652. (引用頁：235)

[135] T. F. Chan: Rank revealing QR factorization, *Linear Algebra and Its Applications*, **88/89** (1987), pp. 67–82. (引用頁：235)

第6章(書籍) [9, 14, 17]

第6章(論文)

[136] Å. Björck: Solving linear least squares problems by Gram-Schmidt orthogonalization, *BIT*, **7** (1967), pp. 1–21. (引用頁：241)

第7〜8章(書籍) [6, 7, 8, 10, 11, 12, 13, 14, 15]

[137] Z. Bai, J. Demmel, J. Dongarra, A. Ruhe and H. A. van der Vorst: *Templates for the Solution of Algebraic Eigenvalue Problems: A Practical Guide*, SIAM, 2000. (引用頁：13, 254, 286, 296, 312)

[138] F. Chatelin: *Valeurs propres de matrices*, Masson, 1988.(伊理正夫，伊理由美 訳：行列の固有値，シュプリンガー・フェアラーク東京，1993; W. Ledermann 訳：*Eigenvalues of Matrices*, John Wiley and Sons, 1993.) (引用頁：255, 259, 277, 286, 296)

[139] J. Cullum and R. A. Willoughby: *Lanczos Algorithms for Large Symmetric Eigenvalue Computations, I: Theory, II: Programs*, Birkhäuser, 1985; Vol. I のみ，SIAM, 2002. (引用頁：283, 286, 296)

[140] P. Henrici: *Applied and Computational Complex Analysis, Vol. I*, John Wiley and Sons, 1974. (引用頁：296, 324)

[141] B. N. Parlett: *The Symmetric Eigenvalue Problem*, Prentice-Hall, 1980; SIAM, 1998. (引用頁：244, 248, 267, 312)

[142] Y. Saad: *Numerical Methods for Large Eigenvalue Problems*, Manchester University Press, Halsted Press, 1992. (引用頁：282, 286, 296)

[143] R. S. Varga: *Geršgorin and His Circles*, Springer-Verlag, 2004. (引用頁：297)

[144] 山内二郎，森口繁一，一松信 編：電子計算機のための数値計算法 I，培風館，1965. (引用頁：306)

第 7〜8 章(論文)

[145] K. Braman, R. Byers and R. Mathias: The multishift QR algorithm, Part I: maintaining well-focused shifts and level 3 performance, *SIAM Journal on Matrix Analysis and Applications*, **23** (2002), pp. 929-947. (引用頁：296)

[146] K. Braman, R. Byers and R. Mathias: The multishift QR algorithm, Part II: aggressive early deflation, *SIAM Journal on Matrix Analysis and Applications*, **23** (2002), pp. 948-973. (引用頁：296)

[147] E. R. Davidson: The iterative calculation of a few of the lowest eigenvalues and corresponding eigenvectors of large real-symmetric matrices, *Journal of Computational Physics*, **17** (1975), pp. 87-94. (引用頁：292)

[148] A. Dax and S. Kaniel: The ELR method for computing the eigenvalues of a general matrix, *SIAM Journal on Numerical Analysis*, **18** (1981), pp. 597-605. (引用頁：268)

[149] I. S. Dhillon and B. N. Parlett: Multiple representations to compute orthogonal eigenvectors of symmetric tridiagonal matrices, *Linear Algebra and Its Applications*, **387** (2004), pp. 1-28. (引用頁：312)

[150] I. S. Dhillon, B. N. Parlett and C. Vömel: The design and implementation of the MRRR algorithm, *ACM Transactions on Mathematical Software*, **32** (2006), pp. 533-560. (引用頁：312)

[151] J. G. F. Francis: The QR transformation, I, *The Computer Journal*, **4** (1961), pp. 265-271. (引用頁：296)

[152] J. G. F. Francis: The QR transformation, II, *The Computer Journal*, **4** (1962), pp. 332-345. (引用頁：296)

[153] G. H. Golub and H. A. van der Vorst: Eigenvalue computation in the 20th century, *Journal of Computational and Applied Mathematics*, **123** (2000), pp. 35-65. (引用頁：297)

[154] V. Hari: On sharp quadratic convergence bounds for the serial Jacobi methods, *Numerische Mathematik*, **60** (1991), pp. 375-406. (引用頁：312)

[155] C. G. J. Jacobi: Über ein leichtes Verfahren die in der Theorie der Säcularstörungen vorkommenden Gleichungen numerisch aufzulösen, *Journal für reine und angewandte Mathematik*, **80** (1846), pp. 51-94. (引用頁：292, 296)

[156] H. P. M. van Kempen: On the convergence of the classical Jacobi method for real symmetric matrices with non-distinct eigenvalues, *Numerische Mathematik*, **9** (1966), pp. 11-18. (引用頁：312)

[157] H. P. M. van Kempen: On the quadratic convergence of the special cyclic Jacobi method, *Numerische Mathematik*, **9** (1966), pp. 19-22. (引用頁：311)

[158] V. N. Kublanovskaya: On some algorithms for the solution of the complete eigenvalue problem, *USSR Computational Mathematics and Mathematical Physics*, **3** (1961), pp. 637-657. (引用頁：296)

[159] B. N. Parlett: The development and use of methods of LR type, *SIAM Review*, **6** (1964), pp. 275-295. (引用頁：268)

[160] B. N. Parlett: Convergence of the QR algorithms, *Numerische Mathematik*, **7** (1965), pp. 187-193 (**10** (1967), pp. 163-164 に訂正あり). (引用頁：264)

[161] H. Rutishauser: Der Quotient-Differenzen-Algorithm, *Zeitschrift für angewandte Mathematik und Physik*, **5** (1954), pp. 233-251. (引用頁：296, 324)

[162] H. Rutishauser: Solution of eigenvalue problems with the LR-transformation, *National Bureau of Standards Applied Mathematics Series*, **49** (1958), pp. 47-81. (引用頁：296, 324)

[163] H. Rutishauser: Über eine kubisch konvergente Variante der LR-Transformation, *Zeitschrift für angewandte Mathematik und Mechanik*, **40** (1960), pp. 49-54. (引用頁：296, 324)

[164] A. Schönhage: Zur Konvergenz des Jacobi-Verfahrens, *Numerische Mathematik*, **3** (1961), pp. 374-380. (引用頁：307, 312)

[165] A. Schönhage: Zur quadratischen Konvergenz des Jacobi-Verfahrens, *Numerische Mathematik*, **6**（1964），pp. 410-412.（引用頁：307, 312）

[166] G. L. G. Sleijpen and H. A. van der Vorst: A Jacobi-Davidson iteration method for linear eigenvalue problems, *SIAM Journal on Matrix Analysis and Applications*, **17**（1996），pp. 401-425.（引用頁：292）

[167] J. van den Eshof: The convergence of Jacobi-Davidson iterations for Hermitian eigenproblems, *Numerical Linear Algebra with Applications*, **9**（2002），pp. 163-179.（引用頁：291）

[168] 山本有作：密行列固有値解法の最近の発展（I）—Multiple Relatively Robust Representationsアルゴリズム，日本応用数理学会論文誌，**15**（2005），pp. 181-208.（引用頁：312）

[169] 山本有作：密行列固有値解法の最近の発展（II）—マルチシフトQR法，日本応用数理学会論文誌，**16**（2006），pp. 507-534.（引用頁：296）

第9章（書籍）[6, 7, 9, 10, 12, 13, 131, 132, 133]

第9章（論文）

[170] K. Aishima, T. Matsuo, K. Murota and M. Sugihara: On convergence of the dqds algorithm for singular value computation, *SIAM Journal on Matrix Analysis and Applications*, **30**（2008），pp. 522-537.（引用頁：321, 323, 324）

[171] M. W. Berry, D. Mezher, B. Philippe, and A. Sameh: Parallel algorithms for the singular value decomposition, in *Handbook on Parallel Computing and Statistics* (E. J. Kontoghiorghes, ed.), Chapman & Hall/CRC, 2006, pp. 117-164.（引用頁：324）

[172] J. Demmel and W. Kahan: Accurate singular values of bidiagonal matrices, *SIAM Journal on Scientific and Statistical Computing*, **11**（1990），pp. 873-912.（引用頁：316, 324）

[173] K. V. Fernando and B. N. Parlett: Accurate singular values and differential qd algorithms, *Numerische Mathematik*, **67**（1994），pp. 191-229.（引用頁：316, 324）

[174] G. Golub and W. Kahan: Calculating the singular values and pseudo-inverse of a matrix, *Journal of the Society for Industrial and Applied Mathematics: Series B, Numerical Analysis*, **2**（1965），pp. 205-224.（引用頁：324）

[175] 岩崎雅史，中村佳正：特異値計算アルゴリズムdLVの基本性質について，日本応用数理学会論文誌，**15**（2005），pp. 287-306.（引用頁：324）

[176] M. Iwasaki and Y. Nakamura: Accurate computation of singular values in terms of shifted integrable schemes, *Japan Journal of Industrial and Applied Mathematics*, **23** (2006), pp. 239–259. (引用頁：324)

[177] C. R. Johnson: A Gersgorin-type lower bound for the smallest singular value, *Linear Algebra and Its Applications*, **112** (1989), pp. 1–7. (引用頁：325)

[178] B. N. Parlett and O. Marques: An implementation of the dqds algorithm (positive case), *Linear Algebra and Its Applications*, **309** (2000), pp. 217–259. (引用頁：316)

[179] 山本有作, 宮田考史：Ostrowski 型下界と Brauer 型下界をシフトとして用いた dqds 法の収束性について, 日本応用数理学会論文誌, **18** (2008), pp. 107–134. (引用頁：324)

記号表

$\mathbf{0}$ ：$=(0,0,\cdots,0)^{\top}$

$\mathbf{1}$ ：$=(1,1,\cdots,1)^{\top}$

$(\cdot,\cdot)$ ：内積　第 4.1.1 節

$(\cdot,\cdot)_G$ ：G 内積　(4.102)

$\langle\cdot,\cdot\rangle$ ：内積(pairing)　第 4.2.2 節

$|\cdot|$ ：有限集合の要素の個数

$|\cdot|$ ：実数(あるいは複素数)の絶対値

$|\cdot|$ ：各要素の絶対値を要素とする行列またはベクトル　第 1.2 節

$|\cdot|_{j_1\cdots j_k}^{i_1\cdots i_k}$ ：行番号 $i_1,\cdots,i_k$, 列番号 $j_1,\cdots,j_k$ の k 次小行列式　第 2.2.2 節

$\|\cdot\|$ ：2 ノルム(Euclid ノルム)　(1.15)

$\|\cdot\|_1$ ：1 ノルム　(1.15), (1.17)

$\|\cdot\|_2$ ：2 ノルム(Euclid ノルム)　(1.15), (1.17)

$\|\cdot\|_p$ ：p ノルム　(1.15), (1.16)

$\|\cdot\|_\infty$ ：∞ ノルム　(1.15), (1.17)

$\|\cdot\|_{\mathrm{F}}$ ：Frobenius ノルム　(1.18)

$(\cdot)^\sharp$ ：随伴行列　(4.103)

$\succeq$ ：(左辺) − (右辺) が半正定値　第 1.2 節

$\preceq$ ：(右辺) − (左辺) が半正定値　第 1.2 節

$\geqq O$ ：非負行列　第 1.2 節

∇ ：関数の勾配　(4.3)

∇^2 ：関数の Hesse 行列　第 4.2.2 節

ε_{M} ：マシンエプシロン　(1.24)

κ ：行列の(2 ノルムに関する)条件数　(1.23)

κ_2 ：行列の(2 ノルムに関する)条件数　(1.23)

κ_p ：行列の(p ノルムに関する)条件数　(1.22)

$\nu(\cdot)$ ：正規行列の正規次数　第 4.5.3 節

$\nu_G(\cdot)$ ：G 正規行列の正規次数　第 4.5.3 節

$\rho(\cdot)$ ：行列のスペクトル半径　第 1.2 節

$\mathbb{C}$：複素数の全体

$\mathrm{CG}(s, G)$：短い漸化式の共役勾配法で解ける行列のクラス　第4.5.2節

det：行列式

diag：対角行列，ブロック対角行列

$\mathrm{dn}(\cdot, \cdot)$：Jacobi の楕円関数　第3.6.4節

$d(\cdot)$：行列の最小多項式の次数　第4.1.2節

$d(\cdot, \cdot)$：ベクトルの（行列に関する）最小消去多項式の次数　第4.1.2節

$\boldsymbol{e}_i$：第 i 単位ベクトル

$(\cdot)^{\mathsf{H}}$：共役転置

$(\cdot)^{-\mathsf{H}}$：共役転置の逆行列 $((\cdot)^{\mathsf{H}})^{-1}$ = 逆行列の共役転置 $((\cdot)^{-1})^{\mathsf{H}}$

i：虚数単位（$\sqrt{-1}$）

I：単位行列

Im：行列の像空間（image）

$K(\cdot)$：第1種の完全楕円積分　(3.77)

$\mathcal{K}_k(\cdot, \cdot)$：$k$ 次 Krylov 部分空間　(4.16)

max：最大値

min：最小値

O：零行列

$\mathcal{P}_k$：k 次以下の実係数多項式の全体　第3.5節

$\hat{\mathcal{P}}_k$：k 次以下の複素係数多項式の全体　第7.7.2節

$\mathbb{R}$：実数の全体

rank：階数（ランク）　第2.4.1節

sgn：符号関数　$\mathrm{sgn}\,(a) = \begin{cases} 1 & (a \geqq 0) \\ -1 & (a < 0) \end{cases}$

$\mathrm{sn}(\cdot, \cdot)$：Jacobi の楕円関数　第3.6.4節

span：ベクトルの集合の張る線形部分空間

$(\cdot)^{\mathsf{T}}$：転置

$(\cdot)^{-\mathsf{T}}$：転置の逆行列 $((\cdot)^{\mathsf{T}})^{-1}$= 逆行列の転置 $((\cdot)^{-1})^{\mathsf{T}}$

t-rank：項別階数　(2.52)

T_k：k 次の Chebyshev 多項式　(3.49)

$\mathbb{Z}$：整数の全体

用語に含まれる人名の読み方

本書で用いられる用語に含まれる人名について，その読み方を示す．

Arnoldi	アルノルディ	Jordan	ジョルダン
Birkhoff	バーコフ	Kantorovich	カントロヴィッチ
Chebyshev	チェビシェフ	Kőnig	ケーニグ
Cholesky	コレスキー	Kronecker	クロネッカー
Collatz	コラッツ	Krylov	クリロフ
Courant	クーラント	Lagrange	ラグランジュ
Cramer	クラメール	Lanczos	ランチョス
Davidson	デーヴィドソン	Landen	ランデン
Dirichlet	ディリクレ	Laplace	ラプラス
Dulmage	ダルメージ	Manteuffel	マントイフェル
Egerváry	エゲルヴァーリ	Mendelsohn	メンデルゾーン
Euclid	ユークリッド	Neumann	ノイマン
Faber	ファーバー	Newton	ニュートン
Fischer	フィッシャー	Perron	ペロン
Frobenius	フロベニウス	Petrov	ペトロフ
Galerkin	ガレルキン	Rayleigh	レイリー
Gauss	ガウス	Ritz	リッツ
Gershgorin	ゲルシュゴリン	Rutishauser	ルチスハウザー
Givens	ギブンス	Schmidt	シュミット
Gram	グラム	Schur	シューア
Hermite	エルミート	Schwarz	シュヴァルツ
Hesse	ヘッセ	Seidel	ザイデル
Hessenberg	ヘッセンベルク	Stiefel	シュティーフェル
Hölder	ヘルダー	Sylvester	シルベスター
Hotelling	ホテリング	Vandermonde	ヴァンデルモンド
Householder	ハウスホルダー	Wielandt	ヴィーラント
Jacobi	ヤコビ	Wilkinson	ウィルキンソン
Johnson	ジョンソン		

索　引

G

H

I, J

K

L

M

N, O

P

Q

R

S

V, W

ア 行

カ 行

サ　行

タ　行

ナ　行

ハ　行

マ　行

ヤ　行

ラ　行

■岩波オンデマンドブックス■

線形計算の数理

2009年 8月28日 第1刷発行
2012年 4月5日 第2刷発行
2016年12月13日 オンデマンド版発行

著 者 杉原正顯(すぎはらまさあき) 室田一雄(むろたかずお)

発行者 岡本 厚

発行所 株式会社 岩波書店
〒101-8002 東京都千代田区一ツ橋 2-5-5
電話案内 03-5210-4000
http://www.iwanami.co.jp/

印刷/製本・法令印刷

ISBN 978-4-00-730550-4 Printed in Japan